S. 731.

I.

VOYAGES

MÉTALLURGIQUES.

VOYAGES
MÉTALLURGIQUES,

OU

RECHERCHES ET OBSERVATIONS

Sur les Mines & Forges de fer, la Fabrication de l'acier, celle du fer-blanc, & plusieurs mines de charbon de terre, faites depuis l'année 1757 jusques & compris 1769, en Allemagne, Suéde, Norwege, Angleterre & Ecosse.

SUIVIES

D'un Mémoire sur la circulation de l'air dans les Mines, & d'une Notice de la Jurisprudence des mines de charbon dans le Pays de Liege, la Province de Limbourg & le Comté de Namur.

AVEC FIGURES.

Par feu M. JARS, de l'Académie Royale des Sciences de Paris, de celle de Londres pour l'encouragement des Arts, & Associé de l'Académie des Sciences, Belles-Lettres & Arts de Lyon.

DÉDIÉS A L'ACADÉMIE ROYALE DES SCIENCES DE PARIS,

Et publiés par M. G. JARS, Correspondant de l'Académie Royale des Sciences de Paris, & Associé à celle de Lyon.

Veniet tempus, quo posteri nostri tam aperta nos nescisse, mirentur.
SENEC. Nat. quæst. ch. 25.

A LYON,

Chez GABRIEL REGNAULT, Libraire, rue Merciere.

M. DCC. LXXIV.

AVEC APPROBATION ET PRIVILEGE.

A MESSIEURS

DE L'ACADÉMIE ROYALE

DES SCIENCES DE PARIS.

MESSIEURS,

 L'honneur que vous aviez fait à mon frere, en lui décernant une place parmi vous, vous donnoit des droits sur les Ouvrages qu'il avoit entrepris ; cette réflexion a dû m'enhardir à vous en faire hommage.

Aidé de vos conseils & de vos lumieres, il pouvoit se flatter de les porter à une plus grande perfection, & de mériter un jour de les voir associés aux productions immortelles dont vous enrichissez les Sciences.

Une mort prématurée a privé ses écrits d'un avantage précieux; mais vous avez permis, MESSIEURS, qu'ils parussent sous vos auspices; c'est un préjugé bien favorable pour eux; c'est en même temps un nouveau sujet de reconnoissance dont je fais gloire de vous rendre le témoignage public, au nom d'un frere chéri que vous avez daigné regretter, & dont je ne cesserai de pleurer la perte.

Les soins que j'avois pris pour rédiger ou pour mettre en ordre ses manuscrits, sont de foibles preuves de la vive amitié qui m'unissoit à lui, & du desir ardent que j'ai de mériter le titre de Correspondant, que vous m'avez accordé.

Je suis avec respect,

MESSIEURS,

Votre très-humble &
très-obéissant serviteur,
G. JARS.

PRÉFACE.

SI la France est distinguée dans l'Europe, par les avantages de sa position, de son climat, de son terroir & de ses récoltes, elle ne doit pas être moins considérée relativement aux richesses que la terre renferme dans son sein.

Dès les temps des Romains, on y travailloit des mines, & plusieurs de nos Rois leur ont successivement donné une attention particuliere; mais leur exploitation s'est rarement soutenue en vigueur; & les progrès de la Métallurgie, en France, ne peuvent être comparés avec ceux que les Etrangers ont fait dans cet Art.

Les François en possession de mille autres avantages, paroissent avoir négligé trop long-temps de s'en procurer, peut-être des plus réels, en portant l'exploitation de leurs mines au point de perfection dont elle est susceptible.

Un Ministre éclairé, embrassant dans ses vues patriotiques tous les objets qui peuvent augmenter la puissance & les forces de l'Etat, a reconnu, dans ce siecle, l'importance des mines nationales, & la nécessité d'une Métallurgie raisonnée & soumise à des principes, que l'expérience, la Chymie & plusieurs parties de la Physique peuvent seules établir solidement.

Le Miniſtre s'eſt donc empreſſé d'animer & de protéger l'étude de cette Science. Mais, convaincu que la théorie ne ſeroit qu'une ſpéculation infructueuſe, ſans la connoiſſance de la pratique, il a porté ſes vues plus loin; le même eſprit qui l'avoit engagé à faire voyager des philoſophes, pour déterminer la figure extérieure de la terre, lui fit penſer que les voyages pouvoient ſeuls former des éleves, pour perfectionner l'art d'extraire & de travailler les métaux enſevelis dans ſa profondeur.

Mon frere avoit été inſtruit des principes ſous les meilleurs maîtres, & par pluſieurs années d'application. En 1757, on jetta les yeux ſur lui, pour aller en Allemagne, avec M. Duhamel, qui avoit fait les mêmes études, (*) viſiter les mines de la *Saxe*, de l'*Autriche*, de la *Bohême*, de la *Hongrie*, du *Tyrol*, de la *Carinthie* & de la *Styrie*; l'année ſuivante, il fut chargé d'aller examiner celles d'*Angleterre* & d'*Ecoſſe*. En 1766, il fut envoyé dans le Nord, j'eus l'avantage de l'accompagner dans ce voyage, de viſiter & d'obſerver avec lui, les principales exploitations du *Hartz*, du *Comté de Mansfeld*, de la *Suéde* & de la *Norwege*.

Dans le cours de ſes voyages, M. Jars ſe fit un devoir de rendre compte au Miniſtre, de ſes obſervations & de ſes recherches; mais ce travail, entrepris au milieu des fatigues qu'entraînent de pareils

---

(*) M. Duhamel recueillit, de concert avec mon frere, les Obſervations contenues dans les deuxieme, troiſieme, quatrieme, cinquieme & ſixieme Mémoires.

voyages,

voyages, n'étoit que l'efquiffe de ce qu'il convenoit de faire pour mettre fes écrits en état de paroître. Le Miniftre defiroit depuis long-temps qu'il les publiât; animé du zele qu'infpire la reconnoiffance & l'envie d'être utile, il n'avoit rien négligé à cet égard; mais, interrompu par diverfes commiffions, dont on l'honoroit, fon travail avoit été repris & fufpendu, lorfque la mort vint terminer fa carriere.

Ses Manufcrits refterent entre mes mains; livré par goût, comme par état, aux mêmes études, ayant eu part à une partie de fes recherches & de fes voyages, je crus avoir contracté l'obligation de terminer ce qu'il avoit commencé & déjà fort avancé. J'ai donc continué la rédaction de fes Mémoires & de fes Matériaux, mais en me faifant une loi de fuivre le plan qu'il avoit embraffé.

M. Jars avoit divifé tous les mémoires qu'il avoit raffemblés, en deux claffes. Les relations que les carrieres de charbon ont avec l'exploitation des mines de fer, & fur-tout avec le travail des forges, l'avoient engagé à rapprocher ces objets pour former la premiere partie de fon ouvrage, celle que nous publions aujourd'hui; il avoit réfervé pour la feconde tout ce qui concerne les autres mines métallurgiques, leur exploitation & le traitement des minérais.

Perfuadé que la connoiffance des différénts minérais & de leur nature, eft effentielle dans l'économie métallurgique, c'eft-à-dire, pour fondre & pour raffiner à moins de fraix & avec plus d'avantage, il s'appliqua toujours à les examiner, à comparer, à décrire, & même à recueillir toutes les efpeces & toutes les variétés qu'il eut lieu d'obferver.

Nous rapportames en France une Collection très-confidérable en ce genre, au retour de nos voyages au Hartz & dans le Nord. Une partie fut remife à M. le Comte de Buffon ; une autre eft entrée dans le cabinet de M. de la Tourette à Lyon ; la plus nombreufe, qui nous étoit deftinée, eft reftée en mon pouvoir ; je l'ai placée à Sainbel, & mife en ordre avec foin, pour notre propre inftruction, & pour fatisfaire la curiofité de ceux qui viennent voir les travaux des mines.

La conftruction des fourneaux & celle des différentes machines employées dans les travaux, font encore des objets d'autant plus importants, que les récits & les defcriptions n'en donnent fouvent qu'une foible idée. M. Jars, convaincu que pour les faire réellement connoître, & engager par là à les imiter, des deffeins & des plans exacts étoient indifpenfables, deffina lui-même tout ce qui, dans ce genre, parut mériter quelque attention. Nous avons raffemblé ces deffeins à peu près dans l'ordre des Mémoires ; nous y joignons une explication des figures qui en facilite encore l'intelligence, & qui contient plufieurs obfervations intéreffantes, particuliérement fur la converfion du fer en acier, & fur la machine dont les Anglois fe fervent pour le polir.

Ce qui concerne le commerce des matieres, leur prix, leur exportation, leur emploi dans les arts, tous ces objets ont été également traités en détail ; enfin nous avons donné tous nos soins pour les rendre clairs, & pour devenir principalement utiles en France, en inspirant aux Entrepreneurs des mines, le desir d'éprouver des procédés qui leur sont inconnus en tout ou en partie, & dont l'état partageroit avec eux le bénéfice.

Je sens combien il manque encore à la rédaction de cet ouvrage, soit à la forme, soit au fond ; mais j'ose me flatter qu'on daignera excuser quelques négligences apparentes, en les attribuant, 1°. à la précipitation forcée avec laquelle plusieurs matériaux ont été originairement rassemblés ; 2°. au secret & au mystere que plusieurs Entrepreneurs font de leurs opérations qu'on est souvent obligé de deviner ; enfin à la crainte que j'ai eu quelquefois d'altérer le texte, en voulant le rendre plus correct, sur les objets sur-tout que je n'ai pas eu lieu d'examiner moi-même. C'est par cette même raison que j'ai cru devoir laisser subsister quelques petits articles qui paroîtront peut-être moins essentiels que les autres.

Il me reste à donner une idée des mémoires qui composent ce volume ; ils comprennent, comme je l'ai dit, toutes les observations relatives au fer & au charbon minéral ; elles sont peut-être encore plus intéressantes pour la France, que les mémoires concernant les autres mines métalliques. Nous possédons un grand nombre de mines de fer, & plusieurs de nos Provinces abondent en carrieres de charbon ;

cependant les Anglois & les Allemands confervent
une fupériorité marquée dans la fabrication de l'a-
cier & de tous les ouvrages auxquels on l'emploie;
les Suédois ont toujours l'avantage de fournir le
meilleur fer, le plus propre à faire du bon acier
par la cémentation; & nous avons peut-être encore
plus à apprendre & à réformer dans l'exploitation
de nos carrieres de charbon, fi on les compare à
celles de l'Angleterre, de l'Ecoffe & du pays de
Liege.

Ces réflexions établiffent l'utilité des feize Mémoires qui compofent ce recueil.

Le premier peut être confidéré comme une forte
d'introduction aux recherches concernant les forges
de fer, & en même temps comme le réfultat de ces
mêmes obfervations; c'eft une differtation fur le fer
& l'acier, où l'Auteur traite de la pureté du fer,
de la poffibilité & de l'utilité de déterminer la pureté de ce métal, comme l'on fixe celle de l'or &
de l'argent; il en expofe les moyens; remontant à
l'origine du métal, il examine les effets du rôtiffage
& de fes avantages; il indique les meilleurs moyens
de défunir les parties terreftres des métalliques,
fait voir que la conduite du feu fuffit feule pour
obtenir du fer *crud*, ou bien du fer *doux* & malléable, & de l'acier; il donne la préférence à la fonte
grife, fur les fontes *blanches* & *noires*. Après avoir
déterminé les principes de la dureté du fer, de fa
fragilité & de fa ductilité, il paffe aux moyens de
réduire le fer *crud* en fer forgé ou en acier; il traite

des fontes de l'affinage & des divers procédés qui
pourroient faire parvenir à donner au fer de France
la pureté de celui de Roflagie.

Le fecond Mémoire eft une defcription des mines
& des forges de fer & d'acier de la Styrie; l'Auteur
les vifita en l'année 1758; il lui parut d'autant plus
important d'examiner foigneufement la nature des
divers minérais que fournit la Styrie, & de connoître les procédés de fes forges, que les fers &
l'acier de cette Province ont, dans toute l'Europe,
la plus grande réputation. Ce Mémoire donne tous
les détails du rôtiffage, de la fonte des *flofs*, de
celles des *maffes*, des affineries, des martinets, des
fraix, des droits impofés, enfin du produit & de la
police des mines en Styrie.

Le troifieme Mémoire renferme de pareils détails
fur celles de la Carinthie, en particulier fur l'acier
qu'on y fabrique, & dont la qualité eft encore fupérieure à celle de l'acier qui provient des fers de
la Styrie.

A la fuite de ces Mémoires, j'ai cru remplir les
vues de l'Auteur, & completer en quelque forte fes
recherches, en publiant en forme d'addition & de
notes, plufieurs obfervations qui m'ont été commu-
niquées par MM. Dangenouft & Wendel, Capi-
taines au Corps Royal d'Artillerie, au retour du
voyage qu'ils firent dans les mêmes Provinces, en
l'année 1769. Ces notes ont principalement rapport
à la conftruction des fourneaux; la defcription
qu'en donnent ces habiles obfervateurs, n'eft pas

abſolument conforme à celle de notre Auteur, &
en differe comme celle que M. *Antés* a publiée dans
les cayers de l'Académie (troiſieme ſeôion de l'art
des forges). En comparant ces différentes deſcrip-
tions, on prendra de juſtes idées ſur cet important
objet ; on trouvera dans les planches les figures qui
y ſont relatives.

Le quatrieme Mémoire traite des forges de fer
& d'acier de Kleinboden au Tyrol. On y verra la
deſcription de pluſieurs procédés qu'on pourroit
peut-être adopter utilement dans pluſieurs forges
du Royaume.

Le cinquieme concerne une mine de fer de la
Bohême, nommée *Hulf gottes irgand;* elle eſt ſituée
à trois quarts de lieue de la ville de *Platen*; l'Auteur
en décrit tous les travaux, après avoir déterminé
les eſpeces de minérais qu'elle fournit. Une partie
eſt portée dans les forges de *Johan-Georgen-Stadt*,
ville des hautes montagnes de la Saxe ; le reſte dans
les forges de *Heinrichſs-grün* en Bohême. On procede ſur les lieux à la réduôion du fer forgé, en
feuilles propres à être étamées pour former du *fer-
blanc;* pratique dont l'auteur indique tous les détails.

Dans le ſixieme Mémoire, qui eſt une continuation du précédent, il donne la deſcription d'une fabrique de *fer-blanc* entre *Heinrichſs grün* & *Graſlitz*
en Bohême, les procédés du décapage, de l'étamage, de la purification du bain d'étain, & de toutes les opérations au moyen deſquelles on obtient

un beau *fer blanc ;* il parle enfuite d'une pareille fabrique qui fe voit à *Johann-Georgen-Stadt.* Il eft intéreffant de comparer les procédés que l'auteur décrit dans ce mémoire, avec ceux que M. de Réaumur a publiés dans les Mémoires de l'Académie, année 1725, page 102.

Les mines & forges de fer du Hartz & celles de Blanckenbourg dans le Duché de Brunfwick, forment l'objet du feptieme mémoire que l'auteur a écrit en 1766. Il traite d'abord de la forge de *Lauterberg au Hartz*, qui fe travaille au profit du Roi d'Angleterre ; il examine les huit efpeces de minérais qu'on y apporte d'affez loin ; il fuit les opérations du rôtiffage de la fonte & de l'affinage de la *gueufe*, en indiquant les produits réels & les fraix ; il paffe enfuite à la mine de *Blankenbourg*, décrit les forges & les fonderies qui avoifinent cette ville, & donne une idée précife de leurs bénéfices.

Les mines & forges de fer de la Suede, font encore d'une plus grande importance, & font la matiere du huitieme Mémoire. La defcription des filons, des minérais & des travaux, eft précédée de recherches hiftoriques fur les droits de la Couronne relativement aux mines, fur l'établiffement d'un Confeil des mines, fur la divifion des diftriĉts, & en général fur la police qui s'obferve dans leurs exploitations. On trouve enfuite des obfervations détaillées fur quatre principales mines que nous avons vifitées mon frere & moi en 1767, fur un grand nombre de forges, & plufieurs fabriques d'acier, d'ancres, de cloux, de canons de fer, de *fer-blanc*, &c. enfin les réfultats généraux du produit de la Suede, en fer & en acier.

Le neuvieme Mémoire contient de femblables détails fur les mines de la Norvege, principalement fur les forges de *Laurwig* & de *Mofs*, & fur la converfion du fer en acier par cémentation à *Kongsberg* dans les travaux des mines d'argent.

Le dixieme Mémoire traite des mines de charbon de Neuvcaftle en Angleterre; l'Auteur les vifita en 1765. Il remonte à la ceffion qui en fut faite en 1066 par *Gaillaume le Conquérant*, en faveur de différents Officiers, & à la Jurifprudence qui s'obferve relativement aux Propriétaires aétuels; il paffe enfuite aux opérations du travail des mines par le forage ou la fonde, art peu connu en France; il décrit les couches qui recouvrent les mines, celles qui fourniffent le meilleur charbon, les pompes à feu employées à les deffécher, en particulier celle de la mine de *Walker*, la maniere d'ouvrir la carriere, d'extraire le charbon, & de le tranfporter jufqu'à la riviere par des routes d'une conftruétion nouvelle, & des chariots d'une forme ingénieufe, enfin l'exportation par mer, les droits impofés fur les charbons, & la méthode de les réduire en *cinders*, pour leur ôter leur fumée & leur odeur.

L'onzieme Mémoire eft la continuation du précédent. Il donne une idée circonftanciée de plufieurs établiffements utiles obfervés par l'Auteur pendant fon féjour à Neucaftle; 1°. d'une fonderie de fer en

gueufe,

gueufe, d'une machine à forer les corps de pompes, d'une manufacture d'acier, de la fabrication des limes, des fcies, &c.

Le douzieme Mémoire rend compte de plufieurs mines de charbon, de leur exploitation, de quelques forges de fer, de la fabrication de l'acier, des limes, &c. en divers lieux de l'Angleterre; favoir, dans le Duché de *Cumberland*, le Comté de *Lancafter*, & celui de *Stafford*.

Le treizieme Mémoire roule fur les mines de charbon de l'Ecoffe, & fur des mines de fer & quelques forges, principalement celles de *Carron* dans le même Royaume ; l'extraction des minérais, les opérations des forges, la réduction du charbon de terre en *coaks* pour fervir à la fonte, la maniere de couler le fer en moules, celles de le forger, d'en fabriquer des tôles, font autant d'objets intéreffants qui peuvent fournir en France des vues nouvelles.

Dans le quatorzieme Mémoire, l'Auteur fait connoître plufieurs mines de charbon & forges de fer d'*Allemagne* & *des Pays-Bas ;* les charbons du pays de Liege occupent la partie principale du Mémoire, leurs anciennes exploitations, les travaux actuels, l'étendue & la difpofition des couches, les accidents, les eaux, les rochers, les terres qui les accompagnent, l'ouverture des puits, la circulation de l'air dans les fouterreins, les *mouffettes*, la régie, la qualité du charbon, tous ces articles font difcutés amplement, & viennent à l'appui de ce qui eft rapporté dans l'art du Charbonnier, publié par

M. Morand; ils font fuivis de quelques obfervations fur les mines de charbon d'*Aix-la-Chapelle*, d'une defcription des forges du Comté de *Namur*, enfin d'une notice des mines de charbon de la *Weftphalie*, de celles du Duché de *Magdebourg*, de *Dielau*, de *Gibienftein*, & de *Beichtlitz* près de Hall, &c.

Le quinzieme Mémoire donne le procédé pour préparer le charbon de terre, & le rendre propre à la fonte des mines de métaux. Quoique ce Mémoire foit imprimé dans les cayers des arts & métiers par l'Académie Royale des Sciences, nous avons cru devoir l'inférer dans cet ouvrage pour compléter l'article du charbon.

Le feizieme & dernier Mémoire concerne la circulation de l'air dans les mines, & les moyens qu'il faut employer pour l'y maintenir. L'Auteur l'avoit préfenté & lu à l'Académie des Sciences en l'année 1768; il a déjà paru dans le volume des Mémoires de l'Académie pour l'année 1768, page 218 & 229; mais nous avons cru devoir le publier ici de nouveau, comme renfermant des principes fondés fur plufieurs obfervations, confignées dans les Mémoires précédents; on peut en lire l'extrait dans l'éloge hiftorique de M. Jars, qui a été prononcé à l'Académie. M. de Fouchy a eu la complaifance de m'en donner une copie; je le placerai à la fin de cette Préface, comme le monument le plus glorieux que je puiffe confacrer à la mémoire de mon frere; je lui dois ce que fon éloge contient d'avantageux pour moi; en publiant cet écrit, je m'acquitte en quelque forte envers lui ; mais comment m'acquitter de ce que nous devons l'un & l'autre au Savant célebre qui l'a compofé ?

Le recueil fera terminé par une notice de la Jurifprudence du pays de Liege , relative aux carrieres de charbon, à ceux qui les exploitent , & à la police qui s'y obferve. Pour compléter cette partie , nous y joindrons deux Réglements en forme d'Edits , donnés, l'un dans la Province de Limbourg , l'autre dans le Comté de Namur , fuivis des deux dernieres Ordonnances qui ont été rendues en Suede fur la police des mines de fer & autres métaux, traduites du Suédois. Ce ne font point de fimples objets de curiofité ; ils peuvent devenir en France d'une véritable utilité. L'anarchie dans la régie des mines de charbon, peut-être encore plus que dans toutes les autres , devient fouvent nuifible aux Entrepreneurs eux-mêmes, & l'eft toujours pour l'Etat.

Nous ne fommes pas dans le cas, fans doute , d'adopter aveuglément tous les ufages des pays étrangers ; chaque lieu doit en avoir qui foient appropriés au local ; mais nous nous croirions heureux , fi , en expofant ici la Jurifprudence des Etrangers, leurs ufages, leurs loix, nous fourniffions quelques idées de réforme , de police ou d'économie , applicables aux exploitations de la France.

Ce point de vue eft celui fous lequel tout ce recueil a été compofé. Les voyages ne feroient qu'un amufement de l'oifiveté , fi l'on ne s'y occupoit à obferver les progrès de l'induftrie & de l'efprit hu-

main, & si l'on ne rapportoit à sa patrie les fruits
de leurs progrès, & du moins quelques-uns des
avantages que l'étranger a su se procurer. Nous lui
fournissons dans les Arts, comme dans les Sciences
& dans les Lettres, assez de modeles en tous genres, pour craindre de nous rabaisser, en convenant
de sa supériorité à certains égards, & en cherchant,
à notre tour, à nous instruire auprès de lui; cet
échange de lumieres étend la science, enrichit la
société, & honore les Savants.

Si nous avons eu le bonheur d'atteindre au but
que nous nous sommes proposés, si le Ministere &
le Public daignent accueillir cet ouvrage, & le placer au rang de ceux qui sont utiles, ce sera la récompense la plus flatteuse de mon travail, & le plus
puissant encouragement pour continuer la rédaction
des Mémoires de mon frere, & publier un second
recueil contenant les observations qu'il a faites, ou
que nous avons faites, de concert, sur les différentes mines de métaux en exploitation que nous avons
été à portée de visiter dans nos voyages.

ELOGE DE M. JARS,

Prononcé à l'Académie Royale des Sciences de Paris,
le 25 Avril 1770.

PAR M. DE FOUCHY, SECRETAIRE PERPÉTUEL.

GABRIEL JARS, de l'Académie des Arts établie à Londres, & de celle des Sciences, Belles-Lettres & Arts de Lyon, naquit à Lyon, le 26 Janvier 1732, de Gabriel Jars, intéreffé dans les mines de Sainbel & de Cheiffy, & de Jeanne-Marie Valioud, tous deux d'ancienne & honnête famille; il étoit le cadet de fix enfans, trois garçons & trois filles; fes deux aînés ont fuivi, comme lui, le travail des mines, & fe font diftingués dans cette laborieufe carriere.

M. Jars, dont nous faifons l'éloge, fit fes premieres études au grand College de Lyon, & il s'y étoit déjà diftingué lorfque M. fon pere commença l'exploitation des mines de Sainbel & de Cheiffy, & il crut y devoir appeller fon fils pour effayer fes talents.

Cet effay fut fuivi du plus grand fuccès; les difpofitions que M. Jars avoit reçues de la Nature, n'attendoient qu'une occafion pour fe développer. La vue des mines, des travaux & des établiffements néceffaires à leur exploitation, le rendirent Métallurgifte, & bientôt il fallut modérer cette ardeur, & l'empêcher de paffer la plus grande partie de fon temps dans les fouterreins; l'envie de s'inftruire lui faifoit oublier le danger auquel il expofoit fa vie & fa fanté; cette efpece de phénomene parvint jufqu'aux oreilles de feu M. de Valliere; à fon paffage à Lyon, il voulut voir le jeune homme, & en fut fi content, qu'il jugea néceffaire de l'envoyer à la

Capitale pour y cultiver des talents fi marqués & fi précieux ; & dès ce moment il devint en quelque forte l'Eleve de l'Etat.

M. de Trudaine, auquel M. de Valliere avoit fait connoître les talents & la bonne volonté de M. Jars, feule bonne recommandation auprès de lui, & qui protégeoit ouvertement l'établiffement des mines du Lyonnois, le fit entrer à l'Ecole des Ponts & Chauffées pour y prendre les connoiffances qui lui étoient néceffaires, & il y apprit le Deffein & les Mathématiques, en même temps qu'on lui faifoit faire un cours de Chymie qui pût le mettre au fait des véritables principes de la Métallurgie à laquelle il fe deftinoit. Au bout de deux années employées à ce travail, il fut envoyé par le Gouvernement aux mines de plomb de Poulawen en Bretagne ; il y donna des preuves fi marquées de fa capacité, par les Plans & les Mémoires qu'il envoya, qu'on n'héfita point à le renvoyer l'année fuivante vifiter dans la même Province les mines de Pompéan, & en Anjou celles de charbon de terre qui font aux environs d'Ingrande. Très-peu de temps après, il fut chargé d'aller en Alface vifiter les mines de Sainte-Marie-aux-Mines & de Giromagny, defquelles il envoya des Plans accompagnés de Mémoires détaillés ; de là il retourna aux mines de Sainbel & de Cheiffy ; fa préfence y valut un grand fourneau à raffiner le cuivre, qui procura aux Entrepreneurs une économie confidérable ; il a depuis communiqué la defcription de ce fourneau à l'Académie, qui l'a deftinée à paroître dans fes (*) Voyez les Mémoires de 1769 (*) ; il ajouta à la conftruction de ce four- Mém. p. 589. neau, celle de plufieurs autres, dont l'utilité qu'on éprouve tous les jours eft un nouveau motif de regretter fa perte.

M. Jars avoit à peine demeuré un an à Paris, lorfqu'il reçut ordre d'aller en Allemagne vifiter les mines de Saxe, d'Autriche, de Bohême, de Hongrie, du Tirol, de la Carinthie & de la Styrie ; ce voyage dura trois ans, & le fruit en fut une grande quantité de bons Mémoires fur tous les objets qu'il avoit obfervés.

Ce fut au retour de ce voyage que M. Jars fe préfenta pour la premiere fois à l'Académie, & qu'il y lut plufieurs Mémoires qui le firent connoître, & lui valurent le titre de Correfpondant qu'il obtint le 10 Janvier 1761; ce fut auffi à-peu-près en ce même temps qu'il fut reçu Affocié de l'Académie Royale des Sciences, Belles-Lettres & Arts de Lyon; il alla enfuite faire un tour aux mines de Sainbel & de Cheiffy, où il fit conftruire un martinet pour battre le cuivre; il fe fut bon gré dans cette occafion d'avoir employé quelque temps à l'étude des Mathé-matiques.

Pendant qu'il étoit à Cheiffy, il reçut ordre de fe rendre en Franche-Comté pour y travailler à la recherche des mines de charbon, & il employa une année entiere à cette recherche.

A peine étoit-il de retour de ce voyage, qu'on l'envoya en Angleterre pour y acquérir de nouvelles connoiffances; car on ne le laiffoit pas long-temps oifif. Il en rapporta plufieurs ob-fervations importantes, entr'autres le procédé par lequel on obtient le Minium qui étoit prefque inconnu parmi nous, ou au moins entre les mains d'un petit nombre d'Artiftes qui en faifoient un fecret. Pendant fon féjour en Angleterre, il fut admis comme Affocié étranger à l'Académie des Arts établie à Londres.

Nous n'avons pas parlé jufqu'ici d'une autre occupation de M. Jars pendant fes voyages, c'étoit l'étude de la langue des différents pays où il fe trouvoit, connoiffance d'autant plus néceffaire qu'il avoit principalement à traiter avec des gens qui n'entendoient que la leur, ou plutôt leur efpece de jargon plus difficile à entendre que la langue même; c'étoit à ce tra-vail qu'il employoit les moments que fes obfervations lui laiffoient libres.

Jufques-là, M. Jars n'avoit encore, pour ainfi dire, que pré-ludé à fes voyages; le Miniftere lui en fit entreprendre un en 1766, d'une bien plus grande étendue; il fut envoyé pour visiter la plus grande partie des mines du Nord ; il demanda pour adjoint dans ce voyage, le second de ses freres, qui avoit étudié, comme lui, la Métallurgie ; on pourroit croire , & même sans lui faire tort, que la tendre amitié qu'il avoit pour ce frere, avoit dicté cette démarche ; mais du caractere dont étoit M. Jars, nous pouvons presque assurer qu'il auroit préféré un autre à son frere, s'il l'avoit cru plus capable de contribuer au succès de son voyage.

Les deux Voyageurs partirent bien munis de recommandations, & sachant que leur arrivée étoit annoncée aux Ministres du Roi par-tout où ils devoient aller. Ils visiterent d'abord la Hollande & ses Manufactures ; de là ils passerent au pays d'Hanovre & dans les montagnes du Hartz où ils séjournerent quatre mois ; ils parcoururent une partie de la Saxe & du Comté de Mansfeld, d'où ils passerent à Hambourg, & de là à Copenhague & aux mines d'argent de Kongsberg en Norwege, & enfin en Suede. Nous ne pouvons passer ici sous silence l'accueil qu'ils reçurent du Prince Royal de Suede. Ce Prince avoit eu l'attention de faire prévenir les Professeurs d'Upsal de leur arrivée, & Lui & Leurs Majestés Suédoises leur firent l'honneur de s'entretenir long-temps avec eux sur les objets de leurs voyages. La gloire du Prince Royal, aujourd'hui Roi de Suede, est trop chere à l'Académie, pour qu'elle puisse négliger de faire part au Public de ce nouveau témoignage de son amour pour les Sciences, & de lui en marquer ici sa reconnoissance.

On peut aisément juger des risques, des périls & des peines qu'entraînoit un pareil voyage ; la difficulté des chemins, les horreurs des hivers du Nord, les fréquentes occasions de descendre au fond des mines les plus profondes, & d'aller arracher, pour ainsi dire, le secret de la Nature au fond des entrailles de la terre, rien ne put rebuter les courageux Observateurs ; & le desir de s'instruire & de servir leur Roi & leur

Patrie,

Patrie, applanirent toutes ces difficultés. Le fruit de cette favante Caravanne fut consigné au Conseil dans seize Mémoires, après quoi les deux freres se séparerent; le Cadet retourna à Sainbel, & celui dont nous faisons l'éloge, revint à Paris; il eut, pour récompense de ce voyage, un département que M. de Trudaine engagea M. le Contrôleur Général à lui donner.

Nous voici enfin arrivés à l'endroit de la vie de M. Jars, qui intéresse le plus l'Académie; peu de temps après son retour, la mort de M. Baron y fit vaquer une place de Chymiste; malgré les concurrents redoutables qu'avoit M. Jars, il osa entrer en lice; les voix furent balancées entre M. Lavoisier & lui, & l'Académie eut la satisfaction de les voir tous deux agréés par le Roi, le 19 Mai 1768.

M. Jars ne fut pas plutôt admis parmi nous, qu'il voulut justifier le choix de l'Académie par plusieurs Mémoires qu'il lut dans ses assemblées; son élection avoit été précédée par deux autres qu'il avoit lus, l'un sur le procédé des Anglois pour faire l'huile de vitriol, fruit de son voyage en Angleterre, & l'autre sur la séparation des métaux.

Aussi-tôt après sa réception, il lut un Mémoire sur la circulation de l'air dans les mines; une observation singuliere, faite dans les mines de Cheissy, fut l'occasion de ce travail; il y remarqua que le courant d'air qui s'établissoit dans les galeries, par leur ouverture & par les puits de respiration, avoit en hiver une direction absolument contraire à celle qu'il prenoit en été; & il trouva la cause de ce singulier phénomene: l'air contenu dans les galeries & les puits, conserve toujours à-peu-près le même état & la même température, tandis que celui de dehors varie extrêmement de l'hiver à l'été; en hiver, où l'air extérieur est plus pesant, la colonne qui entre par l'ouverture des galeries, & qui est la plus longue, chasse l'air contenu dans le puits de respiration, & le fait sortir par son ouverture; au lieu qu'en été, l'air extérieur étant plus léger, que celui du puits qui se trouve le plus pesant, chasse l'air de la mine par l'ouverture de la galerie.

De ce principe il tire la raison du singulier phénomene qu'on observe dans quelques mines, où les ouvriers ne peuvent travailler dans le printemps ni l'automne, parce qu'ils y manquent d'air, quoiqu'ils y en trouvent suffisamment pendant l'hiver & pendant l'été, & ce qui est bien plus important, le moyen de procurer de l'air dans les mines, & d'en écarter les vapeurs pernicieuses & meurtrieres qui ne s'y trouvent que trop souvent. Ce Mémoire paroîtra dans le volume de 1768, actuellement sous presse *; il lut encore, au mois de Juin dernier, la description du fourneau de raffinage, duquel nous avons déjà parlè; il ignoroit alors, & nous l'ignorions nous-mêmes, que ce Mémoire seroit le dernier qu'il liroit à l'Académie. Il fut chargé au mois de Juillet d'aller visiter différentes Manufactures du Royaume; il parcourut celles du Berry & du Bourbonnois, & passa en Auvergne dans le même dessein. C'étoit là que la fin de sa vie étoit marquée. Dans une des courses qu'il étoit obligé de faire à cheval pendant les ardeurs de la canicule, il fut frappé d'un coup de soleil; M. de Monthion, Intendant de la Province, s'empressa de lui faire procurer tous les secours de l'art; mais ces secours furent inutiles, & il mourut le 20 Août 1769, troisieme jour de sa maladie, muni des Sacrements de l'Eglise, & avec une résignation & une tranquillité dignes d'un Philosophe chrétien.

Les deux Mémoires, dont nous venons de parler, n'étoient pas les seuls ouvrages qu'il destinât à l'Académie; il s'en est trouvé plusieurs dans ses papiers, desquels il avoit déjà communiqué quelques-uns à l'Académie avant que d'en être membre, & d'autres absolument neufs; du nombre de ces derniers, est un Mémoire sur la maniere de préparer le charbon de

* Ceci étoit vrai, le 25 avril 1770, jour de la prononciation de cet Eloge, le volume de 1768, étant alors prêt à paroître.

terre pour le rendre propre à la fonte des mines ; cet ouvrage n'avoit pas été achevé par M. Jars ; il n'a été fini que depuis sa mort par M. son frere, qui l'a envoyé à l'Académie. Les autres étoient en état d'être lus, & l'ont effectivement été depuis sa mort ; la séance qui précéda la semaine sainte, fut en grande partie remplie par un de ces Mémoires. C'est ainsi que M. Jars a été Académicien long-temps même après sa mort.

Le peu de temps qu'il a vécu, ne lui a pas permis de publier d'autres ouvrages que ceux dont nous venons de parler, & qui trouveront place dans les Recueils de l'Académie. On a cependant de lui la description d'une machine, exécutée aux mines de Schemnitz, imprimée dans le cinquieme volume des Savans étrangers, page 67, & la maniere de fabriquer la brique & la tuile, usitée en Hollande, imprimée dans les Descriptions des Arts & Métiers, publiées par l'Académie. Le reste de ses Mémoires n'avoit pas encore été rédigé, & ce sera par l'organe d'un frere digne de lui qu'ils parviendront à l'Académie & au Public.

Il s'étoit procuré une Collection précieuse des pieces qu'il avoit recueillies dans ses voyages, & nous ne pouvons trop tôt informer le Public qu'elle sera déposée à la résidence de M. son pere, pour servir à l'instruction & à la curiosité des Voyageurs qui viendront aux mines.

Le caractere de M. Jars étoit doux & simple ; il vivoit très-retiré & très-sobrement ; il ne prenoit part que par complaisance à ce qu'on nomme amusement dans le monde ; sa conversation était gaie, sur-tout lorsqu'il parloit de ses occupations : hors de là, il étoit absolument concentré dans son cabinet ; cette constante application avoit été une puissante barriere contre la corruption des mœurs ; aussi les siennes n'avoient-elles jamais été même le plus légérement effleurées

par le vice ; fon ame étoit extrêmement fenfible & toujours
prête à s'attendrir fur les malheureux qu'il foulageoit, fouvent
aux dépens même de fon néceffaire ; en un mot, fon caractere, fes talents & fes ouvrages font également regretter qu'il
ait été enlevé par une mort fi précipitée, &, pour ainfi dire,
au milieu de fa carriere.

EXTRAIT DES REGISTRES
DE L'ACADÉMIE ROYALE DES SCIENCES.
Du 21 Juillet 1773.

M Effieurs Macquer & Fougeroux, qui avoient été nommés pour exa-
miner un Manufcrit intitulé, *Voyages Métallurgiques ou Recherches &*
Obfervations fur les Mines & Forges de Fer, la Fabrication de l'Acier,
celle du Fer-blanc, & fur plufieurs Mines de Charbon de terre, faites en
Allemagne, en Angleterre, en Ecoffe, en Suéde & en Norwege, fuivies d'un
Mémoire fur la circulation de l'air dans les Mines, avec figures, par feu
M. Jars, de cette Académie, & publié par M. Jars fon frere, Correfpondant
de l'Académie, & Affocié à celle de Lyon, en ayant fait leur rapport,
l'Académie a accepté la dédicace, que M. Jars fe propofe de lui faire de
de cet Ouvrage, qui lui paroît digne d'être donné au Public, fous fon
Privilege ; en foi de quoi j'ai figné le préfent Certificat. A Paris, le 21
Juillet 1773.

Signé, GRANJEAN DE FOUCHY,
Secret. perpét. de l'Académie Royale des Sciences.

TABLE

DES MATIERES.

. Fin de la Table.

PREMIER MÉMOIRE.

DISSERTATION

SUR LE FER ET L'ACIER.

En l'année 1769.

D E tous les métaux il n'en est aucun dont l'utilité, j'ose dire la nécessité, soit aussi généralement reconnue que celle du fer ; il n'est aussi aucun métal qui soit répandu si abondamment dans l'intérieur & sur la surface de notre globe : cependant c'est peut-être un de ceux dont on a le moins cherché à approfondir la nature. L'ouvrage du célebre M. de Réaumur, connu du Public depuis bien des années, n'auroit-il pas dû en-

A

courager à aller plus avant ? Ce qu'il a fait étoit certainement beaucoup ; on n'avoit qu'à fuivre fes traces, relever quelques méprifes, qui fe gliffent inévitablement lorfqu'on travaille fur une matiere, pour ainfi dire, nouvelle. Mais je ne connois aucun Auteur qui ait déterminé quel étoit l'état le plus pur du fer. Je ne prétends pas réfoudre la queftion ; je croirai avoir rempli en grande partie mon objet, fi mes idées font agréées du Public, furtout fi elles peuvent donner lieu à des expériences & à des découvertes utiles en ce genre. J'ai la plus grande confiance que les Maîtres de Forges, qui voudront y faire attention, de même qu'aux obfervations que je rapporterai ici & dans l'ouvrage, auquel ce Mémoire fervira d'introduction, pourront beaucoup perfectionner leurs procédés, & obtenir du fer plus parfait que celui qu'ils ont retiré jufqu'à préfent de leurs minérais.

Les variétés que nous reconnoiffons dans les minérais de fer, par les defcriptions de différens Auteurs, n'auroient-elles pas dû engager à chercher, par des expériences, une méthode de procéder, analogue à chaque qualité ? On dit en général, ce minérai produit du fer doux, de bonne qualité, celui-ci du fer aigre & caffant à chaud ou à froid &c. ; on devroit dire, ce minérai, par tel procédé, produit du fer aigre & caffant ; car il eft naturel de penfer, & je crois que tous les Chymiftes feront de mon avis, qu'il en eft des métaux imparfaits, comme de ceux que nous nommons parfaits ; mais la facilité qu'ont ces premiers à être calcinés ou vitrifiés par le feu, a rendu les expériences trop nombreufes & le point difficile à déterminer. Je ne doute pas néanmoins que quelques Chymiftes ou Métallurgiftes, zélés pour le bien public & pour le progrès des fciences, ne parviennent à nous donner les caracteres diftincts que doivent avoir le fer, le cuivre & autres métaux imparfaits, dans leur plus haut degré de pureté & de perfection. Nous difons, voilà de l'or à 24 karats, de l'argent à 12 deniers : quel avantage ne retiretions-nous pas pour les Arts & pour le Commerce, si nous pouvions dire , voilà du fer , du cuivre &c. aussi purs que l'or l'est à 24 karats !

Plusieurs Auteurs nous ont donné différentes préparations du fer pour l'usage de la Médecine. Comment pouvons-nous compter sur ces préparations & leurs effets, si nous ne connoissons pas le degré de pureté du fer ou de l'acier qu'ils ont employé ! Quelle suite d'erreurs innocentes pour les Médecins & les Apoticaires , entre les mains desquels est souvent notre vie ! Quelles variétés ne doit-il pas y avoir dans les effets du même remede , préparé avec tel ou tel fer ! Autant la différence du fer de telle ou telle forge est grande , autant doit être celle du remede qui en a été préparé. Si nous connoissions une fois le fer dans toute sa pureté , nous pourrions marcher bien plus sûrement pour l'obtenir de son minérai , avec addition, ou sans addition , & l'employer avec le plus grand avantage dans les Arts & dans le Commerce. Je suis fort tenté de croire qu'il en est du fer comme de l'or, que plus il est pur , plus il est doux & malléable ; mais il est alors trop tendre , & par conséquent moins propre à être employé généralement dans tous les Arts. Il en est où du fer mol comme du plomb seroit préféré ; mais il en est d'autres qui exigent beaucoup de dureté. En général , un fer qui , avec beaucoup de ductilité & de malléabilité , est fort dur , & qui n'est cassant, ni à froid ni à chaud, n'est vraisemblablement pas le fer le plus pur , mais il est sans contredit le meilleur que nous puissions désirer : tel est celui de la province de Roslagie en Suede , le seul connu jusqu'à présent en Europe, qui réunisse toutes ces qualités. La nature a fourni à cette Nation un minérai fort riche , & qui , sans exiger un procédé différent que celui qui est en usage en France , produit un fer tel que je l'ai décrit ci-dessus. Si nous ne sommes pas favorisés en France d'un pareil minérai , pourquoi n'y suppléerions-nous pas par l'art ? M. de Buffon n'a-t-il pas prouvé que le minérai,

Inconvéniens dans la préparation du fer pour la Médecine.

Quel est le meilleur fer.

A 2

reconnu pour donner le plus mauvais fer, lui en a produit un ; par une feule fonte, très-doux & très-malléable ? Combien de lumieres n'avons-nous pas à efpérer des expériences en grand, auxquelles eft occupé ce favant Académicien !

Le cuivre allié à l'or & à l'argent augmente leur dureté, fans nuire beaucoup à leur malléabilité. Peut-être que l'addition d'un métal quelconque produiroit le même effet fur le fer, dont le minérai n'auroit pas été pourvu naturellement des matieres propres à le rendre tel que nous le fouhaitons.

De tous les metaux, je ne vois que le cuivre fur lequel nous puiffions jetter les yeux. Qu'on n'aille pas fe récrier d'abord contre cette idée. Je fais qu'il eft généralement reçu que le cuivre eft comme une pefte pour le fer, empêchant qu'il ne puiffe fe fouder. Cela eft vrai, s'il y en a trop ; mais il en faut une bien petite quantité : l'expérience doit la déterminer. Je me rappellerai toujours ce que m'a dit l'illuftre Cramer, qui a été autant à portée que qui ce foït de connoître l'art des forges, celles du duché de Brunfwick ayant été pendant un grand nombre d'années fous fa direction. Son fentiment eft qu'un peu de cuivre uni au fer augmente fa qualité & le rend meilleur : il m'a dit qu'on peut en ajouter depuis une jufqu'à deux livres par quintal, fans que cela nuife à la propriété qu'a le fer de fe fouder.

Le cuivre nous offre un exemple à peu près femblable, & que l'expérience nous certifie tous les jours.

Tous ceux qui font employés dans les martinets à cuivre, où l'on fond de la rofette de toute efpece pour la forger en planches, plaques, chaudrons &c., favent que certaines rofettes, quoique d'un cuivre très-pur, ne peuvent être employées feules, pour les amener à ce que l'on nomme *le point du Martinet*, (c'eft le degré de malléabilité que doit avoir le cuivre pour être porté fous le marteau,) fans y ajouter une once ou deux de plomb par quintal. Ils favent encore que fi on en ajoute

Le cuivre en petite quantité n'ôte point au fer la malléabilité.

On ajoute du plomb au cuivre.

trop, il fera moins malléable qu'auparavant, à moins qu'on ne le laiffe au feu affez de temps pour vitrifier le furplus du plomb.

Examinons, dès l'origine, plus fcrupuleufement le métal que j'ai en vue, & nous verrons que bien des chofes concourent à nuire à la pureté & à la ductilité du fer.

De tous les minérais connus, que l'on a jugé mériter les frais de fonte, il n'en eft aucun qui contienne moins de parties volatiles, comme foufre, arfenic, & autres intermedes qui fervent à unir les métaux avec des fubftances terreufes, que celui de fer. Cependant il n'eft point de métal d'où ces fubftances terreufes foient plus difficiles à féparer. C'eft néanmoins le but où doivent tèndre tous les travaux, pour obtenir le meilleur fer & le plus pur.

M. Cramer dit, dans le fecond tome de fa traduction, page 133, en parlant des mines de fer, » L'acide fulphureux y eft » en petite quantité, ce que l'on fait par fon odeur qui ne man- » que pas de frapper l'odorat pendant le grillage. L'examen le » plus exact n'y découvre point de foufre commun; & fuppofé » qu'il s'en éleve quelques vapeurs fulphureufes, on doit les at- » tribuer plutôt à quelques petites molécules pyriteufes, dont » l'union eft intime, qu'à la nature de ces fortes de mines. S'il » arrivoit cependant que des morceaux bien choifis donnaffent » de vrai foufre, il ne faudroit pas croire pour cela qu'il eût » exifté tout fait, mais qu'il s'eft formé par l'union du phlo- » giftique & de l'acide vitriolique. «

Tout minérai quelconque, furtout celui de cuivre, produit, avant que de donner fon métal, une maffe réguline que l'on nomme *Matte* : c'eft un mêlange d'un ou de plufieurs métaux & de parties terreufes, le tout uni enfemble par le foufre ou l'ar- fenic. Dans la fonte des mines de fer, le fer crud, ou le fer de gueufe, repréfente la maffe réguline, nommée *Matte*, quoi- qu'elle en differe pourtant beaucoup par fa dureté & fa téna- cité; car je ne connois aucune matte qui ne puiffe être totale-

Matte ; ce que c'eft.

ment pulvérifée. Il n'en eft pas de même du fer crud , puifqu'il
en eft qui commence à avoir un peu de duétilité. Nous avons
cependant des mattes de cuivre , de plomb , autant & même
plus riches en métal pur , que le fer crud l'eft en fer forgé. Dans
les unes , les parties fulphureufes & arfénicales fe manifeftent
jufqu'à la derniere opération ; mais dans le fer crud , rien ne
nous indique leur exiftence. Nous pouvons donc hardiment
conclure qu'il y a une intimité réelle , entre les parties métalliques du fer , & les parties terreufes qui conftituoient enfemble
le minérai. La grande divifion des unes & des autres nuit au

D'où dépend
la duétilité du fer.

contaét des molécules qui ont plus d'analogie entr'elles , & peut
être une des principales caufes de cette union ; la figure des
parties intégrantes peut auffi y entrer pour quelque chofe : au
moins paroît-il certain par plufieurs expériences , que delà dépend la duétilité du fer.

Les excellentes obfervations qu'a faites M. de Réaumur, dans
fon art d'adoucir le fer fondu, pages 498 , 499 & 500 , prou-
vent le changement gradué dans la tiffure du fer fondu, par la
feule cémentation , & qu'elle fe rapproche de celle du fer
forgé à mefure qu'il acquiert de la duétilité.

Tous ceux qui ont fait de l'acier par la cémentation , auront

Le fer perd fes
fibres dans la cé-
mentation.

obfervé comme moi , qu'un fer duétile , à chaud & à froid ,
rempli de nerfs dans fa caffure , perd toutes fes fibres dans la
cémentation , & prend de grandes facettes ou lames comme
celles d'un mauvais fer caffant à froid. Enfin , quoiqu'on le laiffe
refroidir dans la caiffe ou creufet où il a été cémenté , fi on en
prend une barre , & qu'on la frappe fur une enclume , il caffe
en un ou plufieurs morceaux , comme le feroit le meilleur acier
le mieux trempé.

Ce fer , devenu acier , reprend fa duétilité en le chauffant
& en le forgeant : ces deux opérations changent de nouveau
totalement fa tiffure.

. J'aurai encore occafion de parler de ce changement dans
la fuite.

Suivons M. Cramer dans l'examen des minérais de fer, sans nous arrêter à ce qu'il dit, page 145, tome 2, qu'il y a très-peu de mines de fer attirables par l'aimant. Il ne connoissoit sans doute pas alors celles de la Norvége & de la Suede, qui, si on en excepte les mines fluviatiles & d'alluvion, sont presque toutes attirables par l'aimant, sans avoir été rôties ou grillées.

Mines de fer attirables par l'aimant.

Les mines qui sont naturellement attirables par l'aimant, paroissent contenir des molécules de fer, à qui il ne manque pour être nommées fer natif, que d'être dégagées des parties terreuses qui les divisent & qui empêchent leur réunion. La différence qu'il y a entre ce minérai & celui qui n'est attirable par l'aimant qu'après avoir été rôti, vient peut-être de ce que dans le premier, les molécules de fer enveloppent celles qui sont terreuses, & dans le second, ce sont les dernieres qui recouvrent les premieres. Dans l'un & l'autre cas, ces minérais sont pourvus de phlogistique. Il n'en est pas de même de ceux qui ont besoin du contact des charbons, pour être attirés par l'aimant. Ceci paroît d'autant plus vraisemblable, que, suivant M. Cramer, il est de ces minérais qui, par la calcination, ne souffrent que très-peu ou point de déchet.

Il n'en est donc pas pour ces minérais comme pour ceux des autres métaux. Par la volatilisation du soufre & de l'arsenic, on désunit les parties métalliques d'avec les terrestres; la réduction & la fonte achèvent de les séparer; mais ce n'est que par un feu bien ménagé & gradué, que l'on peut parvenir au même but avec les minérais de fer. Il n'est pas aisé de séparer ce que la nature a uni si intimement : le feu sans doute, aidé par le principe inflammable, que nous ne connoissons que par ses effets, est un agent bien puissant, qui pénetre dans les pores les plus petits des corps qu'on lui présente, & y opére des changements qui nous paroissent inconcevables. Ceux qu'observe M. de Réaumur, & qui sont confirmés chaque jour

par tous ceux qui cémentent de l'acier , nous annoncent affez
ce que cet élément peut faire fur les minérais. C'eft en exa-
minant la façon dont il agit , que nous apprendrons à traiter
les minérais de fer , pour en obtenir le meilleur fer de fonte ,
fuivant les ufages auxquels nous le deftinons , foit dans le commerce & les arts , foit pour en fabriquer le fer forgé & l'acier le
plus parfait.

Néceffité de
rôtir les minérais
de fer.
Effets du rô-
tiffage.

L'ufage de rôtir ou griller les minérais de fer , n'eft pas auffi
général qu'il devroit l'être , furtout en France. Le but de ce rôtiffage eft moins ici de diffiper les parties volatiles , quoi qu'il
rempliffe cet objet lorfque le minérai en contient , que de rompre le gluten , & de défunir les parties terreufes d'avec les métalliques. Nous en avons une preuve , puifqu'après le rôtiffage,
de dur & compaĉt qu'il étoit , il devient tendre & friable , &
s'il n'étoit pas attirable par l'aimant , il acquiert par-là cette
propriété attractive. L'air fait auffi à peu près le même effet fur
certains minérais ; mais il lui faut plufieurs années pour cela.
J'en citerai un exemple , en traitant des mines de Styrie ; avec
la différence pourtant qu'il n'y devient que tendre & friable ,
& non attirable par l'aimant.

Danger de
faire trop rôtir
les minérais de
fer.

On ne donne communément qu'un feul feu de rôtiffage à ce
minérais : il en eft où il ne feroit peut-être pas mal d'en donner un
fecond ; mais il feroit toujours dangereux de donner l'un ou l'autre trop fort. L'expérience démontre journellement , que lorfqu'un minérai de fer a trop été attaqué par le feu dans le rôtiffage , il produit moins de métal. Le feu , loin d'avoir défuni
les parties terreufes d'avec les métalliques , a rendu l'union encore plus intime par un commencement de vitrification d'autant plus à craindre , que dans ces fortes de fourneaux le contaĉt
du phlogiftique n'a lieu pour la réduction que fur un petit nombre de morceaux. Ce qui doit nous fervir auffi à prouver tout le
danger qu'il y aurott à trop rôtir un minérai de fer , quoiqu'à
un feu fort doux , puifque les molécules de fer , après avoir été
défunies ,

défunies , perdroient peu à peu leur principe inflammable , & fe calcineroient de façon à devenir en grande partie irréductibles & très-réfractaires.

Les hauts fourneaux , dont on fait ufage affez généralement pour la fonte des mines de fer , paroiffent fuppléer , par la hauteur qu'on leur donne , au rôtiffage ; mais c'eft plutôt une préparation à la fonte & une réduction des parties métalliques qui n'ont pas affez de phlogiftique , qu'un rôtiffage. En Norvege & en Suede , où les minérais font attirables par l'aimant, & par conféquent plus métallifés naturellement que ceux que nous avons en France , on les rotit toujours préalablement à la fonte qui fe fait pourtant dans de hauts fourneaux.

C'eft par les réfultats feuls de la fonte que nous allons démontrer l'union intime des parties ferrugineufes avec les terreufes , les moyens qu'il faut employer pour les défunir , & les principes qui doivent guider cette opération. Je fuis très-affuré que lorfqu'on m'aura entendu , on fera du même avis que moi, puifque je fonde mon opinion non-feulement fur des obfervations faites par moi-même , mais encore fur des faits cités par des Auteurs très-célebres. Ce que je vais rapporter eft de la derniere importance , & mérite la plus grande attention.

Dans une feule & premiere fonte & avec le même minérai, on peut obtenir du fer crud ou fer de gueufe , plus ou moins pur , ou bien de l'acier , avec du fer doux & malléable ; tout dépend de la conduite du feu , pour avoir l'une ou l'autre de ces premieres matieres , ou les deux dernieres enfemble.

La conduite du feu dans la fonte eft effentielle pour obtenir un bon fer.

Il y a bien des minérais que l'on eft dans l'ufage de fondre feuls & par eux-mêmes, je veux dire fans autre addition que celle de plufieurs efpeces des mêmes minérais enfemble ; mais il eft encore plus général de leur ajouter de la pierre à chaux, que l'on nomme *Caftine* : dans d'autres endroits , on fe fert d'une terre argilleufe. Quoique plufieurs Auteurs aient regardés l'addition de la pierre à chaux comme un abforbant des foufres

Caftine ; que l'on ajoute dans la fonte.
Ses effets.

B

contenus dans le minérai , on peut voir , par ce que dit M. Cramer (page 133) que j'ai déjà cité, que c'eſt moins là ſon effet , que celui d'un flux ou fondant. Je renvoie à M. Pott & à pluſieurs autres Chymiſtes , ſur les effets & le degré de fluidité qu'acquerent différentes pierres & terres fondues enſemble. Le but de ces additions eſt de rendre le total aſſez fluide , pour que le laitier laiſſe précipiter toutes les matieres métalliques , & que la ſéparation s'en faſſe beaucoup mieux.

Je ſuis parfaitement d'accord avec les Auteurs de la troiſieme ſeᶜtion de l'art des forges , publié par l'Académie des Sciences, (pages 75 , 76 & 77.) Ce qu'ils rapportent eſt fondé ſur des faits obſervés par tous ceux qui ont un peu fréquentés les forges. Voici de quelle façon ils s'expriment , en traitant de la fonte des minérais de fer.

Fonte des mi-nérais de fer.

» Qu'il y ait trop de mine , eu égard à la quantité de char-
» bon , la fonte qui en provient , étant chargée de matieres
» étrangeres qui n'ont pu s'en ſéparer , coule difficilement , peſe
» moins relativement à ſon volume , que les eſpeces dont nous
» allons parler. Sa ſurface eſt élevée , convexe , inégale , caſ-
» fée ; elle eſt blanche , ſans apparence de lames ou grains ;
» elle eſt très-fragile , très-dure , & eſſuiera un grand déchet
» ſi on la convertit en fer.

» Qu'il y ait la quantité convenable de mine & de charbon
» la fonte coule aiſément , peſe davantage ; ſa ſurface eſt unie ,
» quelquefois un peu concave , caſſée ; on y voit des grains
» blancs , avec quelques parties qui noirciront d'autant , qu'il y
» aura plus de charbon relativement à la mine ; elle eſt tenace ,
» plus peſante que la premiere , & eſſuyera moins de déchet ,
» pour être convertie en fer.

» Qu'il y ait peu de mine , relativement au charbon & au tra-
» vail , la fonte eſt très-griſe , coule aſſez difficilement , eſt
» lourde , tenace , approche de la duᶜtilité , & ſouffrira encore
» moins de déchet , pour être convertie en fer.

» Ces degrés font remplis d'une multitude infinie de nuances, » dont le dernier approche le plus de l'état du fer , & le pre- » mier en eft le plus éloigné ; mais ce que nous devons remar- » quer , c'eft que dans les fontes , les mots de *dur* & de *caffant* » ne font ici que ce qu'ils font en tous genres , des expreſſions » relatives.

» Quant à la couleur , on peut remarquer que la dureté & la » fragilité augmentent à proportion que les fontes approchent » plus du blanc , comme la ténacité s'accroît à meſure que » leur couleur approche du brun ; de façon qu'on peut prendre » *très-blanc* pour *très-dur & fragile* , *très-gris* pour *très-tenace &* » *moins dur.*

» A l'occaſion de la couleur blanche , nous devons faire obſer- » ver que ſi elle eft naturelle à la fonte , dans le cas dont nous » venons de parler , elle peut être accidentelle à toutes les eſ- » peces de fonte , & à proportion de la promptitude & du de- » gré de refroidiſſement qu'elle aura eſſuyé.

» La fonte de la qualité moyenne en petit volume , refroidie » promptement , blanchit ; elle doit donc , ſuivant ce que » que nous avons dit , devenir plus dure , plus caſſante , & aug- » menter de volume , & c'eft ce qui arrive effectivement. Si la » maſſe eft épaiſſe , & que le prompt refroidiſſement ne puiſſe » pas pénétrer juſqu'au milieu , les contours auront acquis les » qualités que nous diſons de blancheur & de dureté , & le mi- » lieu aura conſervé ſa couleur , ſans que ſa dureté ſoit aug- » mentée. Ce qui nous montre que ſi nous avions beſoin que le » milieu d'une piece fut très-dur , il faudroit qu'il y eut dans ce » milieu une ouverture , pour y porter le réfroidiſſement par » préférence au reſte de la piece.

» Ce qu'il nous convient actuellement de ſavoir , eft que la » fonte griſe peut , par l'eſpece de refroidiſſement , devenir » dure , blanche & caſſante , & que réduite en fer , elle » en donnera la même quantité que ſi elle fut reſtée griſe. D'où

» l'on voit qu'on ne doit pas la confondre avec les fontes na-
» turellement blanches, dont nous avons parlé. «

Dans ce que je viens de rapporter, on indique bien une partie de ce qui fe paffe, & les changemens de la fonte qui eft le
produit des minérais de fer. On ajoute que la fonte blanche eft
moins pure en général que la fonte grife ; que fa couleur blanche, fa dureté & fa fragilité font dues à un degré plus ou moins
prompt de refroidiffement ; mais c'eft encore beaucoup laiffer à
défirer : car comment le froid agit-il ? D'où vient un effet auffi
marqué ? &c. C'eft ce que je vais tâcher d'éclaircir.

Si l'on prend les mêmes efpeces de minérais de fer, que l'on
en faffe rôtir la moitié, & qu'on les fonde féparément, en ajoutant dans l'une & l'autre fonte trop de mine, eu égard aux
charbons, on obtiendra des fontes blanches ; mais avec la différence que celle qui proviendra du minérai rôti, fera plus
pure que l'autre, le feu du grillage ayant commencé à défunir
les parties terreufes d'avec les métalliques, & à diffiper l'acide
fulphureux, s'il y en avoit, ainfi que les autres parties volatiles.
La même chofe a lieu dans la fonte ; car lorfqu'on ajoute trop
de minérai à la fois, il arrive qu'il defcend plus promptement
devant la tuyere, où le vent des foufflets fait l'effet d'un chalumeau au travers des charbons, & concentre toute la chaleur.
Tout Métallurgifte fait que c'eft devant la tuyere où fe fait la
fufion : alors le minérai eft faifi en même tems dans toutes les
parties qui le compofent par un feu violent, les molécules de
fer reftent divifées entr'elles, & il n'y a que les parties terreufes les plus groffières qui s'en féparent.

Si au contraire on ajoute moins de mine & plus de charbons, le minérai defcend plus lentement, le feu défunit peu à
peu chaque partie qui compofe le minérai ; celles qui manquent
de phlogiftique, en reçoivent par le contact des charbons, fe
rapprochent les unes des autres par leur analogie naturelle,
comme étant des corps plus homogènes ; & lorfque le total eft

Fontes blan-
ches.

La fufion fe
fait devant la
tuyere.

mis en parfaite fufion devant la tuyere, la féparation eft déjà faite : c'eft alors qu'on obtient une fonte grife plus parfaite que la premiere. La pofition de la tuyere, qui eft le fecret des fonderies pour toutes les opérations métallurgiques, & dont tous les maîtres ouvriers font myftere, même à ceux avec qui ils travaillent tous les jours; cette pofition, dis-je, fait auffi beaucoup, car fi fa direction remonte un peu dans l'intérieur du fourneau, la fonte fera accélérée : elle fera retardée au contraire, fi elle a un peu d'inclinaifon; la raifon en eft que, dans le premier cas, le vent étant dirigé vers le haut, y eft porté avec beaucoup plus de force, y met les Parties ignées beaucoup plus en mouvement, & détermine la fufion plus promptement que lorfque le vent eft dirigé vers le bas, car alors il ne remonte que par réflexion, & auffi dilaté dans tout l'intérieur du fourneau qu'il peut l'être.

Fontes grifes.

Je dois obferver que l'on doit prendre garde à ne pas chercher à obtenir un fer crud trop pur, parce qu'alors il perd fa fluidité; on courroit rifque de ne pouvoir le faire couler, & d'être obligé de le retirer en maffe, comme il fe pratique dans le comté de Foix & en Styrie, où l'on fait, par la premiere fonte, du fer auffi pur que celui qui a paffé à l'affinerie; on le forge en barres tout de fuite. M. de Buffon a auffi obtenu un fer malléable dès la premiere fonte, dans fon ingénieufe & utile expérience de fondre les minérais de fer par un ventilateur naturel. Il arrive même, comme on peut le voir dans Swedenborg, & comme je le ferai remarquer dans la defcription que je donnerai des opérations de la Styrie, que cette maffe de fer contient dans fon intérieur de l'acier auffi bon qu'on puiffe le défirer. M. de Réaumur en fait auffi mention pages 4 & 5 de fon premier Mémoire; mais il dit, en parlant du Rouffillon & du comté de Foix, que l'acier fe trouve *aux bords ou près des bords du Maf-fet.* Comme je n'ai point été dans ces pays, je ne contefterai point le fait; il peut y avoir des circonftances dans l'opération

L'acier se
trouve toujours
dans l'intérieur
de la maffe de
fer.

que je ne connois point ; mais j'ai vu en Styrie que l'acier se
trouvoit toujours dans l'intérieur , & formoit le noyau (fi j'ofe
m'exprimer ainfi) des maffes que l'on retire figées du fourneau ,
& que les bords étoient toujours du fer qui augmentoit en dureté , & préfentoit un acier de plus en plus parfait , à mefure
qu'on fe rapprochoit du centre : cela fera expliqué très au long
dans le procédé.

On ne peut pas dire que ce produit en fer duétile & en acier
d'une premiere fonte foit dû à la qualité du minérai , puifqu'on
en fond auffi du même dans un fourneau peu différent , & qui
produit un fer crud , ou fonte très-blanche , très-dure , très-
fragile & très-fluide. Dans ce dernier cas , la fonte va très-
vîte , avec un feu violent , & on ne laiffe prefque pas féjourner
la matiere dans le fourneau ; au lieu que dans le premier cas
on fond plus lentement , les foufflets font foibles & ne vont pas
vite , & l'on charge moins de minérai à proportion du charbon ;
ce qui fait que les parties terreufes ont beaucoup plus le tems
de fe féparer. Elles fondent à un degré de chaleur moindre que
celui qui eft néceffaire pour mettre le fer en fufion bien liquide ;
celui-ci tombe gouttes à gouttes fur la maffe qui fe forme par
fon analogie , avec une matiere qui eft la même , & fe fépare
ainfi des fcories ou du laitier , qui plus fluide , s'écoule tout autour de la maffe. Suivant toute apparence , le fer ainfi réduit eft
acier , & peut-être même plus qu'acier , par fon abondance de
phlogiftique ; mais étant continuellement pénétré de la plus
grande chaleur & dans un état d'ignition , cette maffe reçoit ,
d'un côté du phlogiftique par le contaét des charbons qui l'en-
tourent , & celui du pouffier fur lequel elle fe forme & repofe ,
tandis qu'elle en perd de l'autre par le courant d'air établi dans
le fourneau par le vent des foufflets qui frappe fur fa partie fupérieure. Il arrive donc que le principe inflammable eft continuellement en aétion , & paffe au travers de cette maffe , dans
laquelle il en refte d'autant plus , qu'il trouve plus d'obftacle à

mesure qu'elle groffit & augmente fon volume : la partie fupérieure , au contraire , & tous les bords de cette maffe étant plus
expofés au courant d'air , que l'intérieur , perdent plus de phlogiftique dans le même tems qu'ils n'en reçoivent. Dans les com-
mencemens que fe forme cette maffe , elle eft recouverte de
laitier ou fcories , jufqu'à ce qu'elle ait acquis un certain volume , car on ne fait écouler le laitier hors du fourneau , que
lorfqu'il y en a une quantité de raffemblée , & la percée fe fait
toujours à une certaine hauteur; ainfi le phlogiftique y eft retenu par le laitier qui l'environne , & une partie du fer qui a refté
crud , & qui refte fufible par-deffus & autour , jufqu'à ce qu'on
retire la maffe figée : il coule alors avec les fcories.

La différence de la fonte blanche , de la grife , de la noire ,
demande une grande explication , parce qu'elles font dues à
plufieurs circonftances. Une des principales a été expliquée ci-
deffus , voyons les autres.

La couleur & l'organifation intérieure du fer crud ne décide
pas toujours de fon degré de pureté ; car , quoiqu'en général
la fonte blanche puiffe être confidérée comme la moins pure
de toutes , on peut en avoir qui ne contienne pas plus de parties terreufes , que de la fonte grife ; l'expérience même le
prouve. Les Auteurs de l'art des forges en ont cité des exemples , & rapportent un fait certain , que j'ai obfervé auffi plufieurs fois , c'eft qu'une fonte grife fera d'autant plus blanche ,
qu'elle aura été coulée plus mince , & par conféquent refroidie
plus promptement. M. de Réaumur dit , page 401 de fon premier Mémoire fur l'art d'adoucir le fer fondu , » la fonte blan-
» che & la fonte grife fe trouvent pourtant mêlées quelquefois
» avec irrégularité dans la même piece , & cela arrivera fur-
» tout , lorfque toute la matiere n'aura pas été mife en fufion
» bien également & bien parfaitement ; ce qui a été fondu à
» un certain point fera blanc , pendant que le refte fera de-
» meuré gris. La fonte encore grife peut être mêlée groffiére-

Différence en-
tre les fontes
blanches , les
grifes & les
noires.

» ment avec la blanche , par l'agitation qu'on donne au creu-
» fet , par les bouillonnemens de la matiere mieux fondue , &
» par diverfes autres caufes pareilles. «

J'ai obfervé dans les forges de Suede , que les fontes grifes ,
& même des noires, dont j'ai rapporté des échantillons , étoient
fouvent|mêlées, dans différens endroits de leur caffure , avec
de la fonte blanche ; ce qui fe rapporte aux obfervations de M.
de Réaumur.

La couleur de la fonte dépend du degré de fu-fion.

Il réfulte donc de ce qui vient d'être dit , que la couleur de
la fonte, fa dureté & fa fragilité , ne dépendent que du degré
de fufion qu'elle a éprouvée, & de fon refroidiffement plus ou
moins prompt.

Nous favons que, plus le fer approche du degré de pureté ,
plus il eft difficile à fondre. La fufibilité du fer crud eft donc
due proprement aux parties terreufes & hétérogenes qu'elle
contient. Si, en fondant dans un creufet du fer crud, on ne
lui donne que la chaleur fuffifante pour rendre la matiere
liquide, il arrivera que les parties terreufes feules fe fondront,
& les molécules de fer y refteront divifées & fufpendues. Si
dans cet état on laiffe figer la matiere, la fonte fera grife,
ou peut-être noire, fuivant le degré de pureté de la fonte qu'on
aura employé ; car les parties terreufes , en fe figeant, dimi-
nuent de volume, ce qui n'arrive point dans la même proportion, à celles de fer qui n'ont point été fluides ; d'où provient la porofité que l'on remarque dans les fontes grifes & les
noires, & à laquelle eft due leur couleur. M. de Réaumur dit ,
page 503 , « Nous avons rapporté en paffant, comme une
» fingularité , que le fer fondu paroît parfemé en certains
» endroits de grains très-noirs, ces grains noirs peuvent eux-
» mêmes nous faire voir d'où vient la couleur brune du refte.
» Je les ai obfervé au microfcope, & alors je n'ai plus trouvé
» de grains dans ces endroits ; mais j'ai vu que ce que je prenois
» pour des grains noirs étoient des cavités beaucoup plus con-
　　　　　　　　　　　　　　　　　　　　　　　　　» fidérables

» fidérables que celles qui font ailleurs. Des cavités plus petites
» & pofées plus proches les unes des autres , ne donneront
» donc qu'une couleur brune ou terne à notre fer fondu. »

Mais, fi l'on donne au fer crud un degré de chaleur non-feulement capable de fondre les parties terreufes, mais encore les métalliques, alors la matiere eft très-liquide, le tout ne fait qu'un
corps & refte intimément uni. C'eft dans ce cas-ci où le degré
de refroidiffement peut faire varier la couleur de la fonte ; car,
fi on en coule une partie mince & qu'elle foit frappée par un
air froid, il eft certain que l'union reftera auffi intime qu'elle
l'étoit lorfque la matiere étoit en parfaite fufion ; on obtiendra
alors de la fonte blanche, dure & caffante ; mais fi on la laiffe
refroidir lentement, il arrivera que les parties métalliques fe
refroidiront les premieres, qu'elles prendront l'organifation
propre au fer, qu'elles refteront dans cet état répandues dans
les matieres terreufes vitrifiées, lefquelles, en fe refroidiffant,
fe concentreront & laifferont des pores auxquels eft due la
couleur grife ou noire, comme on l'a dit. Ainfi, l'on ne doit
point être furpris, qu'en coulant des pieces de fonte, on trouve
que les parties épaiffes offrent une fonte grife, tandis que les
minces en préfentent une qui eft blanche, ces premieres étant
beaucoup plus de temps à fe figer que les dernieres.

Comment on obtient la fonte blanche.

D'où provient la couleur grife ou noire de la fonte.

Pour reconnoître fi mon opinion étoit fondée, j'ai fait l'expérience fuivante. J'ai pris du fer fondu d'une vieille marmite,
dur & caffant, qui tenoit le milieu entre la fonte grife & la
blanche ; je l'ai caffé en petits morceaux & en ai rempli également deux petits creufets de heffe, de même grandeur ; je leur
ai mis à chacun un couvercle, & les ai placé devant un foufflet
que j'ai fait agir pendant une forte heure & demie, mon intention ayant été de réduire le tout en fonte blanche ; au bout
de ce temps j'arrêtai le foufflet ; je retirai un de mes creufets,
& verfai fon contenu dans un moule en terre fur une furface
unie : la fonte avoit environ deux lignes d'épaiffeur ; toute la

C

furface fut figée en moins d'une minute, & à mefure que fa
matiere fe refroidiffoit, il s'y forma une écaille, comme celle
que donne le fer forgé lorfqu'on l'a fait rougir, & pas la moindre
apparence de laitier ou fcories. Cette fonte refroidie, l'écaille
formée s'en détacha fort aifément, & ne laiffa par deffous
qu'une furface très-unie ; cette fonte étoit devenue très-blanche,
ce que je reconnus dans fa caffure. Quant à l'autre creufet,
qui avoit éprouvé une chaleur auffi forte que le premier, je le
laiffai dans le foyer, entouré & recouvert de charbons ardents,
j'en ajoutai même de nouveaux, mon intention étant qu'il reftât
encore quelque temps en fufion & qu'il fe figeât très-lentement.
Je laiffai confumer le charbon de lui-même, & ce ne fut que
huit heures après qu'il fut affez froid pour pouvoir le retirer ;
j'examinai par comparaifon le culot que je trouvai dans mon
creufet, & j'obtins, ainfi que je m'y étois attendu, une fonte plutôt noire que grife, fi tenace que je ne pus parvenir à la caffer ;
elle avoit un commencement de duƈtilité ; enfin je confirmai par
là le fentiment que j'ai avancé ci-deffus.

Ce qui a induit naturellement M. de Réaumur en erreur,
c'eft qu'il a trouvé que tout fer fondu pouvoit devenir fonte
blanche ; &, comme il étoit dans des principes qui ne font que
trop généralement reçus, que plus on fait éprouver un grand degré de chaleur à un métal, plus on le raffine ; il a cru que la
fonte blanche étoit le fer le plus pur. Cette erreur étoit bien par-
donnable : elle ne diminuera point la réputation d'un fi grand
homme ; je me fais même gloire d'avoir puifé beaucoup de connoiffances dans fes ouvrages, & les expériences qu'il cite,
m'ont été d'une grande reffource. M. de Réaumur a dit, ainfi
que moi, qu'il y a des fontes grifes, mêlées intérieurement avec
des fontes blanches. J'ai remarqué fur-tout que les extrêmités
des gueufes étoient affez communément de fonte blanche, tandis que tout le refte de la maffe étoit en fonte grife. Une partie
eft due vraifemblablement au parfait refroidiffement qu'éprou-

vent les extrêmités, comme étant plus minces; mais il eft à préfumer que la plus grande quantité, fur-tout celle qui fe trouve dans l'intérieur de la fonte grife, provient de l'inégalité de chaleur qui eft répandue dans l'intérieur d'un fourneau de fonte. Je penfe donc que la fonte blanche eft due à des morceaux de minérais, d'abord mal grillés, qui font tombés tout à coup à travers les charbons, jufques devant la tuyere (ainfi que cela arrive dans toutes les fontes); qu'ils y ont éprouvé tout à coup un degré violent de fufion, fans avoir été préalablement pénétrés par la matiere du feu; le fer crud, dans cet état, eft abfolument comme une matiere toute différente; les parties métalliques font tellement engagées & liées avec les terreufes, que cette fonte ne fe mêle point avec la grife; & comme elle eft beaucoup plus fluide que cette derniere, il arrive que lorfqu'on coule une gueufe, la plus grande partie de la blanche fe répand dans toutes les extrêmités, & l'autre fe trouvant engagée dans l'intérieur de la grife, y refte parfemée çà & là.

Nous avons déterminé d'où provenoit la couleur & la pureté du fer fondu; il nous refte à examiner d'où dépend fa dureté, fa fragilité ou fa ductilité.

Tous les métaux, de même que tous les autres corps dans la nature, lorfqu'ils font purs & homogenes, affectent chacun une forme réguliere lorfqu'on les a fondus & qu'on les a fait refroidir avec lenteur. M. Macquer & M. Baumé ont fait enfemble cette obfervation fur l'argent. Ce dernier a obfervé la même chofe fur tous les autres métaux & demi-métaux: on ne fauroit trop engager ce laborieux & favant Chymifte à continuer des expériences auffi utiles qu'intéreffantes.

D'où dépend la ductilité du fer fondu.

Pour peu qu'on réfléchiffe fur tout ce qui a été dit précédemment, & fur les obfervations de M. Macquer & de M. Baumé, on ne fera point furpris que la fonte blanche, quoique quelquefois plus pure que certaines fontes grifes, ne foit pourtant plus dure & plus caffante.

Le caractere le plus diftinctif d'un métal eft d'être ductile; toutes les fois qu'il s'éloignera de cette propriété qui lui eft effentielle, ou il fera impur, ou fes parties intégrantes n'auront pas la figure qu'elles doivent avoir.

Ce que j'avance eft prouvé par les expériences de M. de Réaumur, qui lui ont fait appercevoir les changements de tiffure, très-variés, dans le plus ou moins de cémentation du fer fondu & du fer forgé.

Le cuivre de rofette, dont j'ai parlé, quoique très-pur, a acquis, en fe raffinant, un degré de chaleur qui a dérangé totalement fes parties intégrantes, l'a rendu très-poreux & incapable de fouffrir le marteau; il eft même moins ductile que le cuivre noir, dont il eft provenu : un refroidiffement très-lent lui rend une partie de fa ductilité, mais elle n'eft pas fuffifante, & il eft plus avantageux de le refondre jufqu'à un certain degré de chaleur; fouvent on eft obligé, comme je l'ai dit, de lui ajouter un peu de plomb, qui accélere le rétabliffement de fes parties intégrantes dans la figure qui leur eft propre pour être ductile; fa tiffure eft alors à grains très-fins, extrêmement ferrés.

La vapeur du charbon aigrit l'or.

Tous les Chymiftes favent la facilité qu'a l'or, ce métal fi ductile, à être aigri & rendu caffant, puifque la feule vapeur du charbon produit cet effet (*); mais aucun n'a dit avoir obfervé quelle en étoit la caufe. Je fuis très-perfuadé qu'elle vient d'un dérangement dans fes parties intégrantes : il ne peut y en avoir d'autre, puifque cette vapeur ne peut nuire à la pureté de ce métal; je fuis convaincu qu'un alliage n'ôte la ductilité à un métal, que parce qu'il dérange fon organifation; nous en avons une preuve dans celui de l'étaim avec le cuivre, qui, tous deux très-malléables féparément, le font beaucoup moins lorfqu'ils font alliés enfemble.

Paffons actuellement aux moyens que l'on emploie pour réduire le fer crud en fer forgé, ou en acier.

(*) Voyez la page 41 du tome 4 de Cramer.

Il paroît affez démontré, & on fe convaincra de plus en plus dans le courant de cet ouvrage, que le fer & l'acier ne font qu'un feul & même métal; l'un n'eft qu'une modification de l'autre; ainfi l'on pourroit dire, voilà un minerai de fer, ou un minérai d'acier; car il n'eft point de minérai de fer dont on ne puiffe retirer peu ou beaucoup d'acier; & il n'eft point de fer qu'on ne puiffe convertir en acier, & point d'acier qui ne devienne fer. Le fer & l'acier font un même métal.

Le fer eft un des métaux qui perd le plus aifément fon phlogiftique; il eft auffi celui qui en prend le plus; c'eft à cette propriété que nous devons l'acier, qui n'eft autre chofe qu'un fer furchargé de phlogiftique.

M. de Réaumur regardoit la fonte blanche comme un acier *trop acier*; il l'auroit pu dire également de tous les fers cruds. Il avoit raifon en quelque façon, car le fer fondu, en général, contient plus de phlogiftique que n'en a befoin l'acier le plus dur, la preuve en eft évidente, puifque, malgré la diffipation qui fe fait du principe inflammable dans la réduction à feu ouvert, du fer crud, il en refte fuffifamment, quand on veut, pour en obtenir de l'acier. Mais ce grand Phyficien auroit dû ajouter que cet acier, *trop acier* étoit encore fort impur.

On trouvera dans le cours de cet ouvrage, un exemple qui confirme cette opinion; c'eft à l'occafion d'une fonte blanche, dont on retire plus aifément de l'acier que du fer; car on eft obligé de la faire rôtir & de lui donner un recuit pour diffiper fa furabondance de phlogiftique, avant que de la travailler pour en faire du fer.

Nous avons vu que dans la fonte du minérai de fer, on pouvoit obtenir du fer crud, très-fragile & caffant, ou du fer ductile & de l'acier; que cela dépendoit de la conduite du feu; car, quant à la qualité du minérai, quoiqu'elle y influe beaucoup, elle ne doit être confidérée que comme rendant l'opération avantageufe ou défavantageufe aux Entrepreneurs; mais cette confidération n'eft point l'objet d'une differtation, qui a pour but d'établir des principes phyfiques, dont l'application ne peut que devenir utile.

Nous verrons actuellement qu'en affinant le fer crud, on peut, par la conduite du feu, en obtenir du fer ou de l'acier, lefquels, dans cette opération, participeront de la bonne ou mauvaife qualité du fer crud que l'on aura employé.

On ne fauroit mieux faire que de lire tout ce que Swedenbourg a écrit fur la conftruction des foyers de forge, la pofition de la tuyere, & la cuifon du fer crud; de même que les obfervations renfermées dans la fuite de cet ouvrage.

L'objet de l'opération d'affiner le fer de gueufe, eft d'achever de féparer les parties terreufes qui ont reftées unies au métal, après la premiere fonte. Si l'on veut en obtenir du fer, on ne cherchera pas à y conferver la furabondance de phlogiftique qui y eft contenue. Si au contraire, le but eft d'avoir de l'acier, on doit avoir ces deux objets en vue. Nous allons voir comment on doit fe conduire dans l'un & l'autre cas.

Affinage de la fonte pour en obtenir du fer.

La difpofition du foyer & la pofition de la tuyere font deux points effentiels, d'où dépend toute l'opération. Si l'on veut obtenir du fer, le foyer fe fait plus grand que pour l'acier; on garnit fon fond avec du gros pouffier de charbon, de la ballilure de fer & des fcories, & l'on donne peu d'inclinaifon à la tuyere; il faut que le vent ne faffe qu'effleurer la furface du fer. Mais pour l'acier, on étend fur le fond du foyer du pouffier du même charbon & des fcories, & on incline davantage la tuyere, pour que le vent porte plus bas; ou bien on place la tuyere plus près du fond, afin que le vent plonge fur la matiere, & la tienne continuellement en agitation. On ne prefcrit aucune inclinaifon fixe, parce que c'eft la qualité du fer fondu qui doit la régler. On ne peut y parvenir exactement, & trouver le point le plus avantageux que par l'expérience.

Le foyer fe remplit de charbon; on place le fer crud par deffus & à la hauteur de la partie fupérieure de la tuyere; on doit chauffer modérément, car, fi la chaleur étoit trop forte, le fer de gueufe couleroit, il ne fe feroit que peu ou point de féparation des parties terreufes, & l'on obtiendroit une fonte blanche, très-dure & très-caffante; ce qui feroit contraire au but qu'on fe propofe.

Il ne faut donc donner qu'une chaleur capable de fondre les parties terreufes, qui étant plus fufibles que le fer, deviennent très-claires & coulent aifément, tandis que ce métal eft pâteux & beaucoup moins fluide; d'où il arrive qu'à mefure que le fer fondu tombe gouttes à gouttes dans cet état de fufion, les molécules du fer, étant les plus pefantes, fe réuniffent dans le fond du foyer en une maffe, tandis que les terreufes, qui font en parfaite fufion, s'échappent à mefure des pores du fer, pour former un bain de fcories autour de la maffe; lorf-qu'il y en a trop, on les fait couler & on en ajoute de nouvelles, qui s'uniffant à celles que produit le fer, les rendent plus légeres, & en facilitent la féparation.

On imagine bien que cette fonte fe faifant lentement & par un courant d'air établi par le vent des foufflets, les parties fulphureufes, s'il y en a, s'en échappent, de même que la portion furabondante du phlogiftique; on acheve de la diffiper en remuant la maffe de fer à mefure qu'elle fe forme, & en expofant fa furface, dans tous les fens, au vent du foufflet. On pourroit nommer cette opération *liquation*, terme confacré en Métallurgie, pour défigner le départ de l'argent & du plomb d'avec le cuivre; en effet, ces trois métaux étant unis enfemble, on donne une chaleur capable de fondre le plomb & non le cuivre; ce premier fond & entraîne l'argent, avec lequel il a le plus d'affinité. Ici ce font les parties terreufes qui font plus fluides que le fer, & qu'il faut mettre en parfaite fufion, tandis que le métal n'en doit avoir qu'une fuffifante,

pour les laiſſer échapper; d'ailleurs elles fondent moins facilement, relativement au métal auquel elles ſont unies , que

Affinage de la fonte pour en obtenir de l'acier.
le plomb , relativement au cuivre. Mais lorſqu'on veut obtenir de l'acier, on met dans le fond du foyer beaucoup de
petits charbons & du pouſſier que l'on humecte, afin qu'il ſoit
plus adhérant,| & des ſcories très-légeres & fluides; la tuyere
eſt plus inclinée; on preſſe davantage la fuſion; à meſure que la
fonte dégoutte dans le foyer, elle eſt tenue en fuſion, moins
pâteuſe que dans la précédente opération, par le vent des
ſoufflets qui frappent deſſus vivement à travers les charbons,
& font chalumeau; le bain eſt toujours couvert de ſcories; on
ne les fait point écouler. De cette façon on voit que l'on cherche à maintenir le phlogiſtique & empêcher qu'il ne ſe diſ-
ſipe; la matiere du fer repoſant ſur du charbon, en a le contact immédiat par deſſous; il paſſe au travers la maſſe, & y
eſt retenu par les ſcories fluides qui la couvrent. On acheve ici
de ſéparer, par la force du feu, les parties terreuſes d'avec les
métalliques, car la matiere étant continuellement agitée par le
vent des ſoufflets, les molécules terreuſes rencontrent les ſcories, avec leſquelles elles ont plus d'analogie, s'y accrochent
& font corps avec elles; mais il eſt immanquable qu'il n'y ait
des particules de fer qui ſe ſcorifient, auſſi a-t-on un déchet
plus grand, que lorſque l'on fait du fer; dans ce cas-ci, on ne
retire guere que la moitié en acier, tandis que dans le premier,
on obtient communément les deux tiers en fer.

A meſure que l'acier eſt purgé de ſes parties terreuſes, il
réſiſte davantage au feu & ſe durcit; lorſqu'il a acquis une con-
ſiſtance ſuffiſante à pouvoir être coupé & à ſupporter les coups
de marteau, l'opération eſt finie; on le retire.

Le fer & l'acier, que l'on obtient ainſi de ces deux opérations, ſont rarement purs & aſſez bons pour tous les uſages du
commerce. Nous dirons d'abord de quelle façon on s'y prend
pour avoir un meilleur fer, & ce qui devroit être plus en
uſage ,

ufage, fur-tout en France, où, en général, nos minérais ne font pas d'auffi bonne qualité qu'en Suede & ailleurs.

On conçoit combien il eft difficile de bien diriger l'opération mentionnée ci-deffus, pour que la féparation des parties terreufes foit exacte; cela eft même impoffible, s'il y en a abondamment dans le fer crud; la moindre négligence d'un ouvrier, peut faire détacher des morceaux de fer de gueufe, ils tombent dans le foyer fans avoir acquis le degré de fufibilité néceffaire, delà la maffe de fer fe trouve très inégale en bonté, & du même lopin (comme cela arrive affez fouvent) on obtient des barres de fer de différentes qualités. On remédie à cela en faifant figer entiérement la maffe dans le foyer, en la retournant & la plaçant fur du charbon, comme on avoit fait du fer crud, & en la faifant fondre une feconde fois: on peut répéter ce procédé une troifieme & quatrieme fois, pour avoir un fer graduellement plus pur. Si cela étoit obfervé, certainement on ne diroit pas, ce minérai produit un fer de mauvaife qualité; mais on pourroit dire, il eft plus difficile & plus coûteux à traiter que tel ou tel autre.

La conduite de l'affinage de la fonte eft importante pour obtenir un fer égal en bonté.

L'expérience prouve chaque jour ce que j'avance. Je ne faurois trop recommander aux Maîtres de forges d'y avoir la plus grande attention. Swedenborg donne des détails de ces différentes opérations, qu'il nomme *Cuifon*. J'en donnerai auffi des exemples dans cet ouvrage; mais ce qui le prouve encore, c'eft ce qui fe paffe tous les jours fous nos yeux.

A-t-on un fer aigre & caffant? on dit, il n'y a qu'à le bien forger & le corroyer: effectivement fes lames fe détruifent, & il prend des fibres & du nerf; mais je craindrois fort qu'un tel fer ne devint fort pailleux, car voici ce qui arrive.

Corroyer du fer, c'eft lui donner une *chaude fuante*, le forger, le replier fur lui-même & le fouder à plufieurs reprifes. La chaude fuante fuffit pour mettre toutes les parties terreufes dans un état de fluidité; elles fe rapprochent les unes & les autres,

Ce que c'eft que corroyer du fer.

D

à mefure que les coups redoublés du marteau les chaffent d'entre les molécules métalliques, qui devenant plus continues & plus liées, forment une maffe pleine de fibres & de nerfs : mais comme ces parties terreufes reftent en grande partie dans l'intérieur des barres, il peut arriver qu'elles empêchent dans certains endroits la réunion des molécules de fer, & qu'elles rendent par-là le fer pailleux. D'un autre côté, fi l'on chauffe trop, ou qu'on lui donne des chaudes fuantes trop réitérées, on calcine le fer, c'eft-à-dire, qu'il perd peu à peu fon phlogiftique jufques dans l'intérieur, par conféquent fon état métallique, & n'a plus de corps ni confiftance : c'eft ce que l'on nomme communément *brûler le fer.*

On ne court aucun de ces rifques, fi l'on procede tout de fuite à l'affinerie pour avoir du fer de la meilleure qualité ; je veux dire que dans ce foyer on lui donne une chaleur affez forte, pour que les parties terreufes y foient parfaitement fluides, & puiffent mieux fe réunir entr'elles. On ne rifque pas d'y brûler le fer, puifque l'ouvrier peut toujours le tenir dans un bain de fcories qui enveloppent toutes fes parties, & empêchent la diffipation du phlogiftique.

Au furplus, on doit fe régler pour les qualités de fer que l'on veut avoir fur l'emploi qu'on en veut faire. Il en eft de même de l'acier ; mais je ne fache pas qu'on fe foit avifé encore, dans tous les atteliers où l'on fait de l'acier avec du fer crud, de réfoudre deux ou trois fois, & même plus, s'il le falloit, la maffe d'acier qui s'eft formée dans le foyer. Je penfe qu'après ces opérations, l'acier qu'on en obtiendroit feroit plus pur, que fi on fe contente de le corroyer à plufieurs fois, comme il eft d'ufage, pour avoir un acier plus parfait, & cela par les mêmes raifons qui ont été rapportées pour le fer. Je ne prétends pas dire que le fer & l'acier n'acquièrent de la qualité en les corroyant ; je crois même que cela eft néceffaire pour refferrer les molécules, & rétablir la figure des parties intégrantes, qui font propres à la ductilité & à la malléabilité du fer & de l'acier, laquelle est toujours dérangée par un trop grand degré de feu, surtout pour l'acier, dont la surabondance de phlogistique nuit toujours à sa ductilité.

Quelque bon que soit l'acier que l'on retire du fer de fonte, je ne puis m'empêcher de croire qu'il ne soit sujet à être uni à quelques portions de fer qui le rende inégal, de sorte qu'il n'aura pas la même dureté dans toutes ses parties; Inconvénient très-grand en général, surtout pour certains ouvrages. Par exemple, quel défaut n'est-ce pas pour une lime, si elle n'a pas la même dureté sur toute sa surface, & de même dans d'autres circonstances?

L'acier produit par la fonte est toujours inégal.

Il n'en est pas ainsi de l'acier cémenté; car si la cémentation est bien faite, le fer doit être converti également dans toutes ses parties. Aussi nous voyons que l'on préfère les limes d'Angleterre à celles d'Allemagne; ces premieres sont toutes fabriquées avec de l'acier cémenté, & ces dernieres avec de l'acier de fonte, on n'en fait pas d'autre en Allemagne; mais comme l'un & l'autre acier sont d'un très-grand usage, je ne saurois trop engager ceux qui ont des forges, à s'attacher à fabriquer celui qui leur sera le plus avantageux, calcul fait des frais & de la dépense.

M. de Réaumur a au moins autant travaillé sur l'acier cémenté, qu'il l'a fait sur le fer fondu. Cet illustre Académicien nous a fait part d'un très-grand nombre d'expériences, qui ont apporté un grand jour dans cette matiere. Il a reconnu, de même que moi & tous ceux qui ont entrepris de faire de l'acier par la cémentation, que l'acier que l'on obtient par ce procédé, participe toujours du fer que l'on a employé; & cela doit être, puisqu'il n'est point question ici de fonte ni de purification. J'observerai encore que les moindres défauts reconnus au fer, deviennent très-sensibles, lorsqu'il est converti en acier: par exemple, un fer qui sera difficile à souder, qui se gersera, ou sera pailleux, mais qu'on pourra pourtant em-

D 2

ployer à différens ufages , fera un acier dont il ne fera pas poſ-
fible de faire la moindre choſe , on ne pourra pas même le forger. Enfin , toute perſonne qui voudra entreprendre une fabrique d'acier cémenté , ne doit compter y réuſſir , qu'autant
qu'elle emploiera le fer reconnu le meilleur pour les uſages du
commerce : elle ne doit pas eſpérer pouvoir , par des procédés
particuliers , redonner au fer qu'elle veut convertir la qualité
qui lui manque. Si on a lu avec attention tout ce qui précede ,
on fera convaincu que ce n'eſt que par la fonte que l'on peut
priver un métal quelconque des parties hétérogenes qui nuiſent
à ſa pureté : je dis pureté , parce que c'eſt ſans contredit delà
que dépendent les défauts & la mauvaiſe qualité du fer & de
l'acier.

Le fer que l'on fabrique dans la province de Roſlagie en Suede , & qui eſt produit du minérai des fameuſes mines de Dannemora , a été reconnu juſqu'à préſent pour le meilleur fer qui
puiſſe être employé pour tous les uſages du commerce. Il ſe
forge & ſe ſoude très-bien , n'eſt caſſant ni à chaud ni à froid ;
avec toute la duΩtilité du fer le plus doux , il a preſque autant
de dureté que le fer caſſant , que l'on nomme dans les Pays-Bas
fer tendre : cette derniere qualité ne nous annonce pas le fer le
plus pur , mais il eſt le plus utile. Il ſeroit donc eſſentiel de donner à tous nos fers les caraΩteres de celui de Roſlagie. Il faudroit à cet effet connoître l'alliage que l'on pourroit ſoupçonner
qu'il a naturellement ; c'eſt peut-être auſſi à une ſurabondance
de phlogiſtique qu'eſt due ſa dureté , ce qui eſt très-poſſible ,
puiſque ſon minérai eſt très-attirable par l'aimant. Quoi qu'il
en ſoit , ce fer a été reconnu avoir des qualités ſi ſupérieures à
tous les autres , pour être converti en acier , que les Anglois le
payent quinze pour cent plus cher que tous les autres fers de la
Suede ; & comme on n'a fait juſqu'à préſent en grand volume
de l'acier cémenté qu'en Angleterre & en Suede , il reſulte que
tout celui que nous connoiſſons & que nous employons facilement & utilement , eſt produit du fer de Roſlagie.

SECOND MÉMOIRE.

DESCRIPTION
DES MINES ET DES FORGES
DE FER ET D'ACIER,
DE LA STYRIE.

Année 1758.

LA province de Styrie eft en très-grande réputation depuis un tems immémorial pour le fer & furtout pour l'acier, qu'elle fournit à une partie de l'Europe. On peut juger de l'ancienneté de l'exploitation de fes mines, par l'étendue de la ville à laquelle elles ont donné leur nom ; on nomme cette ville *Eifen-Artz* ou *Eifen-Ertz*, qui veut dire, minérai de fer ; elle eft très-peuplée, fituée au pied de la montagne dont il va être queftion, & remplie d'habitans qui ont été ou font encore occupés, ou intéreffés aux mines & forges.

La montagne où fe tire le minérai de fer, fe nomme *Artz-Berg*, qui fignifie montagne de minérai, elle a environ 480 toifes de hauteur perpendiculaire ; la partie fupérieure appar-

tient à quatorze Compagnies, qui font dans un diftrict d'un
côté de la montagne, dans l'endroit nommé *Wordernberg*, où
elles ont leurs forges & ufines ; depuis très-longtems le terrein,
que doit exploiter chacune de ces compagnies, eft marqué, &
'arrangement qui a été pris eft fort ancien du côté de *Eifen-
Artz* ; il n'y a qu'une feule compagnie qui exploite toute la partie inférieure de la montagne, laquelle confifte principalement
en minérai de fer. (1) Il y a cependant des endroits plus riches
les uns que les autres : on les nomme *roignons*, & ce font ceux
qu'on exploite. On en trouve indifféremment de tous les côtes
de la montagne, excepté dans la partie qui eft expofée entre
le *Sud* & l'*Eft* : on ne travaille pas près du ruiffeau, parce
qu'on croit qu'elle ne produiroit pas fi bas ; la montagne eft couverte de fapin, ainfi les vapeurs minérales n'y nuifent pas à la
végétation ; elle renferme plufieurs efpeces de minérai. Suivant
la diftinction qu'en font les mineurs, le plus abondant fe nomme
Phlintz, il y en a de blanc & de rouge. Le premier eft le meilleur ; lorfqu'il eft blanc & à petits grains, on le nomme *Sein-
phlintz* ; avec des facettes il prend le nom de *Spiegel-Phlintz*,
qui veut dire *Phlintz à miroir*. Le *Phlintz* eft proprement un
minérai d'acier très-riche, je dis d'*acier*, parce qu'on peut en
obtenir une plus grande quantité que des autres minérais de fer
en général. Il y a de plus une mine noire fouvent mêlée avec le
premier, on la nomme *Sein-ertz*, *mine fine*, elle eft beaucoup
plus fufible que la premiere, & donne plus de fer que d'acier.
Si on examine bien ces efpeces de minérais, il paroît que le
phlintz & la mine fine font une même efpece ; mais que ce dernier a perdu, foit par efflorefcence ou autrement, des matie-

*Phlintz ; ce
que c'eft.*

(1) Le minérai eft répandu également dans prefque toute l'étendue de la montagne, cependant quelquefois intercepté par différentes efpeces de pierres quartzeufes
& calcaires ; deforte que le filon peut être confidéré comme une maffe minérale
dont la direction eft très-irréguliere. Il forme des couches à peu près horizontales ;
on compte dans cette montagne plus de deux cent ouvertures, puits ou galeries.

res propres à faire l'acier ; ou , fi l'on veut fe fervir du langage des mineurs , la mine fine eft mûre & le *phlintz* ne l'eft pas.

Il eft bon d'obferver ici que les Entrepreneurs voudroient avoir à *Eifen-Artz* du minérai moins riche en acier , parce que celui-ci leur occafionne un travail trop confidérable pour en avoir du fer , comme on le verra par le procédé , & s'ils fai-foient une plus grande quantité d'acier & moins de fer , ils n'en auroient pas la confommation.

Ce qui peut prouver que la mine fine n'eft autre chofe que du *phlintz* , c'eft que le *phlintz* le plus dur & par conféquent le moins mur , felon les ouvriers , eft féparé de celui qu'on deftine pour la fonte , & rangé en tas devant les différentes ouvertu-res qui font dans la montagne; on l'y laiffe ainfi expofé à l'air un grand nombre d'années, ce qu'on appelle le laiffer *mûrir* ; avec le tems il devient noir & friable , & reffemble beaucoup à la mine fine dont on a parlé : comme l'on n'a pas affez du *phlintz* mûr & de la mine fine , on mêle avec cette derniere du *phlintz* , tel qu'il fort de la mine, fans obferver aucune propor-tion dans le mêlange , & on le fond comme on le dira plus bas. Le *phlintz* eft plus dur à fondre que la mine fine ; il confomme par cette raifon plus de charbon ; il en confomme auffi davan-tage pour faire du fer.

Il y a encore un autre minérai noir comme la mine fine , mais plus tendre , & enveloppé d'une ocre jaune; les mineurs difent qu'il eft trop *mûr* , & qu'ils font arrivés trop tard pour le tirer de terre. Ce minérai eft pauvre ; on le mêle cependant dans les fontes, parce qu'il eft plus fufible que les autres.

On trouve beaucoup de ftalactites dans ces mines, c'eft un dépôt très-blanc qui paroît avoir rempli des cavités qui fe trou-voient dans le minérai & dans le rocher; il y en a d'autres que l'eau dépofe le long des parois des galleries , & qui forme avec le temps des croutes fort épaiffes. Dans d'autres endroits cela forme comme des végétations & ramifications, il y en a fur-

tout dans deux anciens ouvrages qui ont des configurations
très-belles ; leur grande blancheur en rend le coup-d'œil très -
agréable ; on a mis des portes à ces deux endroits , que l'on
nomme *Chambre du Tréfor*, c'eſt le Directeur-Général des mines de la Styrie pour l'Impératrice qui en a les clefs ; on conferve ce tréfor naturel avec foin pour fatisfaire la curiofité des
Etrangers , on nomme ces efpeces de végétations blanches ,

Flos ferri. *fleurs de fer , flos ferri* , c'eſt fans doute la mine de fer blanche
ramifiée dont *Wallerius* parle , (page 461 de fa minéra-
logie ,) on reconnoît par les acides qu'elle eſt fort calcaire ,
cette ſtalactite paroît due à la pierre à chaux , dont font compofés tous les rochers des montagnes des environs.

On tire le minérai avec les outils ordinaires de mineurs , &
par la poudre, mais on n'y travaille pas avec autant de foin
qu'ailleurs ; l'abondance du minérai fait qu'on ne le ménage
pas , & qu'on l'arrache fans regle ; ce qui rend plufieurs endroits
dangereux ; la charpente eſt peu de chofe, les galeries que l'on
boife font folides. L'Impératrice a cependant des Officiers pour
conduire l'exploitation , mais il en coûteroit trop pour la bien
diriger.

Il y a deux cent trente mineurs & autres ouvriers occupés à
cette montagne pour la compagnie d'*Eifen-Artz* , & trois cent
par celle de *Wordernberg*. Ces mineurs entrent à l'ouvrage à
fept heures du matin, en fortent à onze heures pour fe repofer
une heure ; ils retournent à midi , & y reſtent jufqu'à quatre
heures après midi. Ils ont pour cette *fchicht* ou journée fept
kreutzers & demi, ou fix fols trois deniers argent de France.
Ils ont cinq jours de travail par femaine , lorfqu'il n'y a point
de fêtes ; on leur donne de plus trois fols neuf deniers par chaque traineau de minérai qu'ils amenent au pied de la montagne après leur journée , & qu'ils reportent vuides le lendemain
lorfqu'ils retournent à l'ouvrage. Ainfi ces mineurs ne gagnent
que 60 kreutzers ou 50 fols par femaine.

Les

Les chariots ou traineaux fervant à tranfporter le minérai, ont deux petites roues pardevant de quinze pouces de diametre; il y a deux bâtons fixés aux extrémités de l'effieu de ces petites roues, le refte traîne fur le pavé. On met fur ces bâtons un fac de groffe toile, dans lequel il entre environ trois quintaux de minérai. Les ouvriers le traînent le long de la montagne, en tirant ce chariot par un timon qui eft devant. Lorfqu'ils ont vuidé le fac, ils le chargent fur leurs épaules, ainfi que le traineau ou chariot, & le reportent au haut de la montagne.

On rôtit tout le minérai de fer avant que de le fondre. (2) Pour cela dans chaque fonderie il y a deux fourneaux de grillage, l'un à côté de l'autre fous le même toît ; en bas eft une porte par laquelle on attire le minérai, quand il eft grillé, de la même maniere qu'on retire la chaux du four.

Ces fourneaux ne font pas exactement de la même grandeur; ils ont dix à douze pieds de haut, environ fept pieds de large & quinze de long. Pour y rôtir le minérai, on commence par mettre une couche de charbon d'environ un pied, & par-deffus une épaiffeur de deux pieds de minérai, tel qu'il vient de la montagne, mais caffé en morceau gros comme des noix, & même plus gros. On met une autre couche de charbon, du minérai par-deffus, & ainfi *ftratum fuper ftratum*, jufqu'à ce que le fourneau foit plein. On n'attend pas même qu'il le foit pour y mettre le feu ; ce qui fe fait par la porte d'en-bas, laquelle fe bouche avec des pierres qu'on y arrange, laiffant feulement une petite ouverture pour introduire le feu. On ne donne que ce feul rôtiffage au minérai. Lorfqu'il eft froid, on ôte

Rôtiffage du minérai.

Voyez planche premiere, fig. 1. (3)

(2) Le rôtiffage n'a lieu que pour les minérais de Wordenberg. On ne rôtit point du tout ceux d'Eifenartz.

(3) Quoique ce fourneau foit gravé dans les cahiers de l'Académie à la troifieme Section de l'art des Forges, nous avons cru en devoir donner ici le deffein pour l'intelligence du Mémoire. Voyez l'explication.

E

les pierres , & on débouche la porte ou ouverture , & avec un rable de fer, on attire le minérai lorfqu'on en a befoin pour charger le fourneau. Il y a en haut un petit cabeftan , avec une chaîne de fer qui répond fur une poulie ; il y pend un grand fceau dont on fe fert pour élever le minérai au deffus du fourneau de fonte. Un homme feul éleve le minerai & charge le fourneau. Les fourneaux de grillage tiennent fix à fept cent quintaux de minérai à la fois.

Fonte du minérai.

On a deux façons de fondre les minérais de fer par des fourneaux qu'on nomme *Floss-Offen* , & d'autres *Stuck-Offen.* Le fourneaú nommé *Floss-Offen* , eft à peu près femblable aux hauts fourneaux dont on fe fert dans les autres forges ou fonderies pour le fer, mais plus petit, il n'a que onze à douze pieds de hauteur. Le diametre dans le fond du fourneau eft de deux pieds dix pouces, fuivant la direction du vent du foufflet, & l'autre diametre en angle droit, qui eft dans le fens où fe fait la percée , eft de deux pieds huit pouces. Le fourneau va enfuite un peu en s'élargiffant jufqu'au tiers de la hauteur , de forte qu'il peut avoir trois pieds de diametre dans cet endroit ; il diminue enfuite jufques dans le haut, où il n'a pas plus de deux pieds de diametre à l'endroit où on le charge. Outre cela, il y a un mur tout autour en forme d'entonnoir , fort évafé, pour pouvoir charger une plus grande quantité de minérai & de charbon à la fois.

Voyez planche premiere , fig. 2, 3, 4. (4)

La *Brafque*, pour la préparation du fourneau, eft de parties égales de charbon & d'argile , qu'on bat à l'ordinaire dans le fond du fourneau d'environ un pied d'épaiffeur.

Tuyere.

On fait la tuyere avec de l'argile à quinze ou feize pouces plus haut que le fol de la Brafque. (5) Cette tuyere eft fort

---

(4) Les figures 5 & 6 de la même planche repréfentent le plan & la coupe des fourneaux de Vordenberg. Voyez l'explication.

(5) MM. Dangenouft & Wendel difent qu'à Eifenartz la tuyere faite également avec de l'argile pétrie , eft placée à deux pieds au-deffus du fond de l'ouvrage , & qu'a Wordernberg elle eft feulement élevée de dix-fept pouces.

étroite , & fe refait à différentes fois dans la femaine , comme on le dira plus bas. Il y a deux foufflets de bois , fimples , à chaque fourneau de neuf pieds à neuf pieds & demi de longueur ; on les place fort inclinés , mais leur tuyau eft recourbé , de forte que le vent fouffle horizontalement. L'ouverture pour la percée , a quatre pouces de large fur deux pieds de haut ; on la bouche avec de l'argile , quand le fourneau eft préparé , & on laiffe feulement un trou dans le bas où il y a auffi de l'argile ; on peut le déboucher quand on veut , pour faire couler le fer dans un baffin fait de Brafque , qui a tout au plus un pouce de profondeur & environ quatre pieds de diametre. On en ufe ainfi , afin que le fer foit plus mince , fe fonde plus aifément aux affineries , & foit plus difpofé pour une opération de rôtiffage qui fera détaillée par la fuite.

La fonte des *flofs* fe commence le lundi matin. On remplit d'abord le fourneau de charbon ; il y en entre dix-huit panniers , dont chacun contient huit pieds & demi, cube ; cela fert à échauffer le fourneau & à commencer la fonte ; quand il eft baiffé , on charge par deffus du nouveau charbon & du minérai rôti , comme on l'a dit , mais fans aucune addition de pierre à chaux , *cafline* ou autre matiere ; le fourneau eft bien fermé dans le bas , & l'on perce toutes les deux heures & demie ou trois heures. Le fer & les fcories coulent dans le grand baffin plat dont on a parlé , on bouche le trou de la percée , avec une boule d'argile qu'on y porte fur une palette , & le fondeur la pouffe dans le trou avec un petit rable de fer. On jette de l'eau fur les fcories qui font à la furface du fer , & on les retire avec des rables ; on laiffe enfuite refroidir ce fer que l'on nomme *flofs* , enfuite on le met de côté pour le pefer , ce qui va à trois ou quatre quintaux au plus.

Ce fer eft de la fonte blanche ; il eft compaĉt , très-caffant & reffemble à ce que les Allemands nomment *fpeis* , qui eft un mélange de fer , de cuivre & d'arfenic. On le nomme *hart flofs* ,

Fonte des *flofs*.

ce qui veut dire *flofs* dur, parce qu'il y en a un autre qu'on
nomme *tendre*, & qui ne peut pas fe faire au commencement
de la femaine; le fourneau n'étant pas affez chaud, ce n'eft
donc que le mardi vers midi qu'on commence à travailler pour
les *tendres*, alors on fait une autre tuyere d'argile; la première
a été brûlée & fondue, de maniere qu'il refte au plus un demi
pied d'épaiffeur au mur de cet endroit. Pour faire cette tuyere,
le fondeur détourne les foufflets, & détruit la vieille en ôtant
tout ce qui eft à demi & entiérement vitrifié. Pendant ce
temps-là on charge le fourneau; mais en obfervant de mettre
plus de charbon qu'à l'ordinaire, & moins de minérai, afin d'é-
chauffer le fourneau qui a été refroidi par la nouvelle argile.
Ayant fait une plus grande ouverture à la place de la tuyere,
le fondeur a des boules d'argile qu'il enfonce par ce trou, dans
le fourneau, jufques contre le charbon, il en ajoute fucceffivement & toujours en pouffant; lorfqu'il ne peut plus y en faire
entrer, il perce avec un bâton fait exprès, un trou dans cette
argile d'environ deux pouces de diametre, & lui donne un tant
foit peu de pente en dedans du fourneau, en forte que la direction du vent, qui auparavant étoit un peu élevée, baiffe; pour
lors, on replace les foufflets, & on les fait agir de nouveau.
Lorfqu'on recharge le fourneau, on augmente la quantité du
minérai, & l'on diminue celle du charbon; mais cependant
dans une moindre proportion qu'auparavant; on laiffe auffi
cette matiere plus long-temps dans le fourneau avant que de
percer. Celle qu'on obtient eft moins compacte & plus po-
reufe; par cette raifon plus propre à faire du fer que la premiere dont on fait l'acier; elle exige un rôtiffage moins confidérable; on defireroit pouvoir faire davantage des *flofs*
tendres, pour avoir plus de fer à moins de frais, parce qu'on
en a plus de débit que de l'acier, mais cela eft fort difficile,
quand on a travaillé quelques temps *fur le tendre*, le fer s'attache au fond du fourneau & ne coule pas bien, pour lors il

faut procurer plus de chaleur. On y parvient en faifant aller les foufflets plus vîte, même en changeant la tuyere, pour travailler *fur le dur.* On ne fond communément *fur le tendre,* que le mardi après midi, le mercredi & le jeudi, car dès le vendredi après midi il faut retravailler *fur le dur,* jufqu'au famedi matin qu'on arrête le fourneau, afin qu'il n'y refte rien d'attaché, il eft fort rare qu'on puiffe travailler auffi long-temps fur le tendre qu'on vient de le dire ; cela dépend de la qualité du minerai & des ouvriers; il faut de l'habitude pour ce travail; il faut auffi que le minérai foit plus riche en fer qu'en acier. Il y a cependant des ouvriers qui en font toujours plus les uns que les autres, mais ils n'en favent pas la raifon.

On fond environ quatre cents quintaux de minérai, dans ce fourneau par femaine, c'eft-à-dire, depuis le lundi matin jufqu'au famedi à midi, & l'on confomme pour cela jufqu'à fix cents mefures de charbon; chaque mefure eft de huit pieds & demi, cubes, ce qui paroît beaucoup; mais il eft vrai qu'on n'en tient pas un compte fort exaɛt, & que les ouvriers prennent du charbon autant qu'ils veulent. Peut-être, fi l'on ajoutoit de la pierre à chaux, ou quelqu'autre fondant au minérai, la fonte en iroit mieux, & il en coûteroit moins de charbon.

(a) L'autre méthode de fondre, qui eft très-ancienne, fe fait dans les *ftück offen* ou fourneaux pour les *maffes*, ils font faits à peu près comme les fourneaux pour les *flofs*, dont on a parlé ci-deffus. Voici feulement en quoi ils different : il n'y a point d'ouverture dans le bas du fourneau, parce qu'on n'y fait jamais de percée; on dira dans la fuite par où fortent les fcories & les *ftück* ou *maffes* de fer & acier; ce fourneau eft beaucoup plus grand, intérieurement dans le bas, que celui des *flofs*; il a quatre pieds de large & feulement deux pieds & demi de profondeur, vis-à-vis la tuyere; la hauteur eft la même

Fonte des *ftuck*, ou maffes.

Nota. Ce renvoi & ceux qui fuivent indiqués par des lettres fe rapportent aux Notes qui fuivent le Mémoire fur la Carinthie. *Voyez la Préface.*

que celle du fourneau des *floſs*. Il y a une ouverture derriere; c'eſt-à-dire du côté où ſe placent les ſoufflets, de quatre pieds de large, ſur environ deux pieds & demi de haut; c'eſt par-là qu'on entre dans ce fourneau pour le réparer, & battre la braſque dans le fond; on la bouche avec de grandes briques d'argile, dans leſquelles on forme auſſi la tuyere, comme on le dira plus bas; le fourneau étant bien fermé, on le remplit entiérement de charbon, & l'on commence la fonte le lundi matin, comme celle des *floſs;* au bout de quelques heures, quand l'ouvrier préſume qu'il y a déjà beaucoup de matiere dans le fond de ſon fourneau, il fait un trou avec une baguette de fer, dans les briques qui ferment la grande ouverture derriere le fourneau, & cela à un pied & demi de diſtance de la tuyere, pour faire couler les ſcories; lorſqu'il n'en vient preſque plus, on rebouche; on ouvre de nouveau quelques heures après. On continue ainſi cette fonte juſqu'à ce qu'on ait paſſé treize ſceaux contenant chacun trois pieds cubes de minérai, ou le poids de trois quintaux & demi environ; c'eſt la quantité de minérai fixée pour faire un *ſtück* ou *maſſe* de fer & d'acier. Lors donc que le treizieme ſceau a été chargé & du charbon par deſſus, on laiſſe brûler preſque tout le charbon qui eſt dans le fourneau, ſans rien ajouter, & on recule les ſoufflets qui ſont mobiles, afin d'avoir de l'eſpace; on met devant une grande plaque de fer qu'on arroſe preſque continuellement, on defait les briques, & l'on ouvre l'ouverture dont on a parlé ci-deſſus, mais ſeulement dans le haut; d'abord deux hommes attirent avec de grands ringards de fer, le charbon qui eſt dans le fourneau, tandis que deux autres jettent de l'eau deſſus il coule en même temps des ſcories & un peu de fer; on les retire lorſqu'on a jetté de l'eau deſſus, & on les met à côté. On obtient ainſi ſix à ſept quintaux de fer, bon à porter aux affineries. On continue d'ôter tout le charbon; on en découvre la *maſſe* ou *ſtück* de fer, à l'exception ſeulement du milieu où l'on en laiſſe pour les raisons qu'on dira ci-après; on emporte dans un pannier tous les charbons qui ont été éteints avec de l'eau, & on les met hors de la fonderie; on s'en sert ensuite pour les grillages. Quand toute la masse de fer & d'acier, qui est figée dans le fond du fourneau, a été dégagée tout autour des scories & du charbon, avec un gros levier de fer, on souleve cette masse pour pouvoir y passer une grosse tenaille à crampon, aux branches de laquelle on attace une chaîne qui, passant à l'autre extrêmité de la fonderie, sur un cilindre vertical mobile, vient répondre à l'arbre de la roue qui fait mouvoir les soufflets; on l'y attache & l'on met de l'eau sur la roue, qui, faisant mouvoir l'arbre, enveloppe la chaîne, tire la masse hors du fourneau & la conduit au milieu de la fonderie; les ouvriers la dirigent avec des leviers de fer; on prend ensuite du poussier de charbon, on le met tout au tour de la piece & sur les bords, & par dessus du menu poussier mouillé, pour empêcher que la chaleur n'incommode les ouvriers qui partagent cette piece comme il suit. On a dit qu'on laisse du charbon sur le milieu de cette masse, c'est pour la tenir chaude & qu'elle soit plus facile à couper; on ôte ces charbons, & deux hommes, ayant chacun une hache, frappent dans le milieu de cette masse, & la coupent jusqu'au milieu de son épaisseur, ils y mettent ensuite des coins & frappant avec de gros marteaux, ils parviennent à la partager en deux pieces; il faut plus d'une heure pour ce travail. On coupe ainsi cette masse afin que les ouvriers des martinets & affineries aient moins d'embarras & de travail; cette masse, qu'on nomme *stück*, pese treize à quatorze quintaux, & les morceaux détachés qui coulent hors du fourneau, en pesent six à sept, de sorte qu'il y a presque toujours vingt quintaux, tant fer qu'acier, dans une fonte. Pendant que deux ouvriers coupent la masse, trois autres sont occupés à réparer le fourneau, ils jettent du poussier de charbon dans le fond, & ensuite ils font tomber de la poussiere de

charbon qui s'éleve pendant la fonte, & qui se rassemble dans
la cheminée ou plutôt dans un grand espace qui est à l'embouchure du fourneau; ils jettent de l'eau par dessus pour la rendre
plus compacte & la battent un peu avec la surface platte d'une
pelle, cherchant plutôt par-là à la rendre bien unie; ensuite
ils prennent des morceaux d'argile pétrie, ils en placent d'a-
bord un dans le milieu de cette ouverture, & cela de champ;
il entre environ de dix pouces dans le fourneau, c'est dans ce
morceau d'argile, qui a environ quatre pouces d'épaisseur,
qu'on forme la tuyere, on met d'autres morceaux de terre
pétrie à côté de celle du milieu, mais ceux-ci n'ont qu'environ deux pouces d'épaisseur, & huit ou dix pouces de large;
on les place aussi de champ, cependant de façon que les
grandes faces soient en dedans & en dehors du fourneau; on
bouche les jointures de ces especes de briques avec de la même
argile, mais bien détrempée; ensuite on enfonce un bâton
pointu dans la piece du milieu, à environ douze pouces d'élévation du sol du fourneau. On fait ce trou en le relevant un
peu du côté de l'intérieur du fourneau, c'est-à-dire d'environ
trois pouces de diametre, sur le derriere, & d'un pouce &
demi en dedans; c'est ce qui forme la tuyere; on n'en trouve
pas d'autre dans tous les fourneaux de fonte de *Eisen-Artz*;
après quoi on replace les soufflets qu'on avoit dérangés pour
sortir la *masse*; on met dix-huit panniers de charbon pour
remplir le fourneau; & par dessus, une tonne de minérai qu'on
recouvre avec du charbon; alors on fait agir les soufflets.

On emploie dix-huit heures pour fondre les treize tonnes
dont nous avons parlé; pour retirer la masse, & remettre le
fourneau en état; c'est environ quinze heures pour la fonte, &
trois heures pour sortir la *masse*, la couper & réparer le fourneau; il faut quelquefois un peu plus ou un peu moins de
temps, mais les ouvriers sont obligés de faire sept de ces
masses ou *stück* pendant la semaine, ce qui par conséquent est
le

fe produit de quatre-vingt-onze tonnes de minérai; la con-
ommation du charbon eft ici plus confidérable, à proportion,
que pour la fonte des *flofs*. On voit combien cette façon de
travailler eft plus pénible & plus coûteufe que la précédente,
puifqu'on y confomme bien plus de charbon. Cette méthode
eft très-ancienne; celle des *flofs* l'eft beaucoup moins, & ce n'a
pas été fans peine qu'on l'a établie; car la plupart des ouvriers préferent de travailler aux fourneaux des *maffes* à ceux des *flofs*.

Il n'y a qu'une feule affinerie à Eifen-Artz, où on ne fait
qu'une partie des opérations, de forte que nous avons été obligés
de nous rendre à Saint-Gallen, qui en eft à huit lieues, où eft
la plus grande partie des affineries & martinets, & où nous
avons vu toutes les opérations qu'on va détailler.

Le fourneau fur lequel on chauffe les *ftück* ou *maffes* eft une
aire comme une forge, à environ un pied d'élévation du fol de
la fonderie; le baffin du foyer eft formé avec des pieces de fer
tout autour; d'un côté eft une ouverture plus baffe même que
le fol de la fonderie; la piece de fer placée à cette ouverture
& qui fait partie du baffin, eft percée à différentes hauteurs
de petits trous, d'environ un demi-pouce de diametre. (*) Ils
fervent à faire couler les fcories dans le creux ci-deffus; le
baffin a deux pieds de profondeur; on y met dans le fond de
la pouffiere de charbon qu'on humecte beaucoup, & l'on répand par deffus un peu de fcories d'un précédent travail, qui ont
été éteintes dans l'eau, il y a devant ce foyer une tuyere, dans
laquelle répondent deux foufflets de bois fimples. On remplit
entiérement le foyer de charbon, & l'on met par deffus la
moitié d'une *maffe*, de celles qui viennent d'*Eifen-Artz*; elle
peut pefer depuis fept jufqu'à huit quintaux & plus; on la recouvre bien de charbon; on fait agir les foufflets. On ajoute du
charbon lorfqu'il en eft befoin, en continuant de fouffler jufqu'a ce que la *maffe* devienne d'un rouge blanc, & s'amolliffe;

Comment on chauffe les ftück ou maffes.

(*) C'eft ce qu'on nomme en France le *Chiot.*

F

pendant ce temps, il y a du fer qui se détache, ainsi que les crasses, & qui tombe dans le fond du bassin. Quand il y en a une certaine quantité, on débouche, avec une verge de fer, un des petits trous de la plaque de fer dont on a parlé, & les scories coulent dans le creux dans lequel on a mis de l'eau auparavant. On ne laisse pas tout écouler, parce que ces scories entretiennent de la chaleur dans le fourneau. Quant au fer, il se rassemble en masse dans le fond; on en fait usage ensuite.

Lors donc qu'on voit que la *masse* est assez pénétrée de feu ou assez molle, ce que l'on reconnoît avec une baguette de fer qu'on pique dedans, à travers des charbons, cela arrive ordinairement au bout de cinq ou six heures de feu, suivant la grosseur de la *masse*; on la retire alors par le moyen d'une grosse tenaille suspendue au bout d'un levier qui est fixé à une potence mobile; un homme, baissant l'extrêmité du grand levier, leve la piece; on fait tourner la potence, & l'homme qui dirige le levier, conduit la piece sur l'enclume. On fait agir le marteau & on lui laisse frapper plusieurs coups dans le milieu, pour l'applatir un peu. On place ensuite un fer coupant sur la piece, & le marteau frappant dessus, la divise après plusieurs coups, en deux parties. Une partie du fer qui est autour, & qui est plus tendre que l'acier qui occupe le milieu, s'en détache. Pendant que l'on coupe & qu'on frappe, on porte une de ces deux moitiés sur le même foyer, non-seulement pour qu'elle se maintienne chaude, mais pour qu'elle acquierre encore de la chaleur pendant que l'on coupe l'autre moitié en deux. On met une de ces deux pieces sur un autre foyer; l'autre est coupée encore. Enfin le tout se coupe ainsi, de moitié en moitié, en morceaux de vingt-cinq, trente, jusqu'à quarante livres; chaque fois on voit le fer qui s'en détache & qui tombe; on le ramasse pour le raffiner à l'ordinaire, quand on en a une certaine quantité, c'est-à-dire assez pour le fondre en une seule loupe, sur un foyer d'affinerie.

Ainfi, tous les morceaux qui ont été coupés, font prefque tout acier; on les met au feu pour les chauffer & les forger en morceaux quarrés, de deux doigts d'épaiffeur, & de deux ou trois pieds de longueur. Quand ils font forgés de cette façon, on les jette, fortant de deffous le marteau, dans une eau de riviere courante; on caffe toutes ces barres en les frappant fur un enclume, il y en a de plufieurs fortes, les unes font encore mêlées avec du fer, les autres font de l'acier plus ou moins bon, mais on trie le tout dans les mar- tinets; les meilleurs morceaux dont on fait le bon acier, caf- fent comme du verre; après cette trempe ils ont le grain fin, fans aucune tache ni fente, cependant l'acier n'a encore au- cune perfection, ce qui le fait nommer *raüch fthal*, c'eft-à-dire *acier brut*; on trouve dans ces morceaux du fer qu'on nomme *dur*, parce qu'il l'eft en effet, & fort caffant. Il eft comme une efpece d'acier quand on l'a forgé plufieurs fois; on l'emploie à faire des lames des faux & différents outils.

Quand on chauffe les morceaux pour les forger, on jette de temps en temps des fcories pardeffus, qui ont été éteintes dans l'eau, encore fluides; elles fe fondent en paffant au-travers des charbons, tombent enfuite fur le morceau de fer ou d'acier, l'échauffent & le préfervent d'être calciné à la furface, par la grande chaleur & le vent des foufflets; on n'en ajoute point lorfqu'on chauffe le *ftück* ou *maffe*, parce qu'il eft trop impur par lui-même, & qu'il en fournit affez pour le garantir de la calcination. Au refte, on fe fert toujours de ces fcories dans tout ce que l'on chauffe & forge; lorfqu'il y en a trop dans le foyer, on les fait couler en bas dans l'eau, pour s'en fervir une autre fois.

Le marteau avec lequel on forge les maffes, a deux pieds [margin: Martinets] dix pouces & demi de haut, deux pieds à fa panne, fur deux pouces feulement; fa tête eft d'un pied fix pouces, fon manche d'un pied trois pouces de diametre; il pefe neuf quintaux. C'eft

une petite roue, fixée à un arbre de deux pieds & demi de diametre qui le fait mouvoir; cette roue n'en a que huit de diametre; elle eft à ailes fur lefquelles il tombe une quantité confidérable d'eau qui la fait tourner.

Tout le fer qui eft tombé du *ftück*, lorfqu'on a divifé les
maffes & qui a été mis à part, eft affiné à l'ordinaire & de la
même maniere qu'on affine les *flofs*, comme on le dira plus
bas; mais avec la différence qu'il refte moins de temps au feu.
Au fortir du foyer, on porte la piece de fer fous le marteau
pour la battre tout autour; on la coupe dans tous les fens en
différents morceaux, les ouvriers connoiffent à la dureté fous le
marteau, les morceaux qui font tendres & qui doivent donner
un bon fer, d'avec ceux qui font durs & par conféquent mêlés avec de l'acier. Ils travaillent ce dernier en morceaux d'environ un pouce & demi en quarré, puis ils le trempent dans
l'eau, en fortant de deffous le marteau, comme fi c'étoit de
l'acier. C'eft auffi de ce même fer dont on fépare quelque peu
d'acier dont on a parlé ci-deffus. Ce fer fe vend très-bien, on
l'emploie à différents ouvrages, comme on l'a dit; le tranchant
des outils, feulement, fe fait avec le bon acier.

La même Compagnie des mines a plufieurs Fabriques près
de *Steyr*, où elle emploie elle-même beaucoup de fer & d'a-
cier. Quant au bon fer, il eft des plus doux & des plus liants
lorfqu'il a été forgé. On en prépare beaucoup dans les martinets, pour les canons de fufils qui fe font auffi à *Steyr*, ainfi
que pour une Fabrique de fer-blanc, fituée fur le chemin de
Saint-Gallen à *Steyr*. Tout le fer qu'on tire d'Eifen-Artz feroit
acier, fi on ne le réduifoit dans l'état de fer par différents
procédés, comme on le verra.

Tout l'acier qui a été forgé des *ftück* ou *maffes*, eft livré aux
martinets. Les ouvriers le choififfent & féparent les deux efpeces
différentes, qu'on diftingue en *acier dur*, & en *acier tendre*; par
habitude ils connoiffent à l'infpection de la caffure, dans quel

rang doit être placé tel ou tel acier; ils forgent enfuite les gros & les petits morceaux d'acier, en pieces d'environ un pouce & demi, jufqu'à deux pouces de large, fur un quart de pouce d'épaiffeur; la plus grande longueur eft d'environ un pied; une grande quantité de petits morceaux n'a que quelques pouces. En faifant ce travail, les ouvriers choififfent encore (ce qu'ils connoiffent en forgeant) ce qu'ils n'ont pas bien affortis d'abord, furtout ce qui doit être mis dans le rang de *dur* & de *tendre*. On prend enfuite cet acier pour en former des trouffes, qu'on compofe de deux grands morceaux de celui qui eft dans le rang du *tendre*, & l'on met dans le milieu de petits & de grands morceaux de celui qu'on nomme *dur*; on pince cette trouffe par une extrêmité, avec une tenaille faite exprès; pour bien contenir toutes les parties qui la compofent, on ferre fortement, & on la met fur le foyer qui eft femblable à celui où l'on chauffe le ftück, mais plus petit; on fait agir les foufflets, & lorfqu'elle eft bien rouge, on jette pardeffus un peu de fcories de ce même travail, lefquelles ont été éteintes dans l'eau; en fondant, elles tombent fur la trouffe, lui communiquent de la chaleur, & fur-tout garantiffent la furface de la grande ardeur du feu qui calcineroit une partie de cet acier, & augmenteroit le déchet; quand la trouffe a une chaleur fuffifante pour la fouder, on la porte fous le marteau; mais comme elle feroit trop pefante & trop difficile à manier, il y a, à côté de la forge, une chaîne fufpendue, à l'extrêmité de laquelle eft un crochet fur lequel on appuie les bras de la tenaille; par ce moyen on porte aifément la trouffe fur l'enclume. On fait agir le marteau qui pefe quatre cents livres, & l'on foude tous ces petits morceaux qui compofent la trouffe, pour en former des verges ou baguettes d'environ demipouce en quarré, & de plufieurs pieds de long; il faut pour cela mettre la trouffe cinq ou fix fois au feu. On ne trempe point cet acier, on le vend en cet état. C'eft le meilleur qu'on faffe communément; on le nomme *fcharre*

ſtahl. Quand on en commande du meilleur, que l'on nomme
müntʒ ſtahl, on le fait avec l'acier ci-deſſus, qu'on coupe en
petits morceaux, & qu'on applatit, comme l'on a fait le premier. On en forme auſſi des trouſſes qu'on ſoude de nouveau;
ce qu'on répete pluſieurs fois, ſelon la fineſſe dont on veut l'a-
voir. On fait auſſi un acier moindre que celui qu'on nomme
ſcharre ſtahl, en mettant davantage du *tendre*; on le nomme *kern
ſtahl*; & encore un autre de moindre qualité, en formant des
trouſſes ſeulement avec du *tendre*; on le nomme *frimen ſtahl*; &
enfin du commun, avec l'acier qui ſe trouve mêlé au fer, ou
du moins qui eſt encore plus tendre que celui dont on fait le
frimen. Le forgeron de chaque martinet eſt obligé de mettre
ſa marque ſur chaque pièce ou baguette d'acier, lorſqu'il l'a
perfectionnée, afin qu'on puiſſe le punir, au cas quil y ait des
plaintes ſur les défauts qu'il a occaſionné en le forgeant.

Si l'on vouloit, on ne retireroit que de l'acier des mines de
Eiſen-Artʒ, en ne faiſant que des *floſs dur*; cela ſe poꝉoit
auſſi avec les *tendres.* On n'en feroit également que du fer, ſi
on le deſiroit; mais on a beſoin de l'un & de l'autre. Le premier
eſt le plus précieux, & cependant le plus aiſé à faire, & le
moins diſpendieux.

On choiſit toutes les *floſs tendres*, dont on a parlé en traitant de la fonte, & comme elles donneroient encore de l'acier,
on eſt obligé avant que de les affiner, de les paſſer préalablement par une opération, que l'on nomme en Allemand *brat-
ten* ou rôtir; ſi on n'a pas aſſez de *floſs tendres*, on en prend
auſſi des *durs.* Le fourneau pour cette opération, que l'on
nomme *braten offen*, *fourneau à rôtir*, a huit pieds de long,
ſur quatre pieds de large: il eſt ouvert de chaque côté ſur la
longueur; il y a un mur à chaque extrêmité, ſur leſquels prend
la cheminée; derriere un de ces murs ſont placés deux ſoufflets
de bois, dont les tuyaux donnent dans une tuyere qui répond
en dedans du fourneau, dans un canal qui paſſe ſur toute la

longueur jufqu'à l'autre mur; le fourneau forme lui-même deux
plans inclinés, arrondis, qui répondent à ce canal; il a beaucoup de reſſemblance avec un fourneau de liquation.

Pour rôtir les *floſs* ſur ce fourneau, on remplit de charbon
le canal, mais ſeulement du côté des ſoufflets. On couvre tout
ce canal avec des morceaux de *floſs* qu'on y arrange à plat.
On met enſuite quelques pouces de charbon par-deſſus, ſur lequel on arrange quarante quintaux de *floſs* qu'on a caſſés de
différentes grandeurs, ſoit en les charriant, ou les portant d'un
endroit à l'autre; on les y place de champ & ſe touchant les
uns les autres ſur toute la longueur du fourneau; on recouvre
le tout avec du charbon; on met par-deſſus du pouſſier fin,
pour que la chaleur ſoit mieux concentrée. On y met le feu, &
l'on fait agir les ſoufflets, mais fort lentement, afin que la chaleur ne ſoit pas trop forte, & que les *floſs* ne fondent pas; car
on ne veut que faire un rôtiſſage qui dure quatorze à quinze
heures; on ajoute pendant ce temps-là du charbon lorſqu'il en
eſt beſoin. Il y a ſouvent de petits morceaux de ces *floſs* qui
coulent. La plupart ſe tiennent enſemble lorſqu'on les retire
du fourneau; ce fer qui auparavant étoit fragile comme du
verre, & ſe caſſoit en le laiſſant tomber, a déjà acquis un peu
de malléabilité après ce rôtiſſage; car il ne ſe caſſe qu'avec
beaucoup de peine, & ſi on y parvient, il y a des parties à la
ſurface qui ſe plient & ſe replient comme du plomb. On ne
veut pas convenir qu'il y ait du déchet pendant cette opération, il eſt vrai qu'on n'y apperçoit ni fumée ni odeur. (*b*)

Le fer nommé *floſs* eſt en état d'être affiné en ſortant de ce
rôtiſſage. Pour cela, on prépare un foyer garni de plaques de
fer dans le fond, & d'une autre où il y a des trous du côté
ouvert où eſt le creux; enfin ſemblable à celui dont nous
avons parlé, où l'on chauffe les ſtuck ou *maſſes*. On met ſur
les plaques de fer dans le fond du foyer du gros pouſſier de
charbon, ſur lequel on jette beaucoup d'eau. On met par-deſ-

fus un peu de fcories d'une précédente opération , ou de ce qui a été nétoyé du fourneau , &.du charbon par-deſſus ; on en met auſſi qui eſt allumé , & l'on fait agir les ſoufflets ; on y forge au commencement le fer de la derniere piece de la veille ; ce qui dure environ une bonne heure. Pendant ce temps-là , le fourneau s'échauffe, & les fcories qu'on a miſes au fond ſe fondent. On ſe regle ſur la capacité du foyer pour la quantité de *floſs* qu'on peut y affiner. Si on peut y en paſſer par exemple deux quintaux , on en prend d'abord un quintal , qu'on arrange en deux trouſſes , priſes chacune avec une tenaille , & on les met dans le charbon allumé , mais un peu éloignées des ſoufflets , afin qu'elles fondent lentement ; on jette par-deſſus des fcories, qui ſe trouvent autour de l'enclume , ou de celles qui proviennent d'une fonte précédente , ainſi que de celles qu'on a retirées du fourneau en le nettoyant ; on ajoute de temps en temps de ces fcories lorſqu'on met du charbon, pour les raiſons qu'on en a dites ci-deſſus ; on perce lorſqu'il y en a trop dans le baſſin, ce qui arrive preſque tous les quarts-d'heure , & cela pendant toute l'opération. Environ au bout d'une heure & demie après, on ajoute l'autre quintal de *floſs* de la même maniere que la premiere fois , & l'on continue à jetter des fcories. A meſure que le fer de *floſs* ſe fond, on avance peu à peu les tenailles, mais fort doucement , parce que s'il fondoit trop vîte , on retireroit encore beaucoup d'acier, & que d'un autre côté les *floſs* étant en fuſion dans le baſſin, pénétreroient à travers des plaques de fer , & paſſeroient en-deſſous , comme cela eſt arrivé, lorſque les ouvriers ont précipité la fonte , car les *floſs* en fuſion ſont fluides comme de l'eau. Le fer pourroit auſſi trop ſe rapprocher de la qualité de l'acier. On arroſe fort ſouvent les charbons avec de l'eau dans laquelle on a délayé de l'argile , cela concentre beaucoup mieux le feu. Quoique l'argile donne des fcories, il n'importe , parce qu'elles ſe mêlent avec les autres. C'eſt donc environ trois heures qu'exigent deux quintaux

de

de fer pour être affinés fur un tel foyer. Après ce temps, c'eft-
à-dire lorfque tout eft bien fondu & pris enfemble, on fonde fi
la matiere eft bien pâteufe. Quand elle l'eft, au point qu'on le
défire, on la retire en une feule maffe, & on la traîne au milieu
de la fonderie, où un homme, avec une maffe de bois, frappe
tout autour pour en rapprocher un peu les bords, & y fouder
les morceaux qui n'y tiennent pas fortement; on éleve enfuite
cette maffe fur une enclume, & on fait agir le marteau qui
pefe neuf quintaux; on la forge tout autour ce qui fait fortir les
fcories, & foude enfemble tout ce qui eft fer; on coupe enfuite
cette piece en plufieurs morceaux, lorfque les deux ou trois
forges, qui font fous le même toît, ont fini également leur affinage, car tous les ouvriers travaillent de moitié & s'aident
dans ces opérations, ils forgent tous ces morceaux de fer, &
& féparent également le *dur* d'avec le *tendre*, parce qu'ils ont
toujours un peu du premier. Ils forment enfuite de l'un & de
l'autre des barres de fer d'un pouce à un pouce & demi en quarré; ils jettent dans l'eau le fer *dur* pour le tremper, comme on
l'a dit ailleurs. Quant au *tendre*, ils le laiffent refroidir, & le
livrent ainfi au magafin. (*c*)

Pour faire de l'acier avec les *flofs*, on prend tous les *dur* dont
on a parlé à la fonte, & l'on ne les rotit pas; on prépare un
foyer pareil à celui dont on fe fert pour le fer, en obfervant
effentiellemeut de donner plus d'inclinaifon à la tuyere, d'y
mettre beaucoup moins d'eau, & très-peu de fcories. On forge
d'abord les morceaux d'acier d'une précédente opération, pour
donner le temps au fourneau de s'échauffer. Enfuite ayant mis
beaucoup de charbon fur le foyer, on y porte d'abord, dans
deux tenailles, la moitié des *flofs* que l'on a à affiner; & au
bout d'une heure & demie, on ajoute le refte. L'opération dure
auffi le même temps que pour affiner le fer, mais on n'y ajoute
que très-peu de fcories; car on ne perce point du tout pour les
faire couler hors du foyer pendant tout le temps de l'opéra-

tion. Les *floſs* en fourniſſent aſſez d'elles-mêmes ; on perce ſeulement lorſqu'on a retiré l'acier en une ſeule maſſe, comme on l'a dit du fer. Quand on le retire du feu, on ne le frappe point tout autour avec une maſſe de bois ; on ne le forge point non plus autour, mais on le coupe auſſi-tôt en différents morceaux ; on connoit d'abord par ſa dureté, ſous le marteau, que ce n'eſt pas du fer.

Quand toutes les forges ont fini leur affinage, les ouvriers qui forgent cet acier, ſéparent un peu de fer *dur* qui s'y trouvent & livrent les barres forgées au magaſin, d'où on les diſtribue dans les martinets pour les applatir, en faire des trouſſes, & enfin les forger en baguettes de différentes qualités, comme on le pratique ſur l'acier, provenant des *Stuck* ; plus il eſt travaillé, meilleur il devient, & plus il acquiert de qualité ; au lieu que celui qui vient des *floſs* perd de ſa qualité lorſqu'on le forge trop ſouvent : l'un & l'autre peut être réduit tout en fer, en le fondant pluſieurs fois, ou en le tenant trop longtemps en fuſion. (*d*)

Produit & frais. On fait environ cent mille quintaux de fer de *Stuck* ou de *floſs* tous les ans à *Eiſen-Artz*, & environ cent trente mille quintaux à *Wordernberg*, qui eſt ſitué de l'autre côté de la montagne. Le droit de l'Impératrice eſt de 33 ſols 4 den. par quintal de fer, ce qui lui tient lieu du dixieme.

On compte dans le diſtrict de S. Gallen huit marteaux qui travaillent continuellement des *Stuck* ou *maſſes* pour les purifier. Il y a quatre perſonnes dans chacun, ſavoir un maître, qui a pour les *Stuck* 2 ſols 1 denier ; un aide, qui a 2 ſols 3 den. & demi, ſur quoi il faut qu'il paie un manœuvre pour lui aider, un autre manœuvre à 1 ſol 3 den. pour mettre & détourner l'eau de deſſus la roue : le tout fait 5 ſols 7 den. & demi par chaque quintal de *Stuck* qu'on affine. De plus, il y a quatre marteaux pour travailler les *floſs* ; les ouvriers ont en tout 10 ſ. par chaque quintal de *floſs* ; on leur donne plus qu'aux précédents , parce qu'en effet il faut plus de temps & plus d'affiduité auprès du fourneau , pour faire la même quantité de fer & d'acier.

Outre cela , il y a douze martinets pour forger l'acier , lorsqu'on l'apporte des affineries. Chaque martinet occupe auffi quatre ouvriers. Il y a cinq martinets où l'on forge des feuilles de fer noir pour faire le fer blanc. Dans les uns il y a quatre ouvriers , dans d'autres feulement trois , enfin quatre martinets pour forger le fer en barres & en verges : ceux-ci n'occupent que deux ouvriers.

On paffe aux forgerons qui travaillent les *flofs* 12 liv. de déchet par quintal , & à ceux qui travaillent les *ftuck* feulement 7 liv. & demi. Ce déchet fur les *flofs* a de quoi furprendre , j'ai d'autant plus de peine à le croire , qu'on m'a ajouté que les affineurs avoient du fer & de l'acier en bénéfice à la fin de l'année , & le revendoient à la Compagnie. Cela eft moins furprenant pour les *ftuck* qui font déjà du fer pur , & qu'on pourroit employer à divers ouvrages fans l'affiner.

Il réfulte de ce qui a été dit ci-deffus , qu'il y a en tout trente-trois martinets au diftrict de S. Gallen : on y fait par année , foit en acier , fer en barres , toles & feuilles cinquante-un mille quatre cent quintaux , pour lefquels on brûle & confomme deux cent trente-neuf mille cinq cent foixante mefures de charbon, chacune de huit pieds & demi cubes. Cette confommation eft bien forte. Le bois néceffaire pour les ufines fe flotte ; on a fait pour cela deux éclufes très-confidérables , on cuit le charbon fur le port , à l'endroit où le bois arrive.

Les ouvriers des mines , des fonderies , forges & martinets n'ont pas la liberté d'acheter le bled où ils veulent ; on leur en donne à chacun une certaine quantité en paiement ; c'eft-à-dire celle dont ils peuvent avoir befoin pour eux , leurs femmes & leurs enfants. Il eft vrai que s'il furvient une cherté , ces ouvriers ne la fupportent pas , mais le prix que la compagnie a mis au bled ne change jamais, qu'il foit à bon marché ou non, s'il eft à bon marché, elle en profite; il y a des années où elle gagne beaucoup. Elle fait de grandes provifions à la fois, les ouvriers en général s'en trouvent mieux.

Prix des diffé-
rents aciers. Le *raucher-fthal*, ou acier brut, eft le premier qui fort des martinets, & dont on fait les aciers qui fuivent, favoir :

Le *muntz-fthal* fe vend 11 à 12 florins le quintal, ou 27 liv. 10 f. à 30 liv.

Le *fcharre-fthal* qui fe vend huit florins, 26 kreutzer, deux pfennings, ou 21 liv. 2 f. 1 den.

Le *kern-fthal*, fept florins, trente-quatre kreutzer, ou 18 l. 18 f. 4 den.

Le *frimen-fthal*, ou moyen, fix florins trente-quatre kreutzer, ou 16 liv. 8 fols 4 den.

Enfin le commun fix florins dix-neuf kreutzer, ou 15 liv. 15 fols 10 den.

Le fer caffant fe vend cinq florins, vingt-fix kreutzer, deux pfenning, ou 13 liv, 12 f. 1 den.

Le fer doux qui eft le meilleur, cinq florins, quarante-un kreutzer, deux pfenning, ou 14 liv. 4 f. 7 den.

Le tout, le quintal poids de Vienne.

Le prix du fer ci-deffus eft celui du fer, tel qu'il fort de la premiere forge ou martinet. Il change fuivant la groffeur dont on demande le fer, ce qui dépend du nombre de fois qu'il a été forgé.

TROISIEME MEMOIRE.

SUR LES MINES
ET FABRIQUES
DE FER ET D'ACIER
DE LA CARINTHIE.

Année 1758.

Epuis environ douze cent ans , on exploite dans deux hautes montagnes de la Carinthie , dans le lieu nommé Huttenberg, à deux lieues de Frifach , foixante mines de fer , appartenant à différentes Compagnies & à quelques Seigneurs qui en ont le privilege. Il y a fourneaux & martinets pour le fer fur les lieux , mais la plus grande partie eft difperfée à plufieurs lieues aux environs. *Treybach* eft un des endroits les plus confidérables, on y traite les minérais dans deux efpeces de fourneaux de fufion, dont on parlera ; mais on n'y a conftruit que des martinets pour le fer, on en compte plufieurs pour l'acier aux environs de la ville de S. Veit, ils appartiennent à des particuliers & Bourgeois de la ville ; les minérais varient en qualité, & font un peu différents de ceux de Eifenartz, en ce qu'ils tirent plus fur le brun & le rouge, on en remarque qui font à petites facettes, mais très-peu luifantes.

Il y a du minérai plus fluide l'un que l'autre, c'est pourquoi on a attention de ne rôtir que les mêmes efpeces enfemble. On fait enfuite les mêlanges après le rôtiffage, mais on n'a aucune proportion décidée pour cela, on fe régle fur le plus ou le moins de fluidité du minérai. D'ailleurs on paroît négliger toute exactitude ; les fondeurs ont leur routine qui leur fert de guide, on ne donne au minérai qu'un feul rôtiffage comme à Vordernberg.

Les fourneaux pour la fonte font tous de hauts fourneaux, les uns un peu plus hauts, les autres un peu plus bas, par exemple de dix-huit à vingt pieds. On a de ces hauts fourneaux pour y fondre des *ftuck*, & d'autres pour faire des *flofs*. L'opération pour les *ftuck* eft la même qu'à *Eifenartz*, mais on les y fait moins pefants, on fe régle fuivant la grandeur du fourneau ; les *ftuck* fe retirent toutes les douze heures au lieu de dix-huit, on ne fait point du tout d'acier des *ftuck*, depuis qu'on a établi le travail des *flofs*.

Fonte des flofs
en Carinthie.

Les *flofs offen*, ou les fourneaux pour les *flofs* font différents de ceux d'*Eifenartz*. (J'ai repréfenté à la planche 11 leur plan & leur coupe, voyez auffi l'explication des figures.) Ces fourneaux font plus hauts & bâtis avec une efpece de granite qui réfifte très longtemps au feu, au lieu que ceux d'*Eifenartz* font faits avec de l'argile, n'y ayant pas de carriere dans les environs ; les montagnes y font toutes compofées de pierre à chaux.

On ne coule point en Carinthie comme on le fait en Styrie, mais en faumons ou gueufes de quatre pieds de longueur, un pied de large, & quatre pouces d'épaiffeur. On fait un lit de fable, dans lequel on creufe un baffin de la forme ci-deffus. La gueufe qu'on en retire pefe environ cinq à fix quintaux, elle est plus facile à transporter, & ne se casse pas comme lorsque les *floss* sont trop minces. Il est vrai aussi que cela exige plus de travail aux affineries, lorsqu'on veut en faire du fer, comme on le verra par le détail suivant. (*e*)

On a un foyer devant deux soufflets de bois, semblables à ceux de S. Gallen. Le fond du foyer est une piece propre à résister au feu. Il est entouré de plaques d'acier battu ; il y en a aussi une avec des trous pour faire couler les scories du côté du creux. On met dans le fond du foyer de la poussiere de charbon fortement battue, après l'avoir humectée, mais un peu en rond tout autour, de façon qu'il ne puisse pas passer de matiere entr'elle & les plaques d'acier, car cette matiere pénetre fort aisément lorsque la gueuse est en fusion.

Comment on fait l'acier des floss.

On fait fondre une *floss* ou gueuse sur un de ces foyers, en trois heures de temps ; on la laisse se purifier pendant un quart-d'heure, puis on perce dans le trou d'enhaut pour faire couler les scories qui sont à la surface ; on retire ensuite les charbons, & le fer paroît comme figé à sa surface. On jette de l'eau par-dessus, ensuite on l'enleve par plaques, comme on fait au cuivre rosette. Mais il reste dans le fond du foyer une masse plus ou moins grosse que l'on nomme *fer*, parce qu'elle n'est pas à beaucoup près si cassante que les plaques qu'on a levées par-dessus, lesquelles en tombant se cassent en plusieurs morceaux. Veut-on faire de l'acier ? On a un foyer moins grand que le précédent, on le prépare dans le fond de la même maniere ; on incline un peu plus la tuyere ; on met le charbon par-dessus, & lorsqu'il a été échauffé en y chauffant des morceaux d'acier que l'on forge, on y approche une de ces masses qui a resté dans le fond du bassin de la précédente opération, & qu'on nomme *fer*. Elle fond peu à peu, on y jette de temps en temps des morceaux de celui qui a été levé en rosette : il faut de l'un & de l'autre pour faire de l'acier, car l'un seroit trop tendre seul, l'autre s'éclate & ne peut supporter le marteau.

Pour faciliter la fonte , & afin qu'il fe brûle moins de matiere ,
on jette de temps en temps des fcories qu'on fait couler de
même. Quand on voit qu'elles font trop épaiffes , & qu'elles
ne peuvent paffer , on ajoute quelques petits morceaux d'un
quartz blanc , comme celui qu'on emploie dans les fabriques
d'azur pour fondre avec le cobolt ; les fcories en deviennent
plus fluides.

Lorfqu'on voit qu'il y a environ une vingtaine de livres , plus
ou moins dans le fond du baffin , & qu'il eft au point qu'on
defire , on retire le lopin pour le porter fous le marteau. On
approche de nouveau cette maffe qu'on nomme *fer* , afin qu'il
en fonde pour une feconde piece , & on continue à y jetter des
morceaux de rofettes , des fcories , &c. On bat la piece d'acier
tout autour , & enfuite on la partage ; on met chauffer les morceaux au même foyer , pour les divifer & forger en pieces de
quatre ou cinq livres , de huit à neuf pouces de long fur un
pouce en quarré , mais feulement d'environ deux lignes à une
extrêmité pour les prendre avec la tenaille , les forger à un autre feu , & en former des petites tringles ou baguettes quarrées,
qu'on met toutes rouges dans un courant d'eau pour les tremper. On les polit enfuite , ou plutôt on les blanchit un peu à
la furface , en les frottant fortement fur de la ballilure d'acier
& de la pouffiere de charbon mouillée , mêlés enfemble ; on
les range enfuite dans des caiffes longues pour les tranfporter
dans différents pays. Ces baguettes ont la même forme que
celles qu'on emploie en France fous le nom d'*acier d'Allemagne*. On en fait auffi de différentes groffeurs , felon qu'on les
commande. Il en eft de même qu'en Styrie , lorfqu'on veut avoir
de l'acier plus fin , on y procede en fondant & forgeant l'efpece dont nous venons de parler , on choifit pour cela l'acier
qui a le plus beau grain. (*f*)

Deux efpeces
d'acier en Ca-
rinthie.

On ne fait communément que deux efpeces d'acier en Carinthie ; la premiere dont on vient de parler , qui fe vend fept
florins

florins & demi le quintal, poids de Vienne, ou 18 liv. 15 f. ; & le plus fin qui fe vend onze florins ou 27 liv. 10 f. L'acier de la *Carinthie* paffe généralement pour être meilleur que celui de la *Styrie*. Ce qui provient peut-être de la qualité du minérai, peut-être auffi des deux fontes qu'on lui fait fubir.

Il y a d'anciennes Ordonnances de la Cour de Vienne, qui défendent aux Compagnies de la Styrie de vendre leur acier ailleurs que dans l'Empire & le Tirol, du moins ne peut-il paffer que dans ces pays-là, fans quoi il feroit arrêté & confifqué. Celui de la Carinthie au contraire doit aller en Italie ; on prétend que les Turcs en font la plus grande confommation.

On fait dans la *Carinthie* & la *Carniole* beaucoup plus de fer & d'acier qu'en Styrie ; on affure que c'eft un objet de fept cent mille quintaux par an.

Le droit de l'Impératrice fur ces mines & ufines eft de 15 f. *Droit du Souverain.* par quintal, fans les autres droits qui fe payent en fortant du pays.

Il y a dans la Carinthie & la Carniole environ fix mille perfonnes occupées au fer & à l'acier, y compris les mines, fonderies, martinets & fabriques d'armes.

Lorfqu'on réduit la gueufe ou fonte en acier, on confomme *Réduire les flofs en fer.* pour dix quintaux d'acier foixante panniers de charbon, le pannier eft de treize pieds cubes, & coûte 17 f. 6 den.

Quand on veut faire du fer avec les *flofs*, on les rôtit, & on opere comme à S. Gallen, où cette méthode a été apportée de la Carinthie. (*g*)

Quoique toutes ces mines & ufines appartiennent à des Compagnies, il y a pourtant en Carinthie, ainfi qu'en Styrie, des Officiers de mines payés par l'Impératrice pour veiller à la bonne exploitation, à la perfection des travaux, & pour en rendre compte à la Chambre ou College des mines établi à Vienne.

H

NOTES ET OBSERVATIONS,

Extraites d'un Mémoire de MM. Dangenoux & Wendel sur le travail du Fer & de l'Acier en Styrie & Carinthie.

Fonte de la mine
crue à Eisenartz.

(*a*) L A mesure de charbon dont on se sert à Eisenartz pour fondre les minérais de fer, a dans le haut trois pieds de diametre, un pied & demi dans le fond, & deux pieds de profondeur.

La mesure de mine a vingt-six pouces de hauteur, un pied de diametre dans le fond, & vingt-un pouces dans le haut.

La charge est de deux mesures de charbon, & une mesure de mine crue que l'on augmente ou diminue suivant l'état du fourneau.

On charge par E, (voyez la planche premiere, fig. 3,) on régale le charbon sur ce large orifice, & le minérai est distribué également par-dessus le charbon, de maniere qu'avant de descendre par le col étroit D, il a subi une espece de grillage.

Comme l'on cherche toujours à avoir une fonte blanche que l'on estime bien meilleure que la grise, on augmente le minérai, ou l'on diminue le charbon, lorsqu'on s'apperçoit que la fonte tend au gris, qu'on regarde comme le produit d'une mauvaise liquéfaction ; le fondeur juge de la qualité de sa fonte par le feu du fourneau, & même si, après avoir coulé, il ne sent point encore dans l'ouvrage de la fonte coagulée, il juge infailliblement que la fonte suivante sera grise & intraitable, s'il ne diminue pas la charge de charbon qui en altére la bonté.

On ne travaille point la fonte dans le fourneau, mais lorsqu'on coule, tout le laitier sort avec elle, & prend le dessus. On obtient toutes les six heures une piece du poids de six à sept quintaux de la forme d'une raquette ; on y jette beaucoup d'eau pendant le coulage même, après lequel on retire avec un crochet le laitier qui est resté à l'entrée du bouchage, que l'on referme avec de l'argile. Lorsque la piece est froide, on la casse en morceaux, pour être transportée plus aisément dans les forges qui sont éloignées.

On fait avec les fontes d'Eisenartz du fer ou de l'acier, mais on les estime plus propres pour ce dernier.

Fonte de la mine
grillée à Vordern-
berg.

A Vordernberg on charge les fourneaux tous les trois quarts-d'heure. La charge consiste en trois paniers de charbon, chacun de deux pieds six pouces de diametre dans le haut, dix-huit pouces dans le bas, & trente pouces de profondeur.

Et une mesure de mine de dix-huit pouces en quarré sur dix-sept pouces de hauteur.

On n'ajoute point de castine dans la fonte ; on coule toutes les quatre heures une pièce de gueuse d'environ cinq cent livres, de la même forme que celles d'Eisen-artz. Le reste du procédé est le même.

(b) On grille la fonte en morceaux de trois pouces d'épaisseur.

(c) Le creuset ou aire de la forge a , de la tuyere au contrevent, vingt-six pou-ces , & vingt-huit dans le sens opposé. Sa profondeur est de dix-sept pouces , & sa largeur dans le fond est de vingt-quatre pouces. La tuyere entre de cinq pouces dans le creuset , & est moins inclinée que lorsqu'on fait de l'acier.

Les pieces de gueuse sont entretenues rouges sur un petit feu de charbon allumé dans un coin de la forge ; on commence par forger toutes ces pieces , avant que de mettre la fonte dans le creuset : ce travail dure une heure & demie.

Les massaux essuyent les chaudes les plus fortes, & se broieroient sous le marteau, si l'ouvrier ne les plongeoit pas dans l'eau pour en affermir les surfaces. Quelquefois aussi il ralentit la marche du marteau ; avec les précautions, les barres s'étirent bien & sans crevasses.

Quand tous les massaux sont forgés, on fait deux trousses de trois morceaux de flofs ; chaque trousse est contenue par une tenaille , & posée , l'une au contrevent vis-à-vis la tuyere , & l'autre un peu plus vers le centre du creuset. Cette derniere est fondue au bout d'une heure & demie , il faut presque deux heures pour mettre l'autre en fusion. On fait autour du creuset un parement de frasil , ou poussier de charbon mouillé ; on tire souvent le laitier fluide par le trou de tympe , & on arrose le creuset de laitier broyé qui , se liquéfiant , remplace celui que l'on a fait écouler.

Après deux heures que l'on a mis la flofs au feu , on découvre le creuset , & sans arrêter les soufflets, on en retire une loupe du poids de cent cinquante livres que l'on porte sous le marteau ; on l'applatit , & ensuite on la partage en plusieurs mor-ceaux qui sont chauffés & forgés en barres.

(d) Le creuset a vingt-quatre pouces en quarré dans le haut, vingt-un pouces dans le fond , & seize pouces de profondeur.

La tuyere entre de cinq pouces dans le creuset.

A côté du creuset on a un feu de charbon sur lequel on fait rougir les morceaux de fonte.

On remplit le creuset de poussier de charbon sans le battre , dans lequel on forme une cavité de six pouces que l'on garnit de charbon ; on allume & on donne le vent ; on met par-dessus des pieces de fonte du dernier travail pour les chauffer & les for-ger ; on jette du laitier riche sur le contrevent ; on environne le feu de poussier de charbon mouillé ; on coule le laitier , & l'on forge.

On appelle laitier riche celui qui tombe de la loupe lorsqu'on la cingle , il contient encore de l'acier.

Le laitier pauvre est celui que l'on fait couler par le trou de tympe pendant l'affi-nage.

Au bout de la premiere heure on commence à forger les massaux, que l'on ne porte au marteau qu'après en avoir refroidi la surface, en les plongeant dans l'eau

Marginal notes:

Fabrication du fer.

Dimension du creuset.

Fonte des flofs.

Cinglage.

Fabrication de l'acier à S. Gallen.

Disposition du creuset.

Laitier riche. Ce que c'est.

Laitier pauvre

Fonte de la flofs.

pour les empêcher d'éclater. Alors on en fait une troufſe de trois ou quatre morceaux que l'on place le long du contrevent vis-à-vis la tuyere, à l'aide d'une tenaille chargée d'un contrepoids à l'extrémité de ſes branches, pour l'empêcher de plonger dans le creuſet, & lui conſerver une poſition horizontale.

On refait autour du creuſet un parement de pouſſier de charbon mouillé, & l'on recouvre le tout de charbon & de laitier riche, après en avoir fait écouler par le trou de tympe.

On continue de forger les maſſaux. L'ouvrier paſſe une petite broche de fer par la tuyere, pour en écarter tout ce qui pourroit en intercepter le vent, & de quart-d'heure en quart-d'heure on débouche le trou de tympe pour faire écouler le laitier fluide, tandis que l'on remet du laitier riche ſur les charbons. Cette opération ſe répéte ainſi juſqu'à la fin de l'affinage. A la ſeconde heure tous les maſſaux ſont forgés ; on met une autre trouſſe de flofs que l'on approche davantage du centre du creuſet ; on refait un parement de pouſſier de charbon mouillé, & on laiſſe fondre la flofs.

Au bout de trois heures & demi les trouſſes ſont fondues, & l'on retire les tenailles. Un quart-d'heure après on ceſſe le vent pour laiſſer figer la matiere ; on défait le parement de fraſil, & on retire le charbon, de maniere qu'il n'en reſte que pour couvrir la ſurface du creuſet. Enfin, après quatre heures & demi de travail, on retire une loupe du poids de cent cinquante livres environ, elle eſt le produit des flofs, & de l'acier contenu dans le laitier riche.

Cinglage.

On porte cette loupe ſous le marteau, où elle eſt diviſée en quatre parties que l'on remet au creuſet. Pendant le cinglage, on refait le creuſet, & l'on recommence un ſecond travail ſemblable à celui qui vient d'être décrit.

Déchet.

Deux cent livres de fonte rendent cent quatre-vingt livres d'acier. On eſtime que le laitier riche en a produit un cinquieme ; d'où l'on peut évaluer à peu près le déchet de la fonte à un quart.

Deux ſortes d'a-cier.

Pendant le cinglage l'ouvrier diſtingue deux ſortes d'acier, par la maniere dont la loupe ſe laiſſe pétrir. L'acier tendre eſt plus mol, & ſe forge plus facilement que l'acier dur ; celui-ci eſt le meilleur. Lorſqu'on diviſe la loupe ſous le marteau, on fait en même-temps le triage de ces deux ſortes d'acier.

Raffinage de l'a-cier.

Les barres d'acier étirées & forgées ſont portées à une platinerie. On les caſſe en morceaux d'un pied de longueur, & on en forme des trouſſes compoſées de ſept à huit morceaux.

On donne à ces trouſſes la chaude ſuante, en les arroſant ſouvent d'une eau teinte d'argile, d'où elles ſont portées au martinet, où on les ſoude & on les étire en barres de différentes dimenſions ſans les tremper.

L'acier tendre eſt platiné en feſton, & l'acier dur eſt forgé uni en barres, de ſix lignes en quarré ſur dix pieds de longueur.

Fonte de la mine grillée en Carinthie.

(e) Lorſque les fourneaux ſont en bon train, on les charge toutes les heures.

Ce qui compoſe la charge eſt une meſure de charbon de trois pieds de largeur ſur trois pieds & demi de longueur, & deux pieds & demi de profondeur.

Et une mefure de mine de dix-huit pouces en quarré fur douze pouces de hauteur. On n'ajoute jamais de caftine dans la fonte des minérais.

Le fondeur ne travaille point du tout fa matiere dans l'ouvrage, & n'en retire jamais le laitier qu'après la coulée, à moins qu'il ne foit au niveau de la tuyere.

On coule de quatre en quatre heures. Pour cela on difpofe devant le bouchage inférieur du fourneau une cavité ou efpece de baffin qui puiffe contenir cinq à fix quintaux de fonte de forme ronde & platte ; on perce avec précaution le bouchage, de maniere que la fonte ne coule qu'à petit filet ; on aggrandit ce trou à mefure qu'elle fort ; enfin on débouche tout-à-fait, & le laitier coule fur la fonte dans le même baffin ; le plus épais s'enleve avec un crochet. On rebouche alors l'ouvrage, & l'on rend le vent au fourneau dans lequel l'œuvre de fufion continue de fe faire. On jette de l'eau fur le laitier qui recouvre la fonte, & on le retire, elle refte à découvert ; on jette encore de l'eau fur la furface qu'elle préfente ; elle fe fige, & avec des ringards on enleve une feuille ou gâteau rond que l'on porte hors de l'attelier. On verfe de nouveau de l'eau fur la nouvelle furface qui fe fige de même, & fournit une feconde feuille que l'on retire, & ainfi de fuite. Plus les feuilles font minces, mieux on eftime la fonte. Leur totalité péfe cinq à fix quintaux, poids de Vienne ; de maniere qu'un fourneau rend toutes les vingt-quatre heures trente à trente-fix quintaux de fonte, & cela pendant neuf mois qu'il refte en feu.

On travaille de même dans toute la Province, & l'on ne coule en gueufes ou lingots, que pour envoyer dans les forges éloignées ou dans les fabriques d'acier qui emploient avec un fuccès égal la fonte en gueufes ou en feuilles, avec cette différence que cette gueufe eft fondue & coulée en gâteaux avant d'être affinée & d'être forgée.

Toutes les fontes de Carinthie font blanches, comme en Styrie, & eftimées dans le pays meilleures que les grifes, foit pour le fer foit pour l'acier.

(*f*) L'acier fe fabrique en Carinthie avec la fonte ou gueufe dont il a été parlé ci-devant, mais fans avoir été grillée. *Fabrication de l'acier.*

Le creufet ou foyer a vingt-fix pouces de large du côté de la tuyere, vingt-neuf du côté du contrevent, & vingt-un pouces de diftance de l'un à l'autre. Sa profondeur eft de dix-huit pouces ; la tuyere entre de quatre pouces & demi dans le creufet. *Dimenfion du creufet.*

On met dans le foyer environ neuf pouces de pouffier de charbon bien battu, & on remplit le refte de gros charbon. *Difpofition du creufet.*

Sur le prolongement de la tuyere on place une gueufe ou flofs d'environ fix pieds de long, un pied de large & quatre pouces d'épaiffeur, de maniere qu'une de fes extrémités appuie, pour ainfi dire, fur la tuyere, l'autre dépaffe de beaucoup le contrevent, & eft chargée d'une groffe loupe prête à être étirée, qui fait contrepoids, & l'empêche de s'incliner trop fur la tuyere. On donne le vent, on découvre le creufet, & on jette de l'eau fur la fuperficie de la matiere qui eft dans un état fluide. Le laitier qui la recouvre fe fige & s'enleve par feuillets, dont les derniers tiennent du fer.

Le forgeron, enfuite armé d'une longue perche de bois, agite la fonte pendant qu'un autre ouvrier y jette du laitier riche, qu'il mêle enfemble bien exactement.

Cette matiere eft retirée du creufet, on remet la flofs comme ci-deffus, & au bout d'une heure on recommence la même opéra:ion, qui fe répéte jufqu'à ce que l'on ait une quantité fuffifante de fonte.

Il y a une autre maniere de fondre les flofs. Lorfque l'on a découvert le creufet, & que l'on a enlevé en feuillets le laitier qui furnage, on continue de jetter de l'eau fur la furface du bain, pour faire figer la fonte que l'on leve fucceffivement, comme le laitier en feuillets d'environ deux lignes d'épaiffeur.

Ayant affez de matiere de cette fonte, on rav nce la flofs dans la pofition décrite ci-deffus, & pendant qu'elle fond, on porte au-deffus du vent la loupe qui fervoit de contrepoids à cette flofs que l'on remplace par une autre. La premiere étant affez chaude pour être forgée & étirée, on en fait de même de la feconde.

Les deux loupes étant étirées, l'on découvre le creufet, on leve en feuilles le laitier qui furnage, on agite avec une perche de bois la matiere liquide, à laquelle on mêle du laitier riche.

Lorfque tout le mélange eft figé, on recouvre le creufet de charbon, & l'on chauffe les maffaux pour les étirer en barres.

Pendant qu'on les forge, on jette dans le creufet une quantité de ferrailles, & de petits barreaux d'acier provenants du travail précédent, que l'on n'a pas jugé affez affiné. On y met auffi du laitier riche pulvérifé, & quelquefois on y mêle du quartz, fur-tout quand on s'apperçoit que le laitier n'eft pas fluide, qu'il eft rouge & pâteux.

Lorfque toute la matiere eft remife en fufion, on découvre encore le creufet, & l'on répete l'opération que l'on a déjà décrit deux fois; on recouvre le creufet de charbon; & pendant que l'on continue de forger, on avance au contrevent un morceau de flofs de celles donc on faifoit provifion avant de commencer le travail; il fond, & va fe mêler avec la matiere qui eft dans le creufet.

On y fait auffi fondre deux ou trois morceaux de ces flofs en feuillets, on y jette du laitier broyé & du quartz; on fait couler le laitier qui eft de trop; enfin lorfqu'on juge que la matiere eft affez affinée, on découvre le creufet, on enleve le laitier par feuillet, & on laiffe figer & refroidir la loupe qui pefe cent quarante à cent foixante livres.

Au bout d'un quart-d'heure on la tire du creufet, & on la porte fous le marteau pour la divifer en deux ou trois parties qui font chauffées & étirées en maquettes & en barres.

On nétoie le creufet en raffemblant au milieu les parties d'acier qui fe font attachées aux angles, & on le recouvre de charbon; on rend le vent, & l'on met au feu les deux morceaux provenants de la loupe qui vient d'être cinglée. Quand ils font prêts d'être forgés, on ravance la flofs, & on continue le travail comme ci-deffus.

La premiere loupe ne s'obtient qu'au bout de fix heures, & feulement quatre heures pour les autres, le creufet étant plus chaud.

Dix-huit heures de travail par jour rendent par chaque feu quatre cent livres d'a-
cier.

On confomme, pour faire un millier d'acier, quatre-vingt mefures de charbon,
(la mefure de deux pieds huit pouces de diametre fur trente pouces de profondeur.)
On paie à l'ouvrier cinq florins pour la façon d'un millier.

Dix quintaux de flofs rendent un peu plus de fept quintaux d'acier.

Les morceaux d'acier forgés & divifés en barreaux bruts & irréguliers, font enfuite portés à une platinerie, où il y a un martinet ; on leur donne des chaudes fucceffives pour les étirer dans les dimenfions que l'on demande, on les trempe, & on
les livre enfuite à un ouvrier qui les frotte de pouffier de charbon ; ce qui leur donne
une efpece de poli. Il ne refte plus qu'à les encaiffer ; prefque tout l'acier de Carinthie fe débite en Italie.

*Derniere prépa-
ration de l'acier.*

(*g*) Le creufet a vingt-fix pouces de large en quarré & autant en profondeur. La
tuyere entre obliquement de dix pouces dans le creufet.

Forges à fer.

On y met une épaiffeur de quinze pouces de pouffier de charbon bien battu, &
on acheve de le remplir avec du charbon. On place au contrevent environ cent livres
de fonte grillée, & l'on porte au-deffus de la tuyere les maffaux provenants de la
fonte pour les chauffer & les étirer en barres. On environne le feu d'un parement de
pouffier de charbon mouillé ; pendant ce temps, les morceaux de floss s'échauffent,
on les approche davantage du vent, & à mefure qu'ils fondent, on les remplace par
d'autres. On fait fouvent fortir le laitier par le trou de tympe. Enfin toute la matiere
fe raffemble au fond en une feule maffe qui fe fige, & fe prend d'elle-même fans le
fecours des ringards, & fans aucun travail de la part de l'affineur.

*Difpofition du
creufet.*

Cette maffe eft portée fous un gros marteau, ou on la divife en deux maffaux qui
font enfuite reportés au creufet, & pendant qu'on les chauffe pour les étirer, on
refond de nouveaux morceaux pour former une autre loupe qui fe fabrique, comme
il vient d'être dit.

Cinglage;

Ce travail dure ordinairement quatre heures.

On eftime que treize cent livres de fonte rendent mille livres de fer. L'ouvrier eft
payé à raifon de trois florins par millier.

*Déchet de la
fonte.*

On fait à volonté du fer dur & du fer tendre. Le fer dur montre dans fa caffure
un grain petit & brillant ; en le trempant, il acquiert une dureté affez approchante
de celle de l'acier.

Le fer tendre eft très-nerveux, on ne peut gueres en voir de plus ductile.

C'eft en procurant une plus grande chaleur au creufet par l'inclinaifon de la tuyere,
que l'on fait le fer dur ; une chaleur plus modérée & une marche moins rapide aux
foufflets, procurent le fer nerveux.

QUATRIEME MEMOIRE.

SUR LES FORGES

POUR LE FER ET L'ACIER

DE KLEINBODEN EN TIROL.

En l'année 1759.

Minérais de fer.

LEs minérais de fer qu'on fond à Kleinboden dans le Tirol à quatre lieues de Schwatz font de pluſieurs fortes ; la Compagnie fait exploiter différentes mines. La plus grande partie du minérai eſt à petites facettes, & reſſemble à celui d'*Eiſenartz*, que l'on nomme *Phlintz* en Styrie. On en a une autre eſpece également à petites facettes, mais très-blanc, une autre à grandes facettes, qui eſt la vraie mine de fer ſpathique. Nous avons vu du pareil minérai dans le *Voigtland*, il y en a auſſi en France, principalement dans le Đauphiné ; il eſt très-riche. Un autre minérai nommé *Braunertz* ou mine brune ſe trouve à Kleinboden ; il eſt très-facile à fondre, on le connoît dans pluſieurs pays ; il donne de très-bon fer.

Tous

Tous ces minérais fe mêlent enfemble fans proportion déterminée ; on ignore même ici quelles font les efpeces qui produifent le plus d'acier, mais il y a apparence que c'eft celui qui reffemble au phlintz d'*Eifenartz*. On fépare le fpath qui á beaucoup de reffemblance avec la mine fpathi forme, il ne contient point de métal.

Pour le reconnoître on fait rougir au feu un de ces morceaux, après quoi on le pulvérife. Si la pierre d'aimant en enleve beaucoup, c'eft une preuve que ce font des minérais qui méritent la fonte. Nous avons reconnu par cette épreuve, que le minérai à grandes facettes, & qui reffemble au fpath, étant grillé & pulvérifé, eft prefque tout enlevé par la pierre d'aimant.

Epreuve de la mine de fer.

On ne rôtit point ces minérais avant que de les fondre, mais on les pulvérife groffiérement fous des pilons, de façon que les plus gros morceaux font réduits à la groffeur d'une noifette.

Le fourneau où l'on fond les minérais eft fort haut, comme ceux de Bohême, mais quarré. Il va plufieurs mois de l'année fans difcontinuer, le fol eft de pierre feulement, il eft entiérement bouché dans le bas, & les fcories ne fortent qu'avec le fer, comme on le dira. On ajoute de la pierre à chaux dans cette fonte, on la pile auparavant comme le minérai. Mais on ne les mêle point : lorfque l'on a chargé un bacquet de minérai, on charge environ le tiers de fon poids de pierre à chaux par-deffus. On perce toutes les trois heures, pour faire couler une *gueufe* qu'on nomme *flofs*, dans un moule formé avec du fable. Le fer ayant coulé, les fcories viennent auffi-tôt, on les fait paffer à côté dans une place pour en former de grandes briques d'environ deux pieds en quarré ; elles fe fabriquent au profit des fondeurs, qui les vendent pour paver l'intérieur & l'extérieur des maifons ; la Suede n'eft pas le feul pays où l'on faffe ufage du laitier des forges. (*)

Fourneau.

(*) Voyez ci-après dans le huitiéme Mémoire le détail de cette fabrication, & l'emploi que l'on en fait.

I

On rebouche entiérement le fourneau pour ne l'ouvrir que lorfque trois heures font paffées. Les gueufes ou *flofs* pefent environ trois quintaux ; il y en a qui dans la caffure ont le grain blanc, d'autres tout noir ; ce font ces dernieres qu'on deftine à faire de l'acier, parce qu'elles en donnent davantage. On a deux façons de procéder, l'une en tirant l'acier des fontes feules fans aucune addition, l'autre en ajoutant de la vieille ferraille. Par la premiere méthode, on fond ces gueufes fur un foyer devant deux foufflets, comme cela fe fait à S. Veit en Carinthie ; on y leve auffi le fer fondu en rofette, mais on a foin de lever plus minces celles qui font deftinées à faire de l'acier : elles font alors fort caffantes, & reffemblent à celles des *flofs* de la Carinthie.

Pour en faire de l'acier, on a un foyer ou fourneau d'affinerie, comme ceux de S. Gallen en Styrie ; on choifit les rofettes les plus minces ; on les met fur le charbon qui remplit le baffin, & l'on fait agir les foufflets : mais on n'approche les rofettes que peu à peu, afin qu'elles fondent lentement, ce qui eft effentiel. Quand elles font bien fondues, on arrête les foufflets, & l'on couvre le métal en bain avec du gros pouffier de charbon ; on le laiffe en cet état pendant une bonne heure ; on le retire enfuite en une feule maffe que l'on porte fous le marteau pour le divifer en plufieurs morceaux ; on le forge à mefure en pieces quarrées ; on l'envoie dans les martinets pour le forger comme en Carinthie, & l'on fépare l'acier le moins dur d'avec celui qui eft meilleur, &c. La feconde méthode de procéder eft comme il fuit.

L'ouvrage ou le foyer où fe fait l'opération a environ deux pieds en quarré intérieurement, entre trois pieces de fer coulé placées perpendiculairement, dont celle du devant a trois trous, (c'eft ce qu'on nomme le chiot.) La tuyere déborde d'environ quatre pouces, elle a dix-huit pouces de longueur, un pouce d'inclinaifon ; elle eft un peu recourbée fur le devant ;

le foyer ou creufet a deux pieds de profondeur ; mais lorfque
l'ouvrier veut y travailler , il y met de la petite charbonnaille
qu'il bat fortement avec fa pelle , il range par-deffus & dans
le fond des craffes ou fcories provenant du même travail , &
de la charbonnaille tout autour en forme de creufet , de forte
qu'il refte huit à neuf pouces de vuide depuis le fond jufqu'à
la tuyere. Il met des charbons dont quelques-uns font allumés ,
il approche alors fa fonte , mais peu avant , afin de donner le
temps aux craffes de fondre ; il fait auffi-tôt agir les foufflets :
les fcories ne tardent pas à fondre , elles forment un bain pour
recevoir la fonte qui y tombe goutte à goutte. L'ouvrier dé-
barraffe de temps en temps fa tuyere , à l'aide d'une baguette
de fer qu'il introduit par fon ouverture , & avec laquelle il remue la matiere : fi les fcories ne font pas affez fluides & clai-
res , il y ajoute du caillou ; s'il y en a trop , il perce au-deffus
de la fonte par un des trous du *chiot* , quelquefois il coule de
la fonte avec les fcories ; mais elle n'eft pas perdue , l'ouvrier
la fépare & l'ajoute aux rofettes dont il fera parlé ci-après.
Lorfque tout eft fondu , il ôte les charbons , arrête les foufflets ,
& jette beaucoup d'eau tout autour & deffus pour refroidir ;
il enleve les craffes , & leve la fonte en rofettes ou gâteaux ,
comme il a été dit précédemment.

Après cela , on prépare le foyer pour retirer l'acier de cette
matiere , qui eft une fonte quelquefois grife , mais plus communément blanche. L'ouvrier nettoie fon creufet , il y remet
de la charbonnaille mêlée de craffes , telle qu'elle fe trouve
autour du foyer ; il prend enfuite deux ou trois petites pêlées
de fcories , partie d'une précédente opération , & partie du
travail dont il vient d'être parlé ; il les pile groffiérement , &
les met dans le milieu , fous la tuyere , de façon qu'elles en font
environ à cinq pouces au-deffous ; il met encore tout autour
de la charbonnaille & des craffes ; il introduit du feu , & recouvre le tout avec du charbon. Enfuite il fait agir les foufflets ,

& apporte la loupe d'acier d'un précédent affinage pour la chauffer & la forger, afin de profiter du feu, & de donner le temps aux crasses de se fondre. Lorsqu'elles sont fondues, il approche les gâteaux ou rosettes pour les faire fondre peu à peu, de sorte que la matiere tombant gouttes à gouttes, se trouve recouverte aussi-tôt par les scories.

C'est alors que l'affineur commence à travailler sa matiere avec un ringard. Si elle reste fluide, il y ajoute peu à peu de la vieille ferraille, sans laquelle, m'a-t-il dit, il ne pourroit pas faire prendre consistance à son acier ; que d'ailleurs il seroit trop sec, ne pourroit être forgé, & sauteroit en morceaux sous le marteau ; qu'enfin le fer lui donne du corps. Il y a apparence que cette fonte a une surabondance de phlogistique, & qu'à mesure qu'elle se purifie, elle communique au fer ce qu'elle a de trop, pour faire ensemble un corps d'acier. On emploie plus ou moins de cette ferraille, suivant la qualité de la fonte. L'ouvrier m'a dit que communément on en ajoute quarante livres à soixante livres de fonte, & qu'il en obtient soixante-quinze livres d'acier brut : cette derniere opération dure trois heures.

Pour réduire en fer lés *flofs* ou gueuses, on prend les grosses rosettes provenant des gueuses destinées à faire du fer, on les met sur le foyer préparé pour ce travail, & on procede comme à S. Gallen pour les *flofs* rôties. Il n'est pas nécessaire de les rôtir ici ; ce qui provient sans doute du mêlange des minérais. D'ailleurs les ouvriers connoissent aux rosettes celui qui demande plus ou moins de feu pour en faire du fer : l'habitude fait la science de ces ouvriers.

La corde de bois qu'on fait flotter jusques sur les lieux, & qui contient deux cent vingt pieds cubes, revient à deux florins ou 5 liv. Le charbon se fait au bord de la riviere, on forme communément les charbonnieres de soixante cordes de bois, dont on retire cinquante-huit à soixante *foudres* de charbon. La foudre contient cent dix-neuf pieds deux pouces cubes. On dépenfe plus de cent de ces foudres par femaine , tant au haut fourneau dont on a parlé , qu'aux forges & martinets qui en dépendent. L'acier fe vend fur les lieux vingt-un florins , quarante-cinq kreutzers ou 53 liv. 17 f. 6 den. le *fam* qui pefe deux quintaux & demi ; & le fer, feize florins ou 40 liv. le *fam* : on en fait pour foixante-dix mille florins ou 175000 l. par an , y compris celui de deux autres ufines qui font aux environs. Il y a quatre cent ouvriers occupés à ces forges.

L'Impératrice retire un droit de ces forges, fixé à cent *fam* ou deux cent cinquante quintaux de fer par an qu'on livre aux mines de *Schwatz*. La Compagnie eft obligée de donner cette quantité chaque année , foit qu'elle en faffe beaucoup , foit qu'elle en faffe peu.

CINQUIEME MEMOIRE.

SUR UNE MINE DE FER
DE LA BOHEME.

Année 1757.

LA Saxe & la Bohême renferment plusieurs mines de fer que l'on exploite avec avantage. Je me contenterai de décrire une des principales, qui est située près des limites de l'un & l'autre pays ; elle fournit du minérai à plusieurs forges.

Cette mine se nomme *Hulfgottes-Irgand*, elle est à trois-quarts de lieue de Platten en Bohême.

On y exploite deux filons perpendiculaires, ayant leur direction à peu près du Nord au Midi ; on les considére en général comme paralleles pour la direction principale seulement, car ils sont quelquefois dérangés dans leur cours en se joignant ensemble.

Le plus fort du travail de cette mine est sur une longueur de soixante-douze toises, que les deux filons parcourent ensemble, & où ils produisent beaucoup de minérai. Après ces soixante-douze toises, les filons se séparent de nouveau, & en donnent chacun séparément les mêmes especes. Ces filons ont une largeur de deux jufqu'à trois toifes, dans laquelle fe trouve un pied d'épaiffeur en minérai tout pur, de l'efpece que l'on nomme *hémalite* ou *tête vitrée*. De chaque côté eft un ocre d'un brun rougeâtre rempli de *tête vitrée*, formant différentes parties de *fphere* plus ou moins groffes. Ce minérai eft connu de tous les Naturaliftes ; on fait qu'il repréfente une infinité de rayons qui tendent tous au même centre. Il fe trouve encore, à côté de l'ocre, un minérai d'une couleur brune, pauvre en fer, que les Allemands défignent par ces mots : *pierre brune de fer.*

Les filons font renfermés dans un grès, ou plutôt, pour me fervir de l'expreffion des mineurs, ils ont pour *toît* & pour *mur* une pierre de grès à gros grain, dont toute la partie de la montagne eft compofée du côté de l'*Eft*. On travaille une mine d'étain à deux portées de fufil de la mine de fer. Le filon d'étain eft auffi dans du grès, & à la même direction que le filon de mine de fer. Du côté de l'Occident la montagne eft compofée d'un rocher de la nature de l'ardoife, on y trouve d'anciens décombres, qui annoncent qu'on y a travaillé auffi des mines d'étain.

La mine de fer avoit en 1757 cinquante-neuf toifes de profondeur perpendiculaire ; à mefure que l'on a approfondi, le filon eft devenu meilleur, on a pratiqué une galerie d'écoulement ou canal fouterrain de quinze cent toifes de longueur, pour en fortir les eaux ; il a communiqué dans la mine à trente-quatre toifes de profondeur depuis la furface de la terre. Mais comme il reftoit encore vingt-cinq toifes pour élever les eaux de la profondeur totale jufqu'au niveau de la galerie, on y a conftruit une machine hydraulique, confiftant en une roue de vingt-deux pieds de diamettre, ayant une manivelle des tirants & varlets, pour faire mouvoir des répétitions de pompes afpirantes.

Le rocher, & fur-tout le filon font extrêmement tendres ; Etançonnage.

il faut une quantité de bois prodigieufe pour étançonner cette mine, des pieces longues & d'une force proportionnée, à caufe de la grande largeur du filon; on y emploie communément trois mille fix cent pieces de bois d'étançonnage par an. La maniere de placer ces pieces n'a rien de particulier, on peut dire qu'il y en a un amas prodigieux les unes fur les autres, foutenues dans les galeries par quatre pieces droites, *Curelage des* c'eft-à-dire deux contre le rocher & deux dans le milieu. A *puits.* l'égard des puits, des cadres, ayant la forme du puit, font placés abfolument les uns fur les autres, fans qu'il y ait le moindre intervalle. Malgré cela, lorfque je vifitai cette mine, il n'y avoit que fix mois qu'un puit étoit entiérement éboulé, & la communication de l'air étoit tellement interceptée par-là, qu'il n'étoit prefque pas poffible de travailler dans le plus profond. Nous eûmes toutes les peines du monde à y reconnoître le filon; nos lampes s'éteignoient à chaque inftant.

Les échelles font très-mal difpofées dans les puits; elles font plutôt renverfées que perpendiculaires, ce qui en rend la vifite très-pénible.

Trois manœuvres tirent foixante-quinze fceaux de minérai du fond de la mine, pendant huit heures confécutives qu'ils reftent à l'ouvrage; ils fe relevent tour à tour. Il y en a feulement deux au treüil, l'autre charrie le minérai fur un tas ou monceau à quelque diftance du puit.

Abondance de La mine fournit beaucoup de minérai, elle en livre à treize *cette mine de fer.* forges différentes tant en *Saxe* qu'en *Bohême.* La qualité du minérai eft très-bonne. Ceux qui en veulent, le viennent chercher fur les lieux; on leur vend la mefure ou foudre, qui tient treize pieds cubes, 7 liv. 10 f. Le maître de la forge de *Johan Georgenftadt* eft intéreffé dans cette mine, c'eft lui qui fait la plus grande confommation; fon ufine eft fituée à une lieue & demie delà. Il paie en hyver 25 f. pour le charroi de la mefure ci-deffus, & en été 31 f. 3 den. Il en coûte moins en hyver,

à

à caufe de la commodité de la neige & des traîneaux, qui vont beaucoup plus vîte que des charettes, dans des chemins montagneux & pierreux, tels qu'ils font tous dans le pays.

La mine peut livrer depuis deux cent jufqu'à fix cent mefures de minérai par quartier, aux treize forges qui, indépendamment de ce minérai, en ont aufli d'une autre efpece qu'ils mêlent enfemble, on n'en livroit pas autant lorfque nous étions fur les lieux, attendu le manque de circulation d'air dont j'ai parlé.

Cette mine occupoit cinquante-trois ouvriers ; les ouvriers fe fervent de lampe avec du fuif.

Johan Georgen Stadt eft une ville des hautes montagnes de la Saxe où il y a une Jurifdiction ou Maîtrife de mine, elle eft fituée aux frontieres de la Bohême, fur le penchant d'une montagne ; on a établi une forge dans le bas du vallon, dont le fourneau a vingt-un à vingt-deux pieds de haut, * le fol audeffus des foupiraux eft fait avec une grande pierre de grès, & les côtés dans le fond également avec de groffes pierres de la même forte fur toute la longueur du fourneau. Ces pierres fe tirent près de la ville de Zwickau en Saxe : du côté où l'on place les foufflets, on met de champ une de ces pierres, & fur celle-ci une autre qui eft creufée ou percée pour la place de la tuyere qui eft de cuivre : on la fait relever un peu intérieurement tantôt plus, tantôt moins, fuivant la qualité du minérai que l'on a à fondre. Cette tuyere eft à quinze ou feize pouces au-deffus de la pierre du fol, & de quatre pouces plus haut que le deffus du baffin de l'avant foyer, qui a par conféquent un pied de profondeur, & reffort de neuf à dix pouces feulement, au-dehors de la pierre de l'œil.

Le fourneau n'a que quinze à feize pouces de largeur vis-à-vis la tuyere fur trois pieds de longueur. Il conferve cette dimenfion depuis le fol jufqu'à trois pieds fix pouces de haut, enfuite il s'élargit de tout côté pendant trois pieds de haut,

Forge de fer en Saxe.

Fourneau, voyez planche III. Fig. 1. & 2. & l'explication.

K

de forte qu'à cet endroit il y a cinq pieds deux pouces de large ou de diametre , puifqu'il eft pour-lors rond ou circulaire. De-là il va en diminuant , & conferve la même figure circulaire jufqu'en haut , où il n'a plus que vingt-fept pouces de diametre.

Fonte & fondants de la mine.

Les fondants dont on fe fert pour fondre , avec les minérais de fer qui confiftent en grande partie en *pierre hémalite* ou *téte vitrée* , font la pierre à chaux , & une pierre compaête d'un brun noirâtre , décrite dans la continuation de la lithogeognofie de M. Pott page 163 , à laquelle il donne le nom de *Waacken*. On réduit les minérais de fer , ainfi que les pierres en petits morceaux , fous un marteau qui agit à l'aide d'un arbre & d'une roue. Sur quarante mefures de minérais on met fept mefures de fondant dont moitié eft pierre à chaux , & l'autre moitié de la pierre dont j'ai parlé.

On mêle le tout enfemble , & on en fait une couche fur un plancher , d'où on eft à portée de charger le fourneau , lorfqu'une charge précédente a baiflé de quatre pieds depuis l'embouchure du haut du fourneau. On charge fix panniers de charbon ordinaire l'un après l'autre ; fur ces fix panniers on porte tout à la fois fept bacquets du mêlange ; chaque bacquet peut pefer environ cinquante livres. On charge feize à dix-fept fois en vingt-quatre heures , les journées font de douze heures ; on perce deux fois en vingt-quatre heures.

Gueufe.

Quand on veut percer , on fait une couche de fable un peu humeêté , fur le fol de la fonderie , à côté du baffin de l'avantfoyer , on le bat avec des piftons , & on y creufe une ouverture d'environ dix pouces de profondeur & de huit à neuf pieds de longueur , de façon que la gueufe qu'on en retire a la figure d'un prifme triangulaire dont les côtés font égaux. Dès que tout eft prêt , on enleve les fcories de l'avant foyer , & avec une barre de fer applatie à fon extrémité , on fait l'ouverture ; lorfque le fer commence à couler , le fondeur a une barre de fer , enduite auparavant de fcories coulantes , il la préfente à l'ouverture pour empêcher que le fer ne forte trop précipitamment; à mesure qu'il coule dans le moule , on jette de la pouffiere de charbon par-deffus, afin de lui donner du phlogiftique , fans quoi il fe formeroit des écailles à la furface , qui ne font autre chofe que du fer calciné ; effet qui eft dû au contaôt de l'air. Lorfque tout eft coulé , & qu'il ne refte plus rien dans le fourneau, on nettoie bien l'endroit par où le fer a paffé , & on le rebouche avec un mêlange d'argile & de fable dont on fait un mortier , & qu'on applique tout à la fois, afin que cela faffe une maffe affez folide pour pouvoir réfifter pendant les douze heures qu'on eft fans percer , chaque gueufe pefe ordinairement neuf cent à neuf cent cinquante livres.

Poids des gueufes.

Comme il eft rare que les fcories ou le laitier provenant de cette fonte ne participent du fer , on les pile toutes fous un bocard à trois pilons, enfuite on les lave dans une petite caiffe où l'on fait paffer un courant d'eau; les grenailles de fer qu'on en obtient font fondues avec le minérai dans le haut fourneau.

On paffe enfuite à la réduôtion du fer forgé , en feuilles propres à être étamées pour en faire du fer blanc à Johann Georgen Stadt.

Pour cela le fer au fortir de l'affinerie eft battu en forme quarrée , d'environ deux pouces, porté au martinet & coupé en morceaux , dont chacun doit fournir deux feuilles de fer. Les morceaux font chauffés à une forge où il y a deux foufflets de bois fimples, agiffant par une roue , & où on fe fert de charbon de bois. Lorfque les morceaux ont le degré de chaleur convenable , on les applatit fous un marteau pefant deux quintaux. Enfuite on les plie , de façon que chacun fe trouve former deux pieces l'une fur l'autre d'environ neuf pouces de longueur fur cinq pouces de large. Quand on en a une provifion , on les trempe dans une eau où l'on a délayé un peu d'ar-

K 2

gile avec de la pouffiere de charbon , afin que les plaques ne
fe foudent pas enfemble lorfqu'on les bat. Quand elles font
ainfi enduites, on met trois barres de fer fur l'aire de la forge ,
favoir une de travers devant la tuyere , & deux autres paralleles , qui portent par un bout fur la premiere , & qui vont un
peu en inclinant du côté oppofé à la tuyere ; en un mot ar-
rangées de façon qu'elles forment une efpece de grille , mais
placée au-deffus de la tuyere ; car le vent doit paffer en-def-
fous. On arrange fur ces barres de fer deux cent des plaques
ci-deffus , qui en font quatre cent, puifque chacune eft double. On a foin de les placer de champ, afin qu'elles reçoivent
mieux la chaleur. On les preffe bien enfemble , & l'on met du
charbon par-deffus. Le vent venant par-deffous , fans attaquer directement les plaques de fer , leur communique une
chaleur qui les rougit toutes également en une demi-heure ou
trois quarts-d'heure au plus.

Comment on
bat la trouffe de
fer noir.

Quand on voit qu'elles ont la chaleur néceffaire , on en
prend le quart avec des tenailles , ce qui fait cent plaques
fimples , on porte cette *trouffe* qui a environ huit pouces d'é-
paiffeur , fous un marteau qui pefe cinq cent livres lorfqu'il eft
neuf. Cette trouffe s'élargit & fe réduit , après cette premiere
fois , à quatre pouces d'épaiffeur. On forge ainfi les quatre
trouffes l'une après l'autre , & on les remet à mefure à la
forge , mais fans les barres de fer qui leur fervoient en premier lieu de foutien. La feconde fois que l'on forge les trouffes ,
elles n'ont plus que trois pouces d'épaiffeur ; c'eft alors qu'on
retire les feuilles de deffus & de deffous , qui font ordinairement plus étroites , pour les divifer entre les autres avec celles
d'une précédente fois. On fait chauffer , & l'on rebat pour la
troifieme fois ; on met encore des feuilles étroites entre deux ;
on chauffe de nouveau , & l'on forge encore chaque trouffe
pour la quatrieme fois, enfuite on met entre les feuilles celles
qui ont été coupées avec les cifailles pour les mettre à la me-

fure demandée. On ne les chauffe plus, on les porte en cet état fous le marteau, qu'on fait agir doucement, de façon qu'il ne frappe pas même contre le reffort. Les plaques ne font ainfi battues cette derniere fois, que pour qu'elles fe dégagent de la poufiere qui fe trouve encore entre deux ; & on y ajoute les autres, afin qu'elles puiffent s'applanir & perdre les mauvais plis que leur font prendre les cifailles en coupant les bords.

Cela fait, chaque piece eft coupée de la grandeur demandée, par les mêmes ouvriers qui ont fait la précédente opération. Ils mettent ordinairement d'autres plaques de fer qu'ils rangent fur les barres de fer, comme on l'a dit plus haut, afin qu'elles puiffent fe chauffer, pendant qu'ils coupent & égalifent les côtés des feuilles qu'ils viennent de battre.

Le marteau frappe foixante-feize coups par minute, ainfi la roue fait pendant ce temps-là dix-neuf tours, puifqu'il n'y a que quatre fabots, mentonnets ou levées à l'arbre. Ces fabots avec le rayon de l'arbre font un levier de deux pieds cinq pouces & demi, puifque l'arbre a deux pieds onze pouces de diametre, & que le fabot a un pied de faillie. Le manche du marteau a quatre pieds de longueur ; c'eft dans fon milieu que prend le fabot lorfqu'il fait agir le marteau.

Dans les forges de fer de *Heinrichssgrun* en Boheme, le haut fourneau eft pareil à celui de *Johann Georgen Stadt ;* on y fond différentes qualités de minérais de fer, mais furtout de celui du filon d'Irgand près *Platten*, que j'ai dit fournir abondamment du minérai de fer nommé *pierre hématite* ou *tête vitrée*, & de la pierre brune : ce dernier donne du fer très-doux & d'une fufion très-facile. A deux *foudres* ou mefures de ce minérai, on en ajoute huit d'une mine jaune de fer, qui confifte en grande partie en une ocre très-argilleufe, & qu'on trouve prefque à la furface de la terre, dans une argile ; on joint à

Forge d'Heinrichssgrun en Boheme.

Hématite, ou tête vitrée.

ce mélange demi *foudre* d'une pierre qu'on peut mettre au rang des *Waacken* de M. Pott ; elle eſt dure, compacte, d'un gris de fer, & faiſant feu ſeulement en quelques endroits, lorſqu'on la bat fortement contre l'acier ; on n'ajoute rien autre choſe au mélange, pas même de la pierre à chaux, & la fonte va très-bien ; ſans doute que cette pierre, s'uniſſant avec l'argile qui eſt abondante dans ces mines de fer, devient un fondant ſuffiſant, ce qui ſe rapporteroit aux expériences de M. Pott.

Le *foudre* contient treize pieds cubes, on en fond quarante à quarante-cinq par ſemaine, qui produiſent cent vingt-cinq à cent trente quintaux de gueuſe ; ce qui n'eſt pas beaucoup ; mais la mine de fer argilleuſe eſt très-pauvre.

Mine de fer argilleuſe pauvre.

Le long du ruiſſeau où eſt ſitué la fonderie, à la diſtance d'une lieue, on trouve cinq autres uſines ; ſavoir trois affine-ries où l'on forge en même temps du fer en barres, & deux martinets à battre des plaques pour faire du fer blanc. C'eſt la même eau qui fait aller ces uſines ; on a été obligé de les éloi-gner, afin de gagner de la chute.

Quand on affine la gueuſe, on la laiſſe environ deux heures au feu pour qu'elle puiſſe ſe purifier. Les ouvriers connoiſſent en trempant leur outil dans le fer fondu, & aux étincelles qu'il donne, s'il eſt aſſez affiné. La quantité & la qualité des ſco-ries qu'ils font écouler en perçant les reglent auſſi. Ils ne font point en état de donner des raiſons ſatisfaiſantes, par leſquelles on puiſſe juger du point où le fer eſt aſſez affiné, ſans que l'on courre les riſques d'en brûler. Ils pretendent que, lorſque le fer n'eſt pas de lui-même de bonne qualité, il ne peut le devenir à l'affinage, il faut que la gueuſe ait un petit grain noir, pour que le fer en ſoit doux & malléable. Si le grain eſt blanc, ils ne peuvent en faire du fer doux. Le fer forgé en barres a ce-pendant un gros grain, & eſt caſſant à froid, ſans doute qu'il eft fort doux, étant chaud, puifque les feuilles qu'on en bat font affez minces pour en faire du fer blanc.

On ne parle point ici de la maniere dont on les bat, c'eft la même qu'à *Johann Georgen Stadt.*

Il paroît que la pierre hématite & la pierre brune du filon d'*Irgand* près *Platten*, produifent un fer très-doux, puifque cette mine en fournit à grand nombre de forges, comme on l'a dit, & que dans la plupart on en fait du fer blanc.

SIXIEME MEMOIRE.

SUR UNE FABRIQUE

DE FER BLANC,

Établie entre HEINRICSSGRUN & GRASLITZ *en
Bohême.*

En l'année 1757.

Décapage.   POUR décaper les feuilles de fer battu, ou fer noir, &
les préparer à recevoir l'étaim, on a une étuve voutée,
au milieu de laquelle on entretient continuellement un feu
de charbon. Tout autour font des barriques pleines d'une
Eau séure.   eau aigrie, au moyen de la farine de feigle que l'on y mêle.
Cette farine eft telle qu'elle fort du moulin, fans avoir été ni
blutée, ni tamifée. On en met onze cent cinquante-quatre
pouces cube dans chaque barrique ; l'eau ne tarde pas à aigrir
par l'effet de la fermentation qu'occafionne la chaleur qui eft
fi forte, que, lorfque l'on ouvre la porte de l'étuve, on ne
croit pas qu'il feroit poffible d'y entrer & de la fupporter.

Pour

Pour décaper les feuilles du fer battu, on les met en fortant de la forge dans une des barriques de l'étuve, dont l'eau féure eſt ancienne, & plus forte que la nouvelle ; on la fortifie de temps en temps, en y ajoutant un peu de la même farine ; chaque leſſive ſert huit jours en fort, & huit jours en foible, après quoi on la jette.

On met trois cents feuilles à la fois dans chaque barrique, on les y place verticalement ou de champ ; elles y reſtent vingt-quatre heures ; au bout de ce temps, on les plonge dans une eau féure nouvelle, c'eſt-à-dire où l'on vient de mettre de la farine. Elles y reſtent vingt-quatre heures ; on les retire enſuite pour les mettre dans une très-ancienne leſſive, dans laquelle on jette tous les quinze jours environ un plein chapeau de farine. Les feuilles reſtent ainſi trois fois vingt-quatre heures dans l'étuve. Au fortir de là, elles font miſes dans des barriques pleines d'eau pure, où elles reſtent juſqu'à ce qu'on veuille les nettoyer, ce qui ſe fait avec du ſable & de l'eau en les frottant, juſqu'à ce qu'il n'y ait point de taches noires. Elles ſe nettoyent très-aiſément, car ce travail va très-vîte. On les remet enſuite dans de l'eau où elles doivent reſter, de crainte de la rouille, juſqu'à ce qu'on veuille les étamer.

La Chaudiere où l'on met l'étain pour étamer les feuilles de fer, eſt de fer coulé : elle a dix-huit pouces de profondeur, & peſe huit quintaux, de cent quarante livres de Prague ; il y entre onze quintaux d'étain, de cent quarante livres chacun ; on ne la laiſſe jamais vuide, car quand on finit d'étamer, on y ajoute du nouvel étain pour la remplir. On met enſuite de l'eau & du ſuif par deſſus, & on laiſſe le tout refroidir juſqu'au jour où l'on veut recommencer à étamer ; pour lors, ſeize à dix-ſept heures auparavant, on fait du feu ſous la chaudiere pour que l'étain devienne clair. Quand il eſt bien fluide, on prend de l'étain avec une cuillere, & on le verſe de fort haut dans le bain, & à plu-

Etamage du fer décapé.

L

fieurs reprifes; on écume enfuite, & on continue la même-
manœuvre jufqu'à ce qu'il foit fort clair & bien net. Pour

lors on éprouve les degrés de chaleur, en trempant dedans
une feuille de fer décapé. Si, en prenant l'étamure, elle devient jaune, l'étain eft trop chaud, fi au contraire elle eft

d'un beau blanc, l'étain a fon vrai point de chaleur. (*a*)
Quant au cuivre qu'on ajoute, on ne peut en déterminer la
quantité précife; cela dépend de la qualité de l'étain dont on fe
fert, ainfi que de la qualité du fer qu'on a à étamer. Si l'on
met trop de cuivre, les feuilles n'ont pas un bel éclat, &
font noirâtres. Si au contraire il n'y en a pas affez, l'étain
s'attache trop épais aux feuilles. On met ordinairement deux
livres de cuivre fur un quintal de cent quarante livres
d'étain.

Quand l'étain eft au point de chaleur néceffaire, on y met
une plaque de fer un peu épaiffe, de la largeur de la chaudiere, & auffi longue qu'elle eft profonde. Cette plaque fe
place verticalement, & fert feulement de féparation entre
le grand bain où l'on met les feuilles, & un petit efpace,
d'un pouce & demi de large, où on les trempe également.

Lorfque l'étain eft en fufion bien claire, on met un peu
de fuif par deffus; il eft tout auffi-tôt fondu; on y verfe de
l'eau pure qui y occafionne un bourfoufflement, & le fait
écumer; on apporte alors cent feuilles de fer, toutes mouil-

(*a*) Il eft peu de feuilles de fer blanc qui ne foient fujettes à avoir des taches jaunes; ce qui provient d'une trop forte chaleur que l'on a donné à l'étain, & ne fauroit
l'éviter, fans courir rifque de laiffer trop de ce métal fur le fer blanc.

D'après les expériences que j'ai faites à la fabrique de Sauvage dans le Nivernois en
l'année 1768, on évitera de tomber dans ce cas-là. Je confeillai d'étamer très-chaud
pour rendre l'étamage plus uni, & pour épargner l'étain; & pour ôter aux feuilles
de fer blanc les taches jaunes qui en réfultent néceffairement, je fis choifir dans le magafin celles qui étoient le plus tachées, & les fit bouillir deux ou trois minutes feulement avec de la lie de vin dans un chaudron. Cela réuffit à merveille, elles en forti-
rent d'un beau blanc d'argent, & fans la moindre tache.

lées, telles qu'elles fortent de l'eau ; on les met par deſſus l'écume, & on les fait entrer peu à peu au fond de l'étain avec une tenaille, de façon qu'elles y foient à plat. On apporte cent autres feuilles, qu'on fait entrer de la même maniere ; on les y laiſſe environ un quart-d'heure. On remue bien avec un bâton ; on ôte avec une eſpece de cuillere le fuif & l'eau qui font fur le bain, & on les met dans une terrine qui eſt à côté. Un homme trempe enſuite une petite tenaille dans le bain, & en retire les feuillles les unes après les autres. Il les place de champ fur deux barres de fer, dont s'élevent deux rangs de pointes, qui fervent à foutenir ces feuilles. Il y a des féparations pour y en mettre pluſieurs. Un autre ouvrier, auſſi avec une petite tenaille, prend ces mêmes feuilles, une à une, & les trempe dans le petit eſpace, ci-deſſus, d'un pouce & demi, féparé du grand bain, il retire auſſi-tôt la feuille qu'il tient, & la met de champ fur une grille de fer à pointes, pareille à la précédente, mais plus grande ; il peut y entrer quatorze feuilles fans fe toucher, & féparées par les pointes. C'eſt fur cette grille que les feuilles s'égouttent. Quand il y en a quatorze, un petit garçon prend la premiere qui y a été miſe, & les autres de fuite. Pendant ce temps-la, un autre en met de nouvelles fur la grille, à meſure qu'il les tempe & les fort de la chaudiere. Le petit garçon donne ces feuilles à une femme, qui les nettoye, pour en ôter une partie de la graiſſe, avec un morceau d'étoffe qu'elle tient à chaque main, les frottant avec de la fciure de bois. Tout ce travail va fort vîte, on s'en convaincra aifément par la quantité qui s'en étame, comme on le dira plus bas.

Quand on a retiré cent feuilles de la chaudiere, on y met l'étain qui a dégoutté des feuilles qu'on a forties ; enfuite du fuif par deſſus, & de celui qui a fervi à la précédente opération. On jette de l'eau fraîche fur le tout, il fe fait un nouveau bourfoufflement confidérable ; on remue avec un bâton, & on apporte cent nouvelles feuilles mouillées ; on les met par deffus, en les prenant avec une groffe tenaille, toutes enfemble ; on les fait entrer dans le bain, mais de telle forte qu'on les fait paffer dans le fond de la chaudiere, au-deffous des cent feuilles qui y ont refté de la précédente mife. On remue avec un bâton, on leve encore le fuif avec l'eau, & on les verfe dans la terrine qui eft à côté ; on a foin cependant d'y laiffer un peu de fuif pour que la furface du bain en foit couverte, & on retire les feuilles, les unes après les autres, en continuant la même manœuvre que ci-deffus.

Comment on nettoie les feuilles du fer blanc.

Lorfque les feuilles de fer-blanc ont été nettoyées à côté de la chaudiere, avec de la fciure de bois, on les porte dans une chambre près d'un fourneau ou poële, où elles fe tiennent chaudes, enfuite une femme les nettoie dans une caiffe avec du fon d'avoine ; une autre femme les reprend, & fait la même manœuvre. Ces femmes ont un vieux morceau d'étoffe ou de linge à chaque main. Les feuilles paffent enfuite à une troifieme femme qui, avec un linge, acheve de les nettoyer.

Oter le trop d'étain du bas des feuilles.

Comme ces feuilles ont le côté par où elles ont égoutté plus épais que partout ailleurs, & rempli de gouttes, (*) on a une petite chaudiere de fer, de forme prifmatique, formant deux plans fort inclinés, d'environ trois ou quatre pouces de profondeur, & autant de large dans le haut, mais beaucoup moins dans le fond, cependant affez longue pour que les feuilles puiffent y entrer ; il y a dans cette petite chaudiere, du même étain dont on fe fert pour étamer, d'environ un pouce de hauteur ou profondeur ; mais on

---

(*) Avant la derniere opération, lorfqu'en fortant du bain d'étain les feuilles de fer blanc font mifes fur la grille pour être égoutées, on préviendra l'épaiffeur ou lifiere, en mettant fous cette grille un feu de charbon allumé.

n'y met point du tout de fuif. On fait fous cette chaudiere un feu de charbon pour maintenir l'étain chaud ; on trempe dans cet étain les feuilles de fer-blanc, feulement par le bout où elles ont dégoutté, afin de fondre l'étain qui y eft de trop, & qui les rend plus épaiffes de ce côté que de l'autre. Un petit garçon les met les unes après les autres dans cette chaudiere, un homme les prend à mefure & frotte le côté qui vient d'être trempé, avec de la mouffe. C'eft la derniere préparation qu'on donne au fer-blanc.

On met enfuite trente ou quarante de ces feuilles enfemble, & on les bat deffus & deffous, avec un marteau, fur une groffe piece de bois, afin de les mieux joindre enfemble; on les plie enfuite un peu dans le milieu, afin qu'elles puiffent mieux entrer dans les barrils; les feuilles qui ont des inégalités, font mifes de côté pour être vendues à un plus bas prix que les autres.

On fait des feuilles de fer-blanc de deux fortes de grandeur. Les unes ont onze pouces deux lignes de long, fur huit pouces & demi de large; les autres ont un pied deux pouces fix lignes de long, fur dix pouces dix lignes de large. On confume une livre de fuif pour trois cents feuilles, & quatorze livres d'étain, lorfque ce font des petites; le double pour les grandes.

Grandeurs des feuilles de fer blanc.

Le travail qui vient d'être décrit, fe fait deux fois la femaine, le jeudi & le famedi; on étame dix-huit cents feuilles en cinq heures; on les frotte & nettoie entiérement dans le même temps. Quand elles font entiérement fines, on les met dans de petits barils; il en entre dans chacun trois cents, qui pefent le quintal ci-deffus, ou cent quarante livres. Il fe vend foixante liv. fur les lieux. On fait environ fix à huit cents barils par an, on les tranfporte dans différents pays. Le baril contenant les grandes feuilles fe vendent le double, c'eft-à-dire cent vingt liv. Le maître qui conduit le travail, a vingt-

Poids & nombre des feuilles, en baril.

fept fols fix den. de la façon de trois cents feuilles petites, fur quoi il paie tous les ouvriers; mais on lui fournit tout ce qui eft néceffaire à l'opération.

Fabrique de fer blanc de *Johann Georgen-Stadt.*

Toute la différence qu'il y a de cette fabrique de fer-blanc, avec celle de *Johann Georgen-Stadt*, c'eft qu'ici l'on met en premier lieu les feuilles dans l'étain en bain pendant quelques minutes, & on les retire toutes à la fois; on les y remet de même, lorfqu'elles font refroidies. Le refte du procédé eft le même; mais on emploie un peu plus d'étain qu'en Bohême, il va à dix-neuf livres & demi pour trois cents feuilles, cela vient de ce que les feuilles font plus grandes, & qu'on les paffe deux fois. Elles ont un pied de long, fur neuf pouces de large.

SEPTIEME MEMOIRE.

DESCRIPTION

DES MINES ET FORGES DE FER

DU HARTZ,

Et de celles de BLANCKENBOURG dans le Duché
de Brunſvick. *Année 1766.*

FORGES DE FER DU HARTZ.

PRÈS de Lauterberg eſt la forge la plus conſidérable du
Pays d'Hanovre, nommé *Kônigs-Hûtte*, dans laquelle
on travaille aux frais & au profit du Roi d'Angleterre.

Tous les minérais de fer que l'on fond dans ces forges,
viennent de différentes mines des environs, d'une, deux,
trois, quatre, juſqu'à huit lieues d'éloignement, mais la plus
grande partie des minérais qui donnent le meilleur fer, vient
des mines que l'on exploite derriere la montagne d'Andéaſ-
berg.

Il eſt permis à tout Mineur d'entreprendre une mine ou
filon de fer dans le Hartz. Les officiers du Roi, c'eſt-à-dire

le confeil des mines leur en donne le fief ou la conceffion, mais fous des conditions relatives à l'abondance du minérai; à cet effet, on leur fixe une fomme quelconque pour chaque foudre de minérai, (un foudre de minérai contient quarante-huit quintaux) de façon qu'ils puiffent gagner leur vie honnêtement, en bien travaillant; on diminue ou l'on augmente cette fomme fuivant la quantité qu'ils peuvent livrer.

On reçoit dans la forge huit efpeces de minérais qui different tous par leur produit, il en eft qui tiennent jufqu'à foixante & quatre-vingt livres en fer par quintal, & d'autres feulement quinze ou vingt livres.

Le mêlange de ces différentes efpeces devient ici un objet effentiel, & force pour ainfi dire de s'occuper à compofer une bonne gueufe; la proportion des uns & des autres dans le mêlange fait qu'ils rendent en commun trente à quarante pour cent; dans leur nombre il en eft quelques-uns qui font très-pauvres, mais dont l'on fait un bon ufage, en les fondant avec les autres, par la raifon que, étant mêlés de fpath, ils leur fervent de fondants, & tiennent lieu de pierre à chaux que l'on ajoute ordinairement dans les fontes, & qu'on nomme la *caftine*. Lorfqu'on ne mêle point de cette derniere qualité de minerai, on eft obligé d'employer de la pierre à chaux.

D'autres minérais font plus refraƌaires les uns que les autres; il eft néceffaire de donner à celui-ci un feu de rôtiffage, pour pouvoir les rendre propres à entrer dans les mêlanges que nous avons dit que l'on faifoit pour obtenir de la bonne gueufe.

Ce rôtiffage fe fait à l'air libre, & de la maniere fuivante.

Rôtiffage des minérais.　　Après avoir préparé un lit de mauvais charbon, brifé ou mouillé, & à fon défaut, du bois, on y arrange par deffus

le

le minérai tel qu'il vient des mines, en gros & en petits morceaux. On fait un nouveau lit de charbon que l'on recouvre encore de minérai, & ainfi de fuite jufqu'à la hauteur de quatre à cinq pieds, & on y met le feu. C'eft le feul rôtiffage que l'on lui donne. On en grille de cette façon une grande quantité à la fois.

On eft en ufage de faire deux fortes de gueufes, ce qui dépend de la qualité & du mélange des minérais. Nous parlerons d'abord de la premiere.

L'on a deux hauts fourneaux, à peu près femblables à ceux que nous avons en France; leur forme intérieure, de même que l'ouverture par laquelle on les charge, eft ronde comme à ceux de Johann-Georgen-Stadt, en Saxe; leur hauteur eft de vingt-quatre pieds du Hartz, ou vingt-un pieds fix pouces de roi; l'ouverture fupérieure peut avoir trois pieds de diametre, l'intérieur eft conftruit avec une pierre d'un grès blanc, qui réfifte très-bien au feu.

Avant que de fondre les minérais de fer grillés ou cruds, on prend la précaution de les réduire en petits morceaux, fous un marteau deftiné à cet ufage; ils font enfuite élevés, à l'aide d'un treüil dans l'attelier, à portée de la partie fupérieure des fourneaux, où l'on a foin de ranger chaque qualité, lit par lit & de même épaiffeur. De cette façon le mélange eft toujours parfaitement exaêt pour chaque charge. On en fondoit cinq efpeces lorfque j'étois fur les lieux.

Lorfqu'on veut commencer la fonte, on chauffe les fourneaux pendant vingt-quatre heures, en obfervant de les tenir prefque toujours pleins de charbon, foutenus dans l'ouvrage par des barres de fer croifées qui forment une grille, de façon qu'ils foient très-rouges, mais fans faire mouvoir les foufflets. Au bout de ce temps, on retire les barres de fer, on fait agir les foufflets, & l'on met peu à peu du mélange, tant qu'on

Fonte des minérais.

M

juge que le fourneau peut fupporter la charge ordinaire. On
continue la fonte pendant neuf à dix mois fans interruption. Cette fonte eft arrangée, ou conduite de maniere
qu'il fe fait trois percées par chaque vingt-quatre heures,
& que chacune d'elles produit environ un millier de fer ou
gueufe. On charge à peu près toutes les heures.

De ces percées on coule différents ouvrages en fer, comme
corps de pompe pour les mines, qui en confomment beaucoup; des pots en fer, & fur-tout des fourneaux pour les
appartements, ou poëles; nous avons vu couler de ces derniers. Le furplus des percées eft deftiné pour du fer forgé.

On ne coule point dans le fable, comme dans plufieurs
autres forges; on fe fert d'argile préparée avec du pouffier
de charbon dans une certaine proportion. Les moules font
tous en terre.

La gueufe, qui provient de la fonte décrite ci-deffus, eft
affinée à l'ordinaire dans trois forges en renardiere, qui forment trois atteliers ayant chacun leur marteau; ces marteaux
font du poids de cinq à fix quintaux, & ont leur levée par
devant, qui eft très-forte. Tout ce travail fe fait à fort fait, c'eft-
à-dire tant par quintal. On a fixé en même temps aux ouvriers
la quantité de fer forgé qu'ils doivent rendre d'un quintal de
gueufe; par exemple, l'ufage eft que fur trois quintaux, ils doivent livrer depuis deux cents fix jufqu'à deux cents dix livres
de fer en barres plus ou moins groffes, ou toles, fans être tenu
à aucun autre déchet.

Des expériences répétées ont donné cette proportion pour
en obtenir une bonne qualité de fer; car, fi le produit en
étoit plus fort, on prétend que le fer feroit d'une moindre
qualité.

Mais pour en avoir un plus doux, on fait un choix particulier des minérais que l'on veut fondre, en fupprimant

tous ceux qui pourroient contribuer à le rendre aigre & caffant. On n'ajoute point non plus, dans cette fonte, de la pierre à chaux, parce qu'on la foupçonne un peu cuivreufe, ce qui nuiroit à la qualité; mais l'on fe fert de l'efpece de minérai dont nous avons parlé, & qui contient beaucoup de fpath, ce qui produit le même effet.

La gueufe qui provient de la fonte, eft travaillée dans une affinerie particuliere dont le foyer eft plus petit; on ufe même de plus de précautions, ou pour mieux dire, on y emploie une autre méthode.

A mefure que le fer fond, & qu'il fe forme en loupes ou loupins dans le fond du foyer, l'ouvrier le retire, & lorfqu'il a ramaffé une certaine quantité de ces loupes du premier affinage, il les refond toutes enfemble pour n'en former qu'une feule; c'eft ce que l'on nomme *fer deux fois affiné.* Cette opération eft ordinairement de quatre heures. Ce fer ayant été forgé en gros carreaux, eft porté dans un martinet, monté à deux petits marteaux à queue, à peu près femblables à ceux dont on fe fert pour le cuivre; ils ont environ quatre à cinq pouces de levée. On y forge de nouveau le fer, en toutes les formes, largeurs & longueurs que l'on defire, foit pour faire des cloux, & des chaînes pour les mines, foit pour canons de fufil & fils de fer.

On a pour ce dernier objet, une *tire-filiere,* où l'on forme des fils de toutes groffeurs. Nous ne parlerons point du détail de ce travail; il eft affez connu, & il n'a rien ici de particulier. Le fer eft alors doux comme du plomb, & d'une excellente qualité.

Le Directeur de la forge, homme très-intelligent & très-entendu, nous a affuré que par la méthode d'affiner deux fois le fer, on en obtenoit toujours d'excellent; à la vérité, avec un déchet bien plus confidérable, puifque de trois quin-

Affiner la guefeu

taux, on en retire à peine cent foixante-quinze livres; que cependant par le procédé ordinaire, on avoit quelquefois réuffi à faire d'auffi bon fer; mais que d'autres fois, il n'en avoit pas été de même, fans qu'on ait pu favoir d'où cela provenoit, ce qui faifoit préférer la méthode particuliere, qui eft fûre ; & l'intention d'ailleurs du Souverain étant que l'on ne fe relâche point fur la bonté, ni fur la qualité du fer.

Les fcories provenantes du haut fourneau, font pilées dans un bocard à trois pilons ; elles produifent jufqu'à trente quintaux de grenaille de fer par femaine. Il s'affine avec la gueufe ordinaire.

Confommation du charbon.

On confomme dans la forge environ neuf mille voitures de charbon de bois de fapin; chacune de ces voitures contient dix mefures du pays, & peut pefer huit quintaux. Elle occupe cinquante-quatre ouvriers, tous à prix fait, à l'exception de ceux qui travaillent aux hauts fourneaux.

Produit.

Le produit annuel, année commune, en fer coulé ou de *gueufe*, eft de feize à dix-huit mille quintaux.

En fer forgé, dont il y en a de fept fortes, onze à douze mille quintaux.

Prix des fers.

Le prix du premier eft de dix, douze, jufqu'à feize liv. le quintal, poids de cent dix livres de Cologne; & celui du fecond, depuis feize à dix-huit liv. le quintal, même poids.

Tous les travaux font conduits par un Directeur qui a le titre d'Infpecteur; il a fous lui un écrivain & un facteur. Cet établiffement en général, eft très-bien monté, & bien entendu.

MINES ET FORGES DE FER

DE BLANCKENBOURG.

IL y a aux environs de cette ville, plusieurs fonderies & forges de fer que le Prince fait travailler à ses frais, il fait aussi exploiter les mines les plus importantes du pays. Elles produisent des minérais de fer en roche, & disposés par couches.

Il y a d'autres mines travaillées par des paysans, qui sont obligés de livrer leurs minérais aux forges du Prince, à un prix qu'on leur fixe, de maniere qu'ils puissent en retirer à peu près les gages des mineurs ordinaires. Ces dernieres mines sont très-mal exploitées, parce qu'on laisse travailler les paysans à leur fantaisie. On en a reconnu l'abus, & l'on est sur le point d'y remédier.

Le minérai de fer qu'ils exploitent est aussi disposé en couches; après l'avoir traversé à douze ou quinze toises de profondeur, on rencontre un rocher d'un très-beau marbre, sur lequel on a formé de belles carrieres, à peu de distance des mines.

Les travaux qu'on fait pour exploiter le minérai de fer, comprennent une quantité considérable de petits puits pratiqués au jour, à peu de distance les uns des autres. Les paysans les abandonent, après en avoir extrait la plus grande partie du minérai.

La fonderie ou forge que nous avons visitée est à deux lieues de Blanckenbourg, à l'endroit nommé *Rubelande*; elle renferme un haut fourneau, qui travaille ordinairement neuf mois de l'année sans interruption; sa hauteur est de vingt-huit pieds, les especes de minérais que l'on y fond, sont au nombre de huit, ils tiennent depuis cinquante jusqu'à soixante & dix pour cent.

On eſt en uſage de piler groſſiérement le minérai avant de le fondre; mais comme il eſt d'une nature très-dure, il eſt néceſſaire de lui donner un feu de rôtiſſage. Cela ſe fait à feu ouvert ou en plein air, avec du charbon de bois, *ſtratum ſuper ſtratum*. L'addition qu'on fait au minérai, pour la fonte, eſt pour l'ordinaire de la pierre à chaux, mais que l'on calcine auparavant, de la même maniere que l'on rôtit le minérai.

Produit annuel. La quantité de fer que l'on fabrique chaque année, eſt un objet de ſix à huit mille quintaux, pour leſquels on conſomme quinze cents foudres de charbons.

On a reconnu que la gueuſe provenante de la fonte du minérai, réduite en fer forgé, faiſoit un tiers de déchet à l'affinerie.

Au reſte, il n'y a rien de particulier dans cette forge, les opérations y ſont à peu près les mêmes que celles qu'on vient de décrire.

HUITIEME MEMOIRE.

SUR LES PRINCIPALES

MINES ET FORGES DE FER

DE LA SUEDE.

En l'année 1767.

L'Exploitation des mines eſt la branche de commerce la plus importante de la Suede. Par elle on trouve un emploi des forêts immenſes qui couvrent la ſurface de ce grand état , & les métaux qui en ſont le produit ſont donnés en échange aux autres nations , pour procurer à ce Royaume le ſurplus des denrées & marchandiſes dont ſes peuples ont beſoin pour leur ſubſiſtance.

Le gouvernement non ſeulement perſuadé de l'utilité qu'il y a à trouver des reſſources dans le produit de ſon propre pays , mais même entraîné par la néceſſité de faire valoir les mines pour le bien de l'Etat & des ſujets qui le compoſent , a pris depuis longtemps des meſures , & en prend encore chaque jour pour rendre ce genre d'exploitation le plus floriſſant qu'il eſt poſſible

Une idée générale des arrangements fucceffifs qui ont été pris pour y parvenir depuis l'origine de ces mines ; ce qui eft pratiqué à cet égard ; la fituation de différentes veines miné_rales ; les obfervations que mon frere & moi y avons faites (*), le détail de la façon dont on les exploite , & dont on en tire parti par la fonte , feront l'objet de cette defcription.

Origine des mines.

Les Auteurs Suédois s'accordent à dire qu'ils n'ont rien de certain fur le commencement du travail de leurs mines , mais qu'il eft croyable que leurs ancêtres les ont découvert par quelque hazard ; qu'ils ont d'abord rencontré dès filons , comme il s'en trouve encore aujourd'hui , dont les apparences font extérieures fur la fuperficie des montagnes.

Chacun étoit maître alors de ce qu'il découvroit , & travailloit comme celui qui l'eft de la terre qu'il laboure fans aucune redevance ; mais en 1282 toutes les mines furent affectées à la Couronne pour leurs dépenfes & celles du Royaume ; elles étoient fous l'infpection d'Officiers de mines qui y entendoient peu. L'expérience mit des gens plus au fait , quoiqu'on n'ait pas eu trop de connoiffance des mines jufqu'aux Rois de la famille de Guftave : lorfqu'ils monterent fur le trône, ils firent venir des Etrangers , & furtout des Allemands , fous le nom de Directeurs & Maîtres des mines ; ce qui arriva principalement fous le regne de Charles IX. Delà vient fans doute que les termes techniques des mines paroiffent en grande partie tirer leur étimologie de ceux des Allemands.

Avant ce temps-là , tout s'y faifoit à force de bras, on y employoit des criminels condamnés aux mines , & des ennemis faits prifonniers de guerre.

On ne connoiffoit point les machines dont on fe fert aujourd'hui ; mais on fuivoit , difent les mêmes Auteurs , le minérai jufqu'où il finiffoit , moyennant quoi , les mines étoient fujettes

(*) Voyez ce qui eft dit dans la Préface & dans l'éloge hiftorique de feu M. Jars , au fujet du voyage qu'il fit dans le Nord avec fon frere , éditeur de cet ouvrage.

à

à tomber : c'eſt pour cela que les anciennes rendoient ſi peu, ſans parler auſſi de tous les empêchements que les guerres tant civiles qu'étrangeres ont cauſé.

Les mines & ce qui leur appartient étoient à la diſpoſition de la Chambre des Finances juſqu'en 1631, qu'on établit un Conſeil ſéparé nommé *Bergs-Amt*, Office des mines. Son inſtruction nommée *général bergs privilegia* eſt datée du mois de novembre 1637.

En 1649, on publia onze Ordonnances qui furent nommées *Bergs-ordningar*, leſquelles ſont, comme les Loix, ſéparées des mines, quoique ſujettes aux autres Loix du Royaume.

En 1651, le Conſeil des mines retomba ſous la Direction de la Chambre des Finances, ſelon la confirmation des Etats en date du 15 Décembre de ladite année, lui donnant une nouvelle inſtruction & patente. On ne ſait pourtant pas combien il reſta dans cet état. Le Conſeil des mines n'étoit alors compoſé que de très-peu de perſonnes, & n'avoit pas droit de juger ; il ne l'eut qu'en 1713 : c'eſt depuis 1723 que ce Conſeil a été établi à peu près dans la même forme où il eſt aujourd'hui ; il ſe tient dans l'Hôtel des Monnoies de Stockolm ; il eſt compoſé d'un Préſident & de dix Conſeillers des mines, d'un Secretaire, d'un Avocat-Général, d'un Greffier, de deux Notaires, d'un Caiſſier, de ſon Commis & d'un Copiſte. L'Ingénieur des mines qui réſide à Fahlun eſt du même Conſeil ; il eſt obligé de ſe rendre ſur toutes les mines où le Conſeil l'envoïe ; il a des éleves & des aides pour l'aſſiſter dans ſes opérations.

Collège des mines.

Ce Conſeil a encore pour membre un eſſayeur qui l'eſt auſſi des Monnoies. Son occupation eſt d'examiner les métaux pour qu'ils ſoient travaillés à leur juſte titre ; les éleves des mines s'inſtruiſent ſous lui pour la Chymie.

Tous les *Maîtres des mines*, de même que tous ceux qui en dépendent, font du département de ce Conſeil.

N

La Suede a été divifée en douze diftriéts différents, dans chacun defquels il y a un *Maître des mines*. Ces départements font plus ou moins étendus fuivant l'importance des exploitations. Ces Officiers que l'on nomme *Berg-meifter*, comme en Allemagne, font pourtant bien plus diftingués; ils reprefentent autant qu'un Capitaine des mines. Plufieurs ont voyagé par ordre & aux frais de l'Etat, après avoir été choifis par le Confeil ou College des mines.

Il y a en outre fept Jurés ou Infpeéteurs, qui font inftruits dans la Géométrie, Mécanique, & autres fciences néceffaires à l'exploitation des mines. Il n'y a de ces derniers Officiers que dans les mines confidérables où il faut non-feulement veiller à l'exécution des Ordonnances du Roi, mais encore à ce que l'on travaille dans les regles. Il y a encore d'autres Officiers fubalternes qui font payés par la Couronne comme ces premiers, & que l'on nomme *Berg-vogt*.

Un Maître des mines eft proprement le Juge & l'interprete des Ordonnances; il doit en même-temps être bon mineur & fondeur, puifqu'il eft obligé d'aider de fes confeils, & de régler la plupart des entreprifes; enfin il doit favoir tout ce qui peut tendre à une bonne exploitation. Dans tous les diftriéts de la Suede, où l'on exploite d'anciennes mines, les Habitants font tous ou en grande partie intéreffés dans les mines & fontes de fer, & même la plupart ouvriers mineurs. La Communauté ou le corps de ces gens-là fe nomme *Bergslag*, & les membres de ce Corps *Bergsmen*. Ainfi l'on dit dans telle province, il y a un ou plufieurs *Bergslag*.

Ces *Bergsmen*, comme travaillant aux mines, ont des privileges; ils font exempts de la milice & de logement de gens de guerre; ils font propriétaires de mines ou de fourneaux, quelquefois de l'un & de l'autre en même-temps, mais ils n'ont point de forges. Ceux qui en ont la propriété, & qui en font les maîtres, fe nomment *Patrons de forges*; les forêts dont ils tirent les bois néceſſaires pour les fontes, appartiennent ou ont appartenu à la Couronne, & on a fixé un diſtrict plus ou moins étendu pour chaque fourneau dont ils paient un prix fort modique, en conſidération du droit de dixieme dont il ſera queſtion par la ſuite. Il en a été de même de ceux qui ont acquis de la Couronne des forêts ou partie de forêts en toute propriété ; car les autres n'en ont la jouiſſance qu'autant de temps que leurs fonderies ſont en activité ; par exemple, il y a des bois qui ſont deſtinés uniquement pour les fonderies, & qui ſont diviſés en autant de parties qu'il y a de fourneaux dans un diſtrict.

Quoique ce que nous venons de dire puiſſe être pris en général pour toutes les mines de la Suede, cela regarde cependant principalement les mines de fer de la province de Wermeland qui ſont très-conſidérables & très-importantes.

On y diſtingue trois ſortes d'entrepreneurs ; les propriétaires des mines, ceux des fontes qui ſont pour la plupart payſans, & les Maîtres des forges nommés *Patrons.*

Les bois néceſſaires pour l'exploitation des mines, tant dans l'intérieur qu'à l'extérieur, pour les machines ou autres conſtructions, ſont pris dans les forêts qui y ont été affectées, mais on n'en peut couper un ſeul arbre ſans la permiſſion des Officiers des mines.

Bois affectés aux mines.

Quant à ce qui regarde les forges, comme la plupart appartiennent à des Seigneurs ou à des payſans, maîtres de leur poſſeſſion, ils ſe fourniſſent eux-mêmes le bois de leur terre ; & s'ils n'en ont pas ſuffiſamment, ils en achetent des payſans, en avertiſſant le Maître des mines qu'ils ſont d'accord avec tel ou tel, (ce qui eſt enregiſtré) pour la fourniture qui doit être faite chaque année. Les vendeurs ſont obligés de livrer la quantité convenue tant que la forge ſubſiſtera. Si le payſan met un prix trop haut à ſon charbon, on ſe plaint au College qui en ordonne la taxe. C'eſt un privilege que les mines, de quelque efpece qu'elles foient, ont en Suede, en vertu de ce qu'elles paient à la Couronne, d'avoir des bois affectés pour leur exploitation, & à un prix modique ; elles peuvent même en prendre pour rien, s'il fe trouve dans les environs des bois de la Couronne, qui ne foient pas déjà affectés à d'autres mines, à moins que ce ne foit de ceux qui font réputés PARC DU ROI. Dans ce cas, les entrepreneurs font obligés de payer quelque chofe, & à défaut, les payfans font forcés de leur en vendre, fuivant une taxe, comme il vient d'être dit ; les Seigneurs feuls font exempts de cette contrainte.

Il eft défendu à qui que ce foit de vendre du charbon au préjudice des mines & fonderies, fous peine de confifcation.

Le Maître des mines ne peut refufer la permiffion d'exploiter une mine dans un terrein qui n'eft pas déjà concédé, à celui qui fe préfente, comme cela eft fpécifié dans les Ordonnances générales des mines ; mais ni lui, ni le Confeil ou Collège ne peuvent permettre l'établiffement d'une fonderie pour le fer ou autres métaux, que l'entrepreneur ne prouve qu'il a contracté avec des particuliers pour des bois qui n'étoient point engagés à d'autres exploitations, ou qu'il ne fe trouve dans le canton de ceux qui ne font pas déjà affectés aux mines : c'eft alors qu'il prend des arrangements pour le faire, & à un prix modique.

Loix concernant les métaux nobles. Il eft une loi en Suede qui donne la préférence pour l'exploitation aux métaux les plus nobles ; deforte que les mines de fer doivent céder à l'or, l'argent, le cuivre, le plomb, l'étain &c., c'eft-à-dire que fi dans un diftrict où il y a des fourneaux & forges de fer, on vient à découvrir une mine de métaux plus nobles, & qu'il n'y ait pas d'autres forêts que celles qui font affectées pour les mines de fer, ces premiers ont la préférence de l'exploitation au préjudice de ces dernieres. Cependant il faudroit être bien certain de la valeur des unes, avant que d'abandonner les autres.

DROIT DE LA COURONNE

SUR LES MINES.

Toutes les mines en général, de quelque nature qu'elles soient, appartiennent à la Couronne sans aucune distinction ; mais il est permis à toute personne de les exploiter, pourvu qu'elle observe les formalités, & se conforme aux Réglements qui ont été donnés à cet égard. On a vu précédemment les arrangements faits par le Souverain, les dépenses qui y sont attachées, pour encourager l'exploitation des mines, les bois qu'elle fournit de ses propres forêts *gratis*, ou à un prix très-modique, & l'obligation dans laquelle sont les habitants des environs d'en délivrer, suivant une taxe &c. ; enfin le maintien de la police & l'exécution des Loix qui intéressent essentiellement chaque Entrepreneur. C'est en conséquence de tous ces avantages que le Souverain en retire un droit que l'on nomme *dixieme*, mais qui varie beaucoup suivant les exploitations, comme on le verra par la suite.

Toute nouvelle exploitation de mine est exempte pendant un certain nombre d'années du droit de la Couronne ; celles de fer, par exemple, le font pendant les six premieres, le College des mines est le maître de prolonger cette exemption de trois en trois ans, jusqu'à ce que la mine soit bien en valeur, & donne du bénéfice aux intéressés. Quant aux mines d'autres métaux ; les Entrepreneurs sont dans le cas d'obtenir des exemptions ou des diminutions de droit, suivant les circonstances.

Le droit de la Couronne sur le fer se prend en fonte ou fer de gueuse en nature, desorte que ce sont les propriétaires des fonderies qui le paient, ils vendent & achetent leurs matieres

Le droit se prend en nature.

en conféquence; mais comme ce droit deviendroit difficile à percevoir , s'il falloit avoir des gens continuellement fur les lieux prépofés pour cela , on fixe ce que chaque fourneau doit donner par vingt-quatre heures; & lofqu'une fonderie a été décidée devoir payer ce droit , le Maître des mines s'y tranfporte avec des gens pour l'affifter ; il y refte au moins vingt-quatre heures pour en connoître le produit. Tous les fourneaux étant femblables , & la qualité du minérai à peu près la même dans chaque diftrict , cela varie peu. En général le droit eft de dix-fept à dix-huit *lifpund* par vingt-quatre heures ; & comme l'on retire de chaque fourneau dans le même-temps dix-fept à vingt *fchipfund* de fer coulé , & que ce *fchipfund* eft compofé de vingt-fix *lifpund* (*) il réfulte que ce n'eft environ qu'un vingt-fixieme de droit au lieu d'un dixieme : mais afin qu'il n'y ait aucune fraude de la part des propriétaires des fonderies, ils font obligés chaque année de donner une déclaration au Maître des mines , par laquelle il eft fait mention du jour & de l'heure à laquelle on veut commencer la fonte. Le tout eft enregiftré : ils en font de même lorfqu'ils arrêtent leurs fourneaux; de cette maniere il eft aifé de calculer la quantité de fer dont chaque fonderie eft redevable à la Couronne.

Le Gouverneur de la province eft enfuite chargé chaque année de procéder à la vente des fers de la Couronne , produits de fon Gouvernement , laquelle fe fait publiquement & au plus offrant.

Le grand nombre de propriétaires de forges en a fouvent obligé plufieurs , par le befoin d'argent , à vendre à l'Etranger

---

(*) Le *lifpund* pefe toujours vingt livres Suédoifes ; la livre Suédoife équivaut à un marc cinq onces fept gros huit grains de France ; par conféquent le *lifpund* eft de dix-fept livres cinq onces fix gros feize grains. Le *fchipfund* au contraire varie : celui avec lequel on pefe le minérai & le fer en gueufe , eft de ving-fix *lifpund* ; celui dont on fe fert pour pefer le fer forgé , eft feulement de vingt *lifpund*. Il en eft d'autres qui ne pefent que feize & dix-huit *lifpund*.

leurs fers forgés à un prix inférieur au prix courant de l'année ;
d'où il réfultoit un mal non-feulement pour les forges, mais encore pour l'Etat.

Pour remédier à un pareil inconvénient, on a établi à Stockolm une caiffe que l'on nomme le *comptoir des fers*, à laquelle
chaque Patron ou propriétaire de forges paie un *thaler de cui-*
vre (*) par chaque *fchipfund* ; ce qui revient environ à la valeur du centieme du produit des forges. Au moyen de cette
caiffe, lors du temps de la vente des fers, les Adminiftrateurs
du comptoir fixent les prix auxquels ils doivent être vendus
au marché. Si des propriétaires ne peuvent vendre ceux qu'ils
ont, & qu'ils ne puiffent attendre, par le befoin d'argent, le
comptoir fait des avances, ou prend les fers pour fon compte.
Ce comptoir peut être auffi confidéré comme faifant une concurrence vis-à-vis des acheteurs, empêche les monopoles, &
maintient ainfi le prix de la marchandife.

Cette caiffe ne peut devenir que très-riche avec le temps,
& acquérir des fonds confidérables, On nous a affuré que l'objet de l'établiffement étoit de faire fervir auffi ces fonds à
des entreprifes utiles aux mines, trop difpendieufes pour les
particuliers, comme galeries d'écoulement, machines pour
l'épuifement des grandes mines, &c.

Comptoir des
fers; ce que c'eft.

(*) Le *thaler* ou écu de cuivre eft une Monnoie du pays qui vaut 8 à 10 fols
de France.

MINES DE FER

DE LA PROVINCE DE WERMELAND.

LA Suede fournit abondamment des mines de fer de toute eſpece, mais principalement de celles que l'on nomme en roche & à filons. Swedemborg a décrit les mines de marais & les fluviatiles : c'eſt pourquoi je ne m'arrêterai qu'aux premieres. Les principales de celles que j'ai viſitées ſont d'autant plus intéreſſantes à décrire, que je n'en ai vu ni n'en connois de ſemblables par aucune deſcription.

Le Wermeland eſt une province de la Suede très-étendue, l'une des plus riches & des plus abondantes en mines de fer. La nature, en la favoriſant d'une ſi grande quantité de minérais, lui a fourni les bois néceſſaires pour les travailler; car preſque toute ſa ſurface eſt couverte de forêts de ſapin, pin & bois de bouleau : auſſi y cultive-t-on très-peu de grains, & l'on eſt obligé d'avoir recours aux provinces méridionales, pour avoir celui qui eſt néceſſaire à la ſubſiſtance des habitants; on ſait même que la Suede en tire beaucoup de l'Etranger.

Cette province a encore un avantage pour ſes mines, c'eſt ſa ſituation près du grand lac *Wener*, & le voiſinage de pluſieurs lacs moins conſidérables qui rendent les tranſports des matieres fort commodes & très-peu coûteux.

Comme c'eſt dans les environs de la ville de Philipſtadt, réſidence du Maître des mines, où ſont les mines de fer les plus conſidérables, ce ſont celles que nous avons viſitées avec le plus de ſoin, & dont nous allons rendre compte.

MINES

MINES DE FER

DE NORDMARCK.

Environ à trois lieues au nord de la ville de Philipftadt, dans l'endroit nommé Nordmarck, on exploite depuis l'année 1650 plufieurs filons de minérai de fer. Ils fe trouvent dans une montagne très-peu élevée, fituée dans un vallon d'une très-grande largeur, qui a à peu près fa direction du Nord au Midi, comme les filons, de forte qu'ils font prefque tous paralleles. Nous difons paralleles quoi qu'il y en ait qui fe croifent, parce qu'ils le font par des angles fort aigus.

Direction des filons.

Ces filons font perpendiculaires, ayant dans certains endroits fept à huit toifes de largeur, mais auffi quelquefois moins, furtout lorfqu'ils font coupés par des parties de rocher, ou détournés dans leur direction, comme nous l'avons obfervé plufieurs fois, ils ont cela de commun avec tous les filons en général.

Toutes les montagnes de ce diftrict, & même en grande partie celles de la province, font compofées d'un granit à grains plus ou moins gros & ferrés, mais qui dans plufieurs endroits renferme des rochers d'une autre efpece. En effet, les filons fe trouvent dans une roche bleuâtre & brune qui paroît pouvoir être mife au rang des ardoifes, elle eft fort dure, & contient fouvent elle-même des minérais de fer, c'eft-à-dire qu'elle leur eft unie comme le *fpath* & le *quartz*, le font à ceux de plomb, de cuivre, &c.

Nature des rochers & des filons.

Lorfque le granit fe rapproche du filon, pour nous fervir de l'expreffion des mineurs, il le dérange ordinairement, & emporte le minérai, c'eft-à-dire que le filon eft beaucoup plus

O

étroit dans ces endroits-là , & souvent même entiérement coupé.

Bon indice. Le meilleur indice dans un filon est le *mica* blanc & noir à grandes facettes ou feuillets. Lorsqu'on en rencontre , on est toujours presque sûr d'avoir au-dessous du minérai de fer riche. L'expérience a démontré dans ce district que c'est ordinairement à quinze toises de profondeur ou environ que se trouve le mica dans les filons de fer , qui alors deviennent plus riches & plus abondants.

Le granit de ces cantons renferme d'assez grandes parties d'une pierre à chaux blanche & à facettes dans sa cassure. (Cette même pierre à chaux ou de la semblable sert de *castine* ou de fondant pour la fonte du minérai.) Lorsqu'elle rencontre le filon , elle est d'un mauvais indice , car elle le coupe ordinairement. Cependant il arrive quelquefois que le minérai est contenu dans cette pierre à chaux : alors il est par roignons ; on le trouve par intervalle , sans suite , & à très-peu de distance des autres filons.

Du côté du Nord , & particuliérement dans une mine , ces filons renferment une très-grande quantité d'asbeste de différente consistence & couleur , du blanc & surtout du verd.

Dans une mine nommée *Brautfors* du côté du Midi , toujours sur les mêmes filons , on découvrit en 1726 une veine d'une argille verdâtre sabloneuse , qui , à dix toises environ de la surface de la terre , contenoit de l'argent natif. On la suivit dans d'autres endroits plus profonds , mais sans y trouver un atome de ce métal , cette argille est aussi-unie à des cristallisations de spath calcaire.

Si l'on veut en savoir davantage sur cette argille , & l'argent natif qu'elle contenoit , on peut lire ce qu'en a dit Swedenborg , on le trouvera dans l'Art des forges , section quatrieme , page 41.

Les minérais du produit de ces mines sont tous en général

attirables par l'aimant, ils font très-durs, compacts & fort pefants ; ils ont communément un grain très-fin, de la couleur du fer déjà travaillé. Il en est aussi qui font à facettes plus ou moins larges : ces minérais étant purs & dégagés de rocher, donnent les uns dans les autres environ cinquante pour cent au moins en fer de gueufe.

La propriété qu'ont en général les minérais de fer de la Suede, d'être très-attirables par l'aimant, est un des grands avantages pour faire la découverte des nouveaux filons, dont les mineurs favent profiter, ils fe fervent à cet effet de la bouffole, à quoi ils font tellement accoutumés qu'ils ne fe trompent jamais, quoique le minérai ne fe manifefte communément qu'à plufieurs pieds, & même plufieurs toifes de profondeur. Enfin le Maître des Mines de ce diftrict nous a affuré que les ouvriers ont découvert de cette maniere des filons qui étoient recouverts d'une épaiffeur de trois à quatre toifes de terre franche.

Lorfque les mineurs veulent faire des recherches dans un endroit, ils connoiffent ou cherchent d'abord à connoître la méridienne du lieu où ils font, & dès qu'ils voient, en fe promenant, que l'aiguille de la bouffole qu'ils tiennent à la main a une direction différente que celle qu'elle devroit avoir, ils fuivent ; & auffi longtemps qu'elle varie, ils font fûrs qu'il y a du minérai. C'eft ainfi qu'ils déterminent la direction, ils cherchent enfuite en marchant à angle droit fur cette direction, quelle eft à peu près la largeur. Ils choififfent ordinairement l'endroit le plus large que la bouffole leur a indiqué pour attaquer le filon & commencer leur exploitation. L'habitude leur a enfeigné à rencontrer affez jufte ; nous avons vu commencer l'exploitation d'une mine dont la découverte avoit été faite, comme nous venons de le dire ; le même Mineur nous a fait voir avec notre propre bouffole les variétés fingulieres

Les minérais font attirables par l'aimant.

La découverte s'en fait avec la bouffole.

O 2

de l'aiguille, en nous promenant tant fur la direction que fur la largeur du filon.

Exploitation.   La méthode d'exploiter eft toute différente de ce qui eft en ufage en Allemagne & en France ; elle n'eft même praticable que pour des filons de la nature de ceux de Suede qui ont de la largeur & de la folidité. On les travaille en général, comme on creufe une carriere, c'eft-à-dire en faifant une ouverture auffi grande que la largeur & folidité du filon peuvent le permettre ; de façon que tous les ouvrages font à jour depuis la furface de la terre jufqu'au plus profond, & qu'il y a très-peu d'endroits où l'on foit dans le cas d'avoir de la lumiere, quoiqu'il y ait des mines de plus de foixante toifes de profondeur.

Glace qui fé-journe dans les mines.   C'eft fans doute à ces grandes ouvertures qu'eft due la glace que l'on trouve jufqu'au plus profond de ces mines. Tous les parois de l'excavation du côté où coule l'eau en font couverts & d'une grande épaiffeur. On nous a dit qu'elle commençoit à s'y former à la fin de l'hiver, & qu'il y en avoit jufques dans le courant du mois de Septembre. Ces mines feroient fans doute une glaciere perpétuelle fans la refpiration des ouvriers qui y travaillent, fans la chaleur que donne la poudre en faifant jouer les coups de mine, & fans le feu que l'on fait dans les endroits où fe charge le minérai, pour réchauffer les ouvriers qui auroient toutes les peines du monde à y réfifter fans cela. Nous avons éprouvé nous-mêmes combien le froid s'y fait fentir ; c'étoit à la fin du mois de Juin 1767 que nous fîmes la vifite de ces mines. Depuis la fin d'Avril la furface de la terre n'étoit plus couverte ni de glaces, ni de neige, & il y en avoit encore beaucoup dans l'intérieur.

Il paroît, au premier afpect, difficile à expliquer, pourquoi la glace ne commence pas à fe former dans l'intérieur de la mine, en même temps qu'à la furface de la terre, & pourquoi elle y féjourne enfuite plus longtemps.

Suivant toute apparence , le degré de température ordinaire qui regne dans les mines , ainſi que je l'ai vérifié par pluſieurs obſervations dont j'ai fait part à l'Académie des Sciences , empêche , dans les commencements de l'hiver , la glace de s'y raſſembler , la neige y fond à meſure qu'elle y tombe ; & ce n'eſt que par la continuité du froid , & lorſque les parois intérieurs de la mine , (je veux dire ceux qui ſont le plus expoſés à l'air extérieur , à la neige , & aux eaux qui filtrent hors du rocher près de la ſurface de la terre ;) ce n'eſt , dis-je , que lorſque ſes parois ſont eux - mêmes parvenus au degré de la congélation , que la glace commence à s'y former. Je ſuis très perſuadé que ſi le froid extérieur n'étoit pas à un degré bien au-deſſous de zéro du thermometre de M. de Réaumur, on n'en verroit jamais dans ces mines.

On concevra aiſément pourquoi la glace une fois formée & ammoncelée ſur certains parois des mines s'y conſerve beaucoup plus longtemps qu'à la ſurface de la terre , puiſque la mine devient alors une glaciere dont les eaux intérieures , de même que celles qui découlent de la glace à meſure qu'elle fond , ſe ramaſſent dans un puiſard , d'où elles ſont élevées au jour à l'aide des machines pour l'épuiſement , & ne peuvent par conſéquent en accélérer la fonte. Tout le monde connoît la conſtruction de nos glacieres , & la raiſon phyſique qui fait qu'on y conſerve de la glace , ſans avoir beſoin d'en dire davantage.

Pour ſoutenir ces mines , on emploie quelques étançonnages , mais une bien moindre quantité que d'autres , attendu que dans les endroits les moins riches , on laiſſe des piliers de minerai pour ſervir de ſoutien dans les côtés où l'on ſoupçonne que le rocher qui le renferme & qui ſert de *toît* ou de *mur* , n'eſt pas ſolide. On y laiſſe du minérai tel qu'il ſoit , comme faiſant un corps compact & dur qui n'eſt point ſujet à ſe dé-

Comment on ſoutient les mines.

tacher ; les limites que l'on laiſſe d'une mine à l'autre pour
fixer les conceſſions ſervent auſſi de ſoutien.

Pour élever au jour l'eau & les matieres extraites , on conſtruit dans les endroits les plus commodes de ces ouvertures ,
des échaffauds qui prennent un peu en avant dans la mine ,
afin que les ſeaux puiſſent deſcendre & remonter le plus perpendiculairement qu'il eſt poſſible. Ces échaffauts ſont ordinairement faits avec de longues pieces de bois rangées les unes
ſur les autres , & formant un quarré. On conſtruit tout auprès
ſur le terrein de petites machines fort legeres , qui agiſſent au
moyen d'un ſeul cheval dans un manége.

On emploie à ces machines trois eſpeces de cordes , celles
de chanvre , de cuir & des chaînes de fer. On préfere ces dernieres aux autres , dans les endroits où il y a des frottements ,
& où elles ſont dirigées ſur des rouleaux , pour ſervir de renvoi lorſqu'il y a des ouvrages inclinés.

Les premieres ſeroient trop ſujettes à s'uſer. On préfere
celles de cuir pour les endroits ſecs ; elles durent dix ans à ce
qu'on aſſure. On eſt dédommagé par leur longue durée de ce
qu'elles coûtent de plus. Une de ces cordes ayant trente toiſes
de longueur , revient à 1000 ou 1200 liv. ; mais perſonne ne
nous a pu dire quelles étoient celles qui procuroient le plus
d'économie. On en voit des unes & des autres dans preſque
toutes les mines.

Pluſieurs des ouvriers mineurs ſont propriétaires des mines ;
en travaillant eux-mêmes , ils peuvent veiller à ce que les autres rempliſſent bien leur devoir ; ils gagnent communément
chacun la valeur de 200 liv. de gage par année. Il eſt auſſi
un grand nombre de femmes qui travaillent au-dehors & au-
dedans des mines , mais en général avec un moindre ſalaire.

On ne travaille point la nuit , on a fixé un ſeul poſte par
vingt-quatre heures , qui commence à huit heures du matin &

finit environ à quatre heures du foir, pendant lequel temps ils
font obligés de percer entre trois, foixante pouces en un ou
plufieurs trous, d'en faire partir la mine, d'élever à la furface
de la terre le minerai qu'ils ont extraits, & de le trier. L'ufage
eft dé travailler trois enfemble ; l'un tourne le fleuret, & les
deux autres frappent deffus. Il y a des femmes qui font ce travail auffi bien que des hommes ; les fleurets peuvent avoir environ un pouce de diamettre, & font tous à bifeau.

On faifoit autrefois du feu dans cette mine pour détacher
le minérai, comme cela eft encore d'ufage dans prefque toutes les autres mines de la Suede ; mais depuis que plufieurs
ouvriers ont été fuffoqués dans celle-ci par la fumée & les vapeurs, on ne fait ufage que de la poudre fournie par la Compagnie des Propriétaires, qui la paient au Roi 12 fols la livre.

La fituation de ces mines ayant permis de conftruire une
machine hydraulique, on a placé au bas du vallon une feule
roue qui, par le moyen de trois rangs de tirants de bois,
fait mouvoir des pompes afpirantes dans trois mines différentes, & en élevent ainfi les eaux. Mais les propriétaires,
qui font la plupart des payfans & ouvriers, n'étant point en
état de faire pareilles conftructions, on a obligé ceux des fonderies à y contribuer, dans la proportion des minérais qu'ils
tirent de leurs mines, & au jugement du maître des mines ;
pour rendre la balance égale vis-à-vis les propriétaires des fonderies, on a fait une taxe des minérais, qui eft renouvellée
chaque année par le *Bergmeifter*, & à laquelle les propriétaires des mines doivent fe conformer ; le prix eft inférieur à
celui que fe vendent les minérais des autres mines ; par exemple, le *Schipfund* eft fixé à dix thalers de cuivre, tandis que
ailleurs, on le paye douze à treize thalers.

Ces mines fe nomment *mines enrôlées*, pour les diftinguer
des autres dont les propriétaires ont la liberté de vendre
leurs minérais autant qu'ils veulent ; mais dans les unes & les

*Machine hy-
draulique.*

autres qui font, comme nous l'avons dit, exploitées par des compagnies de mineurs, la répartition fe fait en minérai en nature. Au fortir de la mine & après avoir été trié, il eft divifé & réparti en autant de parts qu'il y a d'intéreffés. Chacun a fon tas; on a une balance fur chaque mine, & chaque part eft de deux *Schipfund* ou cinquante-deux *Lifpund.*

MINES DE FER

DE PERSBERG.

O N affure que l'on a commencé à travailler les mines de Persberg, dans l'année 1650, comme les précédentes; elles font fituées à deux lieues & demie à l'*Eft* de la ville de Philipftad.

On exploite dans ce diftrict une très-grande quantité de filons de mines de fer; le minérai eft renfermé dans des rochers à peu près femblables à ceux de *Nordmarck*. Il eft auffi lui-même à peu près de la même nature; il varie feulement par quelques matieres différentes qui l'accompagnent, comme grenats, fchirl, jaune & noir, & une pierre favoneufe, ref-femblant à la craie de Briançon.

Situation & direction des fi-lons. Les filons font fitués dans une prefqu'ifle, entourée d'un très-grand lac; ils font en général paralleles, & ont leur direction du Nord au midi, qui eft à peu près celle de la prefqu'ifle; il n'y a qu'un feul filon à l'*Oueft* qui fe dirige du *Nord-Eft* au *Sud-Eft*, mais du côté de l'*Eft*; il eft entiére-ment coupé par un rocher de pierre à chaux, dirigé du *Nord* au *Sud*, & dont tous les autres filons fuivent la direction. Ce rocher a environ quatre-vingt jufqu'à cent toifes d'épaiffeur; après quoi commencent tous les filons paralleles, qui fe fuc-cedent les uns aux autres à l'infini, mais ils ne font pas tous, exploités;

exploités; car le minérai de fer eſt ſi abondant & ſi riche, que l'on ne regarde pas, comme méritant l'exploitation, un filon qui n'a pas au moins une toiſe d'épaiſſeur en minerai pur, rendant dans le travail en grand cinquante pour cent, en fer de gueuſe; auſſi trouve-t-on les déblais remplis d'une très-grande quantité de minérai. Pour peu qu'il ſoit uni à de la roche, on le rébute. Il eſt vrai que dans les temps où les filons ſont moins riches, on le recherche dans les déblais.

Les filons ſont preſque tous perpendiculaires, quelques-uns ont ſeulement une inclinaiſon à l'*Eſt*, qui paroît être de ſoixante-dix à quatre-vingt degrés. Ces différentes mines ont depuis douze juſqu'à quarante toiſes de profondeur.

La proximité du lac, & le peu d'élévation de la montagne, font que du côté de l'*Oueſt* de la preſqu'iſle, les filons ont beaucoup d'eau, ſans eſpérance de pouvoir l'écouler; l'eau qu'on a à l'extérieur, eſt employée à faire mouvoir des machines hydrauliques, qui élevent celles des ouvrages faits ſur le filon ci-deſſus, dirigé *Nord-Eſt, Sud-Oueſt.*

Pour ſuppléer donc à ce qui manque d'eau extérieure pour bâtir ſuffiſamment de machines hydrauliques, & dans l'eſpérance de relever un grand nombre de mines riches & abondantes, que l'on ſait être noyées d'eau, on s'eſt déterminé à faire conſtruire une machine à *feu*. Machine à feu.

A cet effet, on en a fait venir une d'Angleterre, avec des ouvriers pour l'exécuter. Le cylindre a dix pieds de hauteur, ſur quarante-cinq pouces de diametre; mais les conſtructeurs trop peu au fait de l'exécution d'une pareille machine, l'ont bâtie de façon qu'elle n'avoit, lorſque nous l'avons vue, qu'une bien petite partie de ſon effet. Le tout en général eſt mal aſſemblé, & ſans préciſion. Les ingénieux & ſavants Suédois du College des mines n'auront pas manqué de l'étu-

P

dier plus particuliérement, pour y corriger les défauts que
nous y avons apperçu.

On nous a dit que cette machine avoit été conftruite aux
dépens des fonds ou revenus que l'état retire des mines de
la province.

Quant aux mines qui font fituées plus à l'*Eft*, & où les filons
font encore plus nombreux & plus rapprochés les uns des
autres, le college a décidé qu'il feroit fait une gallerie d'é-
coulement pour les traverfer tous; laquelle amenera feulement quinze à feize toifes de profondeur, mais elle ne fera
pas longue, puifque au bout de feize toizes, l'on compte arriver au permier filon, dont les ouvrages font pleins d'eau.

Comme cette gallerie fera faite aux frais de la caiffe des
mines, dont nous parlerons ci-après: à mefure que les eaux
d'une mine feront écoulées, on la vendra à celui ou à ceux
qui en offriront le plus, au profit de ladite caiffe.

Les mines de Persberg font exploitées de la même maniere
que celles de *Nordmarck*; ce font également des compagnies
de mineurs, il y a auffi des mines qui font enrôlées, & d'autres qui ne le font pas.

Indépendamment de celles que nous venons de décrire, il
en eft encore plufieurs autres dans la province de Wermeland,
& dans celle de Dahl qui eft du même département; elles
font exploitées de même par des compagnies de mineurs &
payfans, pour la plus grande partie. Il eft auffi des entrepreneurs que l'on nomme *Patrons des mines*, parce qu'ils en
font propriétaires.

Caiffe pour
l'encouragement
des mines.

Pour l'encouragement de ces mines qui intéreffent non-feulement l'état, mais encore trois corps particuliers, qui font
les propriétaires des mines, ceux des fontes, & les patrons
des forges, on a établi une caiffe par ordonnnance du Roi,
nommée *caiffe des mines*, nous en avons déjà fait mention.

Les fonds qui entrent dans cette caiffe, font pris en premier lieu, fur chaque tonneau de minérai, (le tonneau pefe deux *fchipfund* ou cinquante-deux *lifpund.*) On paie pour cette quantité quatre *rond ftück*, ce qui fait environ la valeur d'un fol de France, dont une moitié eft à la charge des vendeurs ou propriétaires des mines, & l'autre moitié à celle des acheteurs propriétaires des fonderies. Le *Grübvogt* , qui eft un officier des mines, préfent aux livraifons, ne peut en laiffer faire aucune fans avoir préalablement perçu cet argent.

Les patrons des forges paient encore à cette caiffe un écu d'argent, ou environ vingt-cinq fols de France, pour chaque cent *fchipfund* de fer qu'ils fabriquent.

Cet argent eft deftiné pour l'encouragement des mines, fous la direction du maître des mines, d'un patron des forges, d'un propriétaire des mines , & d'un des fontes ; chacun d'eux a une clef de la caiffe.

* ══════════ ✦ ══════════ *

FONDERIES ET FORGES DE FER.

LEs deux provinces de Wermeland & de Dahl renferment quarante-huit hauts fourneaux pour la fonte du minérai de fer, ce qui fait un même nombre de fonderies, n'y en ayant qu'un feul dans chacune ; dans prefque chaque village, il y a un de ces fourneaux. La plupart des fonderies appartiennent à des payfans propriétaires, que l'on nomme *Bergsman* , qui forment des fociétés particulieres ; ils font fouvent eux-mêmes ouvriers, ou ont des manœuvres pour travailler fous eux. D'autres payfans ont eux-mêmes leurs mines & leurs forges ; quelques feigneurs de la province ont également des fourneaux.

Nombre des hauts fourneaux.

P 2

FONTE DES MINÉRAIS DE FER.

Les fourneaux dont on fait ufage en Suede, pour fondre les minérais de fer, font en général tous conftruits à peu près de la même maniere; Swedemborg en a donné le deffein & l'explication; on les trouvera dans la IVᵉ. feɛtion de l'Art des Forges, publié par l'Académie des Sciences; cependant, comme il n'y a point d'échelle, j'ai repréfenté fur la Planche III, Figure IIIᵉ, la coupe de ce fourneau qui en donne la forme; & j'en vais donner les proportions intérieures, telles que je les ai mefurées; je renvoie pour la conftruɛtion du corps de maçonnerie à celui de Norwege, Planche IV. *Voyez* l'Explication.

Planche 3, fig. 3.

Ces fourneaux ont intérieurement au niveau de la pierre de fol, ou autrement le fond de l'ouvrage, trente-trois pouces de longueur, fur feize pouces & demi de largeur; la tuyere eft placée à quinze pouces au-deffus du fol. Depuis le fond de l'ouvrage jufqu'à la hauteur d'environ cinq pieds, le fourneau va toujours en s'élargiffant, & prend la forme d'un entonnoir, de forte qu'à cet endroit il a plus de cinq pieds de diametre. Cette partie eft principalement conftruite en bonnes pierres de grés qui réfiftent au feu, parce que c'eft là & aux environs de la tuyere qu'eft la plus grande chaleur.

On continue la maçonnerie encore fix pieds de hauteur, auffi en s'élargiffant, mais de façon que le fourneau doit avoir fix, jufqu'à fept pieds de diametre, qui eft fa plus grande largeur; d'où on acheve de l'élever d'environ quatorze pieds, qui terminent fa hauteur totale, en diminuant infenfiblement fon diametre; de maniere qu'à fon embouchure par laquelle on le charge, il n'eft plus que de cinq pieds & quelques pouces;

ce qui eft pourtant plus qu'ailleurs , à le prendre en général. Les Suédois préferent de donner à l'ouverture fupérieure plus de largeur, qu'on n'a coutume de le faire dans d'autres for- ges; ils ne nous en ont donné aucune raifon phyfique, mais je crois qu'il eft plus dangereux de la pratiquer trop petite, comme il eft d'ufage dans nos fourneaux de France, que trop grande ; car plus l'on diminue le paffage pour la fortie d'un air extrêmement dilaté , plus on augmente fa vîteffe, & par conféquent la chaleur dans cette partie du fourneau, d'où je craindrois que le minérai ne fut faifi trop vivement par le feu avant d'avoir pu fe préparer à la fufion, qu'il ne fe calcinât, & qu'enfin il n'arrivât le même inconvénient qu'à celui qui, ayant été également faifi par le feu au rôtiffage, produit alors moins de métal, parce qu'il fe trouve fans doute calciné au point quil devient irréductible. Il ne faut pas croire que, quoi- que le minérai foit enveloppé de charbons dans cette partie fupérieure du fourneau, il ne puiffe être calciné, car on peut calciner un minérai & un métal au milieu même des charbons, s'il y a un violent courant d'air au travers de ces charbons, il entraîne alors plus de phlogiftique que ceux-ci ne peuvent lui en redonner.

La partie fupérieure du fourneau, au-deffus des pierres de grés , fe bâtit communément en briques, foit en briques d'argille, foit en briques de fcories, comme nous le dirons ci-après.

Chaque fourneau a deux foufflets de bois, fimples à l'ordi- naire, mus par une roue à eau.

Les minérais de fer, avant que d'être fondus, font rôtis en Rôtiffage des très-grande quantité à la fois, en les mettant dans un empla- minérais de fer. cement deftiné à cette opération, fur un lit de bois, mais pourtant en moindre volume que dans d'autres forges de la Suede , au fujet defquelles nous entrerons dans un plus grand détail fur ce point.

Après les avoir rôtis une fois, on mêle les différentes qualités dans les proportions que l'expérience a démontré les meilleures pour la fonte; on y ajoute de l'espece de pierre à chaux blanche dont il a été fait mention, en traitant des mines.

On perce toutes les neuf heures environ, pour faire couler la matiere raſſemblée dans le fourneau. On obtient alors pluſieurs gueuſes. On les coule plus petites qu'en France, pour le travail à l'Allemande, dont nous parlerons.

C'eſt ſur ce fer coulé que ſe paie le droit à la Couronne, que l'on nomme *dixieme*, qui a été expliqué précédemment.

Ces fourneaux vont ſans interruption, vingt à vingt-cinq ſemaines, chaque année; c'eſt l'uſage dans ces provinces, & dans preſque toute la Suede. On les met en feu ordinairement au commencement de l'année, & ils ceſſent de travailler à la fin du mois de mai, ou dans le courant du mois de Juin ſuivant. Au ſurplus, cela dépend de la quantité des matieres, & des approviſionnements en bois & en charbons, qui ſe font pendant le reſte de l'été, ſur-tout pendant l'hiver.

Les quarante-huit fourneaux font chaque année, depuis ſoixante juſqu'à ſoixante-treize mille *ſchipfund* de fer coulé; dans l'année 1758, il s'en eſt fait ſoixante-quinze mille ſix cents onze. Ce *ſchipfund* eſt, comme il a été dit, compoſé de vingt-ſix *liſpund*.

Les propriétaires des fontes n'ayant point eux-mêmes de forges, ou cela n'étant pas commun dans cette province, vendent leur fer de gueuſe aux patrons des forges, ſuivant le prix qui leur eſt le plus convenable; ils ne pourroient pas l'affiner, ou plutôt obtenir la permiſſion de faire une affinerie, puiſque on ne l'accorde aujourd'hui qu'autant que l'on peut prouver avoir des bois ſuffiſamment pour alimenter une pareille entrepriſe, ſans faire tort à d'autres établiſſements de ce genre.

En outre, pour la conſervation des bois & le maintien du

prix des fers, on a fixé à chaque forge, la quantité de fer forgé qu'elle peut faire par année, fous peine d'une amende de la valeur d'environ quinze cents liv. à celui qui pafferoit le poids auquel ils ont été affujettis par le privilege d'établiffement; cependant, les forges fituées fur des terres nobles, peuvent forger quinze *fchipfund* par cent au-deffus de ce qui leur a été fixé par la couronne, fans payer aucun droit pour cet excédent.

Fixation de la quantité de fer qui peut être fabriqué.

On fuit dans toutes les forges de cette province la méthode Allemande pour affiner le fer; je donnerai la defcription de ce procédé.

Voyez le huitieme Mémoire aux forges de Forsmarck.

On compte cent cinq forges dans la jurifdiction de Wermeland & du pays de Dahl, elles ont enfemble cent quatre-vingt-feize feux.

Toutes prifes enfemble, ont la liberté & le privilege de forger chaque année foixante - feize mille cinq cents cinquante-un *fchipfund* de fer.

Ce *fchipfund* eft feulement de vingt *lifpund*.

On a établi une caiffe particuliere pour les ouvriers forgerons qui font malades & infirmes; chaque patron de forges paie annuellement à cette caiffe, par chaque feu, la valeur de vingt-cinq fols; le maître forgeur en paie autant, & tous les autres ouvriers, chacun la moitié.

Caiffe des forges pour les ouvriers.

Comme il eft inévitable que tant d'établiffements ne foient fujets à des difficultés entr'eux, des divifions, des contraventions & autres cas femblables; il fe tient chaque année cinq Confeils, que l'on nomme *Bergamt* ou *Bergfling*; le maître des mines en eft le préfident, & juge tous les différents qui ont rapport aux mines, fonderies & forges, à leurs loix & leur économie.

Confeils des mines.

Deux de ces Confeils fe tiennent à Philipftad; on y traite tout ce qui peut concerner les mines & les fonderies; ils font compofés du maître des mines, & de cinq propriétaires des fonderies & des mines, lefquels ont prêté ferment ; les trois autres fe tiennent dans divers endroits qui font à portée des forges & fonderies , ils font compofés du même maître des mines, de deux maîtres forgeurs, deux propriétaires des fontes & de deux autres perfonnes, au choix de ce premier. Ils font également obligés de prêter ferment.

MINES DE FER

DE DANNEMORA.

NOus allons paffer à la defcription des mines qui peuvent être mifes dans le premier rang, des plus riches, des plus renommées & des plus abondantes de l'Europe.

Dans la partie de la province d'Upland , nommée Roflagie, font fituées les mines de Dannemora, à onze lieues environ de la ville d'Upfal. Ces mines paffent pour les plus confidérables de toute la Suede ; mais elles font fans contredit celles qui fourniffent le meilleur fer ; les minérais qui en proviennent ont encore un avantage, c'eft qu'ils font unis affez communément avec une matiere calcaire, de forte qu'il eft fort rare que l'on foit obligé d'ajouter de la pierre à chaux dans la fonte.

Situation des mines. Dannemora eft fitué dans un très-grand vallon, qui forme prefque une plaine , les mines font au bord d'un lac d'une très-grande étendue ; les filons paroiffent lui être à peu près paralleles ; leur direction eft du *Nord-Eft* au *Sud-Oueft*. On peut les regarder comme perpendiculaires, quoiqu'ils aient un peu d'inclinaifon au *Nord-Oueft*.

Tous les rochers des environs de Dannemora font d'un granit rougeâtre, dans lequel on trouve proche des mines, une efpece de *Petro Silex*, veiné de différentes couleurs ; cependant le
minérai

de fer ne touche point au granit, mais il eſt renfermé dans un rocher bleuâtre, comme la plupart des autres minérais de la Suede.

Sur une étendue d'environ ſept cents toiſes de longueur, & cent de largeur, on exploite trois filons paralleles, très-diſtincts. On y compte actuellement dix mines en exploitation, dont huit ſont conſidérables; la plus profonde a environ quatre-vingt toiſes, mais les eaux ſont un grand obſtacle à leur approfondiſſement.

Etendue & profondeur des mines.

Ces mines ſont exploitées comme toutes celles dont nous avons parlé précedemment, c'eſt-à-dire à tranchée ouverte, comme une carriere depuis la ſurface de la terre juſqu'au plus profond; mais une des ouvertures de celle-ci, ſi l'on en excepte les mines de Fahlun, eſt la plus grande que nous ayons encore vu. Il n'eſt perſonne qui ne ſente un frémiſſement, en s'approchant pour regarder ce qui ſe paſſe dans le fond, il ſubſiſte & augmente même auſſi long-temps que l'on eſt au bord du précipice.

Exploitation.

Cette ouverture nous a paru avoir trente toiſes de largeur, ſur une longueur bien plus conſidérable. La ſolidité du rocher & le minérai même qu'on voit en quantité ſur tous les parois, font qu'elle ſe ſoutient d'elle-même ſans aucun étançonnage.

On a placé tout autour de ſon embouchure, principalement du côté le plus bas, (le terrein faiſant une élévation dans cet endroit-là) un grand nombre de machines à manège, que des chevaux font mouvoir; on a été obligé de conſtruire pour chacune un échaffaudage qui avance aſſez dans l'ouverture, pour que la corde & le ſeau puiſſent deſcendre perpendiculairement, & ne toucher que très-raremenent les parois du rocher.

Machines à chevaux.

On y fait uſage des cordes de cuir & de chanvre, comme dans les mines de la province de Wermeland. Ces machines ſont deſtinées non-ſeulement à élever toutes les matieres hors des mines, mais encore à y entrer & en ſortir tous les ou-

Q

vriers & autres perſonnes néceſſaires à l'exploitation, ou celles qui y ſont attirées par la curioſité. Enfin il n'y a aucune échelle ; cependant on aſſure qu'il n'y arrive point d'accident. Cette aſſurance fait que l'on y voit deſcendre les hommes, femmes, filles & garçons avec toute la hardieſſe imaginable, ils y entrent & ſortent ſur la tonne ou ſeau, & s'y mettent trois, quatre, juſqu'à cinq perſonnes à la fois.

La plus grande mine que l'on nomme *Stora Grufvan*, occupe douze machines, ayant quatre chevaux chacune. Sur les autres mines il y en a ſept ſemblables, & deux à trois chevaux ſeulement.

Qualité des minérais.

Le minérai provenant de ces mines, a beaucoup de reſſemblance à celui de la province de Wermeland ; il eſt également attirable par l'aimant, mais il a des qualités particulieres qui le rendent plus fuſible, & ſur-tout propre à produire un fer qui a la préférence ſur tous les autres fers connus, pour être converti en acier. (*) Ce minérai a en général un grain fin, mais le coup d'œil moins noir que celui de Wermeland ; on y trouve aſſez communément des morceaux qui ont une ſurface plus unie, que ſi elle avoit été polie par l'art ; ce qui leur fait donner le nom Allemand de *ſpiegel ertʒ*, minérai à miroir.

On y trouve auſſi quelquefois de l'asbeſt, même du cuir de montagne, mais ce dernier eſt très-rare ; nous n'en avons vu que dans des cabinets, qui fut du produit de ces mines.

Les eaux y ſont d'autant plus abondantes qu'elles ſont ſituées près d'un lac ; on en a bien entrepris, depuis pluſieurs années, l'épuiſement, mais c'eſt une dépenſe fort coûteuſe ; elle ſe fait aux frais de la couronne. Lorſque nous étions ſur les lieux, le canal étoit preſque achevé ſur une longueur de deux lieues

---

(*) Voyez ce qui a été dit ſur les fers de Roſlagie, dans la diſſertation qui eſt au commencement de cet ouvrage, pages 3 & 28.

& demie ; il en reſtoit encore autant à faire, & le travail étoit ſuſpendu.

Les eaux extérieures, nêceſſaires pour faire mouvoir des machines hydrauliques ſont fort éloignées, puiſque la roue de celle qui eſt conſtruite, eſt à plus de huit cents cinquante toiſes de diſtance de la mine ; les tirants qui viennent faire jouer les trains des pompes, ont par conſéquent cette longueur. On ſe perſuade aiſément combien une telle machine eſt diſpendieuſe, & ſur-tout la grande perte que l'on fait de la force, par des frottements auſſi multipliés. Ce fut ce qui détermina, il y a déjà pluſieurs années, à y établir une machine ou pompe à feu, mais l'on prétend qu'elle fut ſi mal exécutée, que l'on fut obligé par la ſuite de la détruire. On étoit néanmoins dans l'intention d'en conſtruire une de nouveau, mais l'on ne s'y déterminera que lorſqu'on ſera aſſuré de la réuſſite de celle de Persberg, dont nous avons parlé, ainſi que de ſa dépenſe en bois de corde, afin qu'elle puiſſe ſervir de modele.

Machine à élever les eaux.

On a auſſi conſtruit ſur ces mines, un moulin à vent, à la Hollandoiſe, pour élever les eaux lorſqu'on a le vent néceſſaire. Nous l'avons vu en mouvement ; l'arbre vertical repoſe ſur une manivelle double qui répond à des tirants & balanciers, comme en ont les machines hydrauliques ordinaires.

La façon d'extraire le minérai, ne differe de celle de Wermeland qu'en ce que, indépendamment des coups de mine que l'on y fait jouer avec la poudre, on y emploie auſſi le feu, comme il étoit d'uſage dans preſque toutes les mines, avant l'invention, & l'application de la poudre aux mines ; à cet effet on range du bois devant l'endroit que l'on veut abattre, & l'on y met le feu pour attendrir le minérai, de ſorte qu'il ſe détache enſuite très-facilement ; l'ouverture eſt aſſez grande pour ne pas craindre que les ouvriers y ſoient ſuffoqués par les

On fait uſage du feu dans ces mines.

vapeurs; d'ailleurs on ne travaille point pendant la nuit, &
l'on profite de ce temps-là pour allumer le bucher.

Les ouvriers entrent dans la mine à fix heures du matin, &
ont fini leur journée à quatre heures après midi, c'eft alors
que l'on fait partir tous les coups de mine, & les ouvriers
retirés, il ne refte que ceux qui doivent arranger les buchers,
& y mettre le feu. On jette dans la grande ouverture le nombre de cordes de bois néceffaires pour cet ufage.

On fe repréfente aifément tout le bruit que quelques cen-
taines de buches de bois, jettées les unes après les autres &
fucceffivement, doivent faire en frappant dans leur chûte contre les différents rochers qu'elles rencontrent, & combien ce
bruit eft augmenté par les échos du gouffre qui le répetent.

Ces mines occupent depuis deux cents foixante-dix jufqu'à
deux cents quatre-vingt ouvriers, tant hommes que femmes
ou filles; de ces dernieres, il peut y en avoir la cinquieme ou
fixieme partie. Les hommes & femmes font payés à raifon
de la valeur de douze fols de France, pour travailler depuis
fix heures du matin jufqu'à quatre heures après midi; ils en
ont feulement la moitié pour la demi-journée, mais un grand
nombre eft à prix fait; on leur donne dix, onze, jufqu'à
douze *öre* ou liards pour percer un trou de mine, de fix pouces
de profondeur, & ainfi en proportion; cela fe partage entre
les trois ouvriers qui y travaillent, car il eft également d'ufage
à Dannemora, que l'un dirige le fleuret, & les deux autres
frappent deffus. On compte que ceux-ci, en bien travaillant,
peuvent gagner dans la journée, la valeur de vingt-cinq fols,
argent de France.

Les mines de fer de Dannemora font fi abondantes en minérais, qu'elles fourniffent depuis très-long-temps à quinze
hauts fourneaux dans la partie d'Upland nommée Roflagie, à
cinq, fept, jufqu'à dix lieues aux environs; mais nous dirons

ici qu'il n'en eſt pas de cette province comme des précédentes , puiſque les Entrepreneurs ſont des gens riches , & ont
eux-mêmes les forges & les fourneaux , ainſi que nous en ferons mention.

Ces mines fourniſſent du minérai à un grand nombre de
fonderies , par conſéquent à pluſieurs Compagnies : cependant il ne ſe vend point comme à Philipſtadt , puiſqu'elles ſont
exploitées par ces mêmes Compagnies. Suivant un ancien arrangement , chaque Compagnie ou particulier qui a ſes propres fonderies , a droit à telle ou telle mine : c'eſt pourquoi on
eſt convenu , & cela eſt obſervé , que les uns & les autres
auront annuellement un certain nombre de ſemaines pour l'exploiter , & y faire extraire du minérai pour leur propre compte ;
conſéquemment chaque Compagnie ou propriétaire des fonderies & forges tient à Dannemora un Commis qui veille à ſes intérêts , & conduit l'exploitation dans le lieu de la mine où il a
droit , avec le nombre d'ouvriers & pendant le temps convenu.

Il y a en outre un Officier des mines pour le Roi qui eſt ſous
les ordres du College & du Maître des mines de la province ;
on le nomme *Crone-Vogt* , il veille à ce que tout ſoit en regle , nommément les ouvrages des mines , & principalement
à ce que les conventions faites entre les Entrepreneurs ſoient
exécutées avec exactitude. S'il arrive quelques difficultés particulieres , il ne peut les juger , mais il les renvoie au Maître
des mines qui réſide à Stockolm.

Chaque poſſeſſeur ou Compagnie fournit ſéparément ſon
bois , ſes outils , ſa poudre , & fait généralement toutes les
dépenſes quelconques , lors de ſon exploitation. De pareils arrangements ſeroient ſujets ailleurs à beaucoup d'embarras ,
l'ancien uſage les rend praticables , d'ailleurs ces mines ſont
très-abondantes , & il ne peut avoir des difficultés ſur la quantité de minérai que l'on extrait , puiſqu'on a fixé à chaque

Compagnie ou Propriétaire celle de fer qu'il peut fabriquer chaque année.

Pour subvenir aux dépenses journalieres qui doivent être faites aux frais communs des Entrepreneurs, on a établi une caisse générale, à laquelle chaque Compagnie paie par semaine, pendant qu'elle fait exploiter, par exemple la valeur de 5 liv. pour les grandes mines, un peu moins pour les petites ; indépendamment de cela, on fait ses fonds à proportion, pour les dépenses considérables de machines & autres ouvrages.

Passons au détail des fonderies & forges de fer de cette province, où les différentes méthodes de procéder sont en usage.

FONDERIE ET FORGES DE FER

DE SODERFORS EN ROSLAGIE.

LA famille de feu M. Grill, qui étoit l'un des Directeurs de la Compagnie des Indes, possede dans l'endroit nommé Soderfors une des plus belles forges, & la fabrique d'ancres la plus considérable qu'il y ait dans toute la Suede ; elle est située, on ne peut pas plus avantageusement, sur une petite isle, dans le milieu d'une forêt & au bord d'un bras de la riviere de la Dalécarlie ; elle jouit de toutes les eaux qui sont de la plus grande abondance. Ce bras de riviere est navigable immédiatement au-dessus de la prise d'eau ; de sorte que les charbons sont amenés en grande partie par bateaux.

Le propriétaire des forges l'est aussi d'une grande quantité de bois, dont le charbon ne lui revient pas cher par la situation & la commodité du transport. Ces forges en prennent aussi dans un arrondissement des forêts de la Couronne qui y

a été affecté , & pour lequel il n'eſt dû qu'une très-petite ſomme. Le ſurplus eſt fourni par les payſans de pluſieurs villages
des environs qui ne peuvent vendre du bois & du charbon
qu'au refus de la famille Grill. C'eſt un arrangement fait dans
pluſieurs provinces de la Suede , que les payſans paient partie
de leurs impoſitions en bois ou charbon à telle forge ou mine ,
ſuivant un prix fixé ; & c'eſt relativement à cela qu'on perçoit le droit de dixieme. Le charbon des payſans eſt le plus
cher ; il revient rendu ſur les lieux à 4 à 5 liv. le *ſtig*. (*)

Ces forges comprennent une grande étendue de bâtiments
tous conſtruits par les propriétaires predéceſſeurs , ou par feu
M. Grill, ſoit pour les ouvrages , ſoit pour le logement du
proprietaire qui eſt très-vaſte , de même que celui des Officiers & les maiſons des ouvriers ; on prendroit le total pour
un grand & très-joli village. Enfin on y compte , tant en hommes que femmes & enfants , cinq à ſix cents ames ; il n'y a
pourtant que ſoixante à ſoixante-dix ouvriers qui ſoient continuellement employés , & une quarantaine d'autres pour le
beſoin.

L'uſage en Suede dans preſque toutes les forges un peu conſidérables , ſurtout celles de cette province , eſt de loger chaque ouvrier , & de leur céder une étendue de terrein ſuffiſante
pour y nourrir une , deux , & même trois vaches ; mais on
ſait que le terrein n'y eſt pas précieux , & que de petites maiſons de bois ne ſont pas coûteuſes au milieu des forêts.

Cet établiſſement eſt compoſé d'un haut fourneau qui va ſans
interruption vingt-quatre à vingt-cinq ſemaines chaque année,
& de cinq marteaux qui ont chacun deux foyers , dont deux
ſont deſtinés uniquement à la fabrication des ancres.

Le minérai que l'on y traite provient des mines de Dannemora ; on le rôtit une ſeule fois dans un fourneau formant un

Fourneau de
rôtiſſage.

(*) Le *ſtig* eſt une meſure qui contient douze tonnes, ou quarante-huit pieds
cubes de roi.

quarré de feize à dix-huit pieds de longueur fur quatorze à quinze de largeur , & ayant environ fix pieds de profondeur Les murs font conftruits avec de grandes briques de fcorie dont nous parlerons , & recouverts tout autour avec des pla- ques de fer coulé. On remplit tout le vuide renfermé entre le quatre murs, avec du bois de fapin , (le feul qu'on ait abon- damment dans la Suede.) On en met de toute groffeur & longueur , & par-deffus , c'eft-à-dire hors des murs , cinq , fix fept pieds d'épaiffeur de minérai en gros morceaux , tel qu'i vient des mines. Il y entre de douze à quinze cent *fchipfun* de ving-fix *lifpund.*

On recouvre le tout d'un pied & demi jufqu'à deux pied d'épaiffeur, avec du pouffier de charbon. On met le feu au bois , il communique bientôt au minérai qui eft fans doute très-peu fulphureux , puifqu'au bout de cinq fois vingt-quatre heures le rôtiffage eft fini.

D'après ce qui vient d'être dit , on juge que la confomma- tion en bois eft prodigieufe. Nous penfons qu'elle pourroit être moindre , fi les murs du fourneau étoient plus élevés pour con centrer davantage la chaleur. Dans ce cas , il faudroit avoi foin de mettre du pouffier de charbon entre les murs & le mi- nérai , afin que celui-ci eût , le plus qu'il eft poffible , le con- tact du phlogiftique.

Fourneau de fonte. Le haut fourneau pour la fonte du minérai nous a paru dan les mêmes proportions que ceux de la province de Werme- land , que nous avons décrit , mais avec la différence que ce- lui-ci eft bâti en briques de fcories ou de laitier , dans la par- tie fupérieure & intérieure du fourneau , c'eft-à-dire qu'on em ploie les briques au lieu de celle d'argille ; on prétend qu'il n'y a rien de meilleur pour la durée. C'eft un grand avantage puifqu'on fait ufage d'une matiere qui ne coûte rien , que l'or a fur les lieux , & qui feroit de toute inutilité.

Quant à la partie inférieure , c'eft-à-dire l'ouvrage au-deffu &

& au-deſſous de la tuyere, elle eſt conſtruite avec l'eſpece de pierre de grès qui réſiſte au feu.

Le minérai de Dannemora, dont on a quatre ou cinq eſpeces, quoique peu différentes, s'étant beaucoup attendri par le rôtiſſage, eſt pilé ſous un marteau agiſſant par l'eau, comme dans preſque toutes les forges, & jetté enſuite contre une claie de fil de fer, placée de façon que les morceaux qui n'ont pu paſſer à travers, retombent ſous le marteau. Le minérai ainſi concaſſé eſt élevé à la hauteur du fourneau, à l'aide de la machine ſuivante.

C'eſt un petit arbre ou treuil placé ſur la même ligne que celui qui fait mouvoir le marteau à piler, il eſt mobile ; de ſorte qu'à l'aide d'un levier on le pouſſe de côté, & on le fait prendre dans une partie ſaillante du tourillon de l'arbre du marteau. Ce treuil a une chaîne qui répond en haut à une poulie où la même chaîne eſt continuée juſqu'en bas pour élever un ſceau plein de minérai, lequel eſt dirigé entre deux pieces de bois un peu inclinées. Auſſi-tôt que le ſceau eſt élevé à ſa hauteur, l'ouvrier pileur pouſſe le levier dans un ſens contraire, & éloigne ainſi le treüil du tourillon de l'arbre, lequel n'engrainant plus, s'arrête. Alors l'aide fondeur qui eſt en haut, après avoir vuidé le ſceau, le fait redeſcendre par ſon propre poids, dévuide la chaîne de deſſus le treüil qui eſt forcé de tourner dans l'autre ſens. Le pileur remplit le ſceau de nouveau, fixe, à l'aide de ſon levier le treüil au tourillon de l'arbre, & ainſi de ſuite, à meſure qu'il y a du minérai pilé.

Comment on éleve le minérai.

Le minérai de Dannemora, comme nous l'avons dit, a beſoin rarement qu'on y ajoute de la pierre à chaux pour accélérer ſa fuſion ; on ne le fait que lorſqu'on voit que la fonte demande cette addition.

Le fourneau ſe charge à l'ordinaire en minérai & charbon, ſuivant la proportion que le fondeur trouve la meilleure. C'eſt

Charger le fourneau.

R

par la tuyere du fourneau qu'il en juge comme dans toute autre fonte , ainſi que par la qualité de la gueuſe qu'il en obtient ; car ſi la proportion de minérai eſt trop forte , eu égard aux charbons , quoique la fonte aille bien , il obtient un fer coulé , ou plutôt une fonte blanche très-caſſante , qui fait plus de déchet à l'affinerie , & donne plus difficilement du bon fer. Le contraire arrive ſi l'on en met moins & plus de charbons , ſans doute que par-là la gueuſe ſéjournant plus long-temps dans l'intérieur du fourneau , & y parvenant en moindre quantité à la fois , a plus le temps de ſe ſéparer des parties terreuſes & étrangeres qui y ſont liées , peut-être par la privation du ſouffre qui en eſt chaſſé par le vent des ſoufflets ou quelqu'autre cauſe. On peut voir nos obſervations à ce ſujet dans la diſſertation placée au commencement de cet ouvrage.

C'eſt avec les ſcories ou le laitier qui proviennent de cette fonte , qu'on fait les briques dont nous avons parlé précédemment. Voici la maniere dont on s'y prend pour y parvenir.

Briques de ſcories.

On fait couler les ſcories au ſortir du fourneau dans un moule compoſé d'une plaque de fer coulé , de la grandeur que l'on veut donner aux briques , & de deux pieces de fer formant chacune un triangle rectangle ; de ſorte que réunies elles compoſent le moule. Il eſt placé ſur du ſable bien horizontalement devant l'ouverture du fourneau ; on y met d'abord les débris des ſcories qui ſont çà & là , & celles qui ont débordé une précédente brique , on débouche le fourneau , & l'on fait couler par-deſſus , le laitier très-fluide ; le moule plein , on bouche l'ouverture , on applique auſſi-tôt ſur le moule une plaque de fer qui rend la ſurface de la brique unie , & empêche qu'elle ne déborde.

Dès que tout eſt figé , on ôte la plaque ſupérieure , après avoir jetté un peu d'eau tout autour , on ſépare un côté du moule , c'eſt-à-dire un des triangles rectangles , & on retire la brique. On continue ainſi , toujours de la même maniere pour convertir en briques, toutes les fcories provenant de la fonte ; on place & on empile ces briques les unes fur les autres à côté de la dame du fourneau, dans un endroit qui eft naturellement chaud, & où elles fe refroidiffent très-lentement ; elles fe briferoient fi on les tranfportoit tout de fuite dans un air froid. Les briques étant faites d'une matiere vitrifiée, exigent, ainfi que le verre, une efpece de recuit pour prendre une certaine confiftance ; la qualité des fcories peut auffi y contribuer.

Ces briques fervent non-feulement à conftruire les fourneaux, mais encore un grand nombre de murs ; elles font, il eft vrai, un peu pefantes, mais elles ont une excellente affife, & font des murs très-folides.

On fait couler à peu près toutes les neuf heures, le fer de gueufe, hors du fourneau & à chaque fois on forme dans le fable dix à douze petites gueufes pefant chacune quatorze à quinze *lifpund*. On obtient ainfi par femaine cent feize à cent vingt *fchipfund* de fer coulé, pour lefquels on confomme environ cent *ftig* de charbons ; la gueufe paroît être en grande partie de la fonte blanche & de la grife.

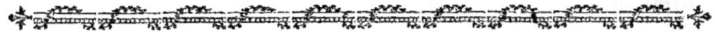

AFFINAGE DE LA GUEUSE
pour en obtenir le fer forgé.

ON a en général deux méthodes en Suéde pour affiner le fer de gueufe & le réduire en fer forgé, la Valonne ou Françaife, & l'Allemande. Cette derniere a plufieurs des variétés qui fe trouveront détaillées à leur place. Je traiterai d'abord de ce qui fe pratique à *Sôderfors*, dont le procédé eft regardé comme le meilleur pour obtenir le fer le plus propre pour la fabrication des ancres.

Les foyers font conftruits à l'ordinaire , mais l'effentiel eft de bien placer la tuyere ; on la fait déborder plus ou moins, le mur de trois à quatre pouces , & on lui donne plus ou moins d'inclinaifon : tout dépend de la qualité de la gueufe. Outre cela , fi le charbon eft fec, elle doit être moins inclinée , que s'il eft humide ; la profondeur du baffin depuis la tuyere eft de dix à douze pouces ; le fond & le tour du foyer font en pla-ques de fer coulé ; on garnit tout le fond de charbonnailles & de fcories , enfuite du charbon fur lequel on place du côté oppofé de la tuyere la gueufe qui , comme nous l'avons dit , pefe quatorze à quinze *lifpund* , on recouvre bien avec du charbon ; on fait agir les foufflets. Il faut à peu près une heure de temps pour que la gueufe foit fondue. Lorfqu'elle fe trouve figée en une feule maffe , ce qui eft une preuve que la tuyere eft bien placée , on la releve avec des ringards pour faire paf-fer du charbon par-deffous , & on la fait fondre de nouveau ; on répete la même chofe une troifieme fois , en obfervant à l'ordinaire de faire écouler le laitier , lorfqu'il y en a trop de raffemblé dans le foyer ; il faut trois à quatre heures de temps pour les trois opérations ; lorfque , pour la derniere fois , on a formé une groffe loupe , on la retire pour la mettre en bas du foyer ; on frappe tout autour , & on la laiffe un peu refroidir avant que de la porter fous le marteau que l'on fait agir , dès qu'elle eft fur l'enclume. Alors les fcories en découlent , & on la coupe en plufieurs morceaux pour en forger des barres : mais fi c'eft pour fabriquer des ancres, la loupe fe coupe feu-lement en trois parties , comme on le verra bientôt.

On compte en général que deux foyers femblables , qui fer-vent un feul marteau , & où l'on procéde de la même maniere , peuvent fabriquer vingt-huit à trente *fchipfund* par femaine , faifant depuis treize jufqu'à quinze *fchipfünd* par feu ou foyer.

La confommation du charbon pour ce travail, & le déchet

en fer, font fixés par les Loix, comme il fera expliqué, en décrivant les forges fuivantes.

On prétend que par ce procédé il arrive affez fouvent que le milieu des loupes contient de l'acier, & qu'il s'en précipite même quelquefois pendant l'opération, au fond du foyer ; mais on ne l'en fépare que lorfqu'on en a befoin pour la fabrique ; car fi on le faifoit ordinairement, cela nuiroit, dit-on, à la qualité du fer. Cela peut être vrai pour les deux premieres fontes, mais je penfe que s'il en reftoit à la troifieme, ce qui n'eft gueres à préfumer, il ne pourroit y avoir aucun inconvénient à le féparer du fer.

Les marteaux, dont on fait ufage en général dans les forges de Suéde, pefent depuis deux *fchipfund* jufqu'à deux & un quart ; ils font tous de fer forgé, mais ayant à leur extrémité ou panne de l'acier qu'on y a foudé. Les manches qu'on emploie dans le Nord pour ces fortes de marteaux, font de bois de bouleau, de celui dont l'ecorce eft fort épaiffe & inégale ; c'eft le feul qu'on ait dans ce pays-là propre à cet ufage.

Sur ce que Swedemborg rapporte dans fon ouvrage du fer, que l'on foude de l'acier fur des enclumes de fer coulé, j'ai pris toutes les informations imaginables dans les forges pour en connoître la poffibilité & le procédé, mais non-feulement je n'ai rencontré perfonne qui ait pu m'en inftruire, mais encore qui que ce foit, qui fut que cela eût été tenté avec fuccès.

Je vais rapporter de quelle façon on s'y prend pour durcir, autant qu'il eft poffible, la partie fupérieure des enclumes ; elles font toutes de fer coulé. C'eft par une efpece de trempe que l'on donne à la partie fur laquelle frappe le marteau, que l'on parvient à la rendre dans cet endroit plus dure qu'ailleurs. En faifant le moule en fable, on obferve de former le côté où doit fe mouler la partie fupérieure de l'enclume, avec une piece de fer coulé fort unie, ayant en creux la forme qu'elle doit avoir ; d'autres emploient des bandes de fer forgé. Il arrive qu'en coulant dans ce moule, le côté qui eft en fer étant plus mince, fe refroidit bien plus promptement que le fable, & prend ainfi une efpece de trempe.

Quoique la partie fupérieure de l'enclume moulée, comme il vient d'être dit, foit plus unie que le refte, elle ne l'eft pas encore affez. Lors donc qu'on veut s'en fervir, on la polit fur une meule agiffant par l'eau. On en fait de même lorfque les enclumes font un peu ufées ou endommagées par le travail. L'enclume, le marteau & toute la machine qui eft femblable à toutes celles que nous avons en France, paroiffent être placés & conftruits très-folidement.

Quoiqu'on ait fixé à l'Entrepreneur la quantité de fer forgé qu'il peut fabriquer chaque année, pour l'encourager de même que les autres fabriques en ouvrages en fer, on lui a laiffé la liberté de faire des ancres en auffi grande quantité qu'il voudroit. Son fer forgé a été fixé à feize cent *fchipfund*, mais il n'en forge que fept ou huit cent annuellement ; il préfere d'en fabriquer mille à douze cent *fchipfund* tant en ancres qu'en marteaux & enclumes de Maréchaux.

* ══════════════ ❦ ══════════════ *

FABRIQUE DES ANCRES.

L A fabrique des ancres de Sôderfors eft une des plus importantes de l'Europe, c'eft la feule qu'il y ait en Suéde ; elle fournit non-feulement toutes les ancres néceffaires à la marine Suédoife, mais encore pour l'exportation ; elles paffent pour être de la meilleure qualité & des mieux fabriquées. Nous allons rapporter à quoi nous croyons devoir attribuer ces deux avantages.

M. Duhamel a publié dans les arts de l'Académie des Sciences, celui de fabriquer les ancres avec les plus grands

détails, & les planches qui y font relatives. Ses propres obfervations font jointes à celles de feu M. de Réaumur, je ne
faurois mieux faire que d'y renvoyer, en faifant feulement
obferver les points principaux qui en different ici.

Nous avons dit précédemment, en traitant de l'affinerie,
que lorfqu'on deftinoit le fer affiné à fabriquer des ancres, on
fe contentoit de couper la loupe en trois morceaux, quelquefois on le fait en deux feulement ; tout dépend de la groffeur
de celle que l'on veut fabriquer ; chacun de ces morceaux péfe
communément cinq *lifpund*.

Lors donc qu'on veut fabriquer une ancre avec ce fer de
loupe, on s'y prend comme il fuit.

On a une forte piece de fer femblable à un manche de ta-
riere qui fert à tenir & diriger l'ancre à mefure qu'on la forme.
On commence par fouder, à fon extrêmité, une des pieces de
fer de loupe dont nous avons parlé, & par-deffus ou plutôt à
côté, une autre femblable pour donner la groffeur que doit
avoir l'ancre ; mais ces pieces s'appliquent de façon que l'une
déborde l'autre de près de la moitié de fa longueur. On foude
enfuite un pareil morceau de l'autre côté, & toujours en continuant alternativement, mais de la même maniere, jufqu'à ce
que l'on foit parvenu à la longueur que doit avoir la verge de
l'ancre à laquelle on travaille.

Lorfqu'on veut fouder deux morceaux en angle droit pour
former, par exemple, les bras, on ne peut le faire fous le
marteau ordinaire, de même que pour redreffer l'ancre & la
finir.

On a à cet effet une autre groffe enclume entre les deux
forges avec des potences mobiles pour y porter les pieces que
l'on veut, & pour les y foutenir. Cette enclume eft placée
fous une groffe poutre au-deffus de laquelle on a fixé une poulie, & au-deffous un rouleau avec une corde qui tient un crochet. Son ufage eft de fufpendre une *maffe* de fer forgé d'en-

viron cent cinquante livres poids de marc. On la nomme *Hercule*, fans doute à 'caufe.de fa forme ; on s'en fert de pareille en France, elle a un lien de fer dans fon milieu avec un anneau, dans lequel paffe le crochet qui pend à la corde. Le forgeur la tient par fon petit bout, tandis que trois ouvriers tiren la corde avec force, comme on fait la machine à fonnettes & la laiffent tomber précipitamment par fon propre poid; Alors le maître forgeur la tenant toujours par fon extrêmité la dirige pour faire tomber le gros bout dans l'endroit où veut. Il faut certainement de l'habitude & de l'adreffe pou diriger une telle *maffue* ; mais cela paroît très-utile pour l'ai fance du travail.

On n'emploie dans ces forges que du charbon de bois d fapin & de bouleau.

Suivant les expériences que rapportent MM. de Réaumu & Duhamel, on fabriquoit autrefois en France des ancre avec des loupes, enfuite avec des mifes, & finalement on e revenu aux barres forgées, comme ayant reconnu que c'étoi la méthode la plus avantageufe pour faire de bons ouvrages Les Suédois au contraire préferent à tous égards le procéde que je viens de décrire. Si nous examinons les unes & les au tres comparativement, nous verrons que chacun de fon côte eft fondé dans fon opinion.

Lorfqu on fabriquoit en France des loupes, on employoit le fer de loupe tel qu'il fort du foyer, après avoir fubi une feule fonte ou affinage ; il ne pourroit être alors que fort impur, & contenir encore beaucoup de parties terreufes que nous nommons *laitier*, lorfqu'elles font féparées du fer.

Les mifes dont on fe fervit enfuite offroient un fer qui n'étoit gueres plus pur, mais qui à force de le forger & de le corroyer, avoit acquis plus de nerf ; d'où il réfulta qu'on le trouva meilleur. Les barres qui fubiffent plus d'opérations de feu, & furtout le corroyage, doivent être encore plus nerveufes & un

un peu plus pures ; d'où l'on préfere leur ufage à celui des autres. En effet, cela eft bien conftaté & confirmé par l'expérience.

Mais fi on fe fût conduit en France comme on le fait en
Suéde, je veux dire qu'on eût cherché à affiner davantage la
loupe, & à la priver d'une plus grande quantité de parties terreufes, je fuis perfuadé qu'on feroit revenu à la méthode des
Suédois, qui tient le milieu entre celle des loupes & celle des
mifes. En effet, il eft conftant que le fer ne fe purifie bien
que par des fontes lentes & réitérées. En Suéde on en fait fubir trois, comme je l'ai rapporté, & cela à un fer de fonte,
provenant d'un minérai reconnu pour le meilleur que nous
ayons en Europe. Les minérais que nous avons en France
n'étant pas d'auffi bonnes qualités, il feroit peut-être néceffaire de donner un affinage, & même deux de plus qu'on ne
le fait en Suéde pour arriver aux mêmes fins, car mon fentiment fera toujours qu'il n'y a qu'un feul fer dans la nature, &
que tout confifte dans le procédé de la purification.

La méthode Suédoife nous préfente deux avantages très-
effentiels, celui d'accélérer l'ouvrage & de diminuer la main
d'œuvre, car les refontes du fer de loupe dont je parle n'augmentent ni le temps de l'opération, ni le déchet ; le fer fe
purifie mieux dans une refonte qui dure une heure, & fe brule
moins, que lorfqu'on le tient pendant trois heures en fufion
dans le foyer ; il fe calcine auffi beaucoup de fer lorfqu'on le
réduit en barres.

Une autre confidération qui n'eft pas de moindre conféquence, c'eft que de quelque façon qu'on s'y prenne, on ne
parviendra jamais à fouder parfaitement jufqu'au centre du
paquet, toutes les barres qui le compofent, que ce ne foit
aux dépens de celles de la furface ; car le fer ne fe foude qu'en
éprouvant une chaude fuante. Or, il eft impoffible de la donner à l'intérieur du paquet, fans fondre ou calciner les barres

S

de la furface; & fi l'on y parvient, cela ne peut être que dans certains endroits, la foudure fera toujours inégale; d'ailleurs on fait qu'un fer furchauffé perd fes nerfs. C'eft ce qui doit arriver immanquablement lorfqu'on veut donner la chaude fuante à l'intérieur du paquet.

Les ancres fabriquées à Sôderfors font voiturées fept à huit lieues par terre, avant de pouvoir être embarquées; on choifit ordinairement le temps où il y a de la neige, afin que le tranf-port fe faffe fur des traîneaux à moindres frais.

FORGES DE FER
DE FORSMARCK.

CEs forges de fer font fituées dans la même province que les précédentes, quoiqu'à un éloignement d'une douzaine de lieues; le propriétaire tire les fers de fonte ou les gueufes, des fonderies qu'il a dans les environs, & où il n'emploie d'autres minérais que ceux des mines de Dannemora.

Deux forges, à chacune defquelles font deux foyers & un marteau, forment une partie de l'établiffement de Forfmarck; on fuivoit anciennement, & même jufqu'en 1766, la méthode Valonne pour affiner la gueufe; on la conferve encore dans une des deux forges, mais le propriétaire actuel voulant fe fatisfaire, & connoître quel eft le meilleur procédé, (fur quoi perfonne n'eft encore d'accord) a monté une de fes forges fuivant la méthode Allemande. Comme elle differe de celle de Sôderfors, je vais la décrire.

J'obferverai d'abord que, pour la méthode Allemande, on a foin de tenir l'ouverture de la tuyere moins grande que lorfqu'on travaille à la Valonne; les gueufes, pour cette opération, font encore plus petites que dans la forge précédente, car elles ne pefent chacune que fept à huit *lifpund*; mais on y fupplée, puifqu'on en prend deux à chaque fois.

La piece de fer coulé pour le fol du foyer a à peu près deux pieds en quarré; trois autres pieces de même matiere forment enfemble le baffin, ainfi qu'il eft d'ufage, en obfervant que celle qui eft oppofée à la tuyere foit un peu inclinée. Lorfqu'on a mis du charbon dans le foyer, on arrange pardeffus, deux gueufes, en croix, en les plaçant vis-à-vis la tuyere, & les recouvrant de charbon; peu à peu le fer coule, & fe rend au fond du baffin; lorfqu'elles font totalement fondues & qu'il s'eft formé une maffe ou loupe, les ouvriers arrêtent le vent des foufflets, retirent les charbons & découvrent la loupe; ils la laiffent en cet état refroidir pendant une demi-heure, dans cet intervalle, on la retourne entiérement & l'on met du charbon tout autour; dès que l'ouvrier juge qu'elle eft affez refroidie, il fait agir de nouveau les foufflets, & fait refondre cette maffe une feconde fois. Cette opération exige trois heures de travail.

La loupe étant formée, & portée à l'ordinaire fous le marteau, on la forge, la coupe & la divife en plufieurs morceaux qui font forgés en barres de différentes proportions, fuivant leur poids. On profite du même feu, puifque cela fe fait pendant que la gueufe s'affine; c'eft un avantage qu'a la méthode Allemande, joint à ce que, s'il découle du fer, il tombe dans le baffin, & s'unit avec la loupe. Ce procédé eft à peu près femblable à celui que fuivent les Norvégiens, comme on le verra dans la fuite.

C'eft ici le lieu de dire que les Loix ont fixé pour toute la Suéde le déchet que doit faire le fer de gueufe, par la méthode Allemande, de même que la confommation du charbon, du moins de celui que les Entrepreneurs doivent accorder à leurs maîtres forgeurs.

Il a été dit précédemment qu'un *fchipfund* de fer coulé ou

Déchet du fer à l'affinerie.

de gueufe pefoit vingt-fix *lifpund,* celui de fer forgé en pefe feulement vingt. C'eft la différence de ces poids qui forme le déchet qui a été fixé ; ainfi un maître forgeur (*) qui reçoit de fon maître dix *fchipfund* de fer coulé, doit lui en rendre autant en fer forgé ; ce qui évite bien des calculs.

Confommation du charbon.

On a fixé également la quantité de charbon que le maître forgeur doit confommer par chaque *fchipfund,* elle eft de deux *ftigar,* de bons charbons, ou vingt-quatre tonnes, faifant quatre-vingt-feize pieds cubes; s'il peut économifer, tant en fer qu'en charbons, comme cela arrive prefque toujours, ce qu'il y a de refte lui appartient ; mais il lui eft défendu de le vendre à d'autres qu'à fon maître, & à un prix convenu pour l'une & pour l'autre matiere.

Il y a ordinairement fix ouvriers d'employés pour un feul marteau, trois à chaque forge; ils peuvent enfemble affiner & forger trente *fchipfund* par femaine.

Ces ouvriers font auffi à prix fait, & on leur paie la façon en raifon du prix du fer; par exemple, fi le *fchipfund* de fer forgé fe vend 33 liv. & quelques fols, on leur en paie 4 liv. de façon, & ainfi à proportion, quand il hauffe ou baiffe de valeur. La Suéde y eft plus fujette qu'un autre pays, par la variété de fes changes.

Le procédé, que l'on nomme à la Valonne, eft le même qui eft en ufage en France, & dans le pays de Liege, d'où il a été apporté. Chaque gueufe pefe fix à fept *fchipfund*; on en met une fur le foyer, on l'avance à mefure qu'elle fe fond & qu'elle forme une loupe; lorfqu'il y en a une affez forte dans le baffin, on la retire pour la forger fous le marteau, & la couper en morceaux, lefquels font enfuite portés fur une forge qu'on nomme la chaufferie, & qui eft deftinée uniquement à cet ufage, pour fabriquer des barres.

(*) C'eft le maître ouvrier qu'on nomme en France le Marteleur.

On prétend que par ce procédé, on scorifie beaucoup plus de fer, l'ouverture de la tuyere étant plus large que par la méthode Allemande, & le foyer confervant plus de chaleur par une fonte continuelle ; mais d'un autre côté elle avance davantage le travail, puifqu'avec un même marteau, on fait par femaine jufqu'à quarante *fchipfund* de fer forgé, au lieu qu'on n'en fabrique que trente par la méthode Allemande.

L'Infpecteur de ces forges affure que, de dix-huit *fchipfund* de fer fcoulé, de vingt-fix *lifpund* chacun, on peut en rendre, par la méthode Allemande, dix-neuf en fer forgé, de vingt *lifpund* ; tandis que par le procédé Valon, les dix-huit *fchipfund* n'en produifent que dix-fept. Par l'une & l'autre méthode, ces deux marteaux forgent annuellement, fans être toujours en activité, deux mille huit cents *fchipfund*.

FABRIQUE D'ACIER

PAR LA FONTE.

DAns le même lieu de Forfmarck, il y a un autre établif-fement qui appartient au même propriétaire, mais où l'on ne fabrique de l'acier que de la maniere fuivante.

La fonte néceffaire à cette opération n'eft pas la même que celle dont on fait le fer dans les forges, c'eft proprement une fonte noire ; pour l'obtenir, on obferve, quoiqu'avec le même mêlange de minérai, d'en charger le fourneau d'une moindre quantité, fans pourtant changer celle de charbon, & le laif-fant aller toujours également. On a par ce moyen, fans con-tredit, moins de gueufe, puifque le fourneau produit environ quarante *fchipfund* de moins par femaine ; mais cette perte n'eft qu'apparente, puifque la fonte en eft plus pure, & qu'elle fe retrouve fur le prix de l'acier.

La gueufe deftinée à cette opération, eft formée en petits morceaux irréguliers, de cinq à fix pouces de largeur, plus ou moins ; dans cet état, (ce que nous n'avons vu nulle part) on les met fur un foyer de forge jufqu'à les faire rougir, & on les porte fous un gros marteau pour les applatir un peu & en refferrer les pores. On dit cette opération néceffaire, & qu'elle doit précéder la fuivante ; mais comme tout fer de gueufe eft caffant, on juge bien qu'il éclate fous le marteau dans plufieurs endroits, quoiqu'il y ait un commencement de malléabilité que n'a point la gueufe ordinaire. On procéde en-fuite à la fonte pour en faire de l'acier; le foyer à cet ufage eft un peu différent de ceux des forges des affineries; il eft plus long, moins large, & la tuyere placée plus bas; la pla-que de fer fur la largeur oppofée à la tuyere, n'eft point in-clinée, mais perpendiculaire ; la tuyere eft platte & prefque horizontale au fond du baffin, quoique le vent doive être dans une direction plus oblique que pour le fer. On a rem-pli cet objet par l'extrêmité ou bec de la tuyere, qui a feul l'inclinaifon.

On fond, fur ce foyer, autant de morceaux de gueufe qu'il en faut pour former une loupe de cinq à fix *lifpund*. C'eft une opération de trois ou quatre heures. On ajoute de temps en temps dans cette fonte, des fcories du même travail.

Cette loupe eft auffi-tôt battue fous le marteau, de la même maniere que le fer ordinaire, coupée & divifée en plufieurs morceaux pour en forger des barres. On prétend que la gueufe fe réduit à deux tiers de moins de fon poids, c'eft-à-dire que par ce procédé, il y a deux tiers de déchet.

Les morceaux qui compofent la loupe, font chauffés fur un autre foyer, avec un feu de charbon de terre (*), & forgés fous un petit marteau; mais il eft à remarquer qu'on ne forge point auffi chaud ces morceaux d'acier que ceux de

(*) Ce charbon fe tire d'Angleterre.

fer, & que chaque fois qu'on en retire un du feu, avant de le battre, on le paffe fur de l'argille pulvérifée, pour l'en revêtir.

Les longues barres qui ont été étirées, font caffées chacune en quinze morceaux, dont on fait une trouffe ou paquet, que l'on chauffe fuffifamment pour les fouder, & de ce total tirer, fous le marteau, une nouvelle barre, qui eft l'acier marchand, tel qu'il fe vend dans le commerce.

On eftime que chaque quintal d'acier, de cent trente-deux livres de Suéde, confomme deux *ftig* & demi, charbon de bois de fapin, & le huitieme d'une tonne de charbon de terre.

* * *

FABRIQUE DE CLOUX

ET DE FER BLANC.

ENviron à une lieue & demie de Forfmarck, dans le lieu nommé *Joahnesfors*, le même propriétaire de forges a établi plufieurs fabriques.

La refenderie & le martinet néceffaire pour fabriquer les cloux, ne different en rien de ceux qui font connus; c'eft la même conftruction. Il y a deux marteaux dans ce martinet, chacun occupe trois ouvriers, qui peuvent fabriquer dans un jour, jufqu'à douze cents cloux, de trois à cinq pouces de longueur.

On leur donne un prix fait, par chaque millier, en leur en fixant le déchet; par exemple, on leur accorde quatre *lifpund* fur un *fchipfund* de fer refendu, pour des cloux de trois à quatre pouces de longueur; trois *lifpund*, pour ceux ce cinq à fix pouces; & feulement un *lifpund* & demi, pour ceux de sept à huit pouces; si l'on en fait d'une plus grande longueur, (ce qui est rare) on n'accorde qu'un demi-*lispund.*

On ne se sert point ici des laminoirs, pour former les planches ou feuilles propres à être éramées, & à fabriquer du fer-blanc. On dit en avoir fait l'essai, ayant substitué des laminoirs à la refenderie. Soit que ce soit préjugés ou autres raisons, on regarde la méthode de les forger sous le marteau, comme la plus avantageuse.

Fabrique de fer blanc. Cette fabrique n'est établie que depuis dix-huit années environ, que l'on fit venir de la Saxe & de la Bohême, des ouvriers instruits de cette manipulation. Il y en avoit encore sept, en l'année 1767, qui conduisoient tout le travail.

Réduire le fer en feuilles. Le fer destiné à cette fabrication, vient des forges de Forsmarc, en longues barres quarrées; l'ouvrier les divise en autant de parties qu'il veut avoir pour former des feuilles de telle ou telle grandeur, & ce en marquant chaque division avec de la craie blanche. Ces barres sont mises ensuite dans un fourneau de reverbere, qui est continuellement en feu, pour les y faire rougir; on les retire alors pour les présenter à une cisaille agissant par l'eau, & les couper à chacune des divisions.

On a un gros marteau ordinaire, comme celui de toutes les forges de Suéde, sous lequel on bat tous ces morceaux, un à un, après avoir été chauffés dans le même fourneau de reverbere; on les étend de façon à pouvoir en tirer deux feuilles; pour cela on les plie l'un sur l'autre. A mesure qu'on les forge pour les étendre au point que l'on desire, on en augmente le nombre à chaque chaude, de sorte qu'ayant commencé par **Combien on bat de feuilles à la fois.** un, on finit par quatre-vingt-seize, que l'on bat à la fois, en observant toujours que les feuilles ne soient pas trop chauffées; car elles courroient risque de se souder ensemble.

Pour éviter cet inconvénient, on a soin en retirant la trousse
du

du fourneau, & avant de la porter fous le marteau, de la mettre par terre ; celui qui la tient avec la tenaille l'y pofe de champ ; alors on jette un peu d'eau fur chaque extrêmité, & du pouffier de charbon pardeffus ; il s'introduit entre les feuilles ; c'eft un obftacle à la foudure. On a foin de changer de deffus & de deffous, celles qui s'étendent le moins, en les plaçant entre les autres ; on en agit de même pour celles qui font trop petites, après avoir été rognées.

On fait qu'à chaque chaude, on eft obligé d'en rogner beaucoup à leur extrêmité. On fabrique des feuilles de plu- fieurs dimenfions ; elles paffent huit fois au feu, & par confé- quent autant fous le marteau avant que d'être finies.

On peut dans une femaine forger, avec un feul marteau, douze *fchipfund* & demi de fer, & de cette quantité battre quatre mille trois cents vingt planches, qui ne pefent plus alors, enfemble, que huit *fchipfund*. On retire des rognures qui en réfultent, environ trois *fchipfund* ; de forte qu'il fe trou- veroit un *fchipfund* & demi de déchet fur cette quantité.

En l'année 1766, il ne s'eft fabriqué à Joahnesfors, que cent quatre-vingt-dix *fchipfund*, quoique le propriétaire ait la liberté d'en faire jufqu'à trois cents.

Lorfque les feuilles ont reçu la derniere main d'œuvre fous le marteau, & qu'elles ont été rognées avec des cifailles à la main, on les porte dans l'étuve pour les y décaper.

Comment on décape les feuil- les.

Comme cette opération eft la même qu'en Bohême, je ne pourrois que répéter ce qui a été dit : on peut le confulter.

La chaudiere deftinée à fondre l'étain pour l'étamage eft de fer coulé, fon ouverture, qui eft égale en haut & dans le fonds, eft un quarré long de dix-fept pouces, fur quinze de largeur, & quinze pouces de profondeur ; elle eft placée fur un fourneau dont la maçonnerie forme tout au tour quatre plans inclinés, un fur chaque côté ; ils font recouverts chacun d'une plaque de fer coulé, qui eft jointe exactement à la

Etamer les feuilles.

T

chaudiere, afin que ce qui pourroit couler fur lefdits plans, inclinés, puiffe retomber dedans.

Cette chaudiere eft ordinairement en partie pleine d'eau, car lorfqu'on a fini un étamage, on ajoute de nouvel étain, du fuif, & de l'eau pardeffus, & on laiffe refroidir jufqu'au jour où l'on doit faire la même opération.

Lors donc qu'on veut recommencer, quinze ou feize heures auparavant on fait du feu fous la chaudiere, &c. (Voyez ci-deffus la defcription de la fabrique de Bohême.)

J'ajouterai feulement, qu'on emploie à Joahnesfors de l'étain d'Angleterre, auquel on mêle environ deux livres de cuivre fur dix-fept à dix-huit *lifpund* dudit étain.

✳━━━━━━━━━━━✢✣✢━━━━━━━━━━━✳

FORGES DE FER

DE LOFSTAD ET AKERBY.

CEs forges font les plus importantes de toute la Suéde, & font fituées également dans la Roflagie; elles ont appartenu autrefois à la couronne, mais elles étoient alors en fort mauvais état, de même que plufieurs autres établiffements de ce genre, dont les Etats firent don, en 1643, à M. Louis de Géer, Gentilhomme Hollandois, pour le rembourfer des fommes confidérables qu'il avoit prêtées dans la guerre contre les Allemands & les Danois. Il augmenta de beaucoup les fonderies & les forges dans la province, & en perfectionna les opérations. Il fit venir à cette fin d'habiles ouvriers des Pays-Bas ; de là vient l'origine des familles Valonnes en Suéde, & de la façon Valonne d'y procéder. Il en refte encore plufieurs dans la province de Roflagie, & fur-tout à Lôfftad, qui ont même confervé entr'elles, leur langage Vallon.

Ces forges ont reſté depuis lors dans la même famille, & appartiennent encore à M. de Géer qui en eſt le ſeul propriétaire & ſeigneur. Il poſſede en outre dans les environs, pluſieurs autres forges & fourneaux où l'on fond la gueuſe néceſſaire pour alimenter toutes ſes uſines.

Il n'y a actuellement qu'un fourneau de fonte à Lôfſtad, dont on ne faiſoit plus d'uſage depuis quelque temps, ayant mieux aimé tranſporter les fonderies ailleurs, & plus à la portée des bois; on préfere de voiturer la gueuſe.

Les minérais qu'on emploie dans ces fonderies, & dont on retire la gueuſe, pour fabriquer les fers forgés, ſont tous des mines de Dannemora; M. de Gèer en eſt le plus fort propriétaire; on en jugera par la quantité de fer qu'il en retire.

L'établiſſement de Lôfſtad conſiſte en quatre forges, ayant chacune un marteau, & des bâtiments immenſes pour le logement des officiers & des ouvriers, enfin il forme un village des plus agréables par ſa ſituation, & l'alignement des maiſons & des rues, qui ſont autant d'avenues plantées d'arbres.

Il eſt ſéparé du château par un très-beau & vaſte canal; ce château où M. de Géer fait ſon ſéjour, dans la belle ſaiſon, eſt ſitué très-avantageuſement ſur une hauteur; tout y annonce qu'on a dépenſé des ſommes bien conſidérables pour embellir ces lieux.

Les quatre marteaux qui ont chacun une affinerie & une chaufferie, vont ſans interruption, ils travaillent tous à la *Valonne* ou *Françoiſe*, procédé dont on a fait mention.

On affine & l'on forge, communément par ſemaine, dans chaque forge, quarante *ſchipfund* de fer, ce qui fait un objet annuel d'environ deux mille *ſchipfund*, par chaque marteau, & pour les quatre, ſept à huit mille.

On ne fixe point aux ouvriers le charbon par la façon Valonne, on leur en donne autant qu'ils en ont beſoin; c'eſt un objet de quinze mille *ſtig* par année, dont le propriétaire tire une grande partie de ſes forêts.

Forges d'A-kerby.

Environ à deux lieues de Lôfſtad, on trouve les forges d'Akerby qui appartiennent auſſi à M. de Géer, & qui ſont très-renommées par le fer marqué **P**, les Anglois en font le plus grand cas pour le convertir en acier. Il provient également des minérais de Dannemora, affiné à la Valonne; & paroît à peu près égal à tout celui qu'on fabrique dans la Roſlagie avec les minérais des mêmes mines.

On avoit établi à Akerby un fourneau pour convertir ce fer en acier, ſur la réputation qu'il avoit acquiſe en Angleterre, mais il n'a pas bien réuſſi; l'opération étoit trop diſpendieuſe; on le chauffoit au charbon. Sans doute que ce fourneau étoit conſtruit comme celui de Kongsberg en Norwege, que nous décrirons ci-après.

M. de Géer nous a dit qu'il alloit en faire conſtruire un que l'on chaufferoit avec du bois de corde. Il ſe promettoit beaucoup de cet établiſſement.

En rapportant les obſervations que nous avons faites dans la forge ſuivante, j'aurai occaſion de parler de cette converſion en acier, des fers que les Anglois préferent pour cet uſage, & des traités qu'ils ont paſſé en conſéquence avec les Suédois.

FORGES DE FER

DE OSTERBY.

LEs forges d'Osterby font très-importantes, & ont d'autant plus d'avantage fur les autres, qu'elles ne font fituées qu'à trois-quarts de lieue, tout au plus, des mines de Dannemora; elles ont appartenu à M. de Géer, qui les vendit, il y a une douzaine d'années, à MM. Grill, freres, l'une des premieres maifons de Négociants de toute la Suéde.

Ces forges forment un établiffement confidérable qui paroît bien monté; les maifons, bâtiments, rues & avenues imitent beaucoup Lôfftad; enfin, tout y annonce l'opulence; ce lieu a été rendu des plus agréables.

L'établiffement comprend deux hauts fourneaux, trois marteaux, trois affineries & trois chaufferies; on y procéde entiérement à la Valonne, & on y regarde cette méthode comme la meilleure.

Je rapporterai ici une obfervation que nous avons faite dans toutes les forges que nous avons vifitées. C'eft que les ouvriers forgeurs ont les plus grandes attentions pour rendre les barres de fer très-égales, de même épaiffeur & fort unies; s'il s'éleve fur une barre ou bande de fer la moindre paille, pendant qu'ils font occupés à la forger, un d'eux prend une mauvaife hache, qui refte toujours pour cet ufage à côté de l'enclume, il enleve la paille, & la fépare, en frappant entre la barre & elle; cela eft bientôt fait, la barre étant encore rouge. On fait enfuite frapper le marteau fur l'endroit où étoit la paille, ce qui en ôte totalement l'impreffion; mais pour rendre les barres bien unies, ce qu'on nomme les *réparer*, on fait encore agir

le marteau fur toutes leurs furfaces, lorfqu'elles font refroidies, ou plutòt lorfqu'elles ne font plus rouges.

Cette méthode eft bien auffi en ufage dans la plupart de
nos forges de France, mais avec beaucoup moins de foin &
d'attention.

On compte que chaque marteau, année commune, forge
douze à treize cents *fchipfund* de fer; il en battroit davantage,
fi ce n'étoit le manque d'eau & de charbon.

Le fer forgé du produit de ces forges, eft encore de l'efpece dont les Anglois font le plus grand cas; il eft marqué OO;
ils le nomment *aux deux boulets.*

En général tous les fers des forges dont nous venons de
parler, & de plufieurs autres dont nous n'avons pas fait mention, qui ne travaillent que des minérais de Dannemora, font
ceux que les Anglois préferent pour être convertis en acier,
& qu'ils paient quinze pour cent plus cher que l'autre, mais
fous les conditions de la part de la Compagnie Angloife, qu'il
n'en fera pas vendu à d'autres qu'à elle en Angleterre. Ces fers
fe nomment en général *fers d'Oregrund*, parce qu'*Oregrund* eft
le Port de mer le plus à portée de toutes ces forges, & où ils
font tranfportés.

CONVERSION DU FER EN ACIER.

CE fer marqué OO, fi eftimé par les Anglois, par fa qualité fupérieure pour être converti en acier, a fans doute donné lieu, il y a quelques années, d'établir une fabrique de ce genre, dans le même emplacement des forges d'Ofterby.

Le fourneau a dans fa conftruction beaucoup de reffemblance à celui dont les Anglois font ufage pour la même opération, mais il n'eft pas à beaucoup près auffi avantageux ; il renferme trois caiffes d'environ fix pieds de longueur chacune, qui contiennent enfemble trente *fchipfund* de fer ; il y a quatre grilles, chaufferies, ou fourneaux à vent, mais ces quatre ne font l'effet que de deux, fi on les compare au fourneau Anglois, puifqu'ici la grille ne le traverfe pas, & qu'il y a une féparation dans le milieu. Ce qu'il y a de furprenant, c'eft que l'on a cru que l'opération ne pouvoit fe faire, fi le fourneau n'étoit chauffé au charbon de terre, comme le font les Anglois, fans confidérer que toute matiere combuftible qui donne beaucoup de flamme, peut y être appliquée utilement. Enfin, dans un pays où le bois eft en grande abondance, on s'eft fervi jufqu'à préfent du charbon de terre, que l'on tire d'Angleterre, ce qui revenoit trop cher & a rendu l'entreprife douteufe jufqu'à ce jour.

Ofterby n'eft pas le feul endroit où l'on fe fervoit du charbon de terre, mais une perfonne ayant propofé de conftruire des fourneaux qui feroient chauffés uniquement avec du bois de corde, la plupart des Entrepreneurs ont pris la réfolution de fuivre cette méthode, qui fera certainement la plus avantageufe, fi le fourneau eft bien conftruit.

On avoit fait une faute effentielle dans la conftruction de celui que nous avons vu ; les caiffes qui renferment le fer, étoient maçonnées avec de mauvaifes briques; mais dans un femblable fourneau qu'on a bâti à côté du premier, elles étoient faites avec des briques compofées de fable & d'une terre argilleufe qu'on avoit fait venir de la Normandie; on étoit fur le point d'y faire une épreuve.

Le fer fe met dans ces caiffes *ftratum fuper ftratum*, à l'ordinaire avec du pouffier de charbon de bois de bouleau, & non d'autres, celui-ci ayant été reconnu le meilleur; on y ajoute auffi quelquefois de la fuie; j'obferverai à cette occafion que les différents Entrepreneurs ont des additions qui ne font point égales, à en juger par les converfations que nous avons eu avec plufieurs perfonnes; ils ont fuivi en partie l'ouvrage de M. de Réaumur, qui leur a été de la plus grande uilité. Ils en conviennent, mais les uns ont augmenté les additions, les autres les ont changées. Ils auroient mieux fait, & l'expérience le prouve, de fuivre à cet égard uniquement ce que font les Anglois, c'eft-à-dire de n'ajouter que du pouffier de charbon du bois qui donne le phlogiftique le plus fixe. Enfin, quoique depuis long-temps on faffe de l'acier par là cémentation dans plufieurs endroits de la Suéde, on n'étoit encore qu'aux expériences, & les Entrepreneurs avouerent qu'ils n'étoient pas bien fûrs de leur procédé.

L'opération dans le fourneau ci-deffus, dure fix à fept fois vingt-quatre heures, & confomme environ cent tonnes de charbon de terre, pour convertir trente *fchipfund* de fer en acier; on a ménagé à chaque caiffe un trou pour fortir une barre de fer, & un correfpondant dans le mur; la barre deftinée à fervir d'épreuve a une ouverture à fon extrêmité, afin qu'à l'aide d'un crochet, on puiffe la retirer, lorfqu'on juge que le fer eft affez cémenté, & voir s'il l'eft en effet, en caffant la barre, & même en la forgeant pour en connoître le grain.

L'acier bourfoufflé qu'on en obtient, reffemble affez à celui d'Angleterre; on a un martinet pour le forger, car on n'en vend
qu'après

qu'après qu'il a été étiré. Le marteau fervant à cet ufage pefe treize *lifpund*, fon arbre a douze mantonnets; il n'a pas autant de tranchant, c'eft-à-dire qu'il eft plus large à fa panne que ceux des Anglois, il ne va pas non plus auffi vîte; l'acier n'eft chauffé dans ce martinet qu'au charbon de terre; on prétend qu'il perd de fa qualité, fi on fe fert de charbon de bois.

On donne un degré de chaleur plus fort à cet acier, qu'on ne le fait en Angleterre, il ne fe gerfe pourtant pas fous le marteau, preuve de la bonne qualité du fer qu'on y emploie; on n'en fabrique qu'une efpece que l'on dit n'être pas bonne pour faire des refforts, comme l'acier qu'on obtient par la fonte. On voit bien qu'on n'a pas été auffi loin en Suéde, à cet égard, qu'en Angleterre.

Il fe forge en petites baguettes, femblables à celles de Carinthie, provenant de l'acier obtenu par la fonte; c'eft pour en imiter la qualité, & le vendre en concurrence; auffi le nomme-t-on *acier de Venife*; on ne le vend qu'après l'avoir trempé, ce qui le rend très-caffant; à cet effet on a conftruit un petit fourneau à côté de la forge; c'eft une grille en fer coulé, un peu plus longue que ne doivent être les baguettes d'acier que l'on demande dans le commerce, d'environ trois pieds de longueur; on les chauffe fur du charbon de bois, & on les trempe toutes rouges dans l'eau.

Dans le même martinet & au même arbre il y a un marteau pour les cloux; il ne pefe que trois *lifpund*, & a quatorze mantonnets pour le faire mouvoir.

Il y a en Suéde plufieurs fonderies de fer, affez confidérables, où l'on coule des canons; mais comme on y procéde à peu près de même que dans celles de *Mofs* en Norvége, dont nous parlerons plus bas; foit pour la fonte, foit pour le forage, nous ne ferons qu'une petite defcription de l'une de celles que nous avons vifitées.

Acier de Venife.

V

FONDERIE DE CANONS DE FER.

ENtre la ville de Nykioping & celle de Norkioping, dans la province de Sudermanie, est une fonderie de canons de fer coulé, appartenante à M. le Baron de Stakelberg, & dirigée par un Inspecteur, où il se fabrique environ dix-huit cents à deux mille *schipfund*, soit en canons de vingt-quatre & de douze livres de balles, soit aussi à faire des bombes & boulets qui s'exportent en grande partie.

Cette fonderie renferme deux hauts fourneaux, semblables à tous les autres dont on fait usage en Suéde, & qui ont été décrits précédemment; ils sont placés l'un à côté de l'autre, dans un même corps de maçonnerie, & vont pendant sept mois de l'année sans interruption.

Les minérais que l'on y traite ont beaucoup de ressemblance à tous ceux que nous avons cités jusqu'à présent, de Wermeland & de Dannemora; il en est pourtant une espece beaucoup plus noire, entremêlée de quartz, & ayant des facettes assez larges; une partie de ces minérais vient d'une mine en Roslagie, les autres d'une mine située à deux lieues & demie de Nykioping. Ils différent un peu en produit; mais, les uns dans les autres, ils rendent dans la fonte quarante-neuf à cinquante pour cent. Avant que de fondre le minérai, on le rôtit une fois, en quantité de deux cents *schipfund*, environ par chaque grillage.

Machine à casser le Minérai.

Il est ensuite réduit en petit morceaux, à l'aide d'une machine qu'un cheval fait agir; le manege est sur un plancher, au-dessous duquel est un rouet fixé à l'arbre vertical, lequel engraine dans une lanterne qui fait tourner un autre arbre armé de mantonnets, pour faire agir quatre marteaux qui pilent le minérai. On en fait un mélange avec de la pierre à chaux blanche que l'on tire des environs.

Afin d'avoir affez de matiere fondue dans les deux fourneaux pour couler un canon de vingt-quatre livres de bale, on l'y laiffe fe raffembler pendant deux jours & demi, fans faire aucune percée, & à proportion pour des pieces plus petites, car on en coule de tout calibre.

Un canon de vingt-quatre livres de bale pefe vingt *fchip-fund*, ce qui fait environ foixante quintaux, poids de marc.

La maniere de les couler, & de faire les moules n'a rien de particulier; on y met un noyau, comme à Mofs, & ils y font auffi forés verticalement avec une machine agiffant par l'eau; comme il n'y a point de forges dans cette fonderie, on ramaffe les déchets ou bavures des canons & autres ouvrages, pour les envoyer à deux lieues & demie d'éloignement, dans une forge qui appartient au même propriétaire, où on les réduit en fer forgé.

V 2

IDÉE GÉNÉRALE
DU PRODUIT DE LA SUEDE,
EN FER ET EN ACIER.

DE tous les genres de fabrications, en usage dans ce Royaume, celle des fers est sans contredit la plus considérable, & celle qui lui rapporte le plus, par l'exportation qui s'en fait dans l'étranger. La nation en retireroit un double avantage, si, au lieu d'en vendre une bonne partie aux Anglois, qui ne l'emploient pour la plupart qu'à faire de l'acier par le cémentation, elle gagnoit elle-même cette main-d'œuvre qui tourneroit à son profit. Tout le monde sera étonné de voir qu'ayant la matiere premiere, dont la qualité est reconnue, elle ne songe pas à monter un plus grand nombre de fabriques en ce genre.

Les Suédois font de l'acier, comme on l'a vu précédemment; mais l'objet en est de peu de conséquence, en comparaison de la quantité de fer qu'ils vendent uniquement pour cette fabrication.

Je puis avancer, d'après les meilleurs Négociants de Stockolm qui font le commerce des fers, & qui font eux-mêmes intéressés & propriétaires des forges, que la fabrication de cet article est un objet annuel dans le Royaume, soit dans la province de Wermeland, soit dans celle de Roslagie & autres d'environ de quatre cent mille *schipfund* (*) fer en barres. Sur cette quantité, il s'en exporte trois cent à trois cent vingt mille; la Hollande & sur-tout l'Angleterre en tirent les deux tiers; le surplus passe en France & en Espagne.

(*) Chaque schipfund faisant à peu près trois quintaux, poids de marc.

Les deux ports de mer les plus confidérables de la Suede font ceux de Stockolm & de la ville de Gothembourg, où eft tranfportée la majeure partie des marchandifes de fon produit qui en font le plus à portée. Du premier il fort chaque année deux cent mille *fchipfund* de fer en barres, & de celui de Gothembourg environ foixante à foixante-dix mille. Le furplus de ce qui s'exporte s'embarque dans les autres ports de la Suéde.

Le magafin des fers à Stockolm eft un objet de curiofité très-intéreffant, foit par fa vafte étendue, foit par la quantité des matieres qui entrent & qui fortent, mais bien plus encore par fa fituation qui eft auffi avantageufe qu'on puiffe le défirer, pour le déchargement des navires qui apportent les fers de différentes provinces, & le chargement de eeux qui fervent à l'exportation.

Dans cet endroit le lac *Méler* & la mer ne font féparés l'un de l'autre que par l'emplacement de ce magafin. La profondeur des eaux qui l'environnent eft telle que les navires peuvent y aborder facilement ; on décharge d'un côté pendant qu'on charge de l'autre ; c'eft un mouvement continuel, fur-tout pendant l'été. Ce magafin eft général pour les autres marchandifes en métaux, comme cuivre rofette ou fabriqué, fils de laiton, de fer, & différentes efpeces d'acier.

Les fers les plus eftimés font ceux qu'on nomme *fers d'Oregrund* ; ils font tous exportés pour l'Angleterre. Il en a été fait mention précédemment, ils proviennent des forges de la Roflagie, & font embarqués au port d'Oregrund dont ils prennent le nom. Cette qualité, au mois d'août de l'année 1767, revenoit, rendu à bord de navire, franc de tous frais, à neuf rixdalers, argent courant d'Hollande le *fchipfund*, le rixdaler fur le pied de 5 liv. argent de France.

On diftingue encore ceux qu'on nomme *extra forte*, parmi lefquels il y a celui qui s'exporte pour la côte de Guinée, ils

Prix des Fers, leur qualité.

font de la même longueur & épaiſſeur , & ne different que dans leur largeur : leur prix étoit de huit rixdalers.

Il en eſt encore pluſieurs autres qui forment la majeure partie , & qui ſont de différentes épaiſſeurs , longueurs & largeurs : *le ſchipfund* de ceux-ci valoit ſept rixdalers.

Le fer carillon en bottes d'environ dix-ſept à dix-huit pieds de long , de demi pouce & cinq huitieme en quarré , revenoit à bord de navire à neuf rixdalers.

Les cercles de fer de toute qualité en fer forgé coûtent neuf rixdalers , & lorſqu'ils ſont laminés ou paſſés à l'eſpatard , huit rixdalers & demi.

La fabrication des cloux , des ancres , des canons de fer & des toles ou platines pour couvrir les toîts , forme un objet de commerce aſſez conſidérale pour la Suéde.

De ces premiers il ſe fabrique quinze à vingt mille *ſchipfund* année commune , dont il s'en exporte environ dix mille. Les prix varient ſuivant la qualité des cloux.

La fabrication des ancres de fer forgé eſt un objet de mille *ſchipfund* annuellement , il s'en exporte environ cinq à ſix cent ; elles ſe vendent à raiſon de quinze rixdalers le *ſchipfund*.

Celle des canons de fer coulé eſt encore aſſez importante , puiſque , ſans y comprendre la quantité néceſſaire pour l'artillerie & la marine du Royaume , l'exportation monte encore à dix mille *ſchipfund* ; ils reviennent à bord à ſept rixdalers & demi.

La plus grande partie des toles de fer , pour couvrir les maiſons , ſe conſomme dans le pays , & le peu qui en ſort coûte franc , à bord de navire , quinze rixdalers le *ſchipfund* plus ou moins : ce prix varie ſuivant les longueurs & épaiſſeurs.

La France tire beaucoup de feuilles de fer en noir , non étamées. On les vend à raiſon de vingt rixdalers le baril , qui contient quatre cent cinquante feuilles ; elles peſent enſemble un *ſchipfund* & un quart.

La plus grande quantité d'acier qui fe fabrique en Suéde'
eft l'acier par la fonte. Quant à celui fait par la cémentation,
il eft encore de moindre conféquence. On diftingue plufieurs
efpeces de ce premier, mais principalement celui qu'on nomme
acier de *Steyr-Marck* ou de Styrie, marqué de feuilles de chêne. Le meilleur eft celui qui fe fabrique dans les forges de
Forsmarck; il s'en exporte chaque année pour Rouen fept cent
bottes du poids de cent foixante-neuf livres de Suede, il revient à bord depuis neuf jufqu'à neuf rixdalers & demi la botte.

Il fe fait auffi de l'acier cémenté de plufieurs efpeces. Celui
qu'on fabrique à *Ofterby* fe nomme *Acier de Venife*; il fe confomme en Éfpagne, on le vend chaque quintal ou cent cinquante livres de Suéde, quatre & demi jufqu'à cinq rixdalers.

Quant aux autres efpeces d'acier cémenté qui fe confomment en Portugal & à Livourne, il ne coûte que quatre à
quatre & demi rixdalers les cent cinquante livres de ces différentes fortes. On compte qu'il s'en fabrique annuellement
trente mille quintaux environ, dont la Ruffie en tire trois
mille. On prétend que l'Éfpagne feule confomme une quantité
prodigieufe de celui que l'on nomme *de Venife*, L'acier y auroit un très-grand débouché, fi on pouvoit l'y établir à un bas
prix, à caufe de la concurrence, fans doute avec la Carinthie & le Tyrol, l'acier dont nous parlons paroiffant être fabriqué dans l'intention d'imiter ces dernieres efpeces.

NEUVIEME MEMOIRE.

SUR LES PRINCIPALES

FORGES DE FER

DE LA NORVEGE. *Année 1767.*

FORGES DE FER DU COMTÉ DE LAURWIG.

LES forges de fer les plus confidérables de toute la Norvege font celles de ce Comté ; elles appartiennent au Seigneur qui en porte le nom, il en a monté l'établiffement à fon plus haut degré de perfection, & n'a rien épargné pour y parvenir. Il en doit le plus grand fuccès à un homme auffi intelligent que favant dans cet art, à qui il a confié la direction de fes forges.

Le Comte de Laurwig eft encore propriétaire d'un grand nombre de moulins à fcies, qui lui rapportent, ainfi que les forges, de très-grands bénéfices. Que l'on confidere un moment toutes les prérogatives qu'il poffede ? Seigneur d'une étendue de pays très-fertile ; maître pour ainfi dire de fes emphytéotes

emphytéotes dont il difpofe à volonté pour fes befoins ; pof-feffeur d'immenfes forêts ; privilégié dans un très-grand arron-diffement qu'on lui a affecté , avec défenfe aux payfans de vendre à d'autres qu'à lui les bois & charbons pour les forges ; jouiffant enfin , avec tous ces avantages , du droit Régalien , & ne payant aucune rétribution à la Couronne , ne font-ce pas là des fecours fuffifants pour faire fructifier une entreprife de cette nature ?

Les forges & les fcies dont il s'agit font placées à une des extrêmités de la ville de Laurwig ; fituée au bord de la mer , dans la pofition la plus avantageufe ; elles font à environ trois cent toifes d'un très-grand lac nommé *faris*, qui réunit fur une étendue de cinq lieues les eaux d'un grand nombre de petites rivieres & ruiffeaux. Dans l'intention d'en élever les eaux de quelques pieds , & pour fervir en même-temps de réfervoir , on a achevé en l'année 1767 la conftruction d'une très-belle digue toute différente , & fur d'autres principes que celles que l'on connoît ailleurs , elle coûte au Comte huit mille rix-dalers. (*)

Conftruction d'une digue.

Dans cette conftruction on a moins cherché à conferver les eaux qui font toujours plus que fuffifantes , qu'à leur oppofer une réfiftance , afin d'être maître de leur fortie & de leur élé-vation.

Après avoir creufé environ une douzaine de pieds au-deffous du fond du lac , c'eft-à-dire jufqu'au ferme , on y a bâti un très-grand grillage en bon bois de chêne qui prend toute la longueur qu'on a voulu donner à la digue ; on a chaffé entre deux des planches , & garni tous les vuides avec de la bonne argile ; par-deffus ce grillage on a conftruit un mur fur le de-vant en bonnes & groffes pierres de taille avec un petit talus fur la longueur de ce mur & dans le bas ; on y a ménagé

(*) Le Rixdaler vaut quatre livres dix fols.

X

quatre grandes vannes fur une même ligne qui s'ouvrent &
ferment à volonté , & au-deſſus cinq autres vannes dans la même charpente qui font toujours ouvertes. Les premieres ne ſervent que dans une difette d'eau , ou lorſqu'il y en a trop. La
profondeur de l'eau ſur le devant de la digue n'a pas plus de ſix
pieds ; on lui a donné intérieurement une figure parabolique, pour
faire plus de réſiſtance ; cette méthode nous paroît très-bonne,
c'eſt la premiere digue que nous ayons vu de cette forme. Le
Directeur qui l'a fait conſtruire nous a dit que la courbe étoit
celle d'une corde lorſqu'elle eſt tendue : cela s'entend ſans doute
d'une corde de moyenne groſſeur ou cordeau ; car la courbe
d'une corde doit varier ſuivant ſa groſſeur & ſa largeur.

Hauts four-
neaux, leurs con-
ſtructions. Les forges occupent trois hauts fourneaux & onze foyers ,
ſoit pour affiner le fer , ſoit auſſi pour la fabrication des cloux
pour la marine. Deux de ces fourneaux font à Laurwig , & le
troiſieme à trois lieues delà , au bord de la mer , dans une poſition auſſi avantageuſe. La conſtruction des uns & des autres
eſt abſolument ſemblable , ils ne different entr'eux que dans
les proportions. Le dernier eſt un peu plus grand , il eſt de
ſoixante-dix pouces plus haut. Ce fourneau bâti nouvellement
eſt conſtruit avec une ſolidité ſans égale ; (*) la poſition des
lieux a permis qu'en taillant un roc de *feld fpath* gris , très vif
& très-dur (* *) , on y formât une place pour l'y renfermer ,
ce qui tient lieu de murs extérieurs , & certainement le met
bien plus à l'abri des efforts du feu.

Lorſqu'on veut conſtruire un pareil fourneau à l'ordinaire (†) ,
on fait une fondation en mâçonnerie d'environ vingt-neuf
pieds en quarré , ſur laquelle on forme un canal pour ſervir
de ſoupirail que l'on recouvre avec une grande pierre , & par-

(*) *Voyez* la Planche III , fig. 4 , & l'Explication.
(**) *Spatum ſcintillans*, dont parle Vallerius, Tom. I , pag. 125.
(†) *Voyez* la Planche IV , fig. 1 , 2 , 3 , 4 , & l'Explication.

deffus un pied environ d'epaiffeut en fable, pour y repofer celle qui eft deftinée à former le fol du fond du fourneau. Cette pierre eft d'un grès qui réfifte au feu, ainfi que la partie intérieure dont nous parlerons, qui fert comme de chemife, & que l'on peut réparer fans toucher aux murs extérieurs. Tout autour de cette pierre de fol, on conftruit une mâçonnerie circulaire, dont les murs ont environ deux pieds d'épaiffeur; elle eft faite avec une pierre d'un mica noir, réfiftant au feu, & que l'on lie avec un mortier d'argile. Dans le bas on lui donne quatre pieds de diametre, & on la monte en l'élargiffant jufqu'à douze pieds & demi de hauteur, ou bien on la prolonge encore de feize & demi, mais en diminuant peu à peu; de façon que l'ouverture fupérieure n'ait au plus que quatre pieds de diametre. Dimenfions.

Derriere elle on laiffe un pied d'intervalle, pour le remplir de fable jufqu'au fommet du fourneau, qui eft garanti extérieurement par un autre maçonnerie ordinaire; mais d'une telle épaiffeur, que le corps total a vingt-deux à ving-quatre pieds en quarré dans la partie fupérieure : elle fait ici l'effet du rocher, dans lequel on a renfermé le nouveau fourneau.

La *chemife*, ou autrement dit *l'ouvrage*, fe monte intérieurement avec des pierres de grès, reconnües pour réfifter à la plus grande chaleur (on les tire d'Angleterre). Elles forment un entonnoir ou cône renverfé, qui n'a dans le bas que vingt-trois pouces & un quart de large vis-à-vis la tuyere; elle va en s'élargiffant jufqu'à fix pieds de hauteur, d'où elle fe perd dans la maçonnerie à environ deux pieds plus haut dans la largeur du fourneau.

On ménage, en conftruifant cette chemife, les ouvertures pour la fortie du fer & des fcories, ainfi que celle pour la tuyere, qui fe place inclinée à quinze pouces au-deffus de la pierre du fol; on y adapte deux foufflets de bois à l'ordinaire, mus par une roue à eau. La méthode adoptée

avec raifon de mettre un épaiffeur de fable derriere la chemife, eft très bonne ; les murs fouffrent beaucoup moins, la
chaleur eft mieux confervée, & l'humidité paffant au travers,
ne peut faire effort fur la maçonnerie extérieure. Les trois
fourneaux de Laurwig travaillent fans interruption, pendant
douze ou dix-huit mois ; & jufqu'à deux années de fuite,
nous en avons vu un qui étoit en feu depuis deux ans.

Pour monter la maçonnerie des fourneaux, dont nous
venons de donner les proportions intérieures, & comme cela
fe pratique en Suéde, on a imaginé un moyen fûr pour que
les ouvriers ne fe trompent pas dans la conftruction, c'eft
une piece de bois verticale, placée perpendiculairement au
centre du fourneau & pofée fur un pivot, afin qu'elle puiffe
tourner dans tous les fens. A cette piece de bois eft adaptée
une efpece d'échelle, dont un des côtés décrit une courbe,
qui donne précifément les dimenfions que doit avoir le fourneau; de forte que toutes les lignes tirées de l'arbre vertical
contre le mur, forment autant de rayons qui fixent le diametre, fuivant les différentes hauteurs. (*La figure cinquieme
planche quatrieme repréfente le profil de cette machine.*) *Voyez
l'explication.*

Qualité des mi-
nérais de fer.

Tous les minérais de fer que l'on fond dans ces forges,
proviennent des différentes mines que le Comte de Laurwig
fait exploiter à Arendal & fes environs, à une trentaine de
lieues de fes forges. Ils font variés dans leur efpece, & font
la plupart attirables par l'aimant : il en eft qui en contiennent.
Ils ont un grain prefque noir, d'autres gris plus ou moins
fins. On en trouve un particulier, compofé d'une infinité de
petits grenats réunis enfemble. Il eft vrai qu'on apperçoit
entr'eux de petits grains de minerai de fer. On trouve
de ces minerais unis à du fpath calcaire, affez fouvent du
mica, quelquefois du quartz. Nous en avons vu avec du

feld fpath, & d'autres avec du *fchorl* ou *roche de corne criftallifée*, dont parle Vallerius, page 261, *minéral*.

Malgré l'éloignement des mines, les minérais ne coûtent pas beaucoup pour le charroi, parce qu'ils font tranfportés par mer, ainfi qu'une partie des charbons qui font néceffaires ; & pour le furplus des bois que le Comte tire de dix & vingt lieues au loin, des hautes montagnes, & dont il fait faire lui-même du charbon près de fes forges : il a la facilité de le faire flotter fur une riviere.

Tous les minérais ne font point égaux en qualité ; il y en a de plufieurs fortes, qui varient auffi dans leur teneur; mais en général, ils rendent de quarante à cinquante pour cent. On ne les traite pas indifféremment, & l'on a attention de mêler telle ou telle efpece reconnue pour faire un bon fer.

On n'a befoin de les rôtir qu'une fois pour les préparer à la fonte.

Rôtiffage des minérais.

Jufqu'a préfent on avoit pratiqué la méthode ancienne, ufitée dans bien d'autres forges, de griller les minérais dans un emplacement quarré, dont on voit encore les veftiges ; mais le Directeur a trouvé qu'en changeant de forme, il y avoit un avantage, que le rôtiffage fe faifoit plus également, & que le minérai rendoit davantage à la fonte ; ce qui dépend principalement du degré de feu qu'il reçoit ; car s'il eft trop fort, il fe fond & fe calcine ; c'eft pourquoi on a grand foin de déterminer la quantité de charbons & de bois, en raifon de la qualité du minérai.

On a donc conftruit à l'air libre, un mur fort épais d'un très-grand diametre, auquel on a laiffé une feule ouverture ou porte, pour y introduire les matieres ; il a environ fix pieds de hauteur. Avant de charger un de ces fourneaux de rôtiffage, l'on fait une efpece de fecond mur à fec, appuyé contre l'autre intérieurement, mais bâti avec les gros morceaux de minérai, qui n'ont pas été bien grillés. On lui donne l'épaiffeur fuffifante pour qu'il fe foutiennne ; on évite par là le dommage que le feu feroit au mur de clôture , après avoir formé un lit de bois & de charbon, on y tranfporte le minérai, tel qu'il eft en gros & petits morceaux, & on l'éleve couches par couches de minérai & de charbon, jufqu'à la hauteur de huit à dix pieds, en laiffant dans le milieu un tuyau ou canal formé avec quatre planches, pour fervir à introduire le feu. On recouvre le tout avec du même minérai, & par deffus avec une épaiffeur de quatre pouces de pouffier de charbon ; on met le feu par le tuyau, & lorfque le grillage eft bien allumé, on le rebouche ; il dure depuis quatre jufqu'à huit jours.

Un tel fourneau contient de trois cents à trois cents cinquante tonnes de minérai ; cette mefure pefe depuis un & demi jufqu'à trois *fchipfund* ; elle a fept pieds deux cents foixante-fept pouces cubiques de Roi, & un *fchipfund* eft de trois cents-vingt livres, poids de Cologne ; c'eft un objet de quinze cents à deux mille quintaux plus ou moins par chaque rôtifage ; ce qui dépend du poids des minérais, qui varie beaucoup.

On y confomme cinquante *laft* de charbon, à raifon d'un rixdaler, ou quatre livres dix fols par chaque *laft* (*).

On pile les minérais. On réduit le minérai grillé en petit morceaux pour la fonte; ce qui fe fait par le mouvement d'un marteau de fer. C'eft ainfi qu'on l'emploie pour charger les fourneaux; on n'y ajoute point de pierre à chaux, parce qu'il contient lui-même fon fondant.

Fonte des minérais. Chaque fois que l'on charge un fourneau, on met communément fur un *laft* de charbon, depuis vingt-un jufqu'à vingt-quatre *trogs* de minérai, & même vingt-fix, quand le charbon

(*) Un laft eft une mefure qui contient douze tonnes ; chaque tonne eft de quatorze pieds cent quatre-vingt-dix-fept pouces cubes.

eſt de bonne qualité (une *trog* eſt la vingt-ſixieme partie d'une tonne); de ſorte qu'en trente jours, avec trois cents *laſt* de charbon, on peut fondre trois cents tonnes de minérai, leſquels produiſent quatre cents *ſchipfund* de fer. La percée ſe fait deux fois dans les vingt-quatre heures; c'eſt-à-dire, après cinq charges, qui ont lieu à peu près toutes les deux heures ou deux heures un quart.

Les fondeurs gagnent de ſept à huit rixdalers par mois.

Pour remplir le fourneau quand on commence une fonte, & après l'avoir chauffé quinze jours, on emploie ſeize *laſt* de charbon.

Sur environ dix mille *ſchipfund* de fer de gueuſe que les fourneaux produiſent chaque année, il n'y en a que deux mille que l'on coule pour former des fourneaux ou poëles ou autres ouvrages; le ſurplus eſt tout affiné & réduit en fer en barres; ce qui fait un objet de ſix à ſept mille *ſchipfund*, dont la majeure partie eſt exportée dans les pays étrangers, l'Angleterre & autres. Produit annuel.

La méthode adoptée dans ces forges pour affiner la gueuſe, eſt la même qu'on pratique en Allemagne, mais avec quelque différence. Il y a quelques années que le Comte de Laurwig envoya ſon Inſpecteur dans le Pays-Bas, à l'effet d'introduire chez lui la façon Valonne. Il ramena des ouvriers, & l'on travailla quelques temps, mais par des expériences répétées de comparaiſon; l'ancienne prévalut. Affinerie de fer.

L'affinage ſe fait ſur un foyer, dont la tuyere qui eſt en cuivre déborde le mur de quatre ou cinq pouces; ce qui dépend de la qualité de la gueuſe & de l'inclinaiſon que l'on lui donne. Débordant de cinq pouces, elle a un demi pouce de pente. Si le charbon eſt ſec, elle doit être moins inclinée que lorſqu'il eſt humide; de ſorte que la profondeur du baffin eſt de dix ou douze pouces, ſuivant ce que nous venons de dire.

Le fond & le tour du foyer ſont en plaques de fer coulé.

On garnit le fol de charbonnaille & de fcories , & fur la plaque inclinée qui eft oppofée à la tuyere , on arrange tout à la fois la gueufe que l'on veut affiner , c'eft-à-dire dix-fept *lifpund* communément ; (un *lifpund* eft la vingtieme partie d'un fchipfund,) mais de façon qu'elle fe trouve un peu au-deffus de la direction du vent du foufflet.

A mefure que le fer fond , il va fe raffembler au-deffous de la tuyere. C'eft alors que l'on reconnoît fi celle-ci eft bien ou mal placée , relativement à la qualité de la gueufe , car fi elle eft trop inclinée , le fer refte liquide dans le fond du baffin , il conferve fans doute plus de phlogiftique , puifqu'il eft alors plus acier que fer. Il eft donc néceffaire qu'il n'ait pas trop de fluidité & qu'il s'y fige. Dès que l'on apperçoit qu'il gêne la direction du vent , on retire cette petite loupe avec un ringard , on la fort du foyer , & on la met à côté. On continue de la même maniere , jufqu'à ce que tout ait été converti en petites loupes que l'on remet enfemble fur le foyer , pour les réunir & n'en former qu'une feule , qui eft enfuite battue & coupée en cinq ou fix pour compofer chacune une barre. Il eft à obferver que , pendant tout ce temps-là , on profite du même feu pour chauffer les gros carreaux qui ont été coupés & commencés à forger d'un précédent affinage. On y gagne doublement , 1°. en ce que le même feu fuffit ; 2°. lorfqu'en chauffant il s'échappe des goutes qui fe détachent , elles fe raffemblent dans le baffin avec l'autre fer.

Il arrive quelquefois que l'ouvrier eft obligé de percer pour retirer les fcories , ce qu'il ne fait que lorfqu'il y a un bouillonnement dans le baffin , & cela eft rare.

Déchet du fer de gueufe à l'affinerie. Le réfultat de cette opération eft qu'un *fchipfund* & un quart de gueufe produit en fer battu un *fchipfund*, ce qui fait moins de vingt-cinq pour cent de déchet , au lieu de trente , à la façon Valonne ; cependant on le compte communément fur ce pied-là , l'un dans l'autre.

Tous

Tous les ouvriers des affineries font à prix fait, c'est toujours le maître affineur qui en est chargé, & qui paie ses aides. On lui donne pour la façon de chaque *fchipfund* de fer battu qu'il rend, un rixdaler ou environ 4 liv. 10 f. de France, & un *laft* trois quarts ou vingt-une tonnes de charbons de sapin, (on n'en a point d'autres.) Que les ouvriers en confomment plus ou moins, c'est leur affaire.

Chaque forge a deux foyers & un feul marteau, du poids de fix à fept quintaux à leur ufage. Sept ouvriers y font employés, favoir un maître, quatre aides ou compagnons, & deux porteurs de charbon. Les compagnons reçoivent du maître environ 40 fols par chaque *fchipfund*, les autres à proportion ; ils travaillent feize heures dans les vingt-quatre. On peut affiner dans un mois cent à cent vingt *fchipfund*.

On fabrique auffi des tôles ou plaques de fer qui fe vendent dans le commerce.

Le marteau pour les battre pefe huit à neuf quintaux. Les roues qui font mouvoir les marteaux ont douze pieds de diametre. A chaque arbre il y a quatre mantonnets. Lorfqu'on donne aux marteaux toute leur vîteffe, ils frappent foixante-dix à quatre-vingt coups par minute.

FORGES DE FER

DE MOSS.

LA fituation de ces forges n'eft pas moins avantageufe que celle du comté de *Laurwig*; elles font attenantes à la ville de *Moss*, au Midi de la ville de *Chriftiania*, qui en eft éloignée de dix lieues. Elles font placées au bord d'un port de mer dont elles tirent les plus grands fecours, pour le tranfport des minérais, des bois & des charbons, & à la chûte du courant

Y

d'eau d'une petite riviere, d'autant plus confidérable qu'il fait mouvoir non-feulement toutes les machines, mais encore quatorze moulins à fcie, dont la plus grande partie appartient aux Entrepreneurs.

L'époque de cet établiffement ne remonte qu'à foixante ou foixante-dix années; MM. Ancker, pere & fils, qui en font aujourd'hui les propriétaires, l'ont mis fur un bon pied; outre les augmentations qu'ils y ont faites, ils en ont perfectionné auffi les procédés; ils ont avec le Roi de Dannemarck un contrat pour fournir à fa marine, chaque année, cent pieces de canon de douze livres de bale, dont la moitié du prix leur eft payée d'avance, & le reftant lors de la livraifon; c'eft le principal objet de ces forges. On y fabrique auffi une grande quantité de fer en barres, de platines de fer ou tôles, & des cloux de toute efpece.

Les minérais de fer viennent par mer, des différentes mines que les propriétaires font eux-mêmes exploiter dans divers endroits; il en eft qui font éloignées de dix jufqu'à vingt lieues. A chaque mine ils ont un maître mineur qui devient Entrepreneur lui-même, par l'accord qu'ils ont fait entr'eux, de lui payer un certain prix pour une mefure déterminée de minérai. Ce prix eft proportionné à l'abondance & à la qualité.

Pour le droit de cette exploitation, de même que pour l'établiffement de leurs forges, les propriétaires paient annuellement à la couronne cinq cents rixdalers.

Efpece des minérais de fer.

Les minérais font en général à peu près de la même nature que ceux de *Laurwig*, on en tire auffi d'*Arendal*; ils y font rès-variés; on en compte plus de vingt-cinq efpeces, plus ou moins riches, mais qui, les unes dans les autres, rendent feulement trente à trente-fix pour cent en fer.

Choix des minérais.

Comme il s'en trouve de plus refractaires les uns que les autres, & d'autres qui produiroient du mauvais fer, il n'eft pas indifférent d'en faire un choix, & d'en combiner enfemble les efpeces, pour faire un fer de telle ou telle qualité, c'eft à quoi l'on eft parvenu, après plufieurs expériences répétées & conftatées. Par exemple, pour la fonte des canons, on a une efpece particuliere, qui, quoique peu riche, produit un excellent fer; ce minérai eft de couleur grife, mêlé avec un fpath fufible, qui tient lieu de pierre à chaux, il en eft auffi un autre qui contient du fpath calcaire, & qui s'emploie dans tous les mêlanges. Si pour les canons, on fe fervoit des mêmes minérais qui font la gueufe ordinaire, ils feroient caffants, & éclateroient.

Le nombre de feux de rôtiffage qu'on donne à ces minérais, n'eft pas égal ; cela fe regle fuivant leur qualité, il en eft que l'on fait rôtir une, deux & d'autres trois fois, cette opération fe fait abfolument de même qu'aux forges de *Laurvvig*, & en même quantité ; il n'y a d'autre différence que celle des fourneaux de grillage, qui font ici un quarré long ; on y prend les mêmes précautions, pour que le dégré de feu ne nuife pas au produit ; au lieu de bois de corde, on fe fert de rebuts ou recoins de planches, provenants des moulins à fcies, ils reviennent à meilleur compte, & par cet emploi, procurent plus d'avantage que fi on les vendoit. *Rôtiffage des minérais.*

Avant la fonte du minérai grillé, on le réduit à l'ordinaire, en petits morceaux, en le pilant fous un marteau de fer plat, qu'une roue à eau fait mouvoir.

On a deux hauts fourneaux à côté l'un de l'autre, dont l'appareil & la conftruction en général font femblables à ceux de *Laurvvig* ; on tire auffi d'Angleterre, les pierres qui en compofent l'intérieur ; ils ne vont que 6 à 8 mois de fuite ; ils pourroient continuer jufqu'à deux années; mais les approvifionnements de charbons que l'on ne peut jamais avoir affez confidérables, ne le permettent pas.

Toutes les deux heures on charge les fourneaux ; & les *Fonte.*

Y 2

percées fe font 4 fois dans les 24 heures. On coule toutes
fortes d'ouvrages , comme poëles pour les appartements ,
marmites & autres , lorfqu'il ne s'agit pas de canons.

On affure dans ces forges , que pour rendre la gueufe plus
douce & d'une couleur plus grife , ou plus blanche & plus
caffante , comme cela fe pratique en France & ailleurs ,
l'on doit proportionner la quantité de charbon au minérai,
par exemple , fi on ajoute moins de celui-ci , on obtient un
fer de gueufe moins caffant & plus doux , qui , d'ailleurs
fait moins de déchet ; dans l'autre cas , au contraire , en chargeant le fourneau de minérai , autant qu'il en peut porter,
on épargne , il eft vrai , du charbon , mais la gueufe conferve encore des parties terreufes & fait beaucoup plus de
déchet à l'affinerie ; il eft toujours de 5 pour cent en fus.

Affinerie. On affine à *Moff* fuivant la pratique ordinaire d'Allemagne.
La méthode differe de celle de Laurwig en ce que, au lieu
de former des petites loupes que l'on réunit enfuite , on n'en
forme qu'une feule. On fait fondre peu à peu la gueufe que
l'on veut affiner, jufqu'à ce que la loupe foit prife ; alors on
la releve toute entiere, on remet du charbon dans le foyer,
& la loupe par deffus encore rouge, pour la faire refondre
à petit feu. On prétend que par ce procédé, le fer devient
meilleur & fait moins de déchet. Il fe forme une nouvelle
maffe ou loupe qui pefe environ deux quintaux. On la porte
fous le marteau pour la battre , en faire fortir les fcories, &
la couper en plufieurs morceaux , à l'ordinaire.

Les enclumes font en fer coulé , très-dur; pour qu'il ait
cette qualité, on ne les coule jamais qu'à la fin d'une fonte,
& pour lors on charge le fourneau d'autant de minérai qu'il
en peut porter.

Les canons font coulés dans des moules , où on a laiffé un
noyau ; de façon qu'il ne refte plus que deux ou trois lignes

à forer. La machine pour cette opération, eſt celle qu'on a connu la premiere. Elle agit perpendiculairement, c'eſt-à-dire qu'au moyen des léviers & des chaînes de fer, qui tiennent le canon dans cette direction, il ſe fore par ſon propre poids, en appuyant ſur le foret, qui eſt mis en mouvement par un rouet & une lanterne, leſquels reçoivent le leur d'une grande roue à eau.

Forage des ca-nons.

La difficulté de réduire en morceaux les vieux canons crevés, ou qui ont des défauts pour pouvoir les refondre & profiter de la matiere, a fait imaginer une machine ſimple, avec laquelle on coupe dans une journée un canon en trois ou quatre pieces, ſuivant la groſſeur de ſon diametre.

Machine à cou-per les canons de fer.

Cette machine conſiſte en une petite roue dentée, d'un pied de diametre, faite en fer forgé, & dont toutes les dents ſont d'acier. Elle eſt fixée fortement à une longue & groſſe barre de fer, qui d'un côté eſt aſſujettie, & de l'autre em-boîtée dans le tourillon d'un arbre de roue; à ſon côté oppoſé & dans la même direction, eſt une autre machine qui ſup-porte le canon ſur la même ligne. Un ouvrier ſeul conduit le tout.

Ayant appliqué la partie du canon qu'il veut diviſer ſur la roue dentée, il fait mouvoir la grande roue à eau, & à meſure qu'elle opere, il laiſſe deſcendre peu à peu le canon, juſqu'à ce qu'il ſoit parfaitement coupé, & ainſi de ſuite, en avançant la piece ſur la roue dentée.

On ne fait point ici les platines de fer ou tôles avec le marteau ; on les lamine à l'aide de deux cylindres de fer coulé, qui ont deux pieds de longueur ſur ſept à huit pouces de diametre. Le fourneau qui ſert à chauffer les bandes de fer, eſt un petit reverbere à l'Angloiſe.

Laminoir pour les tôles.

Nous ne dirons rien de la fabrication des cloux, elle eſt aſſez connue.

Le charbon revient, de même qu'à Laurwig, à un rixdaler le *laft*.

Dans toutes les opérations de cette forge, on occupe environ cent cinquante ouvriers, fans compter à peu près le même nombre qui eft employé dans les mines.

ACIER PAR LA CÉMENTATION;

A KONGSBERG EN NORWEGE.

ON eft en ufage dans les mines d'argent de Kongsberg, de fabriquer fur les lieux tout l'acier néceffaire à leur exploitation. A cet effet, on ramaffe avec le plus grand foin, les déchets & rebuts des fleurets à percer les trous de mine, & ceux qui proviennent en général de tous les outils de fer, qui fervent dans les différents travaux. C'eft avec ces déchets, après qu'ils ont été affinés & réduits en barres, que l'on fabrique l'acier.

Pour ces deux premieres opérations, on a une forge & un marteau, dont la méchanique n'eft pas différente de celle qui eft en ufage par-tout. On réunit tous ces morceaux de fer en les affinant, & on en forme à l'ordinaire une loupe, que l'on bat fous le gros marteau & qu'on réduit en barres. Ce font ces barres que l'on emploie pour faire l'acier.

Fourneau pour l'acier.

Le fourneau à cet ufage a été conftruit par un principal ouvrier du pays, qui fut envoyé en Suéde pour s'inftruire fur ce procédé. En voici à peu près les détails d'après ce qu'il nous a été poffible d'obferver. On remarquera que le fourneau eft conftruit fur les mêmes principes que ceux d'Angleterre, & que le procédé ne differe que par rapport à la matiere combuftible dont on fe fert, puifque l'opération fe fait ici avec le feul charbon de bois. La forme du fourneau eft un quarré long d'environ douze à treize pieds & fix de hauteur ou profondeur ; il n'a point de voûte, il eft entierement ouvert dans fa partie fupérieure ; fes côtés longs décrivent de bas en haut en dedans un commencement d'arc qui finit à fon ouverture.

L'intérieur fur la largeur eft divifé en trois parties, qui font trois caiffes, de la même maniere que celles des fourneaux anglois, lefquelles ont environ fept pieds de longueur, un & demi de largeur, & trois & demi à quatre de profondeur. Entre chaque caiffe on a ménagé plufieurs foupiraux.

Les deux murs qui fervent de côtés longs au fourneau, fupportent dans leur partie inférieure le fond ou le fol fur lequel repofent les caiffes, à l'aide de larges & épaiffes bandes de fer forgé, placées en travers, très-rapprochées, à peu de diftance les unes des autres ; fur ces bandes de fer on a maçonné des briques à plat. Le tout eft arrangé de façon que chacun des foupiraux des caiffes eft fermé par-deffus avec une brique & de l'argile, que l'on peut ôter & remettre à volonté. Deffous les barres de fer, par conféquent fous le fol du fourneau, on a formé un canal de toute la largeur que laiffent les deux murs entre eux. Il fert à donner de l'air, par le moyen d'une porte placée à fon extrémité, pour avoir plus ou moins de courant.

Lorfque l'on veut faire une cémentation, l'on fait d'abord dans l'intérieur de chacune des caiffes, un lit de pouffier de charbon, de trois à quatre pouces d'épaiffeur, & pardeffus des barres de fer un autre lit de pouffier de charbon, un autre de fer, & ainfi de fuite jufqu'à ce qu'elles foient remplies. On prétend avoir reconnu que le pouffier de charbon, le plus propre à cémenter l'acier, eft celui du bois de hêtre ; on remplit le fourneau de gros charbons, qui s'introduifent dans les fou-

Procédé pour l'acier.

piraux tout au tour & par-deſſus des caiſſes, & l'on ne laiſſe
dans le milieu de la partie ſupérieure qu'une petite ouverture
quarrée, pour y entretenir le feu pendant douze à treize jours
conſécutifs, temps néceſſaire à cette opération. La maniere
de le régler eſt en ouvrant par-deſſus un ou pluſieurs des
ſoupiraux. Cela ſe fait à l'aide d'un morceau de bois d'un pouce
& demi de diamettre, pointu à ſon extrêmité, avec lequel
on fait un trou dans l'argile à côté de la brique. Il faut environ
trente *laſt* de charbon pour ce procédé.

On doit obſerver ici que les lits de fer inférieurs, de même
que les ſupérieurs, ne ſont jamais totalement bien convertis
en bon acier, & ſeulement la portion qui eſt entre eux.

Les barres de fer cémentées ſont enſuite forgées ſous un
petit marteau, à l'ordinaire, pour former des carreaux ou petites barres, telles que ſont celles qui ſe vendent dans le
commerce. Comme l'on ne vend point de cet acier, & qu'il
ne ſe fabrique uniquement que ce qui eſt néceſſaire à l'exploitation des mines, il ne ſe fait qu'une ou deux opérations
dans une année, quelquefois après deux ans, ſuivant le
beſoin.

On peut cémenter chaque fois ſoixante-dix à ſoixante-
douze ſchipfund de trois cents-vingt livres de Cologne chacun,
& par conſéquent vingt-deux à vingt-trois milliers de fer.

DIXIEME

DIXIEME MEMOIRE.

SUR LES MINES
DE CHARBON
DE NEWCASTLE EN ANGLETERRE.

En l'année 1765.

LE droit d'entamer la furface d'un terrein, qui comprend non-feulement toutes fortes de mines, mais encore les carrieres de toute efpece, fe nomme en Angleterre *Royalty*, qu'on peut traduire par *Droit Régalien*. Son nom feul annonce qu'il appartient au Souverain, ainfi qu'il eft d'ufage dans prefque toute l'Europe.

L'époque de la ceffion qui en a été faite dans la plupart des provinces de l'Angleterre, eft, dit-on, de l'année 1066. Lorfque Guillaume le Conquerant fe rendit maître du Royaume, il en diftribua la plus grande partie à fes officiers, & donna à chacun une certaine étendue de terrein, auquel il joignit le droit régalien, fe réfervant uniquement, parmi les mines, celles d'or & d'argent, ou qui contiendroient de ces

Z

deux métaux, une quantité qui équivaudroit à la valeur du métal imparfait.

Ces officiers remirent une grande partie de leurs fonds à différents particuliers, avec un droit de *Servis*, qui eſt auſſi inégal, qu'il y a des poſſeſſeurs de terrains. Ils vendirent aux uns la ſurface ſeulement, & à d'autres, non-ſeulement la ſurface, mais encore le droit de fouiller les mines, nommé *Royalty*; de ſorte qu'une perſonne peut faire des fouilles, ouvrir & exploiter une mine dans le fond d'un autre ſur lequel il a le *Royalty*, en lui payant la ſurface du terrein à l'amiable, ou à dire d'experts; mais comme il eſt ſurvenu quelque difficulté à cet égard, il y a pluſieurs actes du Parlement, qui fixent, ſuivant les Provinces, le prix du dédommagement à payer par chaque arpent de terrein: On le dit fort modique. Il y a quelques terreins pour leſquels celui qui a acquis la ſurface, s'eſt réſervé qu'on n'y feroit aucune fouille, ſans ſon conſentement particulier, quoiqu'il ne puiſſe lui-même y faire aucune ouverture.

Droit de pratiquer des routes. Le droit de *Royalty* donne celui de pratiquer un chemin dans toute ſon étendue, pour charier les matieres de la mine qu'on exploite. Telle étoit la loi avant les nouvelles routes; mais depuis qu'on a introduit l'uſage de faire des chemins qui rendent le tranſport beaucoup plus facile & moins diſpendieux qu'auparavant, les Propriétaires des ſurfaces ont donné des raiſons qui ont prévalu.

Vous pouvez, diſent-ils à celui qui a le *Royalty*, ou à ſes fermiers, faire autant de chemins que mon fonds peut le permettre, pour charier vos matieres, mais vous ne pouvez placer du bois & bâtir ſur ma ſurface, pour cet objet. C'eſt le cas des nouvelles routes, comme on le verra par le détail que je ferai de leur conſtruction.

Le grand avantage réſultant des nouvelles routes, met

celui qui eſt en poſſeſſion du *Royalty*, ou ſes fermiers, dans le cas de compoſer avec le propriétaire de la ſurface du terrein, ſur lequel il lui convient de faire ſon chemin; car il n'y a abſolument aucune loi pour cela; il dépend totalement de la volonté du poſſeſſeur, qui s'en prévaut toujours en exigeant une rente annuelle de vingt, trente, quarante fois la valeur de celle qu'il pourroit retirer en cultivant la partie du fond occupé par le nouveau chemin. Cette eſpece de méſintelligence & même de jalouſie fait que l'on pratique ſouvent un chemin beaucoup plus long qu'il ne devroit être, pour éviter le fond d'un particulier qui veut avoir un dédommagement trop conſidérable. Le propriétaire du *Royalty* met auſſi très-ſouvent de la malice dans l'alignement qu'il donne à ſon chemin, ſur-tout s'il joint un chemin, dont le *Royalty* appartient à un autre particulier, & qu'il ſoupçonne du charbon dans ſon fond, & une intention d'exploiter. Dans ce cas, il aligne ſon chemin, de façon que l'autre eſt obligé de le croiſer, s'il veut en pratiquer un pour charier ſon charbon au bord de la riviere, qui eſt le but de toutes les routes faites aux environs des mines, pour lors il le fait compoſer, & ſe dédommage ainſi, au moins en partie, de ce qu'il paie à un autre particulier pour la ſurface du terrein.

Acquiſition du terrein pour les nouvelles routes.

Avant d'entrer dans le détail de l'exploitation des mines, je donnerai un petit extrait de quelques paſſages d'un ouvrage intitulé : *Deduction of the origin of commerce*, par M. *Anderſon*, qui continuera à ſervir de preuves, que le droit d'exploiter les mines en Angleterre, vient du Souverain uniquement : On m'a dit qu'il poſſédoit encore ce qu'on appelle le *Royalty*, dans pluſieurs endroits de ſes Etats. M. Anderſon dit qu'en l'année 1357, le Roi Edouard III. accorda aux bourgeois de Newcaſtle, en toute propriété, le *Caſtle moor* & *Caſtle field*, (c'eſt une étendue de terrein proche de la

Ceſſion faite aux Bourgeois de Newcaſtle.

ville , qui a deux milles (*) de long , fur un mille de large ,
& qui fert de commune aux habitants pour le pâturage du
bétail) il leur donna la permiffion d'y extraire du charbon
de terre , des pierres & de l'ardoife , pour leur propre ufage.
Le même auteur dit , qu'en l'an 1452 , fous Henri VI , il y
eut un projet pour laiffer travailler des étrangers dans les
mines d'Angleterre. Ce Prince accorda , dans la même année,
une permiffion à plufieurs perfonnes venant de Bohême , de
Hongrie , d'Autriche & de Mifnie , de travailler dans les
mines du Roi , & leur promit fa protection.

'Chartre pour les
mines royales.

En 1565 la Reine Elifabeth (après avoir repréfenté qu'on
avoit donné autrefois permiffion à des Alemands de fouiller
dans plufieurs Provinces d'Angleterre , des mines d'alun &
de couperofe , ainfi que celles d'or , d'argent , de cuivre &
de mercure) accorda deux Lettres-Patentes exclufives aux
fieurs *Humphregs* & *Shute* , qui avoient amené en Angleterre une vingtaine d'étrangers. Par ces Lettres , Elle leur
permettoit de fouiller des mines d'alun & de vitriol , ainfi
que celles d'étaim & de plomb , & de les rafiner en Angleterre , en Irlande , enfin dans toute l'étendue de fa domination.
Ce privilege eft connu aujourd'hui fous le nom de *Chartre pour
les mines royales* , accordée en 1568. Cette Reine leur accorda
la même année , mais à eux feuls , la permiffion d'employer
la pierre calaminaire , pour la compofition d'un métal mixte,
appellé *laiton* , & pour toutes fortes d'ouvrages de métaux ,
de fonderies & de fil de métal : à cette occafion M. Anderfon

Fabrique du fil
de fer.

dit , qu'avant cette conceffion , tout le fil de fer en Angleterre , fe fabriquoit dans la forêt de *Dean* & ailleurs , par
la force feule d'un homme qui le tiroit ; & qu'on ne quitta
cette méthode , que lorfque les Allemands eurent introduits
la maniere de le tirer avec un moulin ; auparavant , on ne

(*) Un mille d'Angleterre fait à peu près une demi-lieue de France.

pouvoit pas en faire beaucoup, ni d'auffi bonne qualité : auffi la plus grande partie du fil de fer, dont on fe fervoit en Angleterre, ainfi que des peignes pour carder la laine, &c., ont été tirés, jufqu'à ce temps, des pays étrangers.

En 1625 il y eut une proclamation du Roi, pour accor-der à plufieurs Seigneurs & autres perfonnes, une commif-fion au fujet de certains Réglements à établir, pour fouil-ler & exploiter les mines d'or, d'argent & de cuivre, ainfi que celles de plomb & de mercure dans la Province de *Cardinganshire*. Le Roi accorda nn bail, pour ces mines, de 31 ans au Chevalier *Hugh-Middleton*.

Réglements pour exploiter les mines.

On affure que dans un acte du Parlement, concernant les mines, rendu fous le regne d'Elifabeth : il paroît que cette Princeffe réclama les droits régaliens, qui avoient été con-cédés par un de fes Prédéceffeurs, prétendant que les mines de métaux lui appartenoient. Le Parlement parut entrer dans fes vues, & cependant la mit dans l'impoffibilité de pouvoir les travailler. Il rendit un acte par lequel la Reine & fes Succeffeurs, feront les maîtres de prendre les miné-rais au fortir des mines, à raifon d'un tel prix par quintal; mais on dit que le prix fixé par l'acte, eft tellement au deffus de la valeur intrinféque de chaque minérai, qu'il n'y a pas d'apparence que jamais aucun Souverain d'Angleterre veuille en acheter.

Le *Royalty*, ou droit régalien, appartient ordinairement à des gens riches, qui poffédent une partie des terreins. Les uns exploitent les mines par eux-mêmes, d'autres afferment les mines & fouvent le terrein en même-temps. Les baux qu'on paffe à cette occafion, font ordinairement de 21 ans ; temps qui fuffit pour dédommager des grandes dépenfes qu'on eft obligé de faire pour commencer une telle entreprife. Au furplus, tout dépend des conditions du bail. L'exploitation des mines de charbon eft tellement connue, qu'on eft pref-

Les baux font de 21 ans.

que toujours sûr , lorfqu'on paffe un bail , de faire une bonne affaire. On en jugera aifément par les précautions que l'on prend & qui feront détaillées ci-après.

Précautions que l'on prend pour commencer une exploitation. Lorfqu'une perfonne foupçonne du charbon dans un de fes fonds , fur lequel elle a en même-temps le *Royalty* , elle prend les précautions fuivantes. Si le terrein dans lequel elle efpére qu'il y a du charbon, joint celui d'un particulier qui a auffi le *Royalty* , & qui , vraifemblablement , doit avoir les mêmes couches de charbon dans fon fond , elle lui propofe de faire une fonde à fraix communs , entre les deux terreins : ou bien , ils font enfemble une convention , qu'au cas qu'il y ait du charbon , l'un défrayera l'autre des fraix de la fonde. Quelquefois auffi ils s'engagent de s'affocier en cas de réuffite ; mais s'ils ne s'accordent pas , cela n'empêche pas l'un des deux de fuivre fon projet. Dans ce cas il éloigne le plus qu'il peut fa tentative du fond de fon voifin.

FORAGE.

IL y a aux environs de Newcaftle un *maître foreur*, fur l'habileté & la probité duquel on peut compter , ce qui eft de la plus grande conféquence , comme on le verra par la fuite. On s'adreffe au maître foreur : il connoît à vingt milles aux environs de Neuwcaftle , toutes les couches de rochers qui compofent cette partie du globe , jufqu'à 100 toifes de profondeur perpendiculaire. Il entreprend de fonder & de déterminer s'il y a des couches de charbon exploitables, & à quelle profondeur. Le prix du forage eft fait , il eft le même pour tout le monde. On lui paye 5 fchelings (*) par toife , pour les premieres dix toifes ; 10 fchelings pour les cinq

(*) Un fcheling égale vingt-trois fols fix den, argent de France.

autres toifes ; 15 fchelings pour les cinq autres , & ainfi toujours en augmentant de cinq fchelings pour chaques cinq toifes. Mais il faut obferver que dans le prix fait , on excepte les rochers d'une dureté extraordinaire , qu'on peut rencontrer , & dont le forage doit-être payé féparément.

Moyennant le prix réglé & convenu , le foreur fe charge de tous les frais de la dépenfe. Comme il a des ouvriers qui ne font que ce métier , & qu'il eft muni de très-bons outils , il court moins de rifque qu'un autre , dans un grand forage. On entend par rifque, le danger de gâter un trou, lorfqu'il a une certaine profondeur. Un ouvrier , qui n'eft pas au fait de ce genre de travail , peut faire perdre dans un jour , tout ce qui a été fait pendant fix moix, c'eft-à-dire , mettre le trou commencé tellement hors d'état d'être continué , qu'on eft obligé d'en entreprendre un autre ; ce qui arrive communément , fi le trou n'eft pas dirigé bien perpendiculairement , bien rond & du même diamêtre. Le meilleur moyen , pour y parvenir , eft de ne point forcer l'ouvrage : c'eft un travail qui exige de la patience & du temps. Un autre accident, auquel on eft expofé fort fouvent , eft de rompre le foret dans le trou; mais l'adreffe & les outils dont ils font ufage , leur font furmonter cet accident.

Le foret eft de la même conftruction que ceux dont nous faifons ufage en France ; chaque branche ou partie , n'a pas plus de trois pieds à trois pieds & demi de longueur , ayant d'un côté une vis , & de l'autre côté une boëte à écrou , à l'aide defquels ces branches ou parties fe réuniffent pour compofer un foret auffi long qu'on le défire ; mais afin qu'il conferve une feule ligne droite , chaque branche eft numérotée. L'extrêmité du foret a depuis deux pouces & demi , jufqu'à trois pouces de diamêtre. Elle a la forme d'un cifeau, ou plutôt d'une aiguille de mineur , avec laquelle on perce des trous pour faire jouer la mine ; mais comme en frap-

Conftruction du foret.

pant dans le trou avec le foret, il s'ufe & diminue de diamêtre. Lorfqu'on l'a retiré & nettoyé le trou, on fubftitue
au foret une tringle de fer, dont l'extrêmité eft compofée
d'un morceau d'acier bien trempé & parfaitement rond,
du diametre qui doit être confervé au trou. En frappant,
avec cette efpece de maffe d'acier, dans le fond du trou,
on lui redonne le diametre qu'il avoit perdu par l'ufure du
foret. Il faut avoir grande attention de le faire entrer à
chaque fois qu'on a retiré le foret, fans quoi on rifqueroit
d'engager cette maffe d'acier dans le trou, de façon à ne
pouvoir la retirer.

Dépenfe pour
forer cent toifes
perpendiculaires.

   Les fraix pour forer cent toifes angloifes, qui font la plus
grande profondeur où l'on fonde dans ce pays, font de 238
livres (*) fterlings, 15 fchelings. Cette dépenfe n'eft encore
que le tiers de celle qui eft à faire, avant que de commencer l'entreprife, comme on le verra ci-après.

   Quand le maître foreur entreprend un ouvrage, il ordonne
à fes ouvriers de ceffer le travail auffitôt qu'ils rencontrent
le charbon. Pour lors il va lui-même diriger le foret, & il
a foin de prendre un échantillon, pour ainfi dire, de pouce
en pouce, pour faire des expériences au feu & reconnoître
la qualité du charbon. En outre, il tient une note exacte
des différentes épaiffeurs des couches qu'il a rencontrées,
des profondeurs, de la quantité ou abondance de l'eau. Car
l'expérience lui a appris à en juger, mais il fait le plus grand
fécret du tout : il ne le communique abfolument qu'à celui
qui a fait la dépenfe du forage, lequel eft quelquefois deux
ou trois ans avant que de commencer l'entreprife. C'eft afin
d'avoir le temps d'acquérir au meilleur marché poffible les
terreins néceffaires & même le droit de *Royalty*, s'il en a befoin dans cet endroit-là, foit pour étendre fon établiffement;

(*) La livre fterling équivaut à 24 liv. argent de France.

de

de façon qu'il puiffe retirer les fraix de la premiere entreprife, foit pour pratiquer les chemins pour conduire fon
charbon au bord de la riviere ; foit auffi pour affermer fes
mines à une compagnie, qui a déjà des mines en exploitation proche de fes fonds : pour lors il lui communique le
réfultat du forage.

Il convient très-fouvent à une telle compagnie de prendre
cette ferme, ayant déjà des chemins pratiqués à peu de diftance de là. De telles compagnies ont quelquefois les fonds
& le *Royalty* de plufieurs particuliers, dans leur arrondiffement. Il en eft qui font intéreffés dans la plûpart des entreprifes aux environs de Neuwcaftle.

Le prix des fermes varie confidérablement : il y en a depuis
cent jufqu'à huit cents livres fterlings chaque année. Cela dépend de la fituation & de l'abondance de l'eau, de l'épaiffeur
des couches, de la difficulté de l'exploitation, &c. Une fonde
ne fuffit pas toujours pour décider fi le charbon renfermé dans
un fonds, eft exploitable ou non, parce qu'on peut donner
précifément dans un endroit où le mur de la couche fait un
ventre, & coupe entiérement le charbon, ce que l'on nomme
crain aux mines d'*Ingrande* ; mais le même foreur connoît
tellement tous les changements des couches, qu'il ne s'y
trompe pas, & s'il veut faire un fecond trou, il eft,
pour ainfi dire, fûr de fon fait. Outre ce qu'on vient de dire,
il faut ajouter que fi le forage a décidé que le charbon étoit
exploitable dans tel fonds, avant que le propriétaire de la
mine commence une exploitation, après avoir pris toutes
les précautions mentionnées ci-deffus, il s'affure de quel
côté eft l'inclinaifon ou la pente des couches : il peut quelquefois les reconnoître, s'il y a près de fes fonds, des mines
où l'on travaille les mêmes couches ; fans quoi il eft obligé
de faire deux autres fondes, lefquelles, avec la premiere,
doivent former entre elles un grand triangle équilatéral ;

c'eft-à-dire que les trous doivent être également diftants les uns des autres. On voit que par la différente profondeur des trous, il eft aifé de juger de quel côté font inclinées les couches. Cela eft de la derniere conféquence, pour déterminer l'endroit où l'on doit approfondir le puits principal fur lequel doit être placée la machine à feu.

On choifit toujours l'endroit du fonds où la couche eft la plus profonde, & par le moyen duquel on peut attirer toute l'eau de l'étendue du terrein qu'on a à exploiter, ou du moins d'une bonne partie; car tout dépend de l'efpace du terrein, fur lequel on a le *Royalty*. Mais une précaution principale, qu'on prend autant qu'il eft poffible, c'eft de faire le puits dans un endroit où il ne puiffe pas attirer les eaux de fon voifin, lorfqu'on ne s'eft pas arrangé avec lui. Souvent plufieurs compagnies s'accordent entre elles, foit pour faire des chemins, foit pour la conftruction des machines à feu, lorfqu'elles font d'un avantage réciproque. Souvent, auffi, on fait tout ce qu'on peut pour fe nuire, & l'on profite de la dépenfe d'un autre, qui, en épuifant les eaux de fa mine, épuife celle d'une autre exploitation.

Il y a peu d'années qu'il y eut un exemple frappant de méfintelligence, dans pareille circonftance. Un particulier qui avoit une mine très-confidérable près de la riviere, & qui avoit été obligé de conftruire plufieurs machines à feu, pour épuifer non-feulement les eaux de fa mine, mais celles d'une nouvelle mine d'un autre particulier, lefquelles y avoient leur écoulement; ce dernier n'avoit voulu faire aucune efpece de convention rélative à un dédommagement; lorfque le premier eût extrait tout le charbon contenu dans le terrein fur lequel il avoit le *Royalty*, il vendit toutes fes machines pour être tranfportées ailleurs, & abandonna fa mine. Celle de fon voifin fut fubmergée en très-peu de temps. Il a dépenfé des fommes confidérables, pour tâcher d'en

épuifer les eaux , mais inutilement , car il a été obligé à la
fin , d'abandonner lui-même une très-bonne exploitation ;
faute de moyen pour épuifer non-feulement , les eaux qui
viennent journellement , mais encore celles qui font contenues dans les deux mines.

Quand on veut commencer une exploitation de mines ,
après les fondes faites , & qu'on a déterminé l'endroit où
l'on doit faire le puits principal , ainfi qu'on vient de le voir ,
à mefure qu'on approfondit ce puits , on conftruit à fon embouchure , une machine à feu ; car les eaux viennent fi
abondamment dans le puits , long-temps avant qu'on foit
arrivé au charbon , qu'il feroit impoffible d'en continuer l'approfondiffement , fans le fecours des machines à feu. On travaille enfuite à peu de diftance de la machine à creufer un
fecond puits pour élever les matieres , pour defcendre les
ouvriers & les outils dans la mine. Sur ce puits on bâtit
tout de fuite une machine à moulettes , (*) ainfi , avant que
d'avoir découvert les couches , on dépenfe quatre , cinq ,
fix & jufqu'à vingt mille livres fterlings. Cette dépenfe fe
fait uniquement fur le rapport du maître foreur ; ainfi l'on
doit juger par là combien l'on compte fur fon habileté &
fur fa probité.

Lorfqu'une fois on a reconnu la valeur d'une ou de plufieurs couches de charbon , on n'épargne aucune dépenfe
pour en bien monter l'exploitation. On a appris par l'expérience à en faire fi exactement les calculs , qu'on fe trompe
rarement. Un point bien effentiel , c'eft la confommation du
charbon , qui eft toujours obfervée par les précautions qu'on
prend de pratiquer des routes , qui foient également bonnes

Commencement d'exploitation.

(*) On trouve le deffein & l'explication de cette machine dans l'*Art des Mines* de
M. Lehmann , traduit de l'Allemand , Tom. I , pag. 44.

en toutes faifons , & de bâtir des magafins fur les bords
de la riviere.

Tous les rochers qui compofent le terrein à plus de vingt
milles aux environs de *Nevvcaftle* , confiftent en différentes
couches, qui approchent beaucoup plus de la ligne horizontale,
que de la perpendiculaire : elles varient dans prefque tous
les endroits où elles ont été reconnues. Il y a des mines où
elles n'ont qu'une toife de pente fur vingt ; dans d'autres ,
elles en ont beaucoup plus. Quoiqu'il y ait des variétés fans
nombre dans leurs inclinaifons, on peut dire , en général ,
qu'elles le font du côté du *Sud eft*. Malgré le nombre infini de couches , qui font les unes fur les autres , on peut
les rapporter à trois ou quatre efpeces , qui font répétées
plufieurs fois.

La principale & la plus abondante , eft une pierre de
grain qui varie par la couleur , la dureté & la groffeur du
grès. Il s'en trouve une efpéce très-propre à faire d'excellentes pierres à aiguifer ; auffi y a-t-il un très-grand nombre
de carrieres pour cet objet , à deux & trois milles au fud de

Pierres à éguifer. *Newcaftle* fur la route de *Durham*. Quoiqu'on employe beaucoup de ces pierres dans le pays , on en exporte une très-
grande quantité. On a un grais prefque blanc qui fe délite
par lames affez minces , & qui reffemblent parfaitement à un
fable dépofé par lit & qui s'eft réuni en une confiftance de
pierre. On trouve quelquefois des impreffions de plantes ,
entre ces différents lits , & des couches d'un roc bleuâtre ,
& d'autres noirâtres , affez dur à travailler , mais qui fe décompofe à l'air : on les nomme *platte* & *mettle*.

On rencontre ordinairement un lit au-deffus & au-deffous
de la couche de charbon , de cette efpece de roc , mais de
celle qui eft noire. On peut les mettre au rang des *fchiftes*
vitrioliques. Enfuite on a différentes hauteurs de couches
de charbon , cinq , fix , fept , huit , & quelquefois une

feule à cent toifes, qui eft la plus grande profondeur qui ait été exploitée jufqu'à préfent dans ce pays. Si on alloit plus bas, vraifemblablement, on en trouveroit d'autres. On trouve auffi, dans plufieurs endroits, des couches de pierre à chaux ; mais il n'y en a qu'à quelques milles de *Nevvcaftle.* L'épaiffeur de ces couches varie d'une très-petite diftance à l'autre ; ainfi on ne peut en déterminer aucune.

On regarde, dans ce pays-ci, comme ne meritant pas l'exploitation, toute couche de charbon dont l'épaiffeur eft au deffous de deux pieds & demi. Il y en a qui ont quatre, cinq, fix & jufqu'à huit pieds. Quelquefois dans cette épaiffeur de huit pieds, il y a deux ou trois différents lits ; c'eft-à-dire, que la couche eft divifée par une efpece de *fchifte* ou charbon pierreux, qu'à *Ingrande* on nomme *caillete*, mais qui n'eft jamais que de quelques pouces d'épaiffeur.

C'eft une erreur de croire que plus le charbon eft profond, meilleur il eft. La profondeur ordinaire dans ce pays-ci, pour le bon charbon, eft de trente à quarante toifes. Il y eft en qualité préférable à celui qu'on extrait à cent toifes de profondeur. Ils rencontrent & traverfent fouvent des couches, qui n'ont que douze à dix-huit pouces d'épaiffeur, & qui font par conféquent inexploitables, mais dont la qualité du charbon eft fouvent bien fupérieure à celle des couches inférieures qu'on exploite.

Profondeur du bon charbon.

Il n'y a aucun réglement particulier pour l'exploitation des mines, de quelques efpéces qu'elles foient, dans le nord de l'Angleterre. Mais chaque particulier, ou compagnie, a une efpéce d'infpecteur nommé *Steward*, qui entend affez la géométrie, pour diriger les ouvrages & ne pas extraire le charbon dans le *Royalty* d'un autre. Mais fi, par hazard, le cas arrive, les compagnies fe rendent juftice elles-mêmes, en fe dédommageant. Si cependant les *Stewards* des deux exploitations, ne font pas d'accord entr'eux, elles

Nul réglement pour l'exploitation des mines de Newcaftle.

nomment un tiers, qui termine la difficulté. Elles en viennent rarement à une procédure, parce qu'elle se pourfuit toujours au criminel : l'ignorance ne peut pas fervir d'excufe. Le fait eft regardé comme un vol manifefte, où il y a félonie.

Quoique les réglements fuffent très-néceffaires dans ce pays-là, pour déterminer les dédommagements réciproques pour l'épuifement des eaux & pour pratiquer des chemins, on les croiroit peu utiles actuellement pour le fait de l'exploitation. L'exemple eft une des meilleures loix : il y a tant de mines exploitées à la fois, & toutes par des gens riches, que fi l'on perfectionne quelque chofe dans une, on eft sûr d'être imité par d'autres.

D'ailleurs on poffède actuellement dans le pays, une perfonne très-inftruite, & dans laquelle on a la plus grande confiance ; elle tient lieu d'une efpéce d'infpecteur-général. Les plus fortes compagnies lui donnent une fomme fixe chaque année, pour avoir infpection fur leurs travaux. De plus, cet homme eft intéreffé dans plufieurs exploitations. Indépendamment de cela, on l'appelle de toutes les parties de l'Angleterre & de l'Ecoffe, pour prendre fes confeils. Sans fortir des environs de Newcaftle, il fe fait environ 700 livres fterlings de fixe, non compris fes intérêts dans différentes

Toutes les mines de charbon font exploitées de la même maniere. exploitations. Parce qu'on vient de dire, on voit que toutes les mines de charbon doivent être exploitées de la même maniere.

Il y a dans le pays une loi pour les ouvriers, c'eft de les engager tout au moins pour un an ; & ils ne peuvent quitter les travaux, fans le confentement de ceux avec lefquels ils fe font engagés. On voit fouvent annoncer dans les papiers publics, que tels ou tels ouvriers manquent dans une telle exploitation, & l'on promet une guinée, pour chaque ouvrier, aux perfonnes qui enfeigneront l'endroit où ils font : on avertit , en même-temps , ceux qui les occupent, qu'on les pourfuivra fuivant la rigueur des loix , s'ils ne les renvoyent pas après l'avertiffement.

Toutes les mines , aux environs de Newcaftle , font exploitées à peu près de la même maniere. Les puits , foit pour les machines à feu , foit pour celles à moulettes , font ronds & de dix à douze pieds de diametre. Depuis la furface du terrein , jufqu'au rocher ou plus bas , fi le terrein ne peut pas fe foutenir de lui-même, ils font en bois, dont l'affemblage forme un polygone d'une infinité de côtés , mais plus communément ils font compofés de plufieurs morceaux de bois , coupés en portion de cercle. Ainfi le boifage d'un puits confifte en plufieurs cercles placés à deux ou trois pieds de diftance les uns au deffus des autres , pour foutenir des plateaux pofés perpendiculairement par derriere , lefquels retiennent la terre ou le rocher. Entre chaque cercle , il y a des pieces de bois droites pour les fupporter. On bâtit auffi quelquefois la partie qui n'eft pas folide en gazon ou mottes de terres , placées les unes fur les autres , & de temps en temps féparées par un rang de bois affemblés, ou en maçonnerie faite avec des briques ou des pierres. Le refte du puits, ouvert dans le rocher , n'a befoin d'aucun foutien. La partie qui eft en bois ou en gazon , eft recouverte par des planches clouées tout au tour , afin que le panier , rencontrant les parois du puits , puiffe glisser & n'y foit jamais arrêté. Cette confidération a même donné lieu, depuis quelque temps , de creufer les puits de forme ovale. L'aifance pour le paffage des féaux , eft très-effentielle pour ceux qui entrent & fortent de la mine ; car il n'y a pas d'autre moyen que de s'attacher à la corde. On a la mauvaife habitude de ne pas fe fervir d'échelles pour entrer dans les mines ; auffi arrive-t-il fouvent des accidents , & l'on confie entiérement fa vie à une corde & à des chevaux.

Conftruction des puits.

Lorfqu'à l'aide des puits, on eft arrivé à la veine de charbon qu'on veut exploiter, on entre dans le charbon par un
ouvrage horizontal, ou en remontant, afin que les eaux puiffent toujours s'écouler. Cet ouvrage fe prend de la hauteur
de l'épaiffeur de la couche, & d'une largeur proportionnée
à la folidité du toit, depuis 5 jufqu'à 15 pieds de large, fuivant les lieux. On laiffe de très-gros maffifs de 40 à 45
pieds en quarré, que l'on n'extrait que lorfque la mine eft fur
la fin de fon exploitation, & que les piliers font le feul
charbon qui'refte dans l'arrondiffement.

Chevaux def-
cendus dans la
mine.

Quand les travaux de la mine font un peu étendus, on
y defcend plufieurs chevaux qui y font pour le refte de
leur vie. On leur choifit les endroits les plus fecs pour leur
fervir d'écurie. Ces chevaux fervent à conduire le charbon
des endroits les plus éloignés, fous les puits des machines à
moulettes. On a, à cet effet, des chemins faits avec des
bois, comme ceux qu'on pratique fur la furface de la terre,

Chariots.

où l'on fait rouler des charriots à quatre roues, fur lefquels
on met les paniers pleins de charbon, les mêmes qui font
élévés au jour par les machines à moulettes.

Dans les endroits où il n'y a point encore de routes pratiquées, des jeunes garçons ont des petits traîneaux, fur

Traîneaux.

lefquels ils mettent les paniers & les traînent ainfi fous un
des puits, ou fur la route des chevaux.

Extraction du
charbon.

La méthode d'extraire le charbon des couches eft de fe
fervir de pics à deux pointes, d'excaver ou de déchauffer
la veine par le bas, & enfuite de placer des coins de fer
dans le haut, entre le toit & le charbon, & frappant deffus
à coups de maffe, on détache le charbon en gros morceaux,
qui font toujours les plus eftimés. Il n'y a rien de particulier dans ce travail ; c'eft à peu près ce qui fe pratique par-
tout ailleurs pour les couches horizontales, on n'en connoît
pas d'autres dans ce pays.

Les

Les mineurs font prefque tous à prix fait. Ce prix varie felon l'épaiffeur des couches. On prend ici pour exemple une nouvelle mine très-confidérable, qui s'exploite à trois milles à l'eft de Newcaftle, dont le *Royalty* appartient à la Communauté de la ville de Newcaftle, & qui eft exploitée par une compagnie; on la nomme mine de *Walcker*. On y extrait le charbon d'une couche, qui a fix pieds d'épaiffeur de bon charbon, à cent toifes de profondeur perpendiculaire. Contre le mur il y a un charbon de moindre qualité; mais on n'en extrait que pour l'entretien de la machine à feu. Les ouvriers fe mettent communément à deux heures du matin à l'ouvrage, accompagnés du maître mineur, qui leur diftribue l'ouvrage. Chaque ouvrier travaille feulement fix à fept heures dans les vingt-quatre. Pendant ce temps il peut extraire depuis quinze jufqu'à vingt-cinq, & même trente paniers de charbon; le plus communément eft depuis vingt jufqu'à vingt-cinq. Chaque panier pefe environ fix quintaux de cent douze livres chacun; pour chaque panier ils ont cinq farthings, ce qui fait près de deux fols & demi argent de France. Outre les mineurs, il y a une quantité de petits garçons qui reftent dans la mine depuis deux heures du matin jufqu'à peu près quatre heures après midi; temps qu'il faut pour remplir les paniers & les conduire ou charier fous les puits à l'aide de vingt chevaux qui font dans la mine. Ces petits garçons ont quatorze pences, ou vingt-fept à vingt-huit fols de France. Quant à ceux qui font au jour pour conduire les chevaux de la machine à moulettes, & qui font occupés le même temps, ils ont douze pences ou un fcheling. Cette mine eft fort dangereufe pour le mauvais air. On trouvera ci-après un détail de fes effets.

La machine qui fert à élever le charbon, eft d'une nouvelle conftruction & la feule qui foit encore mife en ufage aux environs de Newcaftle. Elle différe des autres machines à moulettes,

Les mineurs font à prix fait.

Machine à moulettes, d'une nouvelle conftruction.

B b

en ce qu'elle eft compofée d'un très-grand rouet horizontal, qui confifte en différentes portions de cercle, armées de dents, le tout en fer coulé & réunis pour en former un rouet, dont les dents engrainent dans une lanterne : fes fufeaux font en fer forgé. Cette lanterne n'eft autre chofe que le tambour de la machine, au bas & autour duquel font des fufeaux feulement de fix à fept pouces de hauteur. Quoique ce tambour ait un diametre affez grand, il l'eft pourtant moins que celui du rouet. Il y a quatre bras de levier au deffous du rouet, à chacun defquels font attachés deux chevaux. Cette machine a été faite avec beaucoup de foins & de précifion : mais, par cette nouvelle conftruction, on a augmenté de beaucoup les frottemens. On a dit que la principale raifon étoit de gagner de la vîteffe, & qu'avec cette machine, on éleve en deux minutes un panier de charbon de cent toifes de profondeur ; mais on doit confidérer que le panier ne pefe que fix quintaux, & qu'il y a toujours huit chevaux pour l'élever, qui vont toujours le grand trot. On a demandé pourquoi ils ne fe fervoient pas de paniers plus grands, & l'on a répondu qu'il y auroit trop de difficulté à les charier dans la mine, & que cela feroit même impoffible ; il femble qu'au lieu de remplir les paniers à l'endroit où l'on travaille, il conviendroit beaucoup mieux de les remplir au deffous du puits, quoique cela fît une double manœuvre ; on la regagneroit bien par la grandeur des feaux ou paniers, qu'on éleveroit par la machine. Outre cela une machine faite avec un très-grand tambour, tiendroit lieu de celle qui eft faite avec rouet & lanterne, & elle auroit moins de frottemens à vaincre.

Quand le panier de charbon eft arrivé au haut du puits, un ouvrier le décroche du cable pour le mettre fur un petit traîneau, il accroche auffitôt un autre panier vuide, pour moins perdre de temps. Le panier eft traîné par un cheval à une diſtance feulement de trois à quatre toiſes du puits où l'ouvrier le verſe fur le tas.

La pompe à feu de la mine de *Walker*, eſt la plus conſidérable du nord de l'Angleterre, & peut-être la plus grande qui ait été faite juſqu'à préſent en Europe. Le diametre du cylindre eſt de ſoixante-quatorze pouces (*) ou de ſix pieds deux pouces anglois, & ſa hauteur de dix pieds & demi. On compte qu'il peſe plus de treize milliers. Pour fournir la vapeur néceſſaire à ce cilindre, il y a quatre chaudieres très-grandes, dont trois ſont toujours en feu ; une des quatre eſt de relais, pour y faire les réparations. Toute la partie des chaudieres, qui eſt expoſée au feu, eſt faite avec du fer battu réduit en toles, qui ſont clouées enſemble, de la même maniere que les poëles pour les ſalines. La partie ſupérieure qui forme un dôme eſt faite avec du plomb jetté en tables, à l'exception de celle qui eſt placée immédiatement au deſſous du cilindre, dont toute la calotte, au lieu d'être en plomb, eſt en cuivre. Mais cet uſage de faire des chaudieres de deux matieres différentes, n'a plus lieu actuellement, on les fait totalement de fer.

Le fond des chaudieres n'eſt point plat ; mais formant une eſpece de voûte très-élevée, ayant la figure d'un cône, afin de préſenter plus de ſurface au feu. Chacune des chaudieres a ſon fourneau & ſa cheminée. Il y a une très-grande grille ſous toute la capacité du fond de la chaudiere, ſur laquelle on met le charbon, par une porte de fer, pratiquée ſur le devant ; le fourneau eſt diſpoſé de façon, que la flamme, avant de parvenir à la cheminée, circule tout au tour de la chaudiere en forme *de ſpirale.* On profite ainſi de la chaleur le plus qu'il eſt poſſible.

La chaudiere dont le dôme eſt en cuivre, eſt placée au-deſſous du cilindre ; mais entre deux, il y a un autre petit

Machine ou pompe à feu.

Les chaudieres ſont de fer battu.

(*) Ce qui fait ſoixante-neuf pouces, pied de Roi.

Bb 2

cylindre , feulement de trois pieds de haut , & de trente pouces de diametre , que l'on peut nommer le *réceptacle* pour la vapeur , parce que c'eft-là où fe rend la vapeur des trois chaudieres qui font en feu par des tuyaux de communication. De-là , elle paffe dans le grand cilindre , à l'aide du régulateur. Il eft d'ufage actuellement de placer un tel réceptacle au deffous de chaque cilindre de machine à feu , & même de n'avoir aucune chaudiere au deffous dudit réceptacle. La principale raifon eft , que l'on fait les cilindres fi grands , qu'une feule chaudiere ne fuffit pas. En outre , il eft effentiel d'en avoir toujours une en réparation , pour ne point arrêter la machine , & mettre les entrepreneurs dans le cas de fufpendre l'exploitation des mines , puifque les eaux monteroient en très - peu de temps & noyeroient les ouvrages. L'intérieur du cilindre eft fi vafte , qu'un feul tuyau d'injection pour fournir les eaux froides qui condenfent la vapeur , n'auroit pas été fuffifant; on en a mis trois également diftans les uns des autres , & qui font un très-bon effet.

Le pifton du cilindre eft fait d'une feule piece de fer fondu ou coulé , dans lequel il y a cinq trous , celui du milieu fert à fixer la branche qui le foutient , les quatre autres fervent pour quatre tiges de fer , qui répondent à la branche principale , à laquelle elles font foudées. Il y a un rebord tout autour de cette piece de fer , que l'on garnit bien avec des morceaux de vieux cables ou cordages ; on met du cuir par deffus , afin que le pifton joigne bien au cilindre , empêche l'eau , qui eft toujours par deffus , d'y entrer , & que le vuide s'y faffe beaucoup mieux.

Cette machine fert à élever les eaux d'une mine qui a cent toifes de profondeur perpendiculaire ; mais elle ne les éleve que de quatre-vingt-neuf toifes , attendu qu'à onze toifes de profondeur , on a pratiqué une galerie d'écoulement de quatre pieds de hauteur fur deux cent cinquante toifes de longueur. Son embouchure eft à la riviere. Elle a été prife au niveau de la plus haute marée ; enforte qu'on peut compter, avec fureté, que la couche de charbon dans cette mine eft environ à quatre-vingt-huit toifes au deffous du niveau de la mer.

Pour élever les eaux de la mine, la machine à feu fait mouvoir trois répétitions ; celle qui part du fond de la mine, eft compofée d'une feule pompe de trente-fept toifes de| hauteur ; le diamette du corps de pompe, où |joue le pifton, eft de dix pouces. La feconde répétition eft compofée de deux corps de pompes de dix-huit toifes de hauteur, dont une a treize pouces de diametre, & l'autre fept pouces feulement. Enfin la troifiéme répétition, qui a trente-quatre toifes de hauteur, eft compofée également de deux pompes, dont l'une a douze pouces de diametre, & l'autre neuf feulement. Cette augmentation de diametre des pompes en remontant, eft en proportion de l'eau qu'on a élevée, puifqu'on en ramaffe à différentes hauteurs, afin d'avoir à les élever d'une moindre profondeur. On voit qu'on ne fait ufage que de hautes pompes. En général, dans tout le nord & peut-être dans toute l'Angleterre & l'Ecoffe, les pompes font entiérement en fer coulé.

Pompes dans le puits.

On compte que la machine à feu, telle que l'on vient de la décrire, a une puiffance de trente-quatre mille quatre cents feize livres ; qu'elle n'a que trente-un mille quatre-vingt-feize d'effort à faire ; qu'ainfi on épargne, quant à préfent, trois mille trois cents vingt livres, dont on peut la charger en cas de befoin.

On eftime la confommation du charbon, par vingt-quatre heures, pour les trois chaudieres, à deux cents bushels ou deux chaldrons & demi de Newcaftle.

La levée du piston de cette machine à feu, & par conféquent des pompes, puisque le balancier a son point d'appui au milieu, est de six pieds; elle donne depuis huit jusqu'à dix coups de piston dans une minute. On fait monter la dépense, qu'a occasionnée cette machine, entre quatre à cinq mille livres sterlings; & la dépense de toute l'entreprise, avant que d'avoir pu retirer du charbon, se monte à plus de vingt mille livres sterlings.

Dépenfe de l'entreprife.

On vient d'ouvrir une nouvelle mine de charbon, à six milles de Newcastle, & on y a construit une machine à feu, dont le diametre du cylindre est de soixante pouces. On y a mis aussi trois tuyaux d'injection. L'axe du balancier n'est pas fait comme les autres; c'est une piece de fer fondu, d'environ deux pieds en quarré, & de deux pouces d'épaisseur, sous le milieu de laquelle est l'axe en forme de demi-cercle, dont le rayon peut avoir trois pouces; le tout ne fait qu'une seule piece. La partie platte & quarrée a quatre trous à chaque extrêmité de l'axe, pour la fixer au dessous du milieu du balancier, avec des lames de fer, qui l'embrassent entierement, & qui sont assujetties avec des écrous. Cet axe est placé au milieu, dans une boîte de bronze, qui le renferme dans toute sa longueur, & qui est toujours pleine d'huile, ou de graisse. On préfere cette méthode à celle des tourillons. On la croit aussi meilleure, eu égard au poids prodigieux qui fait effort continuellement sur l'axe.

Cette machine est la premiere à laquelle on ait donné une levée de huit pieds. Elle donne jusqu'à douze coups de piston dans une minute. On n'en a point encore vu qui soit exécutée avec tant de précision, & dont le jeu soit aussi aisé.

Elle a deux chaudieres. Elles sont séparées du cylindre, & communiquent leurs vapeurs par un tuyau, qui répond au réceptacle, ainsi qu'on l'a dit. Outre les deux petits tuyaux, qu'on remarque à toutes les machines à feu, pour régler la hauteur de l'eau dans la chaudiere, on en a placé un de plomb, fur le milieu de chaque chaudiere, qui a environ deux pouces de diametre, & dont l'extrêmité extérieure eſt toujours ouverte. L'extrêmité intérieure prend preſque fur la calotte, qui fait le fond de la chaudiere dans cet endroit, & par conſé-quent de beaucoup au deſſous de la furface de l'eau bouillante. Mais fi un ouvrier eſt négligent & qu'il s'endorme, lorſque l'eau a baiſſé juſqu'à l'embouchure du tuyau, la vapeur fort avec beaucoup de violence & de bruit ; ce qui avertit l'ouvrier qu'il n'y a pas aſſez d'eau. On prévient auſſi par là l'inconvé-nient de brûler le fond de la chaudiere.

Les chaudieres font entiérement en fer forgé, dont les plaques font clouées enſemble exaſtement. Pour empêcher qu'elles ne coulent, on enduit chaque jointure d'un vernis un peu épais, de la confiſtance d'un ciment, compoſé d'huile & de *minium*. On rend ce vernis beaucoup plus clair & moins épais, pour peindre l'intérieur & l'extérieur de la chaudiere, afin, dit-on, de les conſerver & d'empêcher qu'elles ne fe rouillent. Cette méthode eſt aſſez générale dans le pays. Quel-ques-uns préferent de mettre entre les jointures des plaques de fer, un ciment compoſé de fang de bœuf & de chaux vive ; on y trouve un inconvénient, c'eſt qu'il devient trop dur, & qu'il ronge le fer. Ce ciment feroit très-bon pour les poëles des falines, où il feroit dangereux d'employer le *minium* ou la *cérufe*.

Pour charier le charbon dans les magafins qui font aux bords de la mer, tous les entrepreneurs des mines, à l'effet d'avoir un débouché aſſuré de leur matiere, fur-tout pour le tranſport par mer, pratiquent un chemin depuis leur mine juſqu'à la riviere, chemin qui ne fe fait qu'à très-grands frais. Mais on en eſt dédommagé, en très-peu de temps, par la facilité avec laquelle on peut charier le charbon en toute faifon.

Marginal notes:

Vernis qui em-pêche l'eau de couler.

Ciment.

Nouvelles rou-tes pour charier le charbon.

A cet effet, on tire un nivellement très-exact, depuis la mine jufqu'à la riviere, & l'on divife la pente, autant qu'il eft poffible, fur toute la diftance. Ces routes doivent toujours avoir une pente depuis la mine jufqu'à la riviere. Elles ne doivent jamais monter, être tout au plus de niveau, pour les raifons qu'on dira. S'il y a de petites hauteurs à traverfer, on les coupe, pour rendre le chemin de niveau.

Lorfqu'on a tracé le chemin de fix pieds de large, & qu'on a fixé les pentes, on fait un foffé de la largeur dudit chemin, plus ou moins profond, felon que l'exigent le nivellement & la folidité du terrein. On arrange enfuite, tout le long de ce foffé, des morceaux de bois de chêne, de quatre, cinq, fix & huit pouces d'équariffage; on les y place en travers & à la diftance de deux à trois pieds les uns des autres (*). Ces bois n'ont befoin d'être équaris qu'à leurs extrêmités, fur lefquelles on fixe d'autres bois bien équaris & fciés, d'environ fix à fept pouces de large, fur quatre à cinq d'épaiffeur, avec des chevilles de bois. Ces bois fe mettent des deux côtés du chemin de toute leur longueur; on les place ordinairement à quatre pieds de diftance, ce qui fait la largeur intérieure du chemin.

(*) *Voyez* la Planche V, fig. I. & l'Explication.

On voit que ces nouvelles routes ne font autre chofe qu'un grillage fait en bois. Tout l'intervalle entre les pieces de bois fe garnit avec des pierres, que l'on y gêne le plus qu'il eft poffible, pour rendre le chemin folide; le tout fe recouvre de fable & de gravier; on en met entre les pieces de bois qui font en long, & feulement jufqu'à environ deux pouces de leur épaiffeur. De cette façon on conferve les pieces qui font enterrées, & l'on rend la route très-folide. Au furplus, on a foin d'y faire les réparations néceffaires. Quand on a de petits vallons à traverfer, ou des ruiffeaux, on fait des ponts en bois, obfervant toujours de mettre les deux pieces de bois de chaque côté du chemin, qui doivent être à quatre pieds de

diftanc

diftance l'une de l'autre, faillantes au deffus de la furface du pont, comme elles le font au deffus de celle des chemins. Toutes les pieces de bois doivent être exactement affemblées à leurs extrêmités, on met quelquefois des bandes de fer, dans cette partie.

Les magafins pour recevoir le charbon, font des bâtiments Magafins pour le charbon. très-longs, conftruits aux bords de la riviere, dans un endroit où il y a affez d'eau, dans le temps de la haute marée, pour que les bateaux, deftinés pour le tranfport du charbon, puiffent aborder fur toute la longueur des bâtiments. Les magafins font traverfés par une efpece de pont, qui n'eft autre chofe que la continuation des mêmes routes ci-deffus, dont l'entre-deux des quatre pieds s'ouvre en plufieurs endroits, par des couliffes & forme des trapes d'intervale en intervalle. Sous la plûpart de ces trapes, il y a un couloir ou canal dirigé diagonalement, en dehors du bâtiment, dont l'extrêmité va répondre fur la riviere, cinq à fix pieds au deffus de la furface des eaux de la haute marée.

Au deffous de ces canaux ou couloirs, on amene les bateaux pour les charger, & c'eft au deffous de ce pont qu'eft le grand bâtiment pour renfermer le charbon, lorfqu'il n'y a pas de bateaux fur la riviere, pour les recevoir à mefure qu'il eft amené par les chariots. Comme ce magafin eft toujours élevé au deffus de la furface de l'eau, il y a également des couloirs ou efpeces de trémies, qui font dirigés diagonalement fur la riviere, comme les précédentes.

Les charriots dont on fe fert pour voiturer le charbon fur les nouvelles routes, font tous de même conftruction; mais ils différent prefque tous pour les dimenfions. Les uns font beaucoup plus grands que les autres, ce qui eft relatif à la diftance qu'ils ont à parcourir pour voiturer le charbon. Les autres ont des roues plus ou moins hautes, ce qui dépend

(*) *Voyez* la
Pl. V, fig. 2, 4,
& l'Explication.

du plus ou moins de pente qu'ont les chemins. Ces chariots (*)
confiftent en une efpece de tombereau ou caiffe montée fur
quatre roues affez élevées, de la forme d'une trémie, beaucoup plus large & plus longue dans le haut que dans le
bas. Le fond, qui comprend la diftance entre les deux effieux, s'ouvre par une charniere. Les roues font en bois ou

(*) *Voyez* les
fig. 5 & 6 de la
même Planche.

en fer coulé, d'une feule piece. Les roues en fer coulé (*)
font à jour, pour les rendre moins péfantes : elles ont un
rebord en dedans d'un pouce ou d'un pouce & demi, il fert
à les diriger fur les pieces de bois, & à les empêcher de
fortir de la route. Il y a toujours deux roues plus hautes que
les deux autres. Cette différence eft proportionnée à la pente
qu'on a donnée au chemin ; de maniere que la partie fupérieure du chariot foit auffi horizontale qu'il eft poffible, pour
ne pas perdre du charbon dans la route : les roues hautes
font devant, lorfqu'on charrie le charbon dans les magafins
ou dans les bateaux. C'eft le contraire lorfque les chariots
reviennent à vuide, parce que le cheval s'attele indifféremment des deux côtés, par deux fimples crochets de fer
& des cordes. On conçoit aifément que la voie de ces
chariots eft toujours de quatre pieds, puifque les piéces de
bois, qui font le long des routes, forment elles-mêmes la
voie. Les effieux de ces chariots font de fer & font fixés
très-folidement aux roues, de forte qu'ils tournent avec les
roues. Ils font arrêtés feulement par des chevilles de bois,
fixées au cadre qui forme le fond de la caiffe, de façon que
cette caiffe peut être enlevée de deffus les quatre roues,
lorfqu'on veut la reparer.

　　A un des côtés du chariot & à la piece de bois, qui fait
partie du cadre du fond de la caiffe, on fixe une forte che-

(*) *Voyez* la
fig. 4 de la Pl. V.

ville de fer, (*) qui arrête l'extrêmité d'un bras de levier
en bois, affez long pour excéder au moins d'un pied le der-

riere , dans la partie fupérieure de la caiffe du chariot. Ce bras de lévier eft ainfi dirigé obliquement fur une des roues de derriere ; mais afin qu'il ne la touche pas , fon autre extrêmité eft foutenue par une corde ou crochet de fer. Il y a plufieurs de ces chariots qui ont un de ces bras de lévier de chaque côté , leur extrêmité eft réunie par un morceau de bois ou de fer , de façon qu'un feul homme peut les faire agir tous les deux en même-temps.

On attele un cheval (*) à chacun de ces chariots ; ce cheval fuffit à charrier depuis trois jufqu'à cinq milliers , fuivant le chemin & la diftance. Lorfque le chemin eft prefque de niveau , le cheval traîne le chariot ; mais on conçoit qu'il n'a , pour ainfi dire , que le frottement à vaincre. Quand on arrive dans un endroit où la pente eft plus fenfible , où le chariot iroit trop vîte , où enfin le cheval devient inutile , le conducteur le détele & le met par derriere. Il monte , en même-temps , derriere fon chariot , & détachant l'extrêmité du lévier , ou des deux léviers , & le preffant fur une ou fur les deux roues de derriere , il les arrête , ce qu'on peut nommer enrayer ; par-là il diminue la vîteffe du chariot. Il regle fa preffion fur la pente du chemin & fur la vîteffe qu'il veut lui donner. Il ne faut pas que la pente foit trop forte , car l'homme n'auroit pas affez de force , ou plutôt de pefanteur , pour que la preffion qu'il fait fur le bras du lévier , pût arrêter le chariot. D'ailleurs, dans une pente rapide , le chariot pourroit aller fort vîte , quoique les roues de derriere ne tournaffent pas. Il arrive quelquefois des accidents , mais qui viennent prefque toujours de la négligence des voituriers , des chevaux tués & des chariots entiérement brifés. Il eft évident que fi un de ces chariots va trop vîte , la moindre chofe qu'il rencontre peut le faire fortir de la route.

Quand on a paffé l'endroit où le chariot va par la feule

(*) *Voyez* la Pl. V. fig. 4.

pente du chemin, on attelle de nouveau le cheval, & l'on continue de la même maniere, jufqu'à ce qu'on foit arrivé à l'emplacement auquel on deftine le charbon. Comme les chemins font fujets à faire des détours, & par conféquent à former des angles, le chariot étant compofé de quatre roues, ne pourroit fuivre les pieces de bois dans les endroits où l'on a été obligé de faire faire un angle au chemin ; alors on conftruit un plancher rond du diametre de la longueur du chariot, (*) fur lequel il y a également les deux pieces de bois qu'on peut appeller *les deux guides de la route*. Ce plancher eft fixé par fon milieu, à un pivot qui peut tourner en tout fens : le tout eft fait très-folidement. Lorfque le chariot eft fur le plancher, on détele le cheval : le voiturier tourne facilement le chariot avec le plancher, le met fur la direction de l'autre route & attele de nouveau fon cheval ; on évite, autant qu'on peut, ces angles le long des routes. Mais il y en a à prefque tous les ponts qui conduifent au magafin. On eft obligé, de diftance en diftance, de faire un fecond chemin de côté pour éviter la rencontre des chariots qui vont avec ceux qui reviennent. Quelques entrepreneurs ont même pratiqué un double chemin tout le long de la route.

(*) *Voyez* la Pl. V, fig. 1 & 3.

Lorfque les chariots font arrivés au magafin, on détele le cheval, & le voiturier pouffe fon chariot jufque fur une des trapes, dont on a parlé plus haut. Il ôte une cheville pour ouvrir la porte du fond ; alors le charbon tombe dans la trape & fe rend ainfi dans le magafin ou dans un bateau.

Les chevaux qui conduifent les chariots, appartiennent fouvent aux voituriers, à qui l'on donne tant par voyage : quelquefois ils appartiennent aux entrepreneurs. Le prix eft fixé fur la diftance. Il y a des mines très-près de la riviere ; il en eft d'autres qui en font à neuf & dix milles, (environ trois lieues de France) & pour lefquels on a pratiqué de pareils chemins , mais elles fervent au tranfport du charbon de plufieurs mines qui font fur la route. Le chemin le plus long appartient à une compagnie très-riche , dont Milord *Bute* , ancien miniftre , eft un des principaux intéreffé. Cette compagnie eft non-feulement propriétaire du *Royalty* de plufieurs mines , mais encore elle en afferme une très-grande quantité fur toute la route. Elle doit extraire immenfément de charbon , car le chemin eft prefque toujours couvert de chariots. Cette compagnie n'eft pas dans le cas d'épargner la dépenfe pour faciliter fon exploitation & le débouché des matieres qu'elle en tire.

Quoique la riviere de *Tyne* , foit affez confidérable par la marée qui remonte jufqu'à cinq & fix mille au deffus de Newcaftle , il ne peut arriver dans le port de cette ville , que des petits vaiffeaux de tranfport. Le Havre , où fe raffemblent tous les vaiffeaux pour charger le charbon , eft à la ville de *Shields* , fituée à fept ou huit milles au deffous de Newcaftle , & feulement à un mille de *Tynemouth* , où eft l'embouchure de la riviere dans la mer.

Une grande quantité de bateaux eft deftinée à tranfporter dans les vaiffeaux le charbon des différens magafins , qui font conftruits en remontant la riviere de *Tyne*. On nomme ces bateaux *keel* , & les batteliers *keelmen*. Ils font chaque jour un voyage : ils defcendent avec la marée , & ils attendent fon retour pour remonter à vuide. Chaque bateau doit être mefuré tous les ans par des commiffaires , & ne doit contenir que huit *chaldrons* chacun , mefure de Newcaftle. Chaque *chaldron* contient deux tonnes & demie ; la tonne de charbon pefe vingt quintaux de cent douze livres chacun , poids d'Angleterre. Cette mefure ne fe prend pas fur la grandeur des bateaux , mais fur la quantité d'eau qu'ils prennent lorfqu'ils font chargés. Cette précaution fert à prévenir la

Chaldron : *mefure.*
Tonne : *quid ?*

fraude des droits, car chaque chaldron, voituré fur la riviere de Newcaftle & deftiné pour l'Angleterre, paye un fcheling au Duc de Richmont; & le charbon des environs de Newcaftle, fe vend communément, rendu dans les magafins, depuis douze jufqu'à quinze fchelings le chaldron, tout dépend de fa qualité.

Prix du charbon de Newcaftle.

Quant au tranfport dans les *keels*, jufqu'à bord des vaiffeaux qui font à *Schields*; on paye par chaque *keel* quatorze fchelings, quatre pences, fi le maître du vaiffeau donne de la bierre aux *keelmens*: mais s'il n'en donne pas, on paye deux pences de plus par chaque chaldron.

Lorfque le charbon eft deftiné pour des vaiffeaux étrangers, on paye deux fchelings par *keel*, outre la bierre, parce qu'ils ne font pas commodes à charger.

Droits du Roi fur le charbon.

Les droits du Roi fur le charbon, qui eft tranfporté hors du Royaume font de dix fchelings par chaldron, fi le tranfport s'en fait dans un vaiffeau Anglois; s'il fe fait dans un vaiffeau étranger, il en paye vingt-un. Le charbon deftiné pour l'étranger, ne paye point au Duc de Richmont le droit dont on a parlé; mais il paye à la Ville de Newcaftle cinq pences par chaldron, fi le tranfport s'en fait dans un vaiffeau Anglois, & feize pences fi c'eft dans un vaiffeau étranger, outre les droits du Roi.

Privilege du Freeman.

Quant à l'importation du charbon en Angleterre, fi le maître du vaiffeau eft un *freeman*, c'eft-à-dire s'il a fait fept ans d'apprentiffage, il n'a rien à payer à la Ville; mais s'il n'eft pas reçu *freeman* de la Ville de Newcaftle, il paye cinq pences par chaldron à ladite Ville.

Droits du Roi.

Il n'y a point de droits du Roi à Newcaftle, pour le charbon deftiné pour l'Angleterre, parce qu'il eft perçu dans les différents ports où on le tranfporte. On prétend qu'il paye à Londres, pour droits du Roi & autres, huit fchelings par chaldron, mefure de Londres. Huit chaldrons de Newcaftle font quinze mefures de Londres.

Quant au charbon qui eft confommé dans le pays, il ne paye aucun droit, & fe vend à raifon de trois pences ou fix fols de France, le quintal de cent douze livres.

Trois pences font fix fols de France.

On eftime à quatre cents le nombre des bateaux, nommés *keels*, qui tranfportent le charbon de Newcaftle à *Schields*, & deux mille fix cents bateliers, nommés *keelmen*. Le nombre des voiles ou vaiffeaux qui font le commerce du charbon dans la riviere de *Tyne* feulement, eft eftimé à cinq cents : il varie fouvent. Ces navires exportent chaque année trente mille chaldrons, & en importent environ trois cents milles chaldrons, mefure de Newcaftle. En outre il y a cent cinquante mille chaldrons d'importés & d'exportés de la riviere de *funderland*, lefquels font exempts du droit du Duc de Richmond.

On voit, parce qu'on vient de dire, combien le gouvernement d'Angleterre donne d'encouragements à fa propre marine ; auffi ne voit-on prefque plus venir des vaiffeaux étrangers pour chercher du charbon : on conftruit fans ceffe de nouveaux bâtiments, & les chantiers ne font jamais vuides.

A environ huit milles Nord-Eft de Newcaftle, près d'un village nommé *Hartly*, un particulier qui a un bien confidérable, fur lequel il a les droits régaliens, exploite une très-grande quantité de mines de charbon : une de fes machines à feu eft très-confidérable ; elle a deux grandes chaudieres pour fournir la vapeur à un cilindre de foixante pouces de diametre. Cette machine en fait mouvoir une autre de nouvelle invention, pour élever le charbon des mines. Nous n'en avons pas vu la méchanique, elle étoit dérangée lorfque nous fumes fur les lieux, & l'endroit où font les rouages étoit fermé ; mais on nous a dit qu'elle eft extrêmement com-

Mines de charbon de terre, de Hartly.

pliquée , compofée de fix ou fept rouets ou lanternes , & fujette à caffer très-fouvent. On ne fait pas cas de fon ufage.
Celui qui en eft l'inventeur & le conftructeur a obtenu un
privilege exclufif , ce qu'on nomme *Patentes du Roi* , pour
quatorze ans. Au lieu d'une pareille machine , qui doit employer beaucoup de la force ou plutòt de la puiffance de la
machine à feu ; il feroit mieux d'élever l'eau de la machine
à feu au deffus d'une roue , qui feroit mouvoir un treuil pour
élever le charbon.

L'entrepreneur de ces mines n'étant pas d'abord fitué avantageufement pour la confommation de fon charbon , quoique
peu éloigné des bords de la mer , a fait une dépenfe confidérable pour la fureté des vaiffeaux qui tranfportent fon charbon. Il a fait couper un rocher fur plus de cent toifes de
longueur & quarante pieds de profondeur. Cette coupe forme
un efpece de canal , par lequel les vaiffeaux entrent & fortent d'un baffin où ils viennent charger le charbon. Mais
afin que les bâtimens ne foient point agités & brifés dans
le baffin , lorfque la marée remonte , on a pratiqué à l'entrée & à la fortie du canal , des couliffes où , à l'aide d'un
pied de chevre tournant , des poulies & des cordes , on
defcend de groffes pieces de bois , qui forment une efpece
de vanne d'éclufe pour brifer les vagues. On nomme cet
endroit *featon-flaice*. On prétend que cette coupe a couté
plus de dix mille livres fterlings. De plus on a pratiqué des
routes , telles qu'on les a ci-devant décrites , pour voiturer
le charbon de chaque mine jufqu'au baffin. Le même particulier a fur les lieux une verrerie très-confidérable.

Le charbon de Newcaftle n'eft pas également bon dans
toutes les mines. Il eft plus ou moins bitumineux , fulphureux & pierreux. Cette derniere efpece eft très-commune ,
elle fe vend à bas prix & s'employe pour les machines à
feu. Mais en général ce qu'on nomme le bon charbon , paffe

pour

pour être d'une excellente qualité. Il eſt extrêmement bitumineux : il ſe cole très-facilement *& forme une voute , ce
qui le rend très-propre à forger le fer* ; mais il faut le remuer
très-ſouvent pour les autres emplois qu'on en fait , ſans quoi
le bitume le réunit tout enſemble ou en une ſeule maſſe ,
dans laquelle l'air ne peut circuler. La grande abondance de
bitume fait qu'il donne beaucoup de fumée , ce qui le rend
déſagréable dans les appartements. On l'emploie avec avantage dans les verreries qui ſont au nombre de quinze ou
ſeize à Newcaſtle & pluſieurs autres à *Schields.*

Pour le priver de ſon ſoufre & le rendre propre à être
employé aux uſages où la fumée & l'odeur du charbon ſeroient nuiſibles : voici la maniere dont on le prépare.

Il y a neuf fourneaux à Newcaſtle ſur les bords de la
riviere , pour détruire le ſoufre contenu dans le charbon de
terre & le réduire en ce qu'on nomme *cinders & coaks* ;
dans d'autres lieux les fourneaux forment trois corps de maçonnerie différents. Chaque corps renferme trois fourneaux
dans ſa conſtruction. Ils ne ſont pas tous de la même grandeur ; mais ils ſont à peu près ſemblables. Nous avons pris
le deſſein du plus grand. (*)

Le menu charbon , ou celui qui eſt réduit en petits morceaux , eſt préféré pour cette opération. Il n'en manque pas
dans les mines , ce qui fait que quelquefois on le vend à
meilleur marché que celui qui eſt en gros morceaux ; mais on
a ſoin d'en ſéparer les pierres le plus qu'il eſt poſſible ,
car on les diſtingue fort aiſément lorſque le charbon eſt
réduit en cinders , & elles nuiroient à la vente. Les plus
grands de ces fourneaux contiennent un chaldron & demi,
meſure de Newcaſtle , & les autres ſeulement un chaldron ;
mais on ne les remplit jamais. On en met ſeulement à la
hauteur de la partie ſupérieure de la porte.

Réduction du charbon de terre en cinders.

(*) *Voyez* la Pl. IX, fig. 1, 2, 3, & l'Ex-plication.

D d

Quand on a mis la quantité ci-deſſus de charbon dans le fourneau, on l'allume avec un peu de bois, ou avec du charbon déjà allumé, que l'on prend dans un des autres fourneaux ; mais il arrive très-rarement qu'on ſoit obligé de l'allumer, parcequ'ordinaiement on introduit le charbon lorſque le fourneau eſt encore chaud & preſque rouge ; ainſi il s'allume de lui-même. On ferme enſuite la porte.(*), & l'on met de la terre dans les jointures ſeulement pour boucher les plus grandes ouvertures qui proviennent de la dégradation du fourneau, car il faut toujours laiſſer un paſſage à l'air, ſans lequel le charbon ne pourroit bruler. L'ouverture qui eſt en deſſus du fourneau, & qu'on peut nommer cheminée, eſt deſtinée pour la ſortie de la fumée, & par conſéquent pour l'évaporation du bitume. L'embouchure de cette cheminée n'eſt pas toujours également ouverte. Toute la ſcience de l'ouvrier conſiſte à ménager le courant de la fumée, ſans quoi il riſqueroit de conſumer les *cinders* à meſure qu'ils ſe forment. La regle la plus ſûre qu'ils ſuivent à cet égard, eſt de n'ouvrir la cheminée qu'autant qu'il faut, pour que la fumée ne reſorte pas par la porte. On a pour cela une grande brique que l'on pouſſe plus ou moins ſur l'ouverture à meſure que l'opération avance, & que par conſéquent le volume de la fumée diminue. On bouche à la fin preſqu'entiérement l'ouverture de la cheminée. Cette opération dure trente à quarante heures ; mais ordinairement on ne retire les *cinders* qu'au bout de quarante-huit heures. Le charbon, reduit en *cinders*, forme dans le fourneau une couche d'une ſeule maſſe, remplie de fentes & crévaſſes, leſquelles reſſemblent à des rayons perpendiculaires au ſol du fourneau, de toute l'épaiſſeur de la couche. On pourroit auſſi les comparer à des briques placées de champ. Quoique le tout tienne enſemble, il eſt pourtant fort aiſé de le diviſer pour le retirer du

(*) *Voyez* la figure 3.

fourneau : à cet effet, lorfque l'ouvrier a ouvert la porte, il met une barre de fer en travers devant l'ouverture, pour fupporter un rable de fer, avec lequel il attire une certaine quantité de _cinders_ hors du fourneau, fur lefquels un autre ouvrier jette un peu d'eau ; ils prennent enfuite chacun une pelle de fer en forme de grille, afin que les cendres & les menus _cinders_ puiffent paffer au travers : ils éloignent ainfi les _cinders_ de l'embouchure du fourneau, ils achevent de s'éteindre par le contaĉt de l'air feul.

Le fourneau n'eft pas plutôt vuide qu'on y met de nouveau charbon néceffaire pour une feconde opération ; & comme ce fourneau eft encore très-chaud & même rouge, le charbon s'y enflamme auffi-tôt, & le procédé fe conduit comme ci-devant.

On eftime à un quart le déchet du charbon dans cette opération, c'eft-à-dire, le déchet du volume ; quant au poids il eft bien moindre.

On a deux mefures différentes pour le charbon & pour les _cinders_. Celle pour le charbon eft le chaldron de Newcaftle, dont on a parlé, & qui contient vingt-quatre _barrows_ ou brouettes. Le chaldron des _cinders_, n'eft que de la moitié du même volume, & contient feulement douze _barrows_. Vingt-quatre _barrows_ de charbon coutent communement dix à douze fchelings, & produifent dix-huit _barrows_ de _cinders_, dont les douze _barrows_ fe vendent neuf à dix fchelings. Communement les _cinders_ fe vendent dans la Ville de Newcaftle un tiers de plus que le charbon, à volume égal.

Les cendres qu'on retire du fourneau de l'opération ci-deffus, font paffées à travers une claie de fer, pour en féparer les petits morceaux de _cinders_, lefquels font vendus feulement trois fchelings les douze _barrows_, pour être mêlés avec le charbon dont on cuit la chaux.

Quant aux cendres, on les vend feulement trois _pences_, à

peu près fix fols de France, la tonne, ou vingt-un quintaux, pour fervir à l'engrais des terres.

Les *cinders* font un charbon d'un gris cendré, très-poreux, mais ayant beaucoup plus de confiftance, que les *coaks*, dont il fera parlé, & qui ne font auffi qu'un charbon privé de fon acide fulphureux, mais par un procédé différent.

Le principal ufage des *cinders* eft pour chauffer les étuves où l'on fait germer l'orge, le rôtir & le réduire en ce qu'on nomme malt, que les Braffeurs achetent pour en faire de la bierre. Quelques perfonnes en font ufage dans les appartemens, parce qu'elles ne donnent point de fumée. On s'en fert auffi pour différentes opérations particulieres. On en a vu employer avec avantage par un Orfevre, qui a un attelier très-confidérable. Il a un fourneau à vent, au deffus duquel eft une cheminée pour établir un plus grand courant d'air. Il emploie des creufets d'Allemagne, ordinaires, dans lefquels il met l'argent; place fon creufet dans un de ces fourneaux & met des *cinders* tout autour, comme on emploie ailleurs le charbon de bois. Elles font un peu plus difficiles à allumer; de forte que l'opération eft plus longue; mais elles font abfolument le même effet, & l'on en confomme moins à proportion. On s'apperçoit très-peu de la différence du temps, fi l'on a plufieurs fontes fucceffives à faire. Ces *cinders* donnent un feu très-vif & une flamme peu différente de celle du charbon de bois.

ONZIEME MEMOIRE.

SUR DIVERS ÉTABLISSEMENTS

DE NEWCASTLE EN ANGLETERRE. *Année 1765.*

FONTE DU FER EN GUEUSE.

L'EXPLOITATION des mines de charbon n'est pas le seul objet intéressant qu'on trouve à Newcastle, plusieurs grands établissements y attirent les regards. Nous en donnerons ici une idée, & nous commencerons par la fonte du fer en gueuse.

Pour couler ou jetter la gueuse en toutes sortes d'ouvrages, comme marmites, pots, corps de pompes, cylindres, roues pour les chariots, &c., les fonderies sont placées au bord de la riviere, d'un côté opposé l'un à l'autre. Elles appartiennent à deux différentes compagnies.

Le fourneau, dont on se sert pour cet usage, est le fourneau à vent, que nous nommons en France *fourneau Anglois.* Il a été décrit par Schluter, en parlant de la Fonte des mines de cuivre en Angleterre, il est à peu près semblable à celui qui est exécuté dans les mines de plomb de la Basse-Bretagne. (*) Il en differe pourtant en ce qu'il n'a devant le milieu qu'une grande ouverture, qui est bouchée pendant l'opération. Elle sert pour refaire le sol du fourneau, & pour y introduire la

Fourneau de reverbere.

(*) *Voyez* la Pl. VI, fig. 1, 2, 3, 4, 5, & l'Explication.

matiere, après quoi on la bouche entiérement; à l'extrêmité du fourneau, du côté opposé de la chauffe, c'est-à dire du côté de la cheminée, il y a une ouverture d'un pied en quarré, (elle sert à retirer les crasses dans le fourneau pour la fonte du minérai de plomb.) Cette porte est fermée pendant l'opé- ration avec une brique de la grandeur de l'ouverture. (*) Au milieu de cette brique, il y a un trou d'environ un pouce & demi de diametre, que l'on bouche avec un petit cylindre de terre, & que l'on ôte chaque fois qu'on veut voir si la ma- tiere est fondue, & quel est son degré de chaleur, ce que l'expérience apprend au fondeur. Au dessous de la porte est pratiqué le trou pour la percée.

(*) Voyez la figure 6, de la Planche VI.

Préparation du sol.

Le sol du fourneau se prépare avec du sable de la riviere de *Tyne*, ou sable de mer, c'est la même chose, puisque la marée monte plusieurs milles au dessus de la ville de New- castle. On bat ce sable tout uniment dans le fourneau, & l'on ménage une pente assez forte du côté où doit se faire la percée; on y forme même un très-grand bassin. Quand le fourneau est ainsi préparé (ce qui se fait tous les matins de la même maniere) on ferme la grande ouverture, qui est devant le fourneau, avec une porte faite en briques. Les bri- ques sont assemblées par un grand lien de fer, qui en fait toute la circonférence. On met du charbon de terre dans la chauffe, par une ouverture qui n'a pas plus de six pouces en quarré, & qui se bouche avec du charbon. Lorsqu'on en a mis suffisamment, on continue de la même maniere, cha- que fois qu'on remue le charbon, pour faire tomber les cen- dres qui sont sur la grille & ajouter de nouveaux charbons. On chauffe ainsi le fourneau pendant trois ou quatre heures, au bout desquelles on ouvre la grande porte de brique, qui est suspendue à une chaîne de fer passée sur une poulie, & l'on met dans le fourneau tout le fer de gueuse qu'on a des-

fein de fondre. Il pefe communément quarante à quarante-
cinq quintaux pour chaque fonte. On ferme enfuite exactement toutes les ouvertures, & l'on donne un feu violent
pendant quatre, cinq & fix heures, temps néceffaire pour
mettre en fufion toute la matiere.

La gueufe de fer que l'on fond ainfi, fe tire d'Ecoffe &
d'Amérique. Elle vient en morceaux de deux à trois quintaux pefant. Mais on fond fur-tout des débris de fer coulé,
comme marmites caffées, petits canons de fer, &c.

On eftime la confommation du charbon, pour fondre la
quantité de matiere ci-deffus, à vingt-deux ou vingt-trois
quintaux, & quelquefois plus.

Pendant que l'on chauffe le fourneau & qu'on fond la
gueufe, on prépare les moules pour tous les ouvrages qu'on
veut couler, de la même maniere qui eft pratiquée partout
ailleurs, & qui eft décrite dans plufieurs ouvrages. Il y a une
foffe très-profonde à l'extrêmité du fourneau, devant la place
où l'on a ménagé la percée, on y range les moules pour les
groffes pieces. Nous avons vu couler un tuyau de pompe,
de quinze pieds de longueur.

On ne peut pas fondre dans ce fourneau des cilindres
qui ayent plus de vingt-deux pouces de diametre, le fourneau n'étant pas affez grand pour contenir la matiere d'une
plus grande piece. Les moules des groffes fe placent dans la
foffe verticalement. On bat bien du fable tout au tour, jufqu'à ce que la foffe foit pleine. Enfuite on charge le tout
avec des poids de fer, afin que le feu ne faffe faire aucun
effort. On forme enfuite un canal qui va répondre au trou
de la percée, & on le divife en deux branches proche de
la piece. Quand la matiere eft dans une parfaite fufion pour
la faire couler, on perce avec une forte baguette de fer,
fur laquelle on frappe à coups de maffe ; la fonte fe rend

alors dans les moules. Deux ouvriers, avec des morceaux de bois, arrêtent dans le canal la craſſe qui vient avec la matiere, pour l'empêcher d'entrer dans les moules : auſſitôt qu'il eſt plein, ainſi que les canaux, on bouche le trou de la percée avec un gros morceau d'argile mis au bout d'un bâton. On couvre enſuite, avec du petit charbon de bois, le ſurplus de la matiere qui eſt dans les canaux, afin qu'elle ne ſe réfroidiſſe pas trop promptement, & que la piece qui eſt dans le moule ne coure aucun riſque de caſſer.

On puiſe la matiere avec des cuilleres.

On ouvre enſuite la porte, qui eſt au deſſus de la percée, & avec de grandes cuilleres de fer, qu'on a enduites auparavant d'argile & qu'on a bien chauffées, on puiſe par l'ouverture la matiere fondue, & l'on va la verſer dans différens moules préparés à cet effet ; ce qui ne ſert que pour former de petites pieces, comme marmites, pots ou autres, dont les modéles ont été fournis en bois ; on les moule dans du ſable mis dans des cadres ou chaſſis de bois, comme font ordinairement tous les fondeurs.

Comme il arrive preſque toujours qu'il reſte de la matiere qui n'eſt pas fondue, dans les extrêmités intérieures du fourneau, & qu'elle en retient d'autres qui eſt en fuſion, on a un grand ringard de fer, que l'on paſſe par la porte, & avec lequel on forme un lévier afin de détacher du ſol les morceaux, & que le fer fondu puiſſe ſe rendre dans le baſſin. Si l'on voit que ce qui reſte ne ſoit pas bien fondu, ou ne ſoit plus aſſez chaud, on referme la porte & l'on donne de nouveau une chaleur violente au fourneau, pour pouvoir jetter en moule ce qui reſte de matiere, à l'aide des mêmes cuilleres ou d'autres ſemblables, préparées & chauffées de la même maniere.

C'eſt ordinairement le ſoir qu'on coule la matiere qui a été fondue pendant la journée. On nettoie bien le fourneau pendant qu'il eſt chaud, & on ouvre toutes les ouvertures,

afin

afin qu'il refroidiffe pendant la nuit , & qu'on puiffe le lendemain matin y former un nouveau fol pour la fonte du jour.
Pendant que l'on prépare & que l'on commence à chauffer
le fourneau, on ôte de la foffe la piece qui a été foudue la
veille, pour y fubftituer un autre moule pour la fonte fuivante. Le fer coulé , provenant de cette fonte , paroît de
la meilleure qualité. La lime y fait prefque le même effet
que fur le fer forgé.

MACHINE A FORER
& polir l'intérieur des Tuyaux ou corps de Pompe.

LA machine , dont on fait ufage pour forer & polir les
cilindres & corps de pompe , qui ont été fondus & moulés
comme on l'a dit ci-deffus, confifte en un arbre vertical ,
d'environ un pied d'équarriffage , auquel on a fixé un rouët
de neuf pieds de diametre , dont la furface fupérieure eft
de niveau au terrein. La furface inférieure eft armée de
dents qui engrainent dans une lanterne d'environ deux
pieds de diametre ; un des tourillons ou axes fe prolonge
fuffifamment pour fervir de foret : il nous parut avoir feize à
dix-fept pieds de longueur.

On fixe à l'extrêmité de cet axe une petite roue ou efpece
de cilindre de fer , proportionné au diametre du tuyau ou
cilindre qu'on veut forer. Cette petite roue a plufieurs entailles tout autour , dans lefquelles on met des efpeces de
petits cifeaux d'acier , qu'on y fixe avec des coins de fer.
On ôte ces cifeaux quand on veut , pour les aiguifer fur
une meule , placée tout auprès. Au deffus du rouet , on a
fixé , à l'arbre vertical , un bras de lévier de huit pieds de

E e

long , auquel on attele un cheval , quand on veut faire mouvoir la machine.

Pour lors on place la piece qu'on veut forer fur un chaffis , que l'on peut avancer & reculer à volonté. A cet effet il y a un arbre vertical ou treuil , efpece de cabeftan dans lequel on paffe un lévier. Par le moyen d'une corde fixée au chaffis & qui paffe fur une poulie placée fous la lanterne , un homme , appliqué au lévier , enveloppe la corde fur le treuil & fait ainfi avancer le chaffis avec le corps de pompe, à mefure que le foret fait du progrès dans la piece que l'on fore. Deux hommes fuffifent pour cette opération. L'un dirige le foret , & l'autre tourne le bras du lévier. Le même qui dirige a foin de faire avancer ou arrêter le cheval , fuivant les circonftances.

MANUFACTURES EN FER ET ACIER.

A Deux , trois & quatre milles de Newcaftle , il y a plufieurs manufactures en fer & en acier , qui font à peu près femblables pour les ouvrages qu'on y fabrique. Elles différent pour quelques opérations particulieres , comme la converfion du fer en acier , & la fabrication des limes , qui ne font pas autant répétées que les ouvrages en fer.

Le lieu principal où font ces différentes manufactures , fe nomme *Svval-vveell*. Il eft fitué à trois milles de Newcaftle, en remontant la riviere de Tyne.

Manufactures en fer.

Il y a à *Svval-vveell* plufieurs fourneaux de reverbere , femblables à ceux qui font à Newcaftle , pour fondre la gueufe de fer & la jetter en moule. L'opération eft abfolument la même & on y coule les mêmes ouvrages. On y voit une affinerie pour y affiner la gueuse de fer & en faire du fer forgé.

Cette affinerie, ainsi que l'opération par laquelle on obtient du fer forgé, sont absolument semblables à celles de France & d'Allemagne ; on y emploie également le charbon de bois. Le foyer a deux soufflets de cuir simple. Les gueuses qu'on affine se tirent d'Ecosse & d'Amérique, auxquelles on ajoute de vieilles fontes de fer, comme pots, marmites cassées, & les rognures des différens ouvrages en fer forgé, qu'on fait sur les lieux. On achete aussi de vieilles ferrailles, pour mettre dans le mêlange.

On obtient de cette façon du fer forgé d'une assez bonne qualité pour différens ouvrages, mais qui n'a pourtant rien de comparable à celui de Suéde, dont on fait une grande consommation dans ces différentes manufactures.

Près du foyer de l'affinerie, il y a un gros marteau pour forger la gueuse affinée : on dit qu'il pese environ six cents livres. Il est mû par un arbre de quatre pieds de diametre, y compris une doublure de demi pied qui l'entouré. Il n'y a que quatre mentonnets, qui levent le marteau par devant, comme cela est d'usage dans toutes les forges.

On fabrique des ancres à *Svval-vveell*, de la même façon qu'à *Cône*, & toutes sortes de gros ouvrages en fer, comme de grosses chaînes pour attacher l'ancre des vaisseaux de guerre. Nous y avons vu des anneaux de trois pieds de diametre dans l'intérieur, & qui pesent jusqu'à deux cents cinquante livres chacun.

Il y a une réfenderie pareille à celles qui sont à Saint Chaumont dans le Forez ; mais le fourneau pour y chauffer le fer, est une espece de reverbere. Il n'y a qu'une seule porte devant ce fourneau, laquelle a paru avoir quinze pouces de hauteur, sur un pied de large. C'est par cette porte qu'on met le charbon & le fer dans le fourneau. Un

peu au deſſous du niveau du ſol du terrein du fourneau ;
il y a une grille de fer, au deſſous de laquelle eſt un cendrier, qui communique derriere le fourneau, par où il prend
de l'air & par où l'on le nettoye, pour en retirer les cendres.
On a conſtruit deux petits murs en briques dans l'intérieur
du fourneau, un de chaque côté de la grille, qui peuvent
avoir deux pieds & demi de large, & cinq à ſix pieds de
long, qui eſt la profondeur du fourneau. Ces murs s'élevent
de huit à dix pouces au-deſſus du ſol du fourneau ; ils ſervent à ſoutenir les bandes de fer qu'on y met en travers
pour les chauffer ſeulement à la flamme du charbon, qui ſe
met en deſſous ſur la grille.

Deux grandes roues, mues par l'eau, font mouvoir la
réfendérie. Le fer très-rouge, en ſortant du fourneau, paſſe
entre deux cilindres qui applatiſſent en allongeant la barre
de fer, qu'un ouvrier dirige avec une tenaille, pour la faire
paſſer tout de ſuite entre les deux cilindres coupants, qui
les diviſent en cinq branches ou tringles.

Lorſqu'on veut faire du fer plat, par exemple de la *tôle*,
on change les deux premiers cilindres, on en met à leur
place de plus gros & de plus longs.

On fabrique encore à *Svval-vveell*, toutes ſortes de petits
ouvrages en fer. On y fait beaucoup de poëles pour les
cuiſines, des outils de toute eſpece en fer & en acier pour
travailler la terre, les pierres & le bois. Pour leur donner
une eſpece de poli, on a une meuliere à peu de diſtance
des manufactures, ſemblables à toutes celles qui ſont aux environs de *Saint Etienne en Forez*. Elle eſt compoſée d'une
grande roue, à l'arbre de laquelle on a fixé un grand rouet,
dont les dents engrainent dans deux lanternes, une de chaque côté. L'axe de chaque lanterne eſt fort long, & paſſe
dans le milieu d'un gros tambour de bois, auquel il ſert

également d'axe. Ces tambours font enveloppés d'une groffe courroye , qui répond à trois poulies , dont chacune fait mouvoir une meule. Ainfi chaque meuliere eft compofée de fix meules, dont la vîteffe eft en raifon des diametres de la roue , du rouet , des tambours & des poulies.

CONVERSION DU FER EN ACIER,

PAR LA CÉMENTATION.

NOus avons joint à ce Mémoire le deffein du fourneau qui fert à faire cette converfion, mais pris feulement à vue. (*) Il y a à Newcaftle des fourneaux de différentes grandeurs, mais tous à peu près dans les mêmes proportions. Le corps de maçonnerie qui compofe celui qui fert à la cémentation du fer , nous a paru former un quarré long ; il eft entiérement traverfé par une grille de fer, à peu près placée à la hauteur du niveau du terrein, & de vingt pouces de largeur : le cendrier eft au deffous. Environ un pied quatre pouces au deffus de la grille, il y a de chaque côté une place pour conftruire des caiffes dans lefquelles on met le fer.

A cet effet , on pratique dix canaux de chaque côté ; c'eft fur ces canaux qu'on forme la caiffe ou creufet qui doit contenir le fer , elle eft conftruite en pierres de grais qui réfiftent au feu, & qu'on lie enfemble avec de l'argile qui s'introduit dans les joints.

Les dimenfions intérieures des creufets paroiffent être de dix pieds & demi de longueur , deux pieds quatre pouces de largeur, & deux pieds fix pouces de profondeur. La flamme peut circuler tout au tour des creufets. Leurs côtés font foutenus par différens murs qui leur donnent toute la folidité

(*) *Voyez* la Pl. VII, fig. 1, 2, 3 , 4 , 5 , & l'Explication.

néceffaire pour réfifter au poids du fer , à la violence & à
la continuité du feu. Les caiffes , ainfi que l'intérieur du
fourneau , font recouvertes ou enfermées fous une voute qui
concentre la chaleur : la fumée & la flamme font obligées
de paffer par huit cheminées pratiquées à cet effet. Le total
du fourneau fe trouve fous une cheminée principale , conftruite de briques en forme de pain de fucre.

Le feul & unique fer qu'on ait trouvé propre pour la converfion en acier, eft le fer de Suéde. On a fait beaucoup
d'expériences fur le fer fabriqué en Angleterre, mais on n'a
jamais pu obtenir un acier d'auffi bonne qualité.

On employe différents fers de la Suéde, lefquels, fuivant
leurs différentes qualités, font varier les prix de l'acier, parce
qu'ils ont eux-mêmes différentes valeurs.

Les dimenfions des barres & bandes de fer dont on fait
ufage, ne font pas les mêmes. Il y en a de quarrées ; plus
communément elles ont depuis un pouce & demi jufqu'à
deux pouces & demi de large , & de quatre jufqu'à fept
lignes d'épaiffeur. On coupe ces bandes de fer de la longueur de la caiffe ou creufet. On fait entrer dans chaque
caiffe , depuis cinq jufqu'à treize tonnes de fer , dont chacune
pefe vingt-un quintaux de cent douze livres poids d'Angleterre. Ainfi on convertit à la fois dans les deux caiffes ou
dans chaque fourneau dix tonnes , ce qui fait depuis vingt-
trois jufqu'à vingt-huit milliers pefant.

On emploie uniquement le pouffier de charbon pour la
converfion du fer en acier, & l'on ne fait ufage ni d'huile,
ni de fel. On a dit que les caiffes ou creufets étoient faites
de pierres de grais taillées. Quand on veut introduire le fer
dans ces caiffes , l'ouvrier prépofé pour ce travail, entre dans
le fourneau ; on lui fait paffer les barres de fer par les trous
ménagés aux extrêmités : qui font les mêmes par où entre la
flamme, mais dont la partie extérieure eft bouchée pen-

dant l'opération. Il prend de la charbonnaille de charbon de bois, telle qu'on peut l'avoir après avoir passé le charbon par un crible grossier ; & après l'avoir un peu humectée, il en fait un lit dans le fond de la caisse, sur lequel il met un rang des bandes de fer dont il a été parlé ci-dessus : elles sont coupées communément de la longueur du creuset. On y met aussi des morceaux de différentes longueurs, tels qu'on les a ; mais on les arrange de façon qu'ils ne puissent pas se toucher, & qu'ils soient toujours séparés par du poussier de charbon.

Le premier rang est recouvert totalement avec un lit de demi pouce d'épaisseur de la même charbonnaille, sur lequel on arrange un nouveau rang de bandes de fer. On continue ainsi successivement jusqu'à ce que le creuset soit plein. Le dernier rang est recouvert de poussier de charbon, par dessus lequel on met un lit de sable, pour couvrir entierement la surface, afin de concentrer le phlogistique dans l'intérieur de la caisse, & qu'il ne puisse être réduit en cendres par la combustion.

Le sable qu'on emploie est un sable ordinaire, mais humide. S'il étoit sec, il faudroit l'humecter. On le joint bien ; on en forme un dos d'âne qui s'élévent au dessus des côtés des creusets, de façon que dans son milieu il peut avoir dix pouces d'épaisseur. Lorsque le fer est mis dans les creusets, on prépare le fourneau comme il suit, avant que d'y mettre le feu.

Les barres de fer, qui composent la grille du fourneau & qui sont fixées dans la maçonnerie, sont fort distantes les unes des autres, & par conséquent ne pourroient contenir le charbon ; on arrange pardessus d'autres barres sur toute la longueur de la grille ou *chauffe*. On les place aussi fort près les unes des autres, pour retenir le charbon : après quoi on fait une maçonnerie en brique, à chaque extrêmité de la grille, pour en boucher les deux grandes ouvertures

& en former à chaque endroit une de dix pouces de haut feulement , fur fept à huit pouces de large , à la hauteur de la grille : elles fervent de portes pour mettre le charbon fur la grille. On les ferme avec une plaque de fer de la grandeur de l'ouverture , que l'on y applique & qu'on ôte à chaque fois qu'on veut attifer le feu & le remuer pour en faire tomber les cendres ; ce qui fe pratique affez fouvent à l'aide des ringards de fer très-longs. On ôte auffi la porte quand on veut remettre du charbon dans le fourneau.

C'eft ordinairement le lundi au foir qu'on met le feu au fourneau, on l'entretient très-violent jufqu'au famedi fuivant au foir ; c'eft le temps qu'il faut ordinairement pour l'opération , lorfqu'il n'y a que dix tonnes de fer dans le fourneau ; car, lorfque le fourneau en contient douze ou treize , on met le feu le dimanche au foir. Mais pour être plus fûr que le fer eft bien cémenté ; il y a certains fourneaux où l'on ménage un trou à une des extrêmités , ainfi qu'à chaque caiffe, au moyen duquel on en retire une barre , lorfqu'on juge qu'elles ont été affez cémentées. L'habitude fait que l'ouvrier connoit à la couleur & aux bourfouflures de la furface, fi l'acier eft au point qu'il doit être. L'ufage de retirer une barre d'acier n'eft pas général.

Lors donc qu'au bout de cinq jours & cinq nuits , d'une chaleur non interrompue , le fer a été reconnu pour être entiérement converti en acier , on démolit la maçonnerie qui a été faite aux deux extrêmités du fourneau , pour y pratiquer des portes ; afin d'accélérer le réfroidiffement, on retire les barres de fer qu'on a mifes fur la grille, pour retenir le charbon, qui tombe alors dans le cendrier ; on ouvre auffi les quatre ouvertures , qui font bouchées pendant l'opération. Malgré cela il faut encore au moins une femaine entiere pour que les barres d'acier foient entiérement froides : on ne les retire jamais qu'elles ne le foient.

Alors

Alors le même ouvrier, qui a mis les barres dans les caiſſes, y entre de nouveau & les fait paſſer par les trous qui ſont aux extrêmités; elles ſont reçues par un ouvrier qui eſt au dehors.

Deux hommes ſuffiſent pour la conduite de cette opération; on leur donne quatre ſchelings par tonne pour leur travail. On prétend qu'on brûle dans cette opération ſeize à dix-huit *fodders* de charbon, chaque *fodder* peſe environ ſeize quintaux de cent douze livres, & coûte quatre ſchelings. On a obſervé que le fer ne ſouffre ni augmentation ni diminution de poids, dans ſa converſion en acier.

On vend très-peu d'acier tel qu'il ſort du fourneau, on le nomme *acier bourſouflé*, ſon prix eſt de vingt-ſix à vingt-huit ſchelings le quintal, de cent douze livres. Pour le débit général on lui fait ſubir une autre opération toute ſimple, on le forge à un martinet, & l'on réduit les bandes de fer en un quarré de ſept à huit lignes, & d'une longueur indéterminée; enſuite on le laiſſe refroidir à l'air, ſans le tremper dans l'eau. Cette opération a ſans doute pour objet de reſſerrer les pores, car la caſſure de l'acier, au ſortir du fourneau de cementation, a des facettes très-larges & reſſemble à un mauvais fer caſſant, plutôt qu'à de l'acier. Le grain en eſt très-différent, lorſqu'il a été forgé, il acquiert celui de l'acier commun d'Allemagne.

En cet état on le nomme *acier commun*. On l'emploie à faire des limes, des ſcies, des ciſeaux, des couteaux, &c. On en envoie une très-grande quantité dans pluſieurs provinces d'Angleterre, ſur-tout à Sheffield & Bermingham. On le vend depuis trente juſqu'à trente-deux ſchelings le quintal, de cent douze livres

Comme les extrêmités des barres convertis en acier, ont ordinairement des pailles & font un acier moins parfait, on les coupe pour les forger *en paquets*. On nomme cet acier

acier doux, il s'emploie, en le foudant, à l'extrêmité des outils dont on fe fert pour travailler la terre.

Acier d'Alle-
magne.

Le même acier obtenu par la cémentation, peut devenir plus parfait par une feconde opération, qu'on nomme *réduire en acier d'Allemagne*. Il prend ce nom parce qu'il lui reffemble parfaitement pour le grain & la qualité. On nous a montré une barre d'acier fabriqué en Allemagne, & envoyé de Hollande, pour fervir de modele. Il paroît qu'on eft parvenu à l'imiter parfaitement. La Compagnie qui fait fabriquer cet acier, prétend avoir ôté par là un débouché à l'Allemagne.

Pour faire cette opération, on prend l'acier du fer converti, tel qu'il fort du fourneau de cémentation, on en fait une trouffe compofée de huit, dix ou douze barres; on les chauffe au feu de charbon de terre, on a foin de jetter de temps en temps par deffus, de l'argile feche, pulvérifée, de la même façon qu'on jette du fable pour les foudures en fer, afin d'y concentrer davantage la chaleur, pour les fouder enfemble plus facilement. L'expérience a appris que l'argille eft préférable au fable, lorfqu'il eft queftion de fouder l'acier, mais que le fable vaut beaucoup mieux pour fouder le fer.

Lorfque le paquet eft bien chaud, on le porte fous le marteau pour le fouder, l'étendre & le forger dans les proportions que l'on demande. On n'en fabrique ordinairement que par commiffion, foit pour l'Angleterre, foit pour l'Etranger. Ce procédé eft abfolument le même que celui qui eft en ufage en Styrie, pour fabriquer l'acier plus parfait.

Acier fuperfin.

Certains forgerons en Angleterre, pour avoir un acier fuperfin, & qui fe vend à raifon de vingt fols la livre, lui font fubir deux autres opérations; mais ils n'emploient uniquement que du charbon de bois, pour réduire d'abord l'acier de cémentation en acier d'Allemagne. Ils font enfuite cémenter l'acier d'Allemagne de la même façon que le fer; le forgent de nouveau en trouffe, comme on l'a dit ci-devant, mais au feu de charbon de bois.

On nous a dit auffi que dans la partie méridionale de l'Angleterre, on prend de vieilles limes, ou autres vieux ouvrages en acier, ou de l'acier bourfoufflé, coupé en morceaux, & qu'on les met dans un creufet, avec un flux dont on fait myftere. On prétend que chaque ouvrier a le fien particulier. On place ces creufets dans un fourneau pour y fondre l'acier. Un particulier avoit entrepris cette opération, à deux milles de cette ville ; mais il a mal fait fes affaires.

Acier fondu.

Quant à la maniere de tremper l'extrêmité des outils fabriqués pour travailler le bois & la terre, c'eft-à-dire la partie où l'on a mis de l'acier, on a un fourneau d'environ deux pieds de long intérieurement, lequel reffemble beaucoup à un fourneau de liquation, mais dont les plans fupérieurs font horizontaux. Il y a une grille de fer entre les deux murs, fur laquelle on met le charbon ; la flamme reffort par l'ouverture qui eft entre les deux plans ; elle peut avoir deux pouces & demi à trois pouces de large, fur toute la longueur du fourneau. Lorfque le fourneau eft bien chaud, on range l'extrêmité des outils tout le long de l'ouverture, & on les recouvre de menus charbons. On en chauffe ainfi beaucoup à la fois, fans avoir befoin de foufflet. Quand ils font affez rouges, un ouvrier les trempe dans l'eau.

Pour parvenir à imiter les Anglois & leurs procédés, fur la converfion du fer en acier, l'on doit, avant de former un établiffement en grand, s'affurer par des effais répétés, de la réuffite qui dépend effentiellement de la qualité des fers que l'on voudra cémenter. Pour cet effet, je joins ici le deffein d'un fourneau d'épreuve, tel qu'il a été conftruit dans le fauxbourg St. Antoine à Paris, & dans lequel j'ai fait cémenter de l'acier avec fuccès. Voyez la Planche VIII, & l'explication ; voyez auffi ce qui eft dit fur ce procédé, dans le douzieme mémoire.

MANUFACTURE DE LIMES.

Dans l'endroit nommé *Winlington-Miller*, il y a plufieurs manufactures femblables à celles de Swalwell, pour le fer & & l'acier. De plus, on y fabrique une grande quantité de limes.

Pour cette fabrication on emploie l'acier forti de la cémentation forgé au martinet, & réduit en ce qu'on nomme *acier commun*. C'eft avec cet acier qu'on forge les limes de la grandeur & épaiffeur qu'on veut, en obfervant de les laiffer réfroidir fans les tremper dans l'eau ; mais pour qu'elles foient encore plus tendres pour la taille, les uns les mettent tout uniment, pendant la nuit, dans une grille avec un feu de charbon de terre : d'autres les mettent dans un petit fourneau de reverbere, qui confifte en une place pour mettre l'acier deftiné pour les limes, au deffus de laquelle il y a une cheminée. On place un petit fourneau à vent de chaque côté, pour y faire du feu avec le charbon de terre. On chauffe l'acier dans ce fourneau pendant fept à huit heures; après quoi on polit chaque piece fur la meule.

L'acier ainfi poli, forgé & attendri, eft livré aux tailleurs qui le pofent fur une piece de plomb plate, pour tailler le côté arrondi. La plaque de plomb, fur laquelle on pofe la lime pour tailler l'autre côté, eft un peu creufe ; elle reçoit l'impreffion de la lime, du côté qui a été taillé fans l'endommager. La lime eft attachée fur la plaque de plomb, par fes deux extrêmités, avec des morceaux de cuir, fixés au banc, fur lequel les ouvriers travaillent.

On taille les limes avec un cifeau proportionné à la qualité des limes qu'on veut avoir : on frappe deffus avec un mar-

teau un peu recourbé du côté du manche. Il y a des ouvriers
de tout genre pour chaque efpece de limes , même des
petits garçons de dix à douze ans , ce qui fait juger que
cela n'eft pas bien difficile. Tout l'art confifte à favoir tenir
le cifeau dans la même inclinaifon , ce qu'on acquére par
la pratique , de même que de le placer juſte & fort vîte.

On a effayé plufieurs fois de faire des machines ou moulins à tailler des limes , fans avoir jamais pû réuffir. On en
a un exemple tout récent à peu de diftance de cette Ville.
Quant à la méthode de tremper les limes , elle mérite
attention.

Le charbon dont on fait ufage pour tremper les limes , Trempe des Limes.
fubit préalablement une opération pour le priver de fon
bitume. On le réduit en une efpece de *cinders* , dont nous
avons vû provifion dans la forge. Ces *cinders* ne reffemblent
aucunement à celles que l'on prépare à Newcaftle , & dont
on a donné le procédé. On nous a dit qu'on préparoit ces
cinders , qui font très-poreufes , très-legéres & plus noires
que celles de Newcaftle , fur le même foyer de la forge
qui fert à chauffer les limes pour les tremper , & cela eft
vrai. C'eft un charbon que l'on a chauffé lentement , de façon
qu'il s'eft bourfouflé & a formé une efpece d'éponge en per-
dant fon bitume. Ce qu'il y a de certain , c'eft qu'en le
brulant , il paroît ne pas donner de fumée & moins de
flamme que le charbon de bois.

Lorfqu'on a une certaine quantité de limes taillées , on
les tranfporte à la forge , où l'on a un baquet plein de lie
de bierre , dans laquelle on les trempe jufqu'à ce que toute
la furface en foit bien mouillée. On les paffe enfuite fur un tas
qui reffemble à du fable groffier & qu'on nous a dit être
compofé de fel marin & de cornes de pieds de vaches brulées
& pilées groffiérement.

Quand donc les limes ont été trempées dans de la lie

de bierre, on les paſſe ſur le tas de ſel & de corne brulée, pour en enduire toute la ſurface, afin de préſerver du feu les entailles des limes, ainſi que pour donner de la dureté à l'acier. Alors on range ces limes ſur une barre de fer placée devant une grille, dans laquelle il y a un feu de charbon; on ne les approche du feu qu'autant qu'il faut pour que l'humidité des limes, puiſſe s'en évaporer lentement & laiſſer la compoſition très-adhérente à leur ſurface. A meſure que les limes ſont ſéches, on en porte pluſieurs à côté du foyer où il y a une petite planche, ſur laquelle eſt un petit tas de la compoſition ci-deſſus : on met ſur le foyer, du charbon préparé comme on l'a dit, & l'ouvrier fait agir le ſoufflet.

Lorſqu'il eſt allumé, le même ouvrier prend une des limes, la met dans les charbons, mais un peu éloignée du ſoufflet, pour éviter la trop grande chaleur. Il la retire peu après, pour la replacer ſur un plus grand feu, où il peut la voir & juger par ſa couleur, du dégré de chaleur.

S'il apperçoit que le feu l'a déformée, ce qui arrive fort ſouvent, il la retire & frappe deſſus, à petits coups, avec un marteau de bois pour la redreſſer; s'il voit qu'il manque de la compoſition ſur certaines parties, il les applique ſur le tas de matiere qui eſt ſur la planche; elle s'y attache auſſitôt. Il remet la lime dans le feu, & lorſqu'elle a acquis le dégré de chaleur qu'il déſire, lequel nous a paru un rouge de cériſe, il la retire du feu, & trempe perpendiculairement la partie qui eſt taillée dans une caiſſe d'eau froide, dont il renouvelle l'eau à volonté.

On retire la lime quand elle eſt froide pour la mettre dans une autre petite caiſſe pleine d'eau. Lorſqu'on ſort la lime du feu pour la mettre dans l'eau, elle donne beaucoup de fumée, ainſi on peut conjecturer qu'il y reſte encore de la matiere.

Les limes étant trempées dans la petite caisse, sont retirées pour être nettoyées avec une forte brosse & du sable fin. Lorsqu'elles sont bien nettes, on les jette encore dans une caisse pleine d'eau, où l'on a délayé une argile blanche : on les y laisse jusqu'à ce qu'on veuille les porter au magasin pour les emballer. L'enduit d'argile sert à les préserver de la rouille, jusqu'à ce qu'on les sèche & nettoie bien avant que de les frotter d'huile, pour les préserver également de la rouille dans le transport.

On fabrique dans ce seul endroit deux cents douzaines de limes chaque semaine. Nous n'en avons vu fabriquer que d'une grandeur moyenne ; nous parlerons dans la suite d'une autre manufacture, où nous en avons vu tremper de très-petites.

FABRIQUE DE SCIES.

On fabrique, dans le même endroit, toutes sortes de scies pour scier à bras d'hommes & à l'eau, soit pour le bois, soit pour les pierres.

Pour cela on prend le même acier commun, dont on se sert pour la fabrication des limes ; on l'étend à bras d'hommes sous le marteau : ils étoient quatre pour celles que nous avons vu forger ; au nombre desquels étoient deux jeunes garçons de quinze à seize ans. Ils avoient chacun un marteau dont le poids ne passe pas quatre à cinq livres. Ils ne chauffent l'acier que d'un rouge de cérise & l'étendent à petits coups, ce qui le trempe assez pour les scies, sans avoir besoin de le mettre dans l'eau.

Fabrique de Scies.

Quand l'acier est forgé comme on le désire, on le porte à la meuliere pour le polir sur les meules, avant de le tailler ou de le couper. On taille, on coupe les scies avec un *emporte-pièce* bien trempé : c'est une espece de ciseau qui entre dans un trou de la même grandeur & forme que le ciseau, & qui a une entaille de la grosseur dont doivent être les dents de la scie. On en a de différentes pour chaque qualité de scie. L'ouvrier avec un marteau, donne un coup sec sur le ciseau, qui emporte la petite piece qui forme le vuide entre chaque dent. Ce ciseau est relevé aussitôt par un ressort qui est par-dessous ; de sorte que l'ouvrier n'a qu'à pousser la scie & à frapper avec un marteau. L'habitude fait qu'il va fort vîte. Les scies s'éguisent ensuite à la lime.

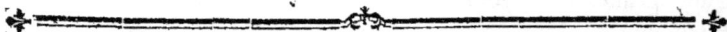

AUTRES MANUFACTURES.

Autres manufactures de fer, acier & limes.

A deux milles de la Ville de Newcastle, il y a une manufacture où l'on fait à peu près les mêmes ouvrages en fer, dont on a parlé ci-devant. De plus, on a un fourneau de reverbere, dont le feu de la chauffe est agité par le vent d'un soufflet. Ce fourneau sert à chauffer de vieilles mitrailles de fer, pour les souder ensemble & les forger en barres. A cet effet, on a des especes de briques rondes, d'environ huit pouces de diametre, sur lesquelles on range toutes sortes de petits morceaux de vieux fer, en forme de pain de sucre. On met ces briques ainsi chargées dans le fourneau de reverbere ci-dessus. On les chauffe jusqu'à ce que le fer ait acquis une chaleur capable d'être forgé & de se souder ensemble en une seule masse ; alors on le porte sous le marteau.

Nouveau fourneau de cémentation.

Les mêmes entrepreneurs ont fait un fourneau d'une nouvelle construction, pour cémenter le fer & le convertir en acier. Ce n'est autre chose qu'une caisse en pierre, sous laquelle

laquelle on fait du feu comme fous une chaudiere ; mais ils n'en font plus d'ufage, on l'a reconnu mauvais en tout point.

C'eft dans cette fabrique qu'on fait & trempe de petites **Petites Limes.** limes douces & autres, pour lefquelles on emploie l'acier commun de la meilleure qualité. Lorfqu'on fait de petites limes pour les horlogers, on emploie le meilleur acier, réduit en ce qu'on nomme *acier d'Allemagne* ; nous en avons parlé plus haut.

Les petites limes fe font de même qu'à Winlington-mill ; mais l'opération de les tremper eft un peu différente. On a de la lie de bierre fort épaiffe ; peut-être y a-t-il autre chofe de mêlé, car elle reffemble à de la boue. On les paffe dans dans cette boue pour en enduire toute la furface, & de-là fur un petit tas de fel commun fans mélange, lequel eft comme un fable groffier, dont les limes s'enveloppent entiérement, puis on les pique, par le côté du manche, dans une planche ; lorfqu'elle en eft garnie, on la met devant le feu, afin que les limes puiffent s'y fécher, après quoi on les porte à la forge.

On emploie des *cinders* préparées comme celles dont on fait ufage à Winlington-mill, mais réduites en plus petits morceaux, gros à peu près comme une noifette. On en met devant le foufflet, & pardeffus un vieux pot ou poële de fer, de façon que cela faffe une petite voute. Le pot eft recouvert avec un peu de *cinders*. C'eft fous cette petite voute & fur les *cinders* qu'on met trois, quatre, cinq & jufqu'à fix petites limes à la fois.

L'ouvrier doit être fort attentif à examiner le dégré de chaleur, pour qu'elles ne fe déforment pas. Il les retourne de temps en temps ; à mefure qu'il en voit une qui a la couleur de cérife, il la retire & la trempe perpendiculairement dans un feau d'eau froide, où l'on nous a dit qu'il y avoit

Gg

auſſi de la lie de bierre & du ſel ; mais nous en doutons ; car l'eau nous a paru très-claire. Nous y avons trempé la main & l'avons goûtée, nous lui avons trouvé un petit goût ſalé ; il ſe peut que le goût de ſel vienne des limes qu'on y trempe & qui en conſervent à leur ſurface, ou peut-être y en fait-on réellement diſſoudre.

On nous a dit qu'on ne ſe ſervoit jamais de ſalpêtre. On n'emploie point la corne brulée dans cette fabrique, & l'on nous a aſſuré que le ſel marin étoit la principale choſe pour donner de la dureté à l'acier.

DOUZIEME MEMOIRE.

SUR QUELQUES MINES DE CHARBON,

des *Forges de fer*, & *plusieurs autres Établissements utiles d'Angleterre. Année 1765.*

FORGES ET MINES

DU DUCHÉ DE CUMBERLAND.

FORGES DU LIEU NOMMÉ CLIFTON-FURNACE.

ENTRE la ville de *Cockermouth* & celle de *White-Haven*, on trouve une forge pour le fer coulé, dans un lieu nommé *Clifton-Furnace*; on y fond à peu près les mêmes minérais qu'à *Carron* en Écosse, dont nous parlerons dans le Mémoire suivant. (*) Les mêmes especes se présentent à quelques milles aux environs, sur-tout des pierres roulées sur le bord de la mer, sorte de minérai qu'on nomme *pierre de fer, iron-stone.* Cette forge est ancienne; elle a été établie dans cet endroit à cause du voisinage de plusieurs mines de charbon.

La Compagnie a acquis très-peu de terrein, mais le *Royalty* pour une très-grande étendue. Ce droit lui fut disputé, il y

(*) Voyez dans le Mémoire suivant, Forges de *Carron*, près de *Falkire.*

Gg 2

a quelques années , par un particulier très-riche ; le procès fut jugé en faveur des intéressés.

Les opérations font à peu près les mêmes qu'aux forges de *Carron*; cependant elles different en ce que le fourneau eft moins grand, & que la qualité du charbon n'eft pas la même. Comme le charbon de *Clifton-Furnace* ne brûle pas fi aifé-ment que celui de *Carron*, on y rôtit le minérai par un autre procédé. On a des fourneaux à peu près femblables à ceux dont on fait ufage en Angleterre & en France, pour brûler la chaux ou charbon de terre ; on met le charbon & le mi-nerai fucceffivement , & l'on en grille ainfi auffi long-temps que l'on veut.

Charbon réduit en coak.

Quant à la préparation du charbon, pour le rendre propre à la fonte, on la fait comme il fuit. Le charbon fervant à cet ufage dans le pays, eft d'une qualité plus dure, plus compacte, & fur-tout plus bitumineufe que celui de *Carron*; on ne pourroit pas le réduire en *Coacks*, par le même pro-cédé. Il y a deux efpeces de charbon, lefquelles font à peu près le même effet; l'une que l'on nomme *Top-Coal*, parce qu'il fe trouve dans la partie fupérieure de la couche, & l'autre *Felling-Coal*, qui fe trouve au deffous. L'un & l'autre fe con-vertiffent en *Coacks* féparément.

L'opération pour convertir le charbon de terre en *Coacks*, eft à peu près la même que celle pour convertir le bois en charbon. On fait une place ronde, d'environ dix à douze pieds de diametre, que l'on remplit avec de gros charbons, rangés de façon que l'air puiffe circuler dans tout le tas, dont la forme eft celle d'un cône d'environ cinq pieds de hauteur, depuis le fommet jufqu'à fa bafe.

Le charbon étant rangé comme on vient de le dire, on met quelques charbons allumés dans fa partie fupérieure; après quoi on couvre le tout avec de la paille, fur laquelle on met la terre & la poussiere de charbon, qui se trouve tout autour, de façon qu'il y en ait au moins un bon pouce d'épaisseur sur toute la surface.

On a toujours plusieurs de ces fourneaux allumés à la fois. Deux ouvriers sont chargés de tout le travail, l'un pendant le jour, l'autre pendant la nuit. Il faut qu'ils aient attention de voir de quel côté vient le vent, & de boucher les ouvertures, lorsqu'il s'en forme de nuisibles à l'opération, ce qui contribueroit à la destruction des *Coacks*, après qu'elles ont été formées. Elles ne ressemblent point à celles de *Carron*, mais plutôt à des *cinders* très-poreuses. (*)

C'est avec ces *Coacks* que l'on fond à l'ordinaire dans un haut fourneau, les minérais dont il a été parlé. Il y a aussi dans cet établissement deux fourneaux de reverbere, où l'on fond de la gueuse qui vient en grande partie de la Principauté de Galles, où l'on coule toutes sortes de petits ustensiles, comme marmites, &c.

La compagnie ne fait point affiner la gueuse, ne pouvant en fabriquer un bon fer forgé, quoiqu'affinée au charbon de bois. On en a une preuve bien convaincante, en ce que partout où il y a des affineries, on fait venir des gueufes d'Amérique, qui proviennent de fontes au charbon de bois.

(*) Voyez le Suplément à l'*Art du Charbonnier*, dans les cahiers des Arts & Métiers, de l'Académie Royale des Sciences, où ce procédé est plus détaillé.

MINES DE CHARBON
DE WHITE-HAVEN.

WHite-Haven eſt une petite ville très-bien bâtie, ſur les côtes occidentales de l'Angleterre. Son principal commerce conſiſte en charbon de terre. Il y en a pluſieurs mines auprès de la ville & dans ſes environs. Elles appartiennent toutes à un ſimple particulier, qui a le *Royalty*, ou les droits Régaliens, ſur une étendue de pluſieurs milles. Il les fait exploiter pour ſon compte, & l'on prétend qu'elles lui rendent plus de quinze mille livres ſterlings de bénéfice par an.

Depuis le ſommet de la montagne juſqu'au plus profond des travaux de cette mine, il y a environ cent vingt toiſes perpendiculaires. Sur cette profondeur on compte une vingtaine de couches différentes de charbon, mais dont il n'en eſt que trois d'exploitables. Les couches ont toutes leur direction du Nord au Sud, & leur inclinaiſon à l'Oueſt. Leur pente approche beaucoup plus de l'horizontale que de la perpendiculaire ; elle eſt communément d'une toiſe perpendiculaire, ſur ſix à ſept toiſes de longueur.

La premiere des couches exploitables, eſt ſéparée d'environ quinze toiſes d'épaiſſeur de rocher, de la ſeconde. Elle a depuis quatre juſqu'à cinq pieds d'épaiſſeur en charbon un peu pierreux, & d'une qualité inférieure. On n'en extrait que pour l'uſage des poëles où l'on évapore l'eau de la mer, pour en retirer le ſel.

La deuxieme couche a depuis ſept juſqu'à huit pieds d'épaiſſeur ; le charbon y eſt diviſé par deux différentes couches, d'une terre dure & de couleur noirâtre, qu'on nomme *mettle*. Elle eſt très-vitriolique, & fleurit à l'air. La couche ſupérieure de *mettle* a un pied d'épaiffeur, & l'inférieure feulement quatre à cinq pouces. On diftingue cette couche en fix lits, ou fix *ftrata* différents. Le charbon fupérieur fe nomme *laying coal*; la couche de terre noire qui vient enfuite, *banne - mettle*; le charbon qui eft au deffous, *top layer coal*; la feconde couche de terre, *quater coal mettle*; le charbon, *quater coal*; & enfin le dernier lit [de charbon fe nomme *botom layer coal.*

Ces différents charbons varient très-peu en qualité; cependant il y a des endroits plus ou moins pierreux. (*) La troifieme couche eft d'environ vingt toifes plus baffe que la feconde, c'eft la meilleure; elle a dix pieds d'épaiffeur, toute en bon charbon, fans aucun mêlange de *mettle.*

Il arrive affez fouvent des dérangements dans les couches, principalement dans leur inclinaifon. Le Rocher du toit, & fur-tout celui du mur, font monter ou defcendre la couche tout à coup. On voit un endroit où elles font éloignées de quinze toifes perpendiculaires de la ligne horizontale. On nomme ces dérangements *hitch* ou *fmal-trouble*. D'autres fois ils font beaucoup plus confidérables, puifqu'ils coupent les couches, fi ce n'eft entiérement, ils laiffent un petit filet, pour défigner la fuite de la couche. On nomme la partie du rocher, qui fait cet effet, *dyke.*

On eft conduit à la mine par une efpece de galerie, ma-

(*) Dans les montagnes d'Alfton-Moor, Comté de Cumberland, on trouve une autre efpece de charbon, que l'on nomme *crow-coal*; c'eft un charbon fans bitume, mais fulphureux. Les Allemands le nomment *charbon de foufre*; il n'eft pas bon pour la forge, mais excellent pour cuire la chaux, & d'affez bonne qualité pour les appartements parce qu'il maintient long-temps fa chaleur, & ne donne pas de fumée. Il n'y a aucune couche de ce charbon qui foit affez épaiffe pour mériter une exploitation en regle; cependant plufieurs perfonnes en tirent dans trois couches différentes, pour leur ufage & pour cuire de la chaux. Ces couches ont au plus un pied d'épaiffeur.

çonnée avec des briques & de la chaux, pendant les quinze premieres toifes; après quoi on entre dans l'exploitation de la premiere couche de charbon. On la fuit pendant quelque temps, toujours en defcendant & en fuivant la pente de la couche. Enfuite on rencontre la feconde.

Cette exploitation eft extrêmement étendue, puifque depuis l'entrée du jour ou l'embouchure, les travaux font ouverts pendant un mille & demi, ou demi-lieue de France, toujours en fuivant la pente de la couche, c'eft-à-dire en angle droit à la direction. Une partie des ouvrages, où l'on travaille chaque jour, fe trouve, pendant près d'un quart de lieue, entiérement fous la mer; mais il n'y a aucun danger, puifqu'on eftime que les rochers qui font entre l'eau & l'endroit où l'on travaille, ont plus de cent toifes d'epaiffeur.

La méthode, en ufage pour extraire le charbon, eft de fuivre la couche, en angle droit à fa direction, c'eft-à-dire fuivant fa pente. A cet effet les maîtres mineurs tracent avec de la craie blanche, tout le long du toit, une ligne qui fert de guide pour les ouvriers. Il eft de regle de faire communément cette excavation de quinze pieds de large, c'eft-à-dire de couper fept pieds & demi de chaque côté de la ligne tracée. Cet ouvrage fe continue toujours ainfi fur la même dimenfion, toutes les fept toifes & demie, on coupe à droite & à gauche une excavation également de quinze pieds de large; de forte que les piliers de charbon qu'on laiffe pour le foutien de la mine, font de fept toifes & demi en quarré. Cette regle, quoique générale dans cette mine, ne l'eft pourtant que pour les lieux où le rocher du toit eft folide & peut fe foutenir fans étançon. De cette façon, on emploie peu de bois. S'il arrive quelque fois des éboulements, ils ne font pas confidérables, & proviennent toujours du manque de foin de la part des ouvriers.

La

La maniere d'extraire le charbon des couches, eſt à peu près la même par tout ; on excave dans les endroits les plus tendres avec des pics à deux pointes , & l'on déchauffe ainſi le charbon deſſous & de côté , de pluſieurs pieds de diſtance ; enſuite avec des coins de fer & des maſſes , on le détache en gros morceaux.

Les ouvriers ont tant par paniers de charbon , ce qui dépend des endroits où ils travaillent. Ils gagnent en neuf ou dix heures de travail dix-huit à vingt pences , ce qui fait trente-ſix à quarante ſols de France ; mais on leur fait gagner d'avantage dans les endroits qui ſont dangereux par le mauvais air. Preſque tous les ouvriers ſont à prix fait : le moindre prix que l'on donne aux autres eſt d'un ſcheling par jour.

Il y a plus de trente chevaux occupés dans cette mine, ils entrent & ſortent chaque jour par l'ouverture dont il a été fait mention ci-deſſus. Il y a des eſpeces d'entrepreneurs pour cela , auxquels on donne deux ſchelings par jour pour chaque cheval.

Quatre machines à feu élevent les eaux de cette mine ; deux ſont placées ſur un puits qui eſt au bord de la mer; mais comme la couche a ſon inclinaiſon du côté de la mer, & qu'il a été inpoſſible de placer un puits à l'endroit le plus bas, on eſt obligé d'élever les eaux dans les puits des machines à feu. Pour cela on ramaſſe dans des réſervoirs faits en briques avec un corroi par derriere , les eaux qui ſe trouvent dans les ouvrages les plus élevés. Elles ſont conduites ſur une roue , qui , à l'aide d'une manivelle triple , de poulies & de chaînes , fait mouvoir trois pompes pour élever celles d'un puits; elles s'écoulent avec celles qui font tourner la roue dans un autre puits où il y a une machine à feu. Il faut encore élever les eaux qui ſe raſſemblent dans les ouvrages les plus profonds où l'on travaille chaque jour , en

Hh

fuivant l'inclinaifon de la couche , on s'y prend de la maniere fuivante.

On a pratiqué dans plufieurs endroits où la pente eft bien réglée & où le rocher du toit eft bien folide , deux chemins faits avec des bois femblables aux routes qu'on pratique fur la furface de la terre pour charrier le charbon ; mais ces routes font moins larges : elles font faites pour des chariots à quatre roues , qui ne font autre chofe qu'une caiffe bien fermée & plus élevée fur le derriere que fur le devant , en raifon de l'inclinaifon de la couche , fur le mur de laquelle font pratiquées les routes. Enfin ils font conftruits de façon que la partie fupérieure eft toujours horizontale : elle eft bouchée exaêtement pour que l'eau qu'on charrie dans les chariots ne puiffe fe perdre en route. Il y a une foupape dans le fond de la caiffe , qui s'ouvre aifément par un petit varlet placé au deffus du couvercle , comme on le dira ci-après.

A l'extrêmité de la route , dans fa partie fupérieure , il y a une machine à moulette placée dans la mine , de laquelle , par le moyen de poulies de renvoi , eft conduite une groffe corde dans le milieu de chaque route , fupportée tout du long par de petits rouleaux de bois : il y a deux chevaux à la machine à moulette qui remontent ces chariots , fur une diftance d'environ deux cents toifes plus ou moins , fuivant les endroits. Un ouvrier qui eft à l'extrêmité inférieure de la route , où fe raffemblent les eaux , les éleve , à l'aide d'une pompe à bras , dans une grande caiffe , à laquelle il y a un robinet pour les faire écouler dans la caiffe du chariot lorfqu'il eft arrivé à cet endroit. Quand le chariot eft plein d'eau , l'ouvrier fouffle dans un cornet , dont le fon peut être entendu de l'endroit où eft la machine à moulette. Le petit garçon qui conduit les chevaux , les fait marcher alors &

remonte ainſi un chariot plein d'eau , pendant que l'autre deſcend. Lorſque ce chariot eſt près de l'endroit où doit s'ouvrir la ſoupape , il rencontre un bois qui , à l'aide d'une petite corde , met en mouvement une ſonnete placée dans l'endroit où ſont les chevaux , leſquels s'arrêtent auſſitôt : le petit garçon les conduit alors doucement , & il faît le nombre de pas qu'ils ont encore à faire , pour que le chariot arrive à l'endroit où il doit ſe vuider. Au deſſus de la caiſſe où eſt l'échappement de l'eau , il y a un petit rouleau de bois : lorſque le chariot eſt arrivé à cet endroit , le varlet de la ſoupape rencontre le rouleau , qui fait faire baſcule au varlet & ouvre la ſoupape : les chevaux s'arrêtent & le chariot ne va pas plus avant. Il y a un fer fourchu traînant , qui ſe fixe en terre au recul du chariot ; mais pour plus de ſureté , une eſpece de barriere arrête le chariot à cet endroit & avertit les chevaux , leſquels vont très-doucement du moment qu'ils ont entendu la ſonnette. Le petit garçon , qui conduit les chevaux , vient à l'endroit où eſt le chariot pendant qu'il ſe vuide , pour relever la barre de fer & la mettre ſur un crochet. Il attend là que l'autre chariot ſoit plein , il en eſt averti par le ſon du cornet ; pour lors il retourne à ſes chevaux , les fait marcher dans un ſens contraire , & remonte l'autre chemin , pendant que celui-ci deſcend.

Dans les endroits où l'on travaille , on a des chariots compoſés de deux caiſſes , l'une pour voiturer de l'eau , & l'autre pour mener du charbon. On en a auſſi pour voiturer le charbon ſeulement.

Dans les lieux où l'on travaille ſur la direction de la veine , on a pratiqué des chemins avec des bois pour rouler des chariots à quatre roues , ſur leſquels on met les paniers. Des chevaux les conduiſent ſous les puits pour être élevés au jour. Tout le charbon s'éleve par des puits d'une couche à l'autre : il y a plufieurs machines à moulettes bâties pour cela dans la mine. Il y a auffi des endroits où il n'y a pas encore de routes de faites, & où l'on met les paniers de charbon fur des traineaux ; & fuivant le local & la diftance, ils font traînés par des hommes, ou par des chevaux.

MINES DE WORKINGTON.

LA Ville de *Workington* eft environ à huit milles de *White-haven*. On exploite plufieurs mines dans les environs : celle qui en eft la plus voifine appartient à un fimple particulier, qui en a acheté depuis peu de tèms, le fond & le *Royalty*. On n'exploitoit qu'une veine, lorfqu'il en fit l'acquifition. Il s'eft avifé d'approfondir, & en a rencontré fix qui font exploitables, à peu près à neuf à dix toifes diftantes les unes des autres. La fupérieure a feulement deux pieds trois pouces d'épaiffeur : c'eft la moindre épaiffeur qui puiffe mériter l'exploitation dans ce pays. Les autres font toutes plus épaiffes. Il y en a une qui a jufqu'à fept pieds d'épaiffeur ; mais dans laquelle il n'y a pas plus de quatre pieds de charbon : elle fe trouve féparée par deux lits de la terre noire, qu'on nomme *mettle*, dont il a été parlé plus haut. Cette terre eft extrêmement vitriolique. J'en ai vu un tas qui a effleuri & s'eft échauffé au point qu'il a pris feu : il en fort une fumée qui fe condenfe en foufre dans les ouvertures par où elle fort. La derniere couche, qui eft à foixante toifes perpendiculaires dans l'endroit du puits de la machine, à quatre pieds d'épaiffeur, c'eft du charbon pur & d'une très-bonne qualité.

Mouffete ou mauvais air dans ces mines. On nomme le mauvais air de ces mines, *faul-air* en Angleterre. Les mines de *White-haven* & celles de *Workington* ont été fujettes de tout temps à un mauvais air, qui a

couté la vie à un très-grand nombre d'ouvriers. Un mois
& demi avant mon arrivée à *Whitehaven*, il y eut fix ouvriers bleffés dangereufement ; & pendant mon féjour, il
y en eut deux tués, & plufieurs brulés dans la mine de
Workington.

Ce que cet air a de plus dangereux, c'eft de s'enflammer.
La flamme d'une chandelle l'allume très-aifément. Pour éviter
les accidens, on a plufieurs machines nommées *flintmill*, ou
moulin à Silex. Ce moulin eft compofé d'un quadre de fer, d'en- Moulin à filex.
viron quinze pouces de long, fur huit pouces de large ou diametre ; il renferme une roue dentée, de fept à huit pouces de
diametre qui engraine dans un pignon, d'un pouce & demi ou
deux de diametre., fur le même axe duquel eft une petite
roue d'acier de quatre à cinq pouces de diametre & fort
mince. A l'aide d'un de ces moulins, un homme peut éclairer cinq à fix ouvriers qui font au travail, en appuyant
cette machine contre fon ventre d'une part, & un endroit
fixe de l'autre : d'une main il tient une pierre à fufil contre
la roue d'acier, & de l'autre il trouve une manivelle adaptée
à l'arbre de la grande roue dentée, qui, par fon engraine-
ment, en tournant, fait aller fort vîte la roue d'acier, laquelle donne beaucoup d'étincelles par fon frottement contre
la pierre à fufil.

Cette machine, quoique moins dangereufe qu'aucune autre
invention connue, pour donner de la clarté, n'eft pourtant
pas des plus fûres, puifque les étincelles qu'elle produit,
font capables d'allumer le mauvais air. On en a un exemple
tout récent ; lorfque le feu prit dans le dernier accident, il
n'y avoit d'autre feu, lumiere ou clarté dans cet endroit,
que celle que donnoient les pierres à fufil. Lorfqu'il n'y a
point du tout de circulation d'air & que les moufettes font
trop abondantes, les étincelles ne donnent aucune lueur. Les

ouvriers abandonnent promptement cet endroit , fans quoi ils pourroient y périr. Ils en font quelque fois extrêmement malades & tombent fans connoiffance. Ils y périroient & feroient fuffoqués indubitablement, fi on ne les fecouroit promptement , en les tranfportant dans un air frais.

Pour prévenir pareil accident , on met toujours plufieurs ouvriers enfemble à travailler dans un même lieu , & ils ont la précaution de s'appeller les uns les autres toutes les cinq à fix minutes ; cependant il n'y a pas de femaine où il n'y en ait quelques-uns qu'on eft obligé de tranfporter à l'air fans connoiffance. L'effet du mauvais air , dans ces cas-là , reffemble à celui de l'émétique ou d'une purgation très-irritante qui les rend malades pendant plufieurs jours.

Lorfque le feu prend au mauvais air , le plus fûr moyen d'éviter d'être tué , eft lorfqu'on en a le temps , de fe coucher ventre à terre & de mettre la tête le plus avant qu'il eft poffible dans la boue.

Dans le nombre de ceux qui y meurent , il y en a qui à peine ont des marques de brulure ; d'autres qui font entiérement rôtis ; d'autres enfin , qui n'ont aucune bleffure extérieure. Les effets de ce mauvais air font fort finguliers. On peut les comparer à ceux de la poudre qui feroit enfermée dans un endroit où il n'y auroit point de circulation d'air & qui prendroit feu tout à coup. Les perfonnes qui fe trouvent à portée de la flamme font rôties , ou tout au moins brulées ; les autres fouffrent par la prompte & grande dilatation d'air qui fe fait tout à coup ; ils font fuffoqués immanquablement s'ils ne fe mettent à l'abri de la grande condenfation & compreffion de l'air qui lui fuccédent : ils y parviennent en mettant le vifage dans la boue.

On affure que lorfqu'il y a une explofion du mauvais air il y a moins d'ouvriers tués par le feu que parce qu'on ap-

pelle *retour de l'air* , & qu'on peut nommer condenfation.
J'ai parlé à un maître mineur , qui a été brulé quatre ou cinq
fois , & qui en porte des marques bien apparentes fur le
vifage & fur les mains ; il m'a dit avoir toujours évité le
retour du mauvais air , en fe jettant ventre à terre & le vifage
dans la boue. Les deux ouvriers qui périrent deux jours
avant que je fuffe fur la mine , & avec lefquels étoit le
maître mineur, dont on vient de parler, ont été tués par
le retour de l'air , & n'étoient pas du tout brulés , tandis
que tous ceux qui étoient avec eux étoient brûlés , mais
fans danger de perdre la vie.

On m'a dit encore une chofe fort finguliere , c'eft que
les ouvriers fuffoqués par l'air, confervoient de la chaleur
dans les jointures de leurs corps , & n'étoient roides qu'au
bout de deux ou trois jours. Il eft étonnant qu'avec des accidens auffi fréquens, on n'emploie pas tous les moyens imaginables pour fauver de pauvres malheureux , qui vraifemblablement ne meurent que long-temps après la fuffocation.

La couche fupérieure de la mine de *Workington* , n'eft
pas exploitée actuellement. Elle renferme dans fes anciens
ouvrages, une très-grande quantité de mauvais air. Depuis
fes vieux travaux jufqu'au jour, on a conduit un petit tuyau,
dont l'embouchure n'a pas plus d'un pouce & demi d'ouverture. Il en fort continuellement du mauvais air , auquel
on a mis le feu; il brule perpétuellement & fait un jet de
flamme , au deffus de l'ouverture du tuyau , d'environ un
pied de hauteur. On l'éteint aifément , en y donnant un
coup de chapeau, & en mettant enfuite le doigt dans l'embouchure , on fent un air frais qui en fort. J'ai préfenté une
chandelle , au moins à fix pouces au deffus de l'ouverture,
elle a pris feu tout de fuite. La flamme en eft bleuâtre &
de la couleur de celle que donne l'efprit de vin. Il eft fort

(marginal note:) Mauvais air qui brûle continuel-lement.

extraordinaire que le feu ne communique pas par ce tuyau, dans le fond de la mine où répond le tuyau, & où il feroit de la plus grande imprudence d'aller avec de la lumiere.

Il y a peu de temps qu'il y avoit un pareil tuyau au deſſus des mines de *Whitehaven*; mais actuellement tous ces ouvrages ſont ouverts, & il y a pleine circulation d'air. Le Directeur propoſa alors aux Magiſtrats de la ville de *Whitehaven*, de conduire, depuis la mine, différens tuyaux dans chaque rue de la ville, & que par ce moyen on pourroit éclairer toutes les rues pendant la nuit.

Lorſque l'exploſion du mauvais air met le feu au charbon, (ce qui n'arrive pas communément) le plus ſûr moyen qu'on met en uſage, eſt d'arrêter la machine à feu & de laiſſer monter les eaux de la mine juſqu'à l'endroit où eſt le feu.

Il y a pluſieurs conduits faits en planches & beaucoup de portes dans les mines de *Whitehaven*, pour introduire & renouveller l'air dans pluſieurs ouvrages. Ils y font un très-bon effet, ce qui ſert de nouvelles preuves à la théorie que j'ai établie dans le quinzieme Mémoire, & à l'application que j'en ai donnée; il ne faut pas être fort habile phyſicien pour être convaincu, qu'au moyen des principes que j'ai établi, il ne ſoit fort aiſé de chaſſer le mauvais air des endroits dangereux; il n'arrive des accidens que parce que l'air n'eſt pas renouvellé, & qu'il ſe raréfie par une matiere inflammable bitumineuſe & très-ſubtile qui s'évapore continuellement de la couche de charbon : ce qui le prouve, c'eſt qu'après un exploſion, on peut travailler pendant pluſieurs jours dans le même endroit ſans aucun danger. J'ai parcouru pluſieurs endroits de ces mines, où il y a eu anciennement pluſieurs ouvriers tués, & où il n'y a pas le moindre danger actuellement, parce qu'on y a introduit une entiere circulation d'air. Les mines de *Whitehaven* ſont très-

commodes

commodes, par leur difpofition, pour faciliter le renouvel-lement de l'air, puifqu'il y a des puits, dont les embou-chures font beaucoup plus élevées les unes que les autres. Il n'en eft pas de même pour les mines de *Workington*, dont les ouvertures font prefque au même niveau ; mais à l'aide d'un conduit un peu large, dont une des extrêmités fe prolongeroit dans la mine à mefure qu'on avanceroit les ouvrages, tandis que l'autre viendroit répondre dans le four-neau de la machine à feu, on établiroit un courant d'air très-fuffifant pour mettre les ouvriers en fureté.

On prétend que les mines de charbon des environs de *Whitehaven*, *Workington*, *Harrington* & *Maryport*, pro-duifent chaque jour mille tonnes de charbon, dont chacune pefe quatorze quintaux de cent douze livres. Ce charbon eft pour la plus grande partie envoyé en Irlande, & fe vend à bord des vaiffeaux, trois fchelings & demi la tonne ci-deffus. On eftime le droit du Roi, pour le charbon qui eft exporté, environ un fcheling par chaldron de Newcaftle.

Le charbon pris fur les mines, pour la confommation du Pays, fe vend deux *pences*, ou quatre fols de France, de moins pour chaque tonne, mais auffi ne vend-t-on que le moindre. Il m'a paru que celui qu'on bruloit dans la ville, étoit en général fort pierreux.

On a des routes faites en bois, & des chariots à quatre roues, pour voiturer le charbon, comme à Newcaftle. Le charbon de Whitehaven & des autres mines dont on vient de parler, eft de la même efpece que celui de Newcaftle. On prétend que la qualité n'en eft pas auffi bonne.

FORGE DE FER

DES ENVIRONS DE WORKINGTON.

PRès de la ville de *Workington*, il y a une petite riviere qui vient se jetter dans la mer, sur laquelle on a formé un nouvel établissement pour des forges de fer, à demi mille de la ville : selon toute apparence il deviendra considérable. Il y a déjà un haut fourneau en feu & un autre que l'on bâtit. Celui qui est en feu n'est alimenté qu'avec du charbon de bois qu'on fait venir d'Ecosse. On y fond à peu près les mêmes especes de minérais qu'à *Carron* & à *Clifton-Furnace*. Le principal minérai est une espece de *tête vitrée*, ou *Glafskopf* des Allemands qui se nomme *Kidny-ore* en Angleterre. Sa mine est à trois ou quatre milles des forges. On transporte ce minérai aux forges de *Carron*. Une autre espece se tire du Comté de *Lancastershire*; & enfin différentes especes de pierres de fer, *iron-stone*, que l'on extrait près des forges.

La gueuse de fer qui provient de cette fonte au charbon de bois, est affinée sur les lieux, & on en fait de très-bon fer forgé. Le fourneau que l'on bâtit, est destiné à y fondre le minérai avec des *coaks*, pour en faire seulement du fer coulé, avec de la gueuse provenue d'une fonte au charbon de terre. Cet établissement en est une preuve, puisque le charbon de terre est sur les lieux. La route faite pour conduire le charbon d'une mine dans les vaisseaux, passe devant la fonderie. On construit actuellement une refenderie, & l'on forme plusieurs autres établissements, pour forger des ancres & toutes sortes d'ouvrages de fer.

Fonte avec des coaks.

MINES DE CHARBON
DE WORSLEG,

DANS LE COMTÉ DE LANCASTER.

DAns le Comté de Lancaſter, à ſept milles de la ville de *Mancheſter*, le Duc de *Bridgewater* fait exploiter des mines de charbon conſidérables, dans un lieu nommé *Worſleg*. Les couches ont leur direction de l'Eſt à l'Oueſt, & leur pente du côté du Sud. On dit que cette pente eſt de deux toiſes, ſur ſept de longueur, & elle m'a paru telle.

Pour faciliter l'exploitation du charbon & en écouler les eaux, on a commencé au bord d'une petite riviere, une galerie d'écoulement en angle droit à la direction des couches. Cette galerie a traverſé trois veines, dont deux ne ſont pas exploitables à cette profondeur; mais la troiſieme eſt exploitée avec ſuccès. Elle a quatre pouces & plus d'épaiſſeur; elle eſt environ à huit cents toiſes d'éloignement, depuis l'embouchure de la galerie. On continue de pourſuivre le plus promptement qu'il eſt poſſible cette même galerie, pour découvrir pluſieurs autres veines, qui ont été reconnues par la ſonde, dont une a ſept pieds d'épaiſſeur. La nature des rochers & l'exploitation des veines, ſont à peu près les mêmes qu'à *Newcaſtle*; mais le charbon n'eſt pas de la même qualité; il eſt beaucoup moins bitumineux, & par conſéquent moins déſagréable pour les appartements. L'endroit le plus profond n'eſt pas à plus de vingt toiſes de la ſurface.

Comme le Duc n'eſt pas poſſeſſeur de tout le terrein adjacent à ſa mine, il donne tant par an à un particulier, dans le fond duquel il exploite la continuation de ſes couches de charbon. Il faut remarquer à cette occafion, que dans ce pays, la différence du *Royalty* n'a pas lieu comme à *Newcaftle*, & qu'ordinairement tous les fonds, exempts de fervitude, ont le *Royalty*, ce qu'on appelle un fond en toute propriété.

Le Duc de *Bridgewater* a fait une dépenfe immenfe pour fe procurer une confommation affurée de fon charbon. Sa galerie d'écoulement eft un canal voûté prefque tout le long à briques & à chaux, lequel eft au niveau d'un autre canal qui reçoit les eaux de la riviere. ; de forte que le charbon fe prend à la veine, dans des bateaux très-étroits, mais fort longs, conftruits exprès pour le canal. Il en fera de même pour toutes les veines qu'on découvrira par la fuite, pour autant de temps qu'il y aura du charbon au deffus de ce niveau. La galerie d'écoulement peut être vuidée d'eau quand on le juge à propos, en ouvrant une vanne par laquelle l'eau entre dans fon ancien lit. Le canal fouterrein vient aboutir dans un canal navigable, qui eft déjà achevé jufqu'à *Manchefter*; ce qui fait une étendue d'environ dix milles. Sur cette diftance, on le fait paffer fur un pont bâti à cet effet fur une riviere navigable. On travaille fans relâche pour continuer le même canal jufqu'à la ville de *Liverpoole*. Comme on lui maintient fon niveau pour éviter les éclufes, il a fallu faire des chauffées très-difpendieufes. La difpofition du terrein étoit très-favorable pour l'exécution d'un fi grand projet.

A l'aide de ce canal, le Duc de *Bridgewater* fe procurera non-feulementt la confommation de fon charbon à *Manchefter*, mais auffi à *Liverpoole*, ville très-confidérable par fon commerce & fon port maritime.

La confommation du charbon n'a pas été fon unique objet ; en faifant une dépenfe auffi confidérable, fon intention a été plutôt d'établir une navigation entre les villes de *Manchefter* & de *Liverpoole*, deux villes des plus commerçantes de l'Angleterre.

Le canal fera d'autant plus avantageux pour le tranfport des marchandifes, qu'une partie de la grande route entre *Man-chefter* & *Liverpoole* eft très-mauvaife, attendu que le terrein eft un fable qui ne forme pas un fol folide.

Tous les matériaux néceffaires pour le fouterrein & pour l'autre canal, fe trouvent fur les lieux. On a de l'argille très-bonne pour faire des briques, & l'on en cuit tout le long du canal, avec du charbon de terre.

Il y a une carriere de très-bon grès à l'embouchure de la galerie d'écoulement, & beaucoup de pierres à chaux dans les environs. Comme on confomme une très-grande quantité de mortier, on a établi une meule mue par l'eau, pour broyer ce mortier.

Cette entreprife eft commencée depuis fix ans, & l'on prétend que le Duc de *Bridgewater* y dépenfe neuf à dix mille livres fterlings chaque année. Il commença (en 1765) à en tirer affez d'avantage, pour payer une partie de la dépenfe qu'occafionnera encore pendant plufieurs années, la conti-nuation du canal jufqu'à *Liverpoole*, & celle du canal fou-terrein, jufqu'aux autres couches de charbon.

MINES DE CHARBON

DANS LE COMTÉ DE STAFFORD.

CHARBON DE NEVVCASTLE - UNDERLINE.

Tout aux environs de la ville de *Newcaftle-Underline*, dans le comté de *Stafford*, on exploite une très-grande quantité de mines de charbon de terre. Le Roi a le *Royalty* de plu-fieurs milles à la ronde; mais on ne fe fert pas du mot de

Royalty dans ce pays-là. On dit les mines appartiennent au Roi, parce qu'il eſt le *lord of the manor*, le *ſeigneur foncier du pays*. On croit que ce droit vient de *Guillaume le Conquérant* ; que ces mines étoient découvertes, lorſqu'il fit la conquête de l'Angleterre, & qu'il s'en réſerva la propriété. Le Roi a cédé ſon droit à un Milord, dont je n'ai pu ſavoir le nom. On ignore s'il donne un tribut au Roi pour ce droit-là ; mais il l'a affermé à un habitant de *Newcaſtle*. On ne ſait point quelles ſont les conditions du bail, lequel, en conſéquence du droit qu'il a acquis, fait ouvrir dans tout le *Royalty* du Roi, en payant la ſurface à dire d'experts.

Un particulier de ce pays-là, qui a des biens fonds dans le *Royalty* du Roi, m'a montré les mines qu'on y exploite, & m'a fait voir ſa maiſon, ſous laquelle on a extrait du charbon ; mais comme il étoit fort près de la ſurface, le terrein s'eſt affaiſſé ; un des côtés du bâtiment en a fait autant. Le projet de ce particulier eſt d'attaquer en juſtice celui qui a la ceſſion du Roi, pour avoir des dédommagements. Ce même particulier a une terre en toute propriété, près du *Royalty* du Roi ; le charbon qui y eſt renfermé lui appartient ; il en a affermé les mines, moyennant dix *pences* ou à peu près vingt ſols de France, qu'on lui donne pour chaque meſure de quinze quintaux qu'on extrait. Ces quinze quintaux ſe vendent ſur la mine, trois ſchelings ſix deniers, ce qui fait trois livres quinze ſols, argent de France. Deux ou trois autres perſonnes ſont dans le même cas que ce particulier, & font exploiter des mines dans leurs fonds, dont ils ſont ſeigneurs & propriétaires.

Prix du charbon ſur la mine.

Toutes les mines de charbon des environs de *Newcaſtle* ſont par couches ; la plus profonde des couches exploitées, n'eſt pas à plus de vingt toiſes depuis la ſurface ; mais la profondeur la plus générale eſt de huit à dix toiſes. Les rochers ſont à peu près les mêmes que ceux qu'on a décrits ci-devant.

Le charbon n'eft pas tout-à-fait auffi bitumineux que celui de *Newcaftle dans le Northumberland*; il eft pourtant d'une affez bonne qualité. Il y a plufieurs galeries d'écoulement aux en-virons de *Newcaftle-Underline*, lequelles vont auffi-bas que les profondeurs ci-deffus; de forte qu'on n'a point d'eau à élever, parce qu'on n'exploite pas les mines au deffous de ces gale-ries. Elles vont d'une mine à l'autre; chacun les continue & les entretient felon le befoin qu'il en a, lorfque plufieurs mines fe trouvent dans le cas de faire ufage de la même galerie.

MINES DE CHARBON

PRÈS DE LA VILLE DE SHEFFIELD.

IL y a, à peu de diftance de la ville de *Sheffield*, un très-grand nombre de mines de charbon fort abondantes. Le char-bon y eft à peu près de même nature qu'à *Newcaftle*, cepen-dant moins bitumineux. Il eft du même prix.

Cette abondance de charbon, dont on ne peut avoir aucune confommation par mer, puifque *Sheffield* eft trop avant dans les terres, y a donné lieu à l'établiffement d'un très-grand nombre de manufactures, en tous genres, pour la quinquaillerie; ce qui rend cette ville très-peuplée & très-floriffante. Il y a beau-coup de fabriques de fer, pour gros & petits ouvrages. On y fait beaucoup d'acier. La plus grande partie des limes qui fe font en Angleterre, eft fabriquée dans cette ville. Toutes fortes d'ouvrages en coutellerie & autres s'y font auffi.

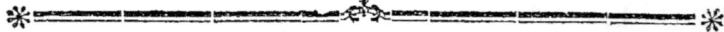

CONVERSION DU FER EN ACIER.

DAns la ville de *Sheffield* & dans fes environs, on convertit une très-grande quantité de fer en acier. Plufieurs des fourneaux dont on fait ufage, font femblables à ceux de *Newcaftle*, mais ils y font plus petits, & on y convertit moins de fer à la fois, ainfi que dans d'autres fourneaux qui y font beaucoup plus communs que les premiers, vraifemblablement parce qu'ils coûtent moins à conftruire; Ils font faits fur les mêmes principes

Ces fourneaux confiftent en une voûte en briques, qui a environ douze pieds de long, fur fix de large, & fept pieds de hauteur dans le milieu. Quelques fourneaux font plus ou moins grands. La grille de fer pour mettre le charbon, eft par deffous le milieu du fol de la voûte. Elle eft recouverte avec de groffes pierres de grès, qui réfiftent au feu, lefquelles forment en même temps le fond de la caiffe, pot ou creufet, qui doit renfermer le fer. C'eft fur ce fond que l'on bâtit les côtés du creufet ou caiffe avec des pierres de la même efpece que celles du fond. On a pratiqué des trous tout le long de la grille, lefquels viennent reffortir en dedans du fourneau entre les côtés de la caiffe & la voûte. J'ai jugé qu'il y avoit environ fix de ces trous ou ouvertures, de chaque côté, de forte que la flamme du feu qu'on fait fur la grille, eft obligée d'entrer par ces trous & d'envelopper tout le pot, parce que la chauffe ou grille traverfe le fourneau fur toute la longueur de la caiffe, & qu'on y fait du feu de chaque côté. Cette flamme fe rend enfuite dans la partie fupérieure du milieu de la voûte, où elle entre dans un tuyau de cheminée.

On ne met que quatre à cinq tonnes de fer au plus dans ce

le fourneau ; il faut environ cinq jours d'un feu continuel pour le convertir en acier.

Le fer qu'on emploie eſt celui de *Suéde* ; on n'en connoît pas d'autre qui puiſſe faire de bon acier. Le fer s'arrange dans le pot avec le pouſſier de charbon, & l'on recouvre le tout avec du ſable, comme cela ſe pratique à *Newcaſtle.*

L'acier cémenté, qui eſt alors ce qu'on nomme *acier bour-* Acier cémenté. *ſouflé,* eſt porté dans des martinets, dont les marteaux ſont légers & vont fort vîte. J'ai remarqué qu'on y chauffoit l'acier avec du charbon preſqu'entiérement privé de ſon bitume. Comme il y a preſque toujours un très-gros feu ſur le foyer, on a ſoin de mettre le nouveau charbon par deſſus le tas ; de ſorte qu'il eſt privé de ſon bitume, avant que d'arriver à l'endroit où eſt l'acier. L'ouvrier a ſoin, en remuant ſon feu, de ne point faire tomber le nouveau charbon proche de la tuyere. Le degré de chaleur qu'on donne à l'acier bourſouflé, eſt un rouge de ceriſe un peu clair ; s'il étoit trop chaud, il briſeroit. Les marteaux vont fort vîte, afin que l'acier puiſſe être étendu à ce degré de chaleur, ſans aller deux fois au feu. On le forge ainſi en baguettes quarrées de quatre à cinq lignes. On ne le trempe point dans l'eau. Cet acier ſe vend & s'emploie en cet état pour tous les petits ouvrages.

On peut rendre plus parfait l'acier bourſouflé, par l'opé- Acier coulé. ration ſuivante. On y emploie ordinairement toutes les rognures des ouvrages en acier. On a des fourneaux en terre, ſemblables à ceux dont on fait uſage pour le laiton, mais ils ſont beaucoup plus petits, & reçoivent l'air par un canal ſouterrein. A l'embouchure qui eſt quarrée & à la ſurface de la terre, il y a un trou contre un mur où monte un tuyau de cheminée. Ces fourneaux ne contiennent qu'un grand creuſet, de neuf à dix pouces de haut ſur ſix à ſept de diametre. On met l'acier dans le creuſet avec un flux, dont on fait un ſecret, &

K k

l'on place le creuſet ſur une brique ronde , poſée ſur la grille. On a du charbon de terre, réduit en coak, qu'on met autour du creuſet, & dont on remplit le fourneau; on y met le feu & l'on ferme entiérement l'ouverture ſupérieure du fourneau, avec une porte faite de briques, entourées d'un cercle de fer; la flamme enfile le tuyau de la cheminée.

Le creuſet eſt cinq heures au fourneau, avant que l'acier ſoit parfaitement fondu. On fait pluſieurs opérations de ſuite. On a des moules quarrés ou octogones, faits en deux pieces de fer coulé, on les met l'une contre l'autre, & l'on verſe l'acier par l'une des extrêmités. J'ai vu des lingots de cet acier coulé, qui reſſemblent à du fer de gueuſe. On étend cet acier au marteau, comme on fait pour l'acier bourſouflé, mais on le chauffe moins, & avec plus de précaution, parce qu'il riſqueroit de briſer.

Le but de cette opération eſt de rapprocher tellement les parties qui conſtituent l'acier, qu'il n'y ait point du tout de pailles. Comme on en apperçoit dans celui qui vient d'Allemagne, & l'on prétend qu'on n'y peut parvenir que par la fuſion.

Cet acier n'eſt pas d'un uſage bien général; on l'emploie ſeulement pour tout ce qui exige un grand poli. On en fait les meilleurs razoirs, quelques canifs, les plus belles chaînes d'acier ; quelques reſſorts de montres & de petites limes d'horlogers.

FABRIQUE DE LIMES
DE SHEFFIELD.

LA ville de *Sheffield* eſt renommée pour ſes fabriques de limes. Il y en a une très-grande quantité dans la ville. On y emploie comunément l'acier *cémenté*, c'eſt-à-dire commun & au ſortir du martinet; mais avant que de les forger, ainſi que tous ouvrages quelconques en acier, on prive le charbon de ſon bitume; car en général, on prétend que ce bitume du charbon augmente le déchet de l'acier, & que de plus, il le gâte.

A cet effet, on met une très-grande quantité de charbon ſur le foyer; on ſouffle juſqu'à ce que tout ſoit allumé, & que la flamme & la fumée du bitume ſoit détruite. Alors on le retire & on l'éteint avec un peu d'eau. C'eſt avec cette eſpece de *coak* ou *cinders* qu'on forge les ouvrages en acier.

Les limes ſe forgent de même; mais on a ſoin de tourner de temps en temps la baguette d'acier, très-rouge, ſur un petit tas de ſable placé ſur le foyer; deux hommes ſont occupés à ce travail. On a des eſpeces de moules d'acier, qui ont la forme des différentes limes qu'on veut avoir. Il y en a d'arrondies intérieurement, d'autres triangulaires, &c. Lorſqu'on a un peu dégroſſi l'acier, on met la baguette toute rouge dans le moule & en frappant à coups de marteau, on lui donne la forme du moule.

Les limes, ainſi forgées, ſont miſes le ſoir dans une grille de feu au charbon de terre, telle que les grilles qu'on a dans les appartemens. On les y laiſſe pendant toute la nuit pour les attendrir, après quoi on les porte aux meulieres pour être polies groffiérement fur les meules ; enfuite on les taille à bras d'homme, à l'ordinaire.

L'opération qui fuit, confifte à les tremper dans de la lie de bierre épaiffe, à les paffer fur un tas de fel, pour en enduire toute la furface, & à les faire fécher devant le feu. On les chauffe enfuite avec des *coaks* & on les trempe dans de l'eau froide.

Comment on polit les lames de cizeaux & de coateaux.

Il y a une très-grande quantité de meulieres aux environs de la ville de *Sheffield*. Elles font à peu près femblables à celles de Saint-Etienne en Forez, & à celles qui font près de *Newcaſtle*. La premiere opération eft celle de paffer les lames des couteaux, cifeaux, razoirs, &c. fur les meules, pour en ôter la noirceur & le travail du marteau ; mais le dernier poli pour la vente, celui qui ôte toutes les rayures des meules, fe donne fur une meule de bois, mue par l'eau. On a appliqué à la circonférence de cette meule, un cuir qui a tout au plus un pouce de large ; on y met de l'émeri, & la meule allant très-vîte, polit très-bien & très-promptement les lames.

On polit auffi les lames, fur-tout celles des canifs & razoirs, fur une meule faite avec du bois tendre, mais fans cuir, dont on enduit la circonférence de graiffe & d'émeri. On y paffe ces lames plufieurs fois ; & pour le dernier poli, on a un morceau de *filex* très-poli d'un côté, qu'on applique auparavant fur la meule pendant qu'elle tourne, afin de la rendre extrêmement unie & de détruire toutes les inégalités. L'extérieur des anneaux des cifeaux fe polit fur la meule à cuir ; l'intérieur, avec une lime.

FABRIQUE DE BOUCLES

Et de Chaînes d'acier, polies principalement avec la machine à broſſe.

LEs boucles faites d'un métal quelconque, comme argent, cuivre, métal blanc, jaune, &c. ſont fondues & jettées en ſable, comme le font tous nos fondeurs de France; mais les moules ne ſervent qu'à leur donner la forme. Les deſſeins s'impriment avec des coins d'acier, ſur leſquels on a gravé ce qu'on veut imprimer, à l'aide d'une eſpece de mouton ou de machine à ſonnette.

Cette machine eſt connue en France, depuis l'établiſſement des fabriques des boutons à l'Angloiſe ; mais cette impreſſion ne ſe donne qu'après que ces formes de boucles ont été nettoyées du ſable qu'elles ont retenu du moule.

La machine pour cette opération eſt un petit barril, dans lequel on met les boucles avec de l'eau & du ſable. Le barril eſt traverſé par un axe qui le fait tourner lentement. On imprime enſuite les boucles, les unes à froid, les autres à chaud, ſelon la qualité du métal. Comme les boucles ſont ordinairement à jour, on a un balancier, auquel on met des emporte-pieces faits exactement de la forme que doivent avoir les trous indiqués par le deſſein. Ces boucles ſont enſuite polies. Celles qui ont des facettes ou ſurfaces unies, le ſont ſur des meules horizontales, d'environ un pied de diametre. On a dit qu'elles étoient faites d'une compoſition d'étain & de cuivre. Elles tournent horizontalement, ſont mues par l'eau, à l'aide d'une roue, de tambours, de courroies & de poulies de renvoi. Le poli s'y donne à l'huile & à l'émeri. Quant aux parties arrondies du deſſein, on les polit avec la machine à broſſes.

Il y en a pluſieurs dans le même endroit, elles agiſſent par l'eau. Ces machines conſiſtent en un axe, ſur lequel il y a communément trois petites roues à broſſes, à peu près à la diſtance de ſix pouces l'une de l'autre. Il y en a qui ſont d'une grandeur égale; d'autres plus petites, d'autres plus grandes. J'ignore ſi elles ſont plus ou moins douces; cependant elles m'ont paru aſſez égales à cet égard. (Voyez la Planche IX, fig. 4, 5, 6 & 7, qui repréſentent le deſſein de cette machine & les roues à broſſe.)

Une de ces broſſes ſert communément pour le premier poli à l'huile & l'émeri; la ſeconde au blanc d'Eſpagne, pour nettoyer entiérement. Je crois qu'on paſſe les boucles à cette troiſieme lorſqu'elles ſont entiérement finies, & qu'on les a recouvertes avec du blanc d'Eſpagne, & peut-être du vinaigre, car j'en ai vu une grande quantité dans un coin de l'attelier, qui étoient couvertes d'une matiere blanche, & qu'on avoit mis là pour les faire ſécher.

Les chapes & les ardillons des boucles ſe coupent dans un fer laminé par le moyen d'un emporte-piece, mu par un balancier un peu fort.

Tous les ouvrages de quinquaillerie ſe font à peu près de la même maniere; on y employe les mêmes machines: par exemple, pour les chaines d'acier, chaque partie qui compoſe une chaîne, eſt imprimée; mais comme il en coûteroit beaucoup ſi les coins qu'on emploie étoient gravés, comme dans les monnoies, on s'y prend comme il ſuit.

On grave ſeulement une matrice pour chaque nouveau deſſein; cette gravure eſt en boſſe & non en creux. Les matrices étant faites avec beaucoup d'exactitude & bien trempées, ſervent à former tous les nouveaux coins, avec leſquels on imprime. A cet effet, on a une piece d'acier, toute rouge, ſur laquelle on imprime le deſſein de la matrice; enſuite on la trempe en paquet; & cela ſe répete juſqu'à ce que les coins caſſent ou ſoient uſés; la premiere matrice ſert de cette façon pour toujours.

L'acier qu'on emploie pour les chaînes eſt applati entre deux cylindres, ſuivant l'épaiſſeur qu'on veut leur donner; enſuite on y imprime le deſſein; après quoi on les paſſe à un autre ouvrier, qui avec un balancier plus ou moins fort, découpe le deſſein tout autour avec des emporte-pieces faits exprès.

C'eſt auſſi avec des emporte-pieces qu'on perce tous les trous ménagés dans le deſſein, chacun ſuivant ſa forme. On lime enſuite toute la partie extérieure de chaque piece, pour en ôter les bavures, après quoi toutes les petites pieces ſont trempées en paquet. Il n'eſt plus queſtion que de les polir.

Le premier poli qu'on donne eſt celui de la machine à broſſes à l'huile & à l'émeri, pour les côtés qui ſont arrondis. Pour rendre cette opération plus prompte & plus commode, des enfants enfilent ſur de gros fils de fer, toutes les petites pieces qui ſont égales & de même forme. On en fait entrer une groſſe ſur deux fils de fer. On les y aſſujettit en réuniſ-ſant les deux fils de fer enſemble. On les donne en cet état à des filles ou femmes qui les préſentent contre la broſſe, juſqu'à ce qu'elles ſoient aſſez polies. Quant aux ſurfaces plates, elles ſont polies par des enfants, ſur les meules horizontales & à l'émeri.

Ces meules vont par l'eau. Il y en a ſix ou huit dans le même moulin. Elles ſont placées circulairement. Il y a un petit garçon à chaque meule; pour leur donner la facilité de tenir ces pieces, on a des morceaux de bois creuſés ſuivant les deſſeins; on y enchaſſe la piece qu'on veut polir; & comme chacun polit toujours le même deſſein, cela va très-vite. Les boutons damafquinés fe poliffent fur les mêmes meules & de la même maniere. On porte enfuite les pieces dans un autre attelier, pour donner le dernier poli aux furfaces plates. On a pour cela un morceau de bois de huit à dix pouces de long, fur fept à huit de large, recouvert d'une efpece de goudron. Un enfant préfente ce gaudron devant le feu, applique deffus les pieces d'acier, les y enchaffe, & les arrange auffi près les unes des autres qu'il eft poffible. Après quoi des femmes mettent un peu de potée par deffus, & frottent avec les deux mains à la fois, auffi long-temps qu'elles jugent que les pieces foient parfaitement polies.

TREIZIEME

TREIZIEME MEMOIRE.

SUR LES MINES DE CHARBON

ET LES FORGES DE FER DE L'ÉCOSSE. Année 1765.

MINES DE CHARBON

DE CARRON PRÈS DE FALKIRCK.

LES loix qui fubfiftent dans le Nord de l'Angleterre, pour l'exploitation des mines, font les mêmes en Ecoffe, c'eft-à-dire qu'il faut avoir le *Royalty* ou droit régalien, pour être autorifé à fouiller dans l'intérieur de la terre. Le Royalty d'Ecoffe.

Il y a environ cinq ou fix ans, que le propriétaire du fond & du Royalty exploitoit pour fon propre compte, les mines de charbon de *Carron* proche *Falkirck*; mais ce n'étoit que très-peu de chofe, en comparaifon de ce qu'elles font aujourd'hui. Une Compagnie Angloife, compofée pour la plupart de marchands de *Birmingham*, ayant reconnu la qualité du charbon & la fituation de la mine, qui n'eft qu'à un demi-quart de lieue de la mer, obfervant auffi qu'il y avoit un ruiffeau confidérable dont on pouvoit faire ufage pour des machines, propofa au propriétaire d'affermer fes mines, fous la condition qu'il pafferoit un bail très-long, en conféquence il fut ftipulé de quatre-vingt-dix ans. Ils s'arrangerent aussi de même avec les propriétaires des fonds sur lesquels ils avoient besoin de pratiquer des chemins, pour conduire le charbon à la mer, & ceux des lieux où ils avoient dessein d'établir une forge & toutes sortes de manufactures en fer. Un des propriétaires ayant voulu imposer une condition trop dure, on a été obligé de faire faire un détour considérable au chemin.

Il y a dans le même lieu, deux exploitations de mines de charbon, qui, avec le temps, se communiqueront & n'en feront qu'une. L'une est une suite de l'ancienne exploitation, l'autre est l'ouvrage des fermiers ou de la compagnie.

On a reconnu trois couches de charbon l'une sur l'autre; on ignore s'il y en a de plus profondes. La premiere est à environ quarante toises de profondeur; la seconde dix toises plus bas; enfin la troisieme, cinq toises encore plus bas. L'inclinaison ou la pente de ces couches est d'une toise perpendiculaire, sur dix à douze de longueur, du côté du Sud-Est, elle varie quelquefois, comme on nous l'a fait observer (ce qui est presque général dans toutes les mines); de sorte, qu'au lieu d'avoir leur pente au Sud-Est, elles remontent quelquefois, & forment entr'elles deux plans inclinés. Dans ce cas, la veine ou couche s'appauvrit, diminue de beaucoup en épaisseur, & quelquefois est entiérement coupée, en continuant ainsi jusqu'à ce qu'elle reprenne son inclinaison ordinaire.

Outre cet inconvénient, il s'en présente un autre, c'est celui d'être obligé de couper le rocher du mur, pour attirer les eaux dans le puits le plus profond; ce qui n'a pas lieu, lorsque la couche conserve sa pente & sa direction.

On exploite seulement la premiere couche dans l'ancienne mine; mais dans la nouvelle mine, on travaille la seconde, qui est la meilleure pour l'usage dont il sera parlé ci-après. Cette seconde couche a depuis trois jusqu'à quatre pieds d'épaisseur. Sa partie supérieure est composée d'un charbon dur

& compact, faisant un feu clair & agréable. On le nomme *splint-coals*. Il ne se consomme point dans le pays; on l'envoie à Londres, où il est préféré à celui de Newcastle, pour brûler dans les appartements. La partie du milieu de la couche est d'une qualité moins compacte; son charbon est feuilleté & se sépare par lames, comme le *schiste*. Entre les lames il a un coup d'œil fort singulier, puisqu'il ressemble parfaitement à du poussier de charbon de bois. On y peut ramasser aussi une poudre noire, qui teint les doigts, comme fait le charbon de bois. Ce charbon, qu'on nomme *clod-coal*, se colle très-peu ensemble en brûlant. Il est uniquement destiné pour les forges de fer. La troisieme partie, ou le lit inférieur, qui compose la couche, est un charbon très-compact & souvent pierreux près du mur. C'est le charbon qu'on vend pour la consommation du pays, & dont on se sert pour la machine à feu.

Cette couche, ainsi que toutes les autres, est travaillée à prix fait, par des maîtres ouvriers, qu'on nomme Entrepreneurs. Ils sont tous associés ensemble par troupes ou compagnies, & ils sont obligés de se fournir les outils & la chandelle, on leur paie un pence & demi, ce qui fait environ trois sols de France, pour le quintal de cent douze livres du bon charbon, c'est-à-dire celui des deux lits supérieurs; & un pence seulement du quintal du charbon inférieur, qui se vend dans le pays, avec le prix fait. Il y a certains ouvriers qui gagnent jusqu'à vingt schelings par semaine, & qui ne travaillent que sept à huit heures au plus par jour; ce qui leur fait près de quatre liv. argent de France, à chacun pour ce temps.

Chaque troupe de mineurs se divise en deux bandes, une pour le matin, & l'autre pour travailler l'après-dîné. L'ouvrage de celle du matin, est de couper la veine inférieure, c'est-à-dire celle qui joint le mur. Ils ont pour cela des pics pointus des deux côtés. Les ouvriers de l'après-dîné, n'ont d'autre travail que d'abattre les deux lits fupérieurs , qui ont été déchauffés. Ils ont pour cela des coins de fer, qu'ils placent entre le toit & le charbon ; en frappant deffus avec des maffes de fer, ils abattent le bon charbon en très-gros morceaux, ce qui eft néceffaire, foit pour vendre à Londres, foit pour les forges de fer.

Comment on foutient la mine.

On ne laiffe point de piliers dans la mine ; mais on ne travaille d'abord que d'un côté, & les ouvriers foutiennent le rocher avec des morceaux de bois droit , de fix à huit pouces de diametre, qu'ils retirent à mefure qu'ils vont en avant , laiffant derriere eux les deblais fur lefquels le rocher s'affaiffe fans aucun inconvénient, étant toujours foutenu par des étançons dans les endroits où l'on travaille.

Chevaux dans la mine.

Les rochers qui compofent le toit & le mur des couches de charbon, font femblables à ceux de Newcaftle , dont il a été parlé.

On conduit le charbon fous les puits principaux, comme à Newcaftle, c'eft-à-dire, qu'on a pratiqué des routes avec des pieces de bois, fur lefquelles roulent des chariots à quatre roues. Dans l'ancienne mine, où les ouvrages font plus étendus que dans la nouvelle , on a defcendu des chevaux qui n'en fortent jamais. Ils conduifent les chariots dans les endroits où les routes font faites pour cela ; mais dans les routes moins larges, ce font des chariots à bras d'hommes. Enfin , dans ceux où il n'y a point encore de routes faites , on a des petits traîneaux, conduits par de jeunes garçons.

En général, les puits pour les machines à feu & pour les machines à moulettes, font ronds & d'environ douze pieds de diametre. Ils font maçonnés en briques & en pierres , depuis leur furface du terrein , jufqu'au rocher, lequel fe foutient enfuite de lui-même fans maçonnerie ni charpente.

On ne fait point ufage de paniers, comme dans le Nord

de l'Angleterre, pour élever le charbon au jour. Ce font des caiffes qui leur tiennent lieu de feaux ; elles font quarrées & ont environ deux pieds & demi à chaque dimenfion ; elles font faites avec des planches bien ferrées. Le fond forme une porte qui s'ouvre à l'aide d'une charniere.

Une machine à moulette, mue par deux chevaux, éleve cette caiffe. Il y a à l'embouchure du puits une potence mobile, avec une corde qui enveloppe un treuil. Cette corde paffant fur une poulie de renvoi, à l'extrêmité de la potence, laiffe pendre un crochet de fer directement dans le puits ; de forte que lorfque la caiffe eft en haut, on l'accroche à la corde, & l'on défait le crochet du cable de la machine à moulette, auquel on accroche une autre caiffe vuide. La pleine fe trouve ainfi fufpendue à la potence, que l'on tourne de côté. On ouvre le fond, & le charbon tombe dans la place qu'on lui a deftinée. On referme le fond, & l'on tourne la potence pour remettre la caiffe au bord du puits, en attendant que celle qui monte foit arrivée. Cette machine paroît très-utile, puifqu'elle économife un cheval dont on fait ufage dans le Nord de l'Angleterre, comme il a été dit.

Il y a pour chacune de ces mines une machine à feu, dont le cylindre a cinquante pouces de diametre. Il n'y a qu'une chaudiere à la nouvelle mine ; mais on eft fur le point d'en placer une feconde, afin qu'on puiffe réparer l'une, pendant que le feu eft à l'autre. Elles font conftruites entiérement avec des plaques de fer. On les peint en dehors avec de l'huile & de la cérufe, pour empêcher la rouille, étant placée à l'air & fans couverture. On met intérieurement dans les joints des plaques de fer, un ciment compofé de chaux vive & de fang de bœuf, pour empêcher que l'eau ne s'échappe. *Ciment qui empêche la couture.*

On fe fert dans ces mines, de hautes pompes dont le diametre eft communément de treize pouces.

FORGES DE FER

Très-confidérables, de CARRON, *près de* FALKIRCK.

LEs Fermiers des mines de charbon ont formé un établiffement très-confidérable à un demi-quart de lieue des mines, foit pour la fonte du minérai de fer, foit pour fabriquer du fer forgé & en former divers ouvrages. Ils ont trouvé, à portée de leurs mines de charbon, une très-grande quantité de minérais de fer. Il y en a cependant d'affez éloignés, la plupart étant au bord de la mer; mais le tranfport en eft très-peu coûteux.

Cinq efpeces de minérais de fer.

Ils ont cinq efpeces de minérais, ou plutôt de cinq endroit différens, dont les efpeces font à peu près les mêmes. Les uns & les autres font peu riches, puifqu'ils ne rendent pas plus de trente pour cent en fer de gueufe. On les nomme *iron-ftone, pierre de fer.* On ajoute dans la fonte à ces cinq efpeces, une fixieme très-riche, qu'on fait venir du Comté de Cumberland, & que l'on nomme *iron-oar, minérai de fer.* C'eft à peu près l'efpece que les Allemands nomment *glafs kopf, tête vitrée.*

La mine de fer la plus proche de Carron, en eft éloignée de trois milles. On y arrive après avoir traverfé une très-grande étendue de terrein inculte, confiftant en bruyeres & en tourbes. Cette mine fe trouve dans un petit vallon, féparé par un ruiffeau, dont chaque côté appartient à un particulier différent, avec le *Royalty.* On paye pour ce droit à

Poids de la tonne.

chacun un fcheling de chaque tonne qu'on extrait; la tonne pefe vingt-un quintaux, de cent douze livres.

Minérai de fer.

Le minérai ou pierre de fer fe trouve dans une efpece de

couche d'argille, approchant beaucoup de la ligne horizontale. Son inclinaison est au Sud-Est; le ruisseau qui la traverse, l'a coupée entièrement & a formé le vallon. Cette couche d'argille renferme le minérai de fer, & on l'y trouve en rognons, c'est-à-dire sans suite, affectant toutes fortes de formes. La plus commune est plate & arrondie à ses extrêmités. Cette configuration peut donner lieu à diverses questions : Le minérai s'y forme-t-il chaque jour, ou s'y détruit-il ? ou bien est-il en partie détruit par des courants d'eau ?

Au dessous de la couche d'argille, il y en a une de plusieurs pouces d'épaisseur, d'un *schiste* d'un bleu noirâtre, semblable à celui qui se trouve au dessus de chaque couche de charbons dans le pays. En effet, il sert aussi de toits à une couche de cinq à six pouces d'épaisseur, d'assez bon charbon. Quelquefois le charbon touche immédiatement le minérai de fer. Au dessus de la couche d'argille, qui renferme le minérai de fer, font plusieurs couches irrégulieres d'un *schiste* un peu blanchâtre, & par dessus un rocher de sable, qui sert de soutien aux ouvrages qu'on pratique pour extraire le minérai, à l'aide de quelques petits morceaux de bois droit, qu'on met par intervalle.

Les minérais de fer font extraits par plusieurs entrepreneurs ouvriers, qui ont leurs manœuvres. On leur donne tant pour une certaine mesure cube, faite fur le terrein. On prétend que cela revient à environ dix fchelings la tonne du minérai trié. Ils travaillent le long du vallon, entrent sous terre le moins avant qu'ils peuvent, & laissent pour piliers les endroits où la couche d'argille est sans minérai. Dans un des côtés du vallon ils ont beaucoup plus de facilité que dans l'autre, puisqu'ils commencent à extraire le charbon, ce qui leur sert de déchauffement pour la couche de minérai de fer. Il n'en est pas de même pour l'autre côté, le propriétaire du *Royalty* ayant défendu que l'on touchât au charbon.

La nature du minérai, ou *pierre de fer* est d'un gris noir, d'un grain ferré, & ne reffemble à aucun des minérais de fer que j'ai vu jufqu'à préfent. Il y a de certains morceaux qui, en les caffant, ont différentes cavités dans l'intérieur, fans aucune forme réguliere, les cavités font enduites d'une matiere blanchâtre, très-tendre; on prétend que ce minérai eft le meilleur.

Ce minérai de fer rougit un peu en le grillant; après le grillage, il reffemble à un minérai de fer ordinaire. Cette efpece de *pierre de fer*, eft non-feulement très-commune dans l'Ecoffe, mais auffi dans le Nord de l'Angleterre; renfermée toujours dans les mêmes couches, & au deffus d'un lit de charbon.

OPÉRATIONS DES FORGES.

Rôtiffage des minérais.

LEs minérais nommés *pierre de fer*, font tranfportés aux forges de *Carron*, où ils font grillés ou rôtis, avant que de paffer au fourneau de fonte. A cet effet, on étend fur le terrein du gros charbon de terre, dont on fait une couche de dix-huit à vingt pieds de long, de fix à fept pieds de large, & de fix pouces d'épaiffeur, fur laquelle on met le minérai de fer, en morceaux de fept, huit, neuf & dix livres. On le forme en dos d'âne, dont la perpendiculaire abaiffée du fommet, a environ trois pieds.

Cela fait, on met le feu à une des extrêmités, en y portant quelques charbons allumés. A mefure que le feu gagne en avant, on recouvre le tout avec du pouffier de charbon & la cendre qui fe trouve autour, afin de concentrer la chaleur. Il faut plufieurs jours avant que le feu ait pénétré toute cette maffe du minérai, laquelle eft rôtie fuffifamment après cette opération.
Le

Le minérai nommé *iron-oar*, minérai de fer, n'a pas befoin d'être grillé; on le fond crud avec les autres minérais, comme on le dira ci-après.

La préparation du charbon, pour le rendre propre à la fonte & le réduire en une efpece de *cinders*, auxquelles on donne le nom de *coaks*, fe fait comme il fuit. L'efpece de charbon la plus convenable pour être réduite en *coaks*, eft celle qu'on nomme *clod-coal*, & qui fe trouve dans le milieu des veines de charbon. On en forme fur le terrein une couche en rond, de douze à quinze pieds de diametre, autour duquel il y a toujours un mêlange de pouffier de charbon & de la cendre des opérations précédentes. Cette couche circulaire eft arrangée de façon qu'elle n'a pas plus de fept à huit pouces d'épaiffeur à fes extrêmités, & un pied & demi au plus d'epaiffeur dans fon milieu ou fon centre. C'eft là qu'on place quelques charbons allumés, pour y mettre le feu, lequel s'étend par tout en très-peu de temps. Un ouvrier y veille, & avec une pele de fer, prend de la pouffiere qui eft autour & en jette dans les endroits où le feu eft trop ardent, feulement une quantité fuffifante pour empêcher de confumer le charbon, mais point affez pour éteindre la flamme qui s'étend fur toute la furface, ce qui eft une marque de la deftruction du bitume, véritable objet de l'opération. Le pouffier qu'on jette deffus, fert à éteindre le charbon lorfqu'il eft privé de fon bitume qui n'y eft pas fort abondant. Cette opération dure environ quarante heures.

Le charbon ainfi réduit en *coaks*, eft beaucoup plus léger qu'auparavant; il eft auffi moins noir, cependant il l'eft beaucoup plus que les *cinders*. Il ne fe colle point enfemble en brûlant; ce qui fait croire que le charbon de l'efpece de celui de Newcaftle, n'auroit pas les mêmes propriétés. Cependant on verra par la fuite, qu'on en fait le même ufage; mais l'o-

Réduction du charbon en coaks.

M m

pération de la réduction en *coaks* est un peu différente. *Voyez le quinzieme Mémoire.*

Le charbon étant préparé comme on vient de le dire, est employé seul & sans aucune autre addition de charbon, pour fondre les minérais de fer dans deux grands *hauts-fourneaux,* placés l'un à côté de l'autre. Ils sont semblables à ceux qui sont en usage en Allemagne & dans plusieurs provinces de France. On m'a dit qu'ils avoient trente pieds de hauteur, l'intérieur formant un ovale, dont le grand diametre a huit pieds. Chaque fourneau a deux très-grands soufflets de cuir, simples, mus par une très-grande roue, à l'arbre de laquelle il y a quatre mentonnets pour chaque soufflet.

C'est dans ces fourneaux où l'on fond les six différentes especes de minérais, dont on a parlé plus haut, dont cinq sont ce qu'on nomme la *pierre de fer,* & qu'on grille auparavant. La sixieme espece est ce que l'on a nommé *tête vitrée*; on en ajoute très-peu à chaque charge & on la fond crue. On y mêle un peu de pierre à chaux, pour servir d'absorbant; on recouvre le tout avec le charbon réduit en *coaks.*

La flamme qui sort de ce fourneau, est tellement semblable à celle que donne la fonte au charbon de bois, qu'il est impossible d'en faire la différence. L'opération s'y fait aussi absolument de la même maniere. On fait une coulée toutes les douze heures; chacune est d'environ quarante quintaux.

Il est surprenant que la gueuse provenant de cette fonte au charbon de terre, qui, comme on le dira, ne peut jamais produire un bon fer battu, soit aussi douce qu'elle l'est. On la lime & on la coupe presque aussi aisément que le fer forgé; avantage très-considérable pour mouler toutes sortes d'ouvrages en fer coulé. C'est aussi le principal objet de cet établissement. On y coule sur-tout les plus gros cylindres, pour les machines à feu d'Ecosse & d'Angleterre, à l'instar d'une forge très-onfidérable, établie dans la principauté de Galles.

Nous en avons vu jetter un cylindre de cinquante pouces de diametre. Pour cet effet, il y a une très-grande foſſe devant un des fourneaux, dans laquelle on met les moules des différentes pieces qu'on veut jetter, & par des conduits que l'on pratique en ſable, on y fait arriver la gueuſe des deux fourneaux, même celle de différents fourneaux de reverbere, lorſqu'on a à couler une piece plus forte que ne peuvent fournir les deux hauts fourneaux dans une coulée. Cinq de ces fourneaux de reverbere ſont diſpoſés de maniere que l'on peut faire couler la matiere dans la même foſſe. Par ce moyen on peut jetter une piece de quarante milliers peſant.

Comment on jette les pieces en fonte.

Les fourneaux de reverbere ſont conſtruits de la même maniere, & on y opére de même que dans celui dont il a été fait mention ci devant. Ces fourneaux ſont journellement en feu. On y fait ordinairement deux coulées par jour. Ils refroidiſſent pendant la nuit, & on les répare le matin, en y refaiſant un nouveau ſol en ſable. Les matieres qu'on y fond, ſont les rebuts des hauts fourneaux, c'eſt-à-dire les petits morceaux, les ouvrages caſſés & de la vieille fonte de fer, qu'on y apporte de différents pays, outre cela de la gueuſe.

Le principal objet eſt de jetter en fonte toutes ſortes de petits ouvrages, comme grilles de fer pour les cheminées des appartements, différents ornements pour les mêmes appartements; des fourneaux pour les vaiſſeaux; portails de fer en deux pieces, fers à repaſſer, marmites, &c. Ce dernier objet eſt un des principaux. Ces forges ont toute la fourniture du Canada, depuis la conquête, & l'on ſuit les mêmes modeles dont on uſoit ci-devant en France. Enfin on y fabrique, en fer coulé, les mêmes ouvrages qu'on fait communément en fer battu; on les polit ſur des meules, mues par des roues à

Polir le fer de gueuſe.

eau , femblables à celles qui font aux environs de Saint-Etienne en Forez.

La gueufe, travaillée ou coulée en ouvrages, s'y vend depuis dix jufqu'à trente fchelings le quintal. Le dernier prix eft communément pour les gros cylindres, après qu'ils ont été forés & polis dans l'intérieur. La terre pour la compofition des moules des cylindres, eft une argille bien paitrie & bien travaillée , avec un mêlange de bourre ou poil de veau , bien battu. Le noyau pour les gros cylindres confifte en un cylindre de fer , autour duquel on met des briques , & par deffus de la terre, jufqu'à ce qu'on ait le diametre demandé ; & comme ces pieces font trop groffes pour être tournées , le noyau eft placé verticalement ; un pivot qui eft mobile dans fon milieu , & auquel on fixe une équaire , en tournant , donne la jufte proportion.

Forage des cy-
lindres, pour en
polir l'intérieur.

On fore dans cette manufacture, ou plutôt on ôte les inégalités , & l'on polit l'intérieur des cylindres, à l'aide d'une grande roue , agiffant par l'eau, dont un des tourillons eft fort long. On fixe à fon extrémité une roue de fer coulé, dont le diametre eft proportionné à celui du cylindre qu'on a à forer. La circonférence de cette roue eft divifée en fix parties, à chacune defquelles il y a une entaille ou échancrure , où l'on met un morceau d'acier un peu coupant, de façon qu'il excede, mais également , tout au plus d'un pouce, le diametre de la roue. Ces morceaux d'acier font affujettis très-fortement avec des coins de fer. On les retire de temps en temps pour les éguifer fur une meule , parce qu'il faut, autant qu'il eft poffible, qu'ils mordent tous en même temps. On fait entrer la roue ou foret dans le cylindre , lequel eft placé horizontalement fur un chaffis de bois , qui avance & recule à volonté, à l'aide d'une corde & d'un treuil. On met la roue en mouvement ; deux ouvriers font chargés de conduire cette opération, qui fe fait avec précifion & promptement.

Une chofe très-furprenante dans cette manufacture, & qu'on ne voit nulle part, c'eft un haut fourneau qui eft en feu, à ce qu'on dit, depuis quatre années fans interruption. Les Entrepreneurs comptent qu'il pourra encore aller un an fans l'arrêter. Le fecond eft en feu depuis trois ans. Par-tout ailleurs, la fonte des hauts fourneaux dans les forges, eft prolongée un an au plus.

Les Entrepreneurs ne trouvent pas que le vent de leurs foufflets foit affez violent. Ils en font conftruire deux nouveaux d'une prodigieufe grandeur; ils feront fimples, mais de vingt-deux pieds de long, avec des pieces de bois de chêne, de dix pouces d'épaiffeur au moins. Ces foufflets coûteront plus de trois cents livres fterlings. Si ces Entrepreneurs connoiffoient l'ufage des foufflets de bois doubles, ils épargneroient beaucoup de dépenfes. *Soufflets,*

Outre les ouvrages en fer de fonte, qui forment un établiffement très-confidérable, ils en ont un dans le même emplacement, de fer forgé, qui ne l'eft pas moins; mais comme la gueufe, provenant de la fonte au charbon de terre, *Affinerie pour la gueufe de fer.* eft d'une mauvaife qualité pour être réduite en fer forgé, ils tirent une très-grande quantité de fer de gueufe de l'Amérique & de la Ruffie, ils font à peu près de même qualité. ils fervent à bonifier la leur, par un mêlange qu'ils en font dans les affineries, dont l'opération fe fait uniquement au charbon de bois & par les procédés connus de toute l'Europe. Ils nous ont affuré qu'ils en affinoient auffi au charbon de terre; mais nous avons de la peine à le croire. Tout ce que nous avons obfervé, c'eft qu'après que le fer affiné eft forti de l'affinerie & a été battu une fois, on le chauffe pour la deuxieme fois, dans un foyer qui eft dans le même bâtiment & dont le feu eft tout au charbon de terre.

Fer forgé.　La proportion du mélange de différents fers de gueuſe, dépend entiérement de la qualité du fer forgé que l'on veut avoir. Par exemple, pour les gros ouvrages en fer, on emploie une plus grande quantité de la gueuſe de *Carron*, que pour les petits ouvrages ou la groſſe tôle, dont on fabrique beaucoup pour les chaudieres des machines à feu.

La façon dont on chauffe les tôles pour les étendre, mérite attention.

Le foyer eſt à l'ordinaire avec un soufflet double, mais devant lequel on forme une voûte en charbon, que l'on mouille à cet effet. Il y a de plus une plaque de fer fondu par devant, pour le soutien de la voûte. Le feu s'y entretient avec du petit charbon qu'on y met de temps en temps. Enfin on y introduit les pieces de tôle, qui y ſont chauffées en très-peu de temps, par l'effet de la flamme. On a obſervé qu'elles ſont plus nettes & moins endommagées que lorſqu'elles touchent immédiatement le charbon.

On a une autre façon de chauffer en partie les pieces, & fur-tout les groſſes, lorſqu'on veut perdre moins de temps. Il y a près de chaque forge un petit fourneau de reverbere, où l'on fait d'abord chauffer le fer, avant de le placer fur le foyer devant le soufflet. De cette façon, l'opération va fort vîte, & les marteaux ſont preſque toujours en mouvement. Ces marteaux ſont de différentes groſſeurs, mus par l'eau à l'ordinaire, ils n'ont rien de remarquable. On a conſtruit dans la plupart des foyers de forge, au deſſus de la tuyere du soufflet, une cheminée pour recevoir toute la fumée. De cette façon, l'ouvrier eſt beaucoup moins incommodé. On en a pratiqué même aux petites forges, dont les soufflets ſont mus à bras d'homme.

On fabrique toutes ſortes de petits ouvrages en fer dans cette manufacture, comme poéles de cuiſine, clous, &c.

mais on n'y emploie que du fer de Suéde. Celui qui fe fabrique dans le pays, n'eft pas d'une qualité affez douce pour cela.

Les Fermiers des mines & Entrepreneurs des forges occupent en tout environ huit cents ouvriers. Ces ouvriers, de même que ceux des mines, font tous à fortfait. Ils ont tant par quintal de fer travaillé. Tous les chefs-ouvriers peuvent gagner environ vingt fchelings par femaine.

Cette manufacture eft fans contredit une des mieux montées qu'il y ait en ce genre. Tout contribue à rendre cet établiffement avantageux. Les Entrepreneurs exploitent eux-mêmes une mine de charbon très-confidérable, & près de la forge. Ils ont un très-beau courant d'eau, pour lequel ils ont fait, il eft vrai, beaucoup de dépenfe; de plus ils font très-près d'un Port de mer. La compagnie eft fort nombreufe; elle eft compofée d'Affociés de Londres, de Newcaftle & de Bermingham. Ceux de cette derniere ville font les plus riches & les plus induftrieux. Un d'eux a pris une ferme à fept milles de là, dont on va parler. Il fe rend toutes les femaines aux forges de *Carron*. Enfin, un des intéreffés réfide fur les lieux, dirige toutes les opérations, qu'il entend très-bien, tandis que les autres travaillent chacun de leur côté, pour augmenter la confommation des matieres fabriquées.

MINES DE CHARBON
DE KINNEIL.

LE Docteur *Rœbuck* de Bermingham, un des Affociés des mines & forges de *Carron,* a pris à ferme, depuis peu d'années, toute la terre de *Kinneil,* qui appartient, je crois, au Duc d'Hamilton, lequel en a le *Royalty*; dans la ferme font comprifes les mines de charbon & les falines qui en dépendent.

Elles font fituées au bord de la mer, près de la ville de *Bourrou-Stonefs,* où il y a un très-bon Port. Cette ville eft à fept milles de *Carron,* & à cinq milles de *Falkirck.* La difpofition des couches de charbon qu'on exploite dans ces mines, jointe à fa qualité, eft à peu près la même qu'à *Carron.* Les puits ne font pas à plus de dix toifes d'éloignement de la haute marrée. On prétend qu'il y a quelques ouvrages qui s'étendent fous la mer. On y a déjà conftruit deux pompes à feu, & l'on en conftruifoit une troifieme, pour une nouvelle découverte.

Une partie du charbon fe vend pour la confommation du pays; une autre va en Hollande; la troifieme, qui eft de moindre qualité, fe confomme fur les lieux, pour extraire par évaporation, le fel de ceux de la mer.

MINES DE CHARBON

DES ENVIRONS DE LA VILLE D'EDIMBOURGH.

ON exploite plufieurs mines de charbon aux environs de la ville d'Edimbourgh, capitale de l'Ecoffe. Il y en a une à trois ou quatre milles, du côté du Sud. Son puits principal n'eft qu'à quarante ou cinquante toifes du bord de la mer, & fa furface n'eft pas plus de trois toifes au deffus du niveau de la haute marée.

On a pratiqué une petite galerie qui écoule les eaux de la mine à ce niveau, c'eft-à-dire celles qui font élevées par une machine à feu conftruite fur le puits, lequel a cinquante toifes de profondeur & raffemble toutes les eaux de la mine, dont les ouvrages, d'où l'on extrait le charbon, ne font en ce moment qu'à trente-cinq toifes de profondeur perpendiculaire.

On exploite dans cette mine deux veines paralleles, d'environ quarante à cinquante degrés d'inclinaifon du côté du midi; ce qui eft tout-à-fait contraire à l'inclinaifon des couches du rocher qu'on voit au jour & dans la mer, à deux ou trois milles plus loin. Ces couches approchent beaucoup plus de la ligne horizentale, & font inclinées au Nord-Oueft. Il en eft de même des mines de charbon qu'on exploite un peu plus loin; elles ont beaucoup de rapport avec celles de Newcaftle. La qualité des rochers qui compofent les couches eft la même, mais l'efpece de charbon eft différente.

Il eft moins bon que celui de Newcaftle, pour la forge, parce qu'il ne colle pas autant, ce qui prouve qu'il eft moins bitumineux; mais il eft bien préférable pour brûler dans les appartements; il rend beaucoup moins de fumée, une flamme

N n

plus claire, & enfuite une braife très-ardente, comme le charbon de bois; il fe réduit de même tout en cendres, lorfqu'il
a été choifi & qu'il n'eft pas pierreux. Il n'eft pas befoin de le
remuer auffi fouvent que celui de Newcaftle, pour l'exciter à
brûler. Ce dernier s'attache en une feule maffe, noircit &
s'éteint, fi on ne lui donne pas de l'air & fi on ne rompt pas
la croûte qu'il a formée. Quand on caffe le premier, il fe
divife communément en lames, ce que ne fait pas celui de
Newcaftle; mais on s'en apperçoit encore mieux en le brûlant.
Lorfqu'il eft bien allumé, on diroit que c'eft du bois, ou plutôt
du charbon foffile. Cependant il n'en a aucune apparence
avant d'être mis au feu. Il forme auffi au feu des *cinders*, mais
plus légeres & plus poreufes que celles du charbon de New-
Prix du charbon
fur la mine. caftle. On le vend à l'embouchure du puits, pour la confommation du pays, à raifon de dix-huit *pences*, ou un fcheling
& demi, les cinq quintaux, chaque quintal eft de cent douze
livres, poids d'Angleterre.

　Les ouvriers qui travaillent dans cette mine, font à prix
fait. Ils font obligés de fe fournir d'outils & de chandelles;
on leur paie un *pence*, ou à peu près deux fols de France,
pour chaque quintal de cent douze livres. Il y a une machine
à moulette, mue par des chevaux, pour élever le charbon
au jour.

QUATORZIEME MEMOIRE.

SUR PLUSIEURS MINES DE CHARBON
& quelques Forges de fer, d'Allemagne & des Pays - Bas. Année 1767.

MINES DE CHARBON

DU PAYS DE LIEGE.

ON fait remonter l'origine des mines de charbon de terre dans le Pays de Liege, à l'année 1198; les uns font dériver le nom de *Houille*, que l'on y donne à ce minéral, à un ancien mot Saxon; d'autres, au nom propre de celui qui en fit alors la découverte. Ceux qui exploitoient ces mines dans ces premiers temps, trouvoient plus de facilité à travailler les veines ou couches, qui étoient proche de la surface de la terre. Il faut aujourd'hui aller chercher le charbon à une grande profondeur, surmonter les obstacles qui en dépendent, & sur-tout élever les eaux qui y sont d'autant plus abondantes que le terrein est, pour ainsi dire, criblé d'ouvertures faites par les anciens; quoique rebouchées, elles ne laissent pas d'occasionner la filtration des eaux des pluies. Les couches supérieures étant exploitées, les vuides qu'on a

faits par ces ouvrages, font remplis d'eau, ce qui forme des
réfervoirs qui rendent même l'exploitation périlleufe, du moins
au deffous des niveaux des galeries d'écoulement, nous en dirons
quelque chofe.

Les mines de
charbon fe tra-
vaillent en focié-
té.

Les grandes dépenfes qu'entraînent aujourd'hui néceffairement une telle entreprife, font que ce n'eft plus celle d'un
fimple particulier qui puiffe extraire à fes frais, le charbon
renfermé dans fon fond, c'eft une affaire de fociété, mais
on évite de la rendre trop nombreufe, dans la crainte d'augmenter les procès; car, quoiqu'il y ait des loix & des réglements très-confidérables, il n'eft pas une feule entreprife de ce
genre, qui n'occafionne quelques procès avec les Propriétaires
des mines, ceux de la furface avec les Entrepreneurs des
galeries d'écoulement, enfin entre les Affociés.

Néceffité d'une
Jurifdiction lo-
cale.

D'où l'on doit conclure de quelle néceffité il eft d'avoir une
Jurifdiction locale dans tout pays où il y a de pareilles entreprifes; mais il feroit néceffaire en même temps d'éviter l'inconvénient attaché à celle de ce pays, auprès de laquelle
les procédures font trop difpendieufes; il faudroit enfin que
ce fût à peu près comme en Allemagne, où toutes les formalités de juftice font fommaires & à peu de frais.

Avantage qu'ont
les Maîtres de
foffe.

Les Chefs de ces entreprifes font ordinairement des gens
qui, de pere en fils, ont fait ce métier, & que l'on nomme
communément *Maîtres Houilleurs*, *Maîtres de foffe*; ils ont
un grand avantage fur tous autres; ils connoiffent non-feulement l'exploitation, mais encore le nombre de couches ou
veines qui font dans tel ou tel endroit, à quelle profondeur
elles fe trouvent, leur qualité, leur épaiffeur, les lieux où
elles font interrompues ou coupées, &c. Enfin il en eft qui
favent auffi jufqu'à quelle profondeur telle ou telle couche
a été exploitée par les anciens.

Quoique par les loix & coutumes, dont nous rendrons

compte (*), il paroiſſe qu'on a cherché à prévoir tous les cas qui pouvoient arriver, & établir une baſe fondamentale pour juger toutes les difficultés, on n'a pas prévu un grand inconvénient qui réſulte de l'Article II, du Réglement pour le pays de Limbourg, également ſuivi dans celui de Liege; il vaudroit beaucoup mieux, comme cela eſt en uſage en Allemagne, que dans le cas où une compagnie, exploitant une mine, deſſécheroit par ſes ouvrages ceux de ſon voiſin, il fût alloué à la premiere un dédommagement de la part du dernier; que même celui-ci contribuât à la conſtruction & à l'entretien des machines néceſſaires pour l'épuiſement commun des' eaux des deux mines ou de pluſieurs. On accorde une rétribution pour le verſage des eaux ſur la ſurface d'un terrein, au Propriétaire, tandis qu'on ne doit qu'un remerciment à celui qui par des dépenſes conſidérables, en deſſéchant à la vérité ſes propres mines, tire toutes les eaux des ouvrages de ſon voiſin.

Cet uſage donne lieu, 1°. à ce qu'aucune ſociété n'entreprenne une exploitation, qu'elle ne ſe ſoit aſſurée d'une grande étendue de terrein; 2°. non-ſeulement à ne point attirer les eaux des ouvrages voiſins, mais même à y en faire rétrograder des ſiennes, ſi on le peut. En effet, on ménage les ouvrages, comme nous le dirons à l'Exploitation, de façon à pouvoir conſtruire une digue pour arrêter les eaux dès qu'il en vient une certaine quantité; cela eſt même devenu aujourd'hui une néceſſité, & c'eſt la principale raiſon pour laquelle on laiſſe à chaque limite d'un terrein acquis, trois toiſes d'épaiſſeur en charbon de chaque côté.

Les anciens ayant agi de la même maniere, & pratiqué des digues pour empêcher la communication des eaux, les ont

(*) Voyez à la fin du Volume, nos *Recherches ſur la Juriſprudence des Mines de Charbon*, &c.

renfermées dans l'intérieur de la terre, de telle sorte qu'apréfent chaque exploitation est en danger d'être submergée, si l'on ne prenoit des précautions pour le prévenir; & cela est ordonné par les loix, depuis les accidents qui sont arrivés, ou l'on a vu des mines entiérement noyées, avec la perte d'un très-grand nombre de travailleurs. On nomme *Bains* les endroits qui renferment ces eaux; pour les éviter, on ne peut faire aucun ouvrage en avant, qu'il ne soit précédé de trois coups de sonde de sept toifes de longueur, & cinq toifes de chaque côté; les foreurs ont toujours avec eux des chevilles prêtes à boucher les trous, aussi-tôt qu'ils s'apperçoivent qu'il y a de l'eau par derriere; le charbon dans lequel fe font faites les sondes, est perdu pour toujours, puisqu'il tient lieu de digues; on en construit aussi en bois, lorsque l'on juge que sa résistance n'est pas assez forte, mais cela fe fait sur-tout lorsqu'il vient inopinément de l'eau du toit ou du mur; un autre charbon également perdu, c'est celui qui sert de contreforts pour retenir la digue.

J Ce que c'est que Bains, dans les mines, & comment on les reçonnoît,

Il n'y a aujourd'hui aucune exploitation un peu importante au dessus des galeries d'écoulement, faisant un objet de trente, quarante, cinquante toifes de profondeur, depuis le jour jusqu'à ce niveau; il y a des mines qui ont jusqu'à cent trente & même cent quarante toifes de profondeur, ce qui a mis dans le cas de songer à faire usage des machines ou pompes à feu, il n'y a pas plus de quarante ans qu'elles font connues dans le pays de Liege; on en compte quatre actuellement en action, le nombre en augmentera immanquablement dans la suite, puisqu'il faudra toujours aller chercher les veines les plus inférieures. Quant aux mines qui ont une moindre abondance d'eau, on l'éleve jusqu'au niveau de la galerie d'écoulement, à l'aide de machines à chevaux dans un manege; ce font les mêmes qui servent à élever le charbon, & que

Machines à feu.

l'on nomme *Hernaz* dans le pays. Il y a auffi une mine dont les Entrepreneurs, à l'aide d'un étang, ont fait conftruire une machine hydraulique ordinaire, d'autres fe fervent des moulins à vent.

Quoique le Pays de Liege ne foit pas fitué auffi avantageufement que l'Angleterre, pour avoir le débouché des charbons de terre qui font de fon produit, il l'eft pourtant beaucoup mieux que plufieurs autres pays; la ville de Liege qui eft le centre de l'exploitation des mines, eft traverfée par la Meufe, grande riviere navigable, fur laquelle le charbon eft tranfporté à peu de frais, non-feulement dans les Pays-Bas, mais encore jufqu'en Hollande; de plus, cette riviere fert à apporter à Liege & dans les environs, les fers provenant des forges du pays, & du Duché de Luxembourg, pour y être manufacturés à l'aide du charbon, à meilleur marché qu'on ne pourroit le faire ailleurs; en général, la fituation ne peut être plus heureufe, pour un pays éloigné de la mer.

Situation de Liege, pour le commerce des charbons.

La ville de Liege, ainfi que nous l'avons dit, eft traverfée par la Meufe, qui a fon cours du Couchant au Levant. Cette riviere met une grande différence dans la difpofition des couches ou veines de charbon; nous l'expliquerons ci-après. Nous dirons d'abord, que depuis une lieue environ, au levant de la ville de Liege, commencent les couches de charbon, qui s'étendent jufqu'à deux lieues au delà du côté du Couchant, on trouve, à moitié chemin de cette diftance, les plus fortes exploitations, & tout auprès de la ville, on connoît même des couches qui paffent par deffous; la fuite des veines de charbon, du côté du couchant, va bien plus loin; la raifon eft que, par un dérangement total dans leur difpofition, elles font interrompues à une lieue & demie de Liege; mais elles reprennent enfuite dans une pofition prefque perpendiculaire, pour continuer de la même maniere, pendant plufieurs lieues.

Etendue & difpofition des couches ou veines de charbon.

Au Nord de la ville, le charbon ne s'étend pas plus d'un quart de lieue, & au Midi de l'autre côté de la Meufe, les veines fe prolongent au plus à demi-lieue; mais toujours dans la direction de l'*Eſt* à l'*Oueſt*, & auſſi loin que de ce côté-ci; il y a apparence que ce font les mêmes couches, quoique leur inclinaifon change de diſtance en diſtance, tantôt au Midi, tantôt au Nord. En général, tous les lits de charbon & rocher font très-irréguliers dans cette partie.

On a fait une obfervation remarquable dans le Pays de Liege, elle eſt aſſez générale ; lorfqu'aucun des empêchements, dont nous parlerons, n'y porte aucun obſtacle, toute couche de charbon qui paroît à la furface de la terre, au Midi, s'enfonce du côté du Nord, & va jufqu'à une certaine profondeur, en formant un plan incliné, devient enfuite prefque horizontale pendant une certaine diſtance, pour remonter du côté du Nord, par un fecond plan incliné jufqu'à la furface de la terre, & cela dans un éloignement de fon autre fortie, proportionnée à fon inclinaifon & à fa profondeur.

Nous avons vérifié cette finguliere obfervation près de Saint-Gilles, à trois quarts de lieue, au Couchant, de la ville de Liege; il y a plus, la premiere couche qui eſt près du jour, forme une infinité de plans inclinés qui viennent fe réunir à un même centre, de forte qu'on peut voir tout autour les endroits où elle vient fortir à la furface de la terre; les couches inférieures fuivent la même loi, mais par rapport à l'étendue qu'elles prennent en plongeant, on napperçoit que deux plans inclinés, qui font très-fenfibles; par exemple, en vifitant les mines du Verbois, qui font un peu plus au *Nord-Oueſt* de Liege que celles de Saint-Gilles, nous avons obfervé que les couches dirigées de l'*Eſt* à l'*Oueſt*, font inclinées du côté du Midi, tandis que celles que l'on exploite à Saint-Gilles, qui ont la même direction, s'inclinent du côté du Nord. L'expérience a prouvé

à

à tous les Houilleurs de ce pays, que dans l'un & l'autre endroit on exploitoit les mêmes couches, formant, comme nous l'avons dit ci-deſſus, deux plans inclinés; mais nous obſerverons qu'entre Saint-Gilles & le Verbois, il y a un vallon qui a même direction que les couches, & même inclinaiſon de chaque côté.

Néanmoins l'obſervation des deux plans inclinés qui eſt vraie pour les endroits dont nous venons de parler, ne peut être faite par-tout; car, par exemple, on exploite à une des portes de la ville, au Nord de la Meuſe, les mêmes couches, mais inférieures; elles prennent leur inclinaiſon du côté du Midi, ſous la ville, en ſe rapprochant de la' riviere; d'où on peut conclure qu'il eſt très douteux, que dans cet endroit elles ſe relevent pour ſortir au jour; cela n'eſt pas même probable, mais plutôt de l'autre côté de la Meuſe, ce qui paroît très-vraiſemblable.

On compte du côté du Nord, plus de quarante couches de charbon, ſéparées les unes des autres par des parties de rocher, d'une épaiſſeur depuis cinq juſqu'à dix-ſept toiſes, ſans pouvoir faire mention de celles que l'on ne connoît pas, & qui peut-être ſont encore plus bas; nous ne voulons pas dire par là, que dans une même mine on ait reconnu toutes ces couches, il n'y en a aucune aſſez profonde pour cela; mais cela s'obſerve dans différentes exploitations, car il eſt des mines qui, étant beaucoup inférieures à d'autres, ou éloignées des endroits où ſortent au jour les veines ſupérieures, ne peuvent rencontrer que celles qui ſont au deſſous de celles-ci; ces couches n'ont qu'une épaiſſeur moyenne, c'eſt-à-dire trois ou quatre pieds; on en a exploité une qui en avoit ſix, mais c'eſt l'unique.

Veines de charbon connues.

Pour les profondeurs, que nous avons dit qu'occaſionnoient les galeries d'écoulement dans les mines, on peut juger que le

O o

terrein des environs eft montagneux, mais c'eft une hauteuf moyenne.

Les couches de charbon, qui font féparées des précéden-tes par la Meufe, font bien différentes des premieres. Avec leur direction de l'*Eft* à l'*Oueft*, elles font prefque perpen-diculaires, ou du moins approchant plus de la ligne per-pendiculaire que de l'horizontale. Lorfqu'elles s'inclinent, c'eft au Nord ou au Midi; mais ce qu'elles ont de particulier, c'eft qu'on nous a affuré qu'elles imitoient les premieres dans leur marche, c'eft-à-dire qu'elles s'enfoncent en terre d'un côté, pour venir reffortir d'un autre, mais avec une irrégularité très-finguliere; par exemple, une telle couche ou veine def-cend à peu près perpendiculairement jufqu'à trente toifes de profondeur, là elle prend une inclinaifon de quarante de-grés, pendant une diftance de vingt toifes, reprend enfuite la ligne perpendiculaire, & puis remonte enfin, fait des fauts en s'enfonçant par des angles plus ou moins grands, & forme ainfi des plans inclinés de toute efpece. D'autres entrent dans l'intérieur de la terre par une ligne perpendiculaire, prennent au fond une pofition prefque horizontale, & remontent d'un autre côté au jour par une ligne oblique. Toutes les veines ou couches du même diftrict, étant toujours paralleles, ob-fervent la même loi, & par conféquent les mêmes fauts.

Diftinction des couches ou vei-nes. On défigne les couches par des noms relatifs à leur pofi-tion. On les divife en deux efpeces principales, celles qui font un angle avec la ligne horizontale, depuis zéro jufqu'à qua-rante-cinq degrès, font appellées *veines à pendage de plat-ture*, & celles qui font un angle avec la même ligne, depuis quarante-cinq degrés jufqu'à quatre-vingt-dix, *veines à pen-dage de roiffe*; on les foudivife enfuite en *demi-platture*, *demi-roiffe*, *quart de platture*, *quart de roiffe*. Il eft très-commun d'entendre dire aux ouvriers du Pays de Liege, en conféquence des variations auxquelles font fujettes les veines, *nous avons à travailler le roiffe de telle veine jufqu'à telle profondeur, alors nous aurons fa platture.* Toutes les couches dont nous avons parlé dans le premier cas, font réputées à *pendage de platture,* quoiqu'en général en approchant du jour, elles deviennent un peu *roiffe ;* & celles du fecond cas, de l'autre côte de la Meufe, font réputées à *pendage de roiffe,* quoiqu'elles prennent fouvent leur *platture,* mais ce n'eft jamais près de la furface de la terre.

Les unes & les autres font fujettes à un grand dérangement, dans leur pente ou inclinaifon; on rencontre fouvent des bancs de pierre, de quinze à vingt toifes d'épaiffeur, lefquels coupent depuis la fuperficie de la terre, jufqu'au plus profond où l'on a été jufqu'à préfent, non-feulement toutes les couches ou veines de charbon, mais auffi tous les lits de rocher qui fe trouvent entr'elles, de façon que lorfque l'on a traverfé un de ces bancs, on retrouve de l'autre côté les mêmes lits & couches correfpondantes, qui ne font plus fur une même ligne horizontale, mais plus hautes ou plus baffes. On nomme ces bancs de pierre, *faille.*

C'eft ordinairement une pierre fablonneufe, efpece de grès, quelquefois moins dur que celui qui compofe les lits de rocher; on évite de s'en approcher en exploitant une couche de charbon; ils fourniffent affez fouvent beaucoup d'eau, foit parce qu'ils font plus poreux, foit auffi parce que toutes les couches fupérieures venant s'y terminer, laiffent du cours à l'eau qu'elles renferment contre leur parois. Ces *failles* ou bancs de rocher ont auffi cela de particulier, qu'on leur trouve quelquefois dans l'intérieur des rognons de charbon, qui fe nomment *bouille* ou *brouillard*; le charbon n'y obferve aucune régularité, il a quelques pieds, & quelquefois jufqu'à vingt, trente d'étendue; mais il eft entouré de tout côté par le rocher

Dérangement des couches par des failles, ce que c'eft.

O o 2

de fable qui compofe la *faille*. Nous avons parlé à des *Houil-leurs* qui, ayant traverfé une *faille* de quatre-vingt toifes, pour la facilité de leurs ouvrages, ont trouvé de pareils rognons.

Creins, ce que c'eft. Il eft encore un autre dérangement, auquel les couches de charbon font fujettes; on le nomme *Crein*, c'eft un rocher qui part du toit ou du mur, plus communément de ce der-nier, c'eft-à-dire que le mur y fait un renflement, dans un alignement en angle droit à la direction de la couche, & tou-jours en defcendant; il fe rapproche tellement du toit, que l'é-paiffeurdu charbon vient à rien, quelquefois même il n'en refte qu'une trace noire, qui fe continue feulement quelques pieds, pendant une ou deux toifes, & l'ayant traverfé, on retrouve le charbon comme précédemment. On rencontre commune-ment ces *creins*, en fuivant la direction de la couche, toutes les quarante, cinquante ou foixante toifes; fouvent ils fe retrou-vent dans les mêmes endroits, au deffus ou au deffous, c'eft-à-dire dans les couches fupérieures & dans les inférieures; nous avons obfervé que l'on rencontroit ici des *creins* dans prefque toutes les mines de charbon.

Rochers qui ac-compagnent les veines ou cou-ches de charbon. Tous les rochers qui compofent les terreins aux environs de Liege, font une efpece de grès, très-dur & très-compact, qui eft placé par couches, comme le charbon, & qui les divife. Il eft fort propre à employer pour paver, auffi ne fait-on pas ufage d'autres pierres, dans la ville & dans les grandes routes. Il en eft un autre à grains très-fins, qui paroît être un mêlange de fable, mêlé de mica blanc, & lié par une terre argilleufe très-fine; celui-ci fe décompofe facilement à l'air, par feuillets, comme un *fchifte*. Il fe trouve affez près du charbon; il en eft pourtant un autre encore plus rappro-ché, fa couleur eft noirâtre, quelquefois un peu rougeâtre; il paroît être un compofé de fable très-fin, réuni par un limon avec lequel il forme un corps dur, mais qui, dès qu'il a été à l'air, il s'attendrit & fe décompofe totalement. Si on l'approche de la langue, il s'y attache comme la terre à foulon.

Le charbon eft encore divifé, foit au toit, foit au mur du rocher, par une terre noire, *fchifleufe*, dure; elle fe décompofe aifément à l'air, & fes lits, lorfqu'on les fépare, préfentent des empreintes de plante.

Les rochers que nous venons de décrire, font à peu près les mêmes par-tout, & répétés autant de fois qu'il y a de couches de charbon; on n'aime point que le grès dont il a été queftion en premier lieu, foit trop près du charbon, du côté du toit, car il eft fujet à être caffé de diftance en diftance, & donne des fentes qui apportent fouvent beaucoup d'eau; elles nuifent auffi à fa folidité, quoique la pierre par elle-même foit la plus dure du pays, & ne fe décompofe pas.

Quant à la Houille ou charbon, elle varie en qualité, elle eft d'abord plus ou moins bitumineufe, c'eft ce que l'on nomme *Houille graffe* ou *Houille maigre*; & lorfqu'elle ne contient prefque pas ou point de bitume, on la nomme *clute*; on trouve de cette efpece à l'*Eft* de la ville, quoique dans des mêmes couches fituées à l'*Oueft*, qui font plus graffes; elle eft très-propre à chauffer les appartements, à brûler de la chaux, mais ne peut être employée par les forgerons & les maréchaux. Celle qui tient le milieu perd de fa qualité à l'air, elle s'y décompofe en partie. Ceux qui en exploitent, n'en font aucun approvifionnement, & n'en tirent que ce qu'ils peuvent vendre à fur & à mefure; il en eft d'autres, qui avec l'une ou l'autre qualité, font très-pierreufes.

C'eft une erreur de croire que la bonne qualité de charbon, foit en raifon de fa profondeur; il eft des couches fupérieures qui en fourniffent de bien fupérieur à celui des

Qualité des charbons.

couches inférieures. Une même couche, dans un diftrict différent, donne auffi quelquefois des charbons de qualités très-différentes.

Exploitation des veines de charbon.

Pour décrire la méthode employée à exploiter les veines ou couches de charbon de terre, dans le Pays de Liege, nous nous fervirons des expreffions du pays; nous diftinguerons les couches à *pendage de platture*, c'eft-à-dire qui font prefque horizontales, & celles à *pendage de roïffe*, qui approchent plus de la ligne perpendiculaire; nous parlerons d'abord des premieres.

Comment on exploite les couches à pendage de platture.

Dans les permiffions que donnent les Propriétaires des mines, d'exploiter les couches ou veines renfermées dans leur fond, ils déterminent fouvent le nombre de puits que l'on peut faire, & même les endroits où l'on doit les approfondir; ce qui gêne finguliérement les Entrepreneurs, les empêchent fouvent de pouvoir les placer auffi avantageufement qu'ils jugeroient à propos.

Quoi qu'il en foit, ces Entrepreneurs fachant par eux-mêmes, par relation ou par manufcrit, les endroits où l'on a laiffé du charbon, à telle ou telle couche, cherchent furtout à rencontrer avec le puits, un lieu où la couche foit folide & entiere. Le puits a ordinairement neuf à dix pieds de large, fur douze à treize pieds de longueur, fa forme eft ovale, il eft placé de façon que fa longueur fe dirige contre l'inclinaifon de la couche, il acquiert par là plus de folidité.

Approfondiffe-ment d'un puits.

On a d'abord plus ou moins d'épaiffeur de terre à traverfer; celle qui couvre le rocher, eft une efpece de fable fin, argilleux, d'une couleur jaunâtre; arrivé au rocher, c'eft-à-dire, à une profondeur de deux, trois, quatre toifes, on fonge avant d'aller plus avant, à rendre le terrein folide & durable, à cet effet on pofe fur le rocher les fondations d'une maçonnerie en briques; on l'éleve jufqu'à la furface de la terre, ce

qui eſt beaucoup plus ſolide qu'un étançonnage , & n'eſt ſujet
à aucune réparation ; la maçonnerie achevée , on continue
l'approfondiſſement du puits dans le rocher qui , par ſa diſpoſition en couches & ſa ſolidité , diſpenſe d'aucun boiſage
ou maçonnerie juſqu'au plus profond de la mine. Comme l'on
fait à peu près toutes les diſtances qu'il y a d'une couche
de charbon à l'autre , dès que l'on ſoupçonne que l'on eſt
près d'en traverſer une qui renferme des eaux , pour ne pas
expoſer les ouvriers à périr , comme cela eſt arrivé pluſieurs
fois , on fore dans quatre , cinq , ſix endroits différents du
ſol du puits , ſoit par des lignes perpendiculaires , ſoit par
des lignes obliques ; ſi effectivement on rencontre trop d'eau ,
on eſt quelquefois obligé d'abandonner l'ouvrage pour recommencer un autre puits ailleurs , ou bien l'on établit une machine à feu , pour élever les eaux lorſqu'elles ſont trop abondantes , & que les chevaux ne ſuffiſent pas. On rencontre
quelquefois par ces puits , les trous de ſonde faits par les
anciens ; nous avons dit qu'ils étoient percés de l'intérieur
des mines , cinq , ſix , juſqu'à ſept toiſes en avant , pour reconnoître la préſence de l'eau ; lorſqu'on en trouve de pareils ,
la grande preſſion des eaux intérieures fait que ſouvent il
eſt impoſſible de les arrêter ; le plus court parti pour les
ouvriers eſt de ſe retirer au plus vîte.

Lorſqu'on rencontre ſeulement entre deux couches de
rocher ou charbon une eau courante , dont l'abondance
n'eſt pas aſſez conſidérable pour empêcher de travailler , on
retient ces eaux dans la hauteur , ou bien on les fait rencontrer juſqu'au niveau de la galerie d'écoulement , ou dans un
puiſard quelconque , pour enſuite l'élever ; enfin on les empêche d'aller plus bas , en pratiquant un cuvellement ; on
forme à cet effet ſur le rocher , une place unie au deſſous
de la ſource , & tout autour du puits , pour y recevoir des
pieces de bois , d'un pied juſqu'à deux pieds de largeur ; on

Cuvellement ;
ce que c'eſt.

es affemble les unes avec les autres, de maniere qu'elles forment entr'elles un poligone, communément de huit côtés, qui a intérieurement la capacité du puits; on les place fur de la mouffe; lorfqu'on en a mis un rang, on en ajufte un autre par deffus, ainfi de fuite en montant, & en obfervant de mettre toujours de la mouffe entre deux.

On conçoit combien il eft effentiel que ces pieces foient bien affemblées entr'elles, & ferrées, pour empêcher qu'elles ne laiffent paffer de l'eau. On fe conduit à peu près de la même maniere dans le refte de l'approfondiffement du puits, jufqu'à ce qu'on foit arrivé à la couche que l'on veut exploiter. Les puits ont en général depuis quarante jufqu'à quatre-vingt & même cent vingt toifes de profondeur; lorfqu'on eft arrivé à la veine, & qu'on l'a abattue de la grandeur du puits jufqu'à fon mur, on creufe dans le mur, une ou deux toifes, fuivant l'inclinaifon de la couche, pour former le puifard deftiné à raffembler les eaux; c'eft ce que l'on nomme ici le *Bougnon*.

Bougnon, ce que c'eft.

Bure d'airage.

En même temps que l'on approfondit le puits, on travaille à en creufer un autre, pour procurer la circulation de l'air dans la mine; c'eft ce que l'on nomme le *Bure d'airage*; on le place depuis cinq, fix, jufqu'à trente toifes d'éloignement du premier, mais toujours fur l'alignement du côté long du puits, & dans la partie fupérieure des couches, on le fait d'abord rond; mais enfuite de quatre pieds de long, fur trois de large, & maçonné en briques jufqu'au rocher. On l'éleve depuis la furface de la terre, toujours en briques, en forme de cône, jufqu'à la hauteur de trente, quarante, à foixante pieds; plus on lui donne de hauteur, plus on augmente la pefanteur de la colonne d'air. On creufe d'abord le petit puits de quelques toifes perpendiculaires, jufqu'à la premiere ou deuxieme couche de charbon; on la lui fait fuivre; on lui donne par là une direction oblique qui lui fait rejoindre le puits principal; on le continue enfuite à côté de celui-ci, en les tenant féparés

Circulation de l'air.

féparés à l'aide d'un petit mur qui a la largeur d'une brique, &
qui empêche toute communication entr'eux. Lorſque ce petit
mur eſt arrivé à la couche ou veine que l'on veut exploiter, on
y fait une galerie d'environ deux pieds de largeur, ſur dix,
douze, quinze toiſes de longueur; elle ſert au paſſage de l'air,
& n'a point de communication avec le grand puits, qu'après que
l'air, par de longs détours, à l'aide des canaux & des portes,
a circulé dans tous les ouvrages où l'on en a beſoin.

Suivant les principes établis dans le ſeizieme Mémoire
de ce Recueil, ſur la *Circulation de l'air dans les Mines*, on
voit que par la cheminée ou tuyau placé ſur le petit puits, il
doit y avoir une circulation d'air par la différence de hauteur
de la colonne de l'atmoſphere; pour l'augmenter, on pratique
dans la cheminée un treuil avec une chaîne de fer, à laquelle
on ſuſpend une grande grille, pleine de charbons allumés,
que l'on entretient continuellement & en toute ſaiſon.

On ne peut que louer cette induſtrie; elle facilite ſans
doute la circulation; mais nous penſons qu'il conviendroit
de faire le petit puits totalement ſéparé du premier, c'eſt-à-
dire auſſi loin qu'il ſeroit poſſible, la circulation ſeroit bien
plus aiſée à établir, & demanderoit moins de conduits ſou-
terreins dans les endroits où l'on a deux puits, l'un plus élevé
que l'autre; on pourroit ſe diſpenſer du *puits d'airage*. Il n'arrive point ici, comme dans les autres mines, que l'air entre
par une ouverture ou par l'autre, ſuivant la ſaiſon. En faiſant
toujours du feu dans la cheminée, l'air eſt plus dilaté, par
conſéquent plus léger; il doit être toujours pouſſé par la
colonne oppoſée; mais, ſi on ne fait pas le feu plus fort en
été qu'en hiver, la circulation doit être plus difficile, ſuivant
les principes établis dans le ſeizieme Mémoire, auquel on
renvoie le Lecteur.

Malgré les précautions dont on vient de faire mention, il

Soufflets.

P p

arrive encore de temps en temps des accidents ; en 1766 ;
le feu prit aux *mouffettes*, il y eut un grand nombre d'ouvriers qui perdirent la vie ; & pendant notre féjour à Liege ,
il y a eu un coup de feu dans la même mine, mais fans que
perfonne en ait été bleffé. Ces exemples devroient engager les
Entrepreneurs à augmenter la circulation, & à fe régler fuivant la faifon. On pourroit auffi, avec grand avantage, faire
ufage des galeries d'écoulement, pour introduire beaucoup
d'air dans les mines ; ces galeries étant trente, quarante jufqu'à cinquante toifes plus baffes que l'embouchure du puits.
Quelle différence de pefanteur de la colonne d'air n'auroit-on
pas !

Revenons au grand puits ; lorfqu'on a formé le puifard, on
pratique fur le petit côté, dans la pente de la couche, un emplacement affez large pour remplir le feau & charger les matieres. On ménage cet emplacement en abattant le charbon,
& en coupant le mur de la couche pour avoir un fol horizontal. Si cela ne fuffit pas, on excave auffi le toit ; on entre
enfuite dans le charbon par une galerie, feulement de cinq
pieds de largeur, pris fur les dix toifes environ, que l'on
laiffe tout autour du puits, pour qu'il conferve fa folidité ,
& auffi, en cas que l'on rencontre de l'eau, comme il fera
expliqué.

Sur les cinq pieds de la galerie, on prend un pied & demi à
deux pieds de large, pour pratiquer une féparation en planches, afin de favorifer la circulation de l'air, qui, au bout
des dix toifes ou environ, va par un canal circulaire de deux
pieds, qu'on ouvre dans le charbon, communiquer au *puits*
Niveaux du d'*airage*. On commence enfuite une galerie de chaque côté ,
bure , ce que fur la direction de la couche, que l'on nomme *niveaux du*
c'eft. *bure* ; quelques Entrepreneurs attendent néanmoins d'avoir
exploité tout un côté avant de recommencer de l'autre, afin

que l'air qu'on fait circuler, foit moins divifé. On avance ainfi dix toifes, toujours de la largeur de cinq pieds au plus; après quoi on s'élargit du côté où s'élève la couche, pour former ce que l'on nomme une *taille*, que l'on prend de cinq, fix toifes de largeur, plus ou moins, fuivant la folidité du toit. On a foin, dans une telle largeur, de mettre de diftance en diftance des étançons, des bois droits, pour foulager la charge du toit ; en outre, on met à côté les déblais provenant de l'exploitation, quelquefois même du rocher que l'on abat du toit, lorfque la couche que l'on exploite n'a pas au moins trois pieds d'épaiffeur. On laiffe feulement dans le milieu un paffage pour le tranfport du charbon; & à côté, un paffage pour la circulation de l'air; à mefure qu'on avance par un tel *niveau du bure*, on prend un ouvrage en angle droit du côté où s'élève la couche, ce qui le fait appeller *montée*; on obferve toujours de ne lui donner au commencement que quatre à cinq pieds de large, pour laiffer ce qu'on nomme des *ferres*, afin que, fi l'on venoit à rencontrer de l'eau, on pût les faire fervir de contreforts pour appuyer la digue; on s'élargit enfuite, pour donner à l'ouvrage la largeur d'une *taille* de cinq à fix toifes. Les *montées* fur les *niveaux du bure* fe prennent toutes les dix toifes ; de forte que les *tailles* prifes, il refte une épaiffeur en charbon, de trois, quatre, jufqu'à cinq toifes, auquel on ne touche qu'à la fin de l'exploitation ; & lorfqu'on n'a plus à craindre les eaux.

Si l'on s'y prenoit ici, comme en Angleterre, pour exploiter une couche, on n'auroit pas befoin de faire d'autres ouvrages que ceux que nous venons de décrire. Les Anglois placent toujours le puits principal, celui fur lequel ils établiffent leur machine à feu, à l'endroit le plus bas où eft la couche, dans l'arrondiffement qu'ils ont acquis, par ce moyen toutes les eaux s'écoulent dans le puifard, & ils charient avec

Taille, ce que c'eft.

Montée, ce que c'eft.

Comparaifon avec l'exploitation des Anglois.

bien plus de facilité le charbon jufqu'au puits, le tranfport étant toujours en defcendant. Les Liégeois n'en ufent pas ainfi, ils ont fouvent leur puits placé de façon qu'ils ont autant à exploiter en defcendant qu'en montant. Voici comment ils s'y prennent ordinairement, avant de faire les ouvrages de montée dont nous avons rendu compte.

Parvenus au bas du puits, la place pour charger les tonnes étant faite, ils prennent un ouvrage en angle droit à la direction de la couche & en fuivant fa pente ; fi elle eft trop inclinée, ils prennent une ligne oblique ; dans le premier cas, *Vallée & borgne vallée, ce que c'eft.* on le nomme *Vallée*, & dans le fecond, *borgne-vallée*. On obferve ici, comme pour les niveaux de *bure*, de tenir d'abord l'ouvrage étroit, & de laiffer des maffifs en charbons, *Serres, ce que c'eft.* nommés *Serres* ; étant avancé de dix, douze, quinze ou vingt toifes, fuivant la folidité du toit, on forme, à droite & à gauche, des efpeces de galleries comme les *niveaux de Bure* ; *Coifterefles, ce que c'eft.* on les nomme *Coifterefles*, d'abord par un ouvrage étroit, & enfuite en s'élargiffant pour faire ce qu'on nomme *Taille* ; on continue de la même maniere en defcendant ; on pratique de dix toifes en dix toifes, de pareilles galleries, à l'entrée defquelles on fait toujours une place affez large pour charger le feau ou la tonne ; c'eft ce que l'on nomme *Chargeage*.

D'une *Coifterefle* à l'autre, on fait fouvent, de diftance en diftance, une petite communication pour la circulation de l'air ; & pour le même objet, à chaque entrée d'ouvrage quelconque, on place une porte appellée *porte d'Airage* ; on defcend la *Vallée* auffi bas que s'étend l'acquifition du terrein, s'il n'a pas trop d'étendue ; s'il en a trop, on forme un autre ouvrage en defcendant, ainfi de fuite, lorfqu'on ne veut, ou qu'on ne peut aller plus bas, on a l'avantage d'extraire tout le charbon par des travaux comme ci-deffus, toujours en remontant jufqu'au niveau du puifard ; on gagne à cela de

laiffer remplir d'eau tous les vuides qu'a laiffé le charbon, &
d'y jeter même les déblais, fi on en a de refte. En appro-
fondiffant un puits, on établit ordinairement à côté & fur la
furface de la terre, une machine que l'on nomme *Hernaʒ*,
pour fuppléer à une machine à feu lorfqu'on n'en a pas. Celle-
ci eft mife en mouvement par quatre, cinq, fix ou même
huit chevaux, qui, à l'aide d'une très-groffe chaîne de fer,
élevent les tonnes de charbon, ainfi que l'eau, jufqu'au niveau
de la gallerie d'écoulement : on fe fert auffi de la même
machine pour élever les matieres & les eaux du fond de
l'ouvrage nommé *Vallée*, au moyen d'une groffe poulie de
renvoi, qui eft au fond du puits, & qui dirige la chaine ;
mais fi la *Vallée* eft trop profonde, alors on conftruit une
feconde machine vis-à-vis de la premiere ; elle tire le charbon
jufqu'au niveau du fond du grand puits ; alors la premiere
prend la tonne, & l'éleve jufqu'au jour. Comme il arrive affez
fouvent que l'on fait un puits fouterrein à dix ou douze pieds
de diftance du premier, pour aller exploiter d'autres couches
inférieures, dans ce cas, on fait encore ufage de la feconde
machine.

La méthode pour extraire le charbon de la couche, eft
à-peu-près la même que par-tout où il y a de pareilles exploitations, on fait que toutes les couches font fujettes à être
divifées par un ou plufieurs lits d'une efpece d'argile noire,
durcie, fouvent pierreufe, de deux, trois, quatre pouces
d'épaiffeur : c'eft en détachant ce lit avec des pics pointus
que l'on *déchauffe* le charbon jufqu'à demi toife de profondeur ; on nomme cela *haver* dans le pays de Liege. Les pics   *Haver*, ce que
ne pouvant aller affez avant, on a des barres de fer pointues   c'eft.
pour achever de *haver* ou *déchauffer* ; par exemple, lorfqu'on
travaille une *taille* de cinq ou fix toifes de largeur, on met   Tâche pour les
un ouvrier à chaque extrêmité, qui doit *déchauffer* de haut   ouvriers.
en bas & en avant dans le charbon ; on divife le refte à

d'autres ouvriers pour *déchauffer* horizontalement. On affigne à chacun quatre pieds de longueur fur trois pieds de profondeur pour un quart de journée ; il eft obligé d'en faire quatre pareilles pour fa journée entiere qui lui eft payée la valeur de feize à dix-fept fous de France.

Cela fait, il revient d'autres mineurs qui abattent le charbon en chaffant à coups de maffe plufieurs gros coins de fer entre le toit & le charbon, de même qu'entre le mur & le minéral. Ils font tomber ainfi de très-groffes piéces, ce qui fe pratique, autant que l'on peut, lorfque le charbon a affez de confiftance ; car il eft préféré dans cet état, & fe vend plus cher, foit pour les Braffeurs de biere, foit pour l'exporter en Hollande.

Le charbon eft charrié, de l'endroit où on l'a extrait jufque fous le puits, avec de petits charriots à quatre roues, ou des traîneaux fur lefquels on met une caiffe en bois pour contenir le charbon ; lorfque le rocher n'eft pas affez uni, on fait un chemin avec des planches pour aller à chaque ouvrage ; ce font des enfants qui traînent ces petites voitures ; ils fe mettent plufieurs enfemble, fuivant le plus ou moins de pente qu'a le chemin, foit en montant, foit en defcendant ; on les divife par bandes de dix en dix toifes, & ils ne font jamais que le même chemin ; ils menent un charriot plein, & en ramenent un vuide ; on leur fixe à chaque travail, la quantité de voyages qu'ils doivent faire, ce qui eft proportionné à l'extraction & à ce qui doit être élevé au jour, car chaque compagnie détermine le nombre de tonnes de charbon que l'on doit fortir de la mine journellement ; c'eft ordinairement cinquante *traits* ; on prétend qu'ils pefent chacun plus de trois milliers ; mais comme un cheval feul peut traîner cette quantité, nous ne penfons pas que cela puiffe aller à plus de deux mille à deux mille cinq cents livres.

Les ouvriers qui abattent le charbon, entrent à quatre

heures du matin, & reffortent communément à dix heures,
cela n'eft point fixé, dès qu'ils ont fini leur tâche ; il en eft
qui font une journée & demie, deux journées ; mais ceux qui
charient le charbon, & qui chargent les tonnes, n'ont fini
leur tâche quà trois ou quatre heures après midi ; & lorfqu'ils
fuivent des ouvrages qui n'ont que quatre à cinq pieds de
large, ils n'ont point de tâche, mais ils travaillent fix heures
de fuite pour remplir leur journée. Ce n'eft point l'ufage
d'extraire du charbon pendant la nuit ; ce temps eft deftiné à
élever les eaux qui fe font raffemblées dans le puifard des
ouvrages inférieurs, foit d'elles-mêmes, foit à l'aide de
feaux ou de pompes ; & lorfqu'il n'y a point de pompe à feu,
à l'aide de la machine à chevaux ; mais on affure fur-tout le
travail pour le lendemain, en fondant par-tout où on doit
travailler, pour être certain qu'il n'y a point de réfervoirs
d'eau par derriere ; lors donc que les ouvriers fortent de la
mine, les foreurs y entrent accompagnés d'un maître-ouvrier ; *Forage pour
ils forent des trous de treize à quatorze lignes de diametre, connoître les
à une diftance proportionnée les uns des autres ; par exemple, bains.*
à une *taille* de cinq toifes, ils la divifent en trois parties
pour forer trois trous, de fept toifes de longueur chacun ;
quant à ceux de chaque côté, ils ne les approfondiffent que
de cinq toifes ; ceux-ci doivent être recommencés chaque
nuit ; mais pour ceux qui font en avant, on ne fait que
continuer les mêmes, à moins qu'il n'y en eût qui, par une
direction trop haute ou trop baffe, donnaffent dans le toit
ou dans le mur ; alors il faudroit en recommencer de nouveaux.

Les foreurs ont la précaution d'avoir toujours avec eux
des chevilles de bois de la groffeur des forêts & de toutes
longueurs, afin, lorfqu'ils viennent à percer dans un réfervoir
d'eau, de pouvoir boucher promptement les trous ; lorfque
cela arrive, il faut abandonner le lieu, & même fi la preffion

d'eau eſt trop forte, on doit ſonger à conſtruire une digue à l'entrée de l'ouvrage. Nous avons dit qu'on le faiſoit à cette intention plus étroit. La digue ſe conſtruit avec de groſſes pieces de bois ; on en met ordinairement deux qui ſont aſſemblés du côté d'où vient l'eau, de maniere qu'elles forment enſemble un angle obtus ; leur extrêmité eſt appuyée dans une entaille faite de chaque côté dans le charbon même ; on rend bien uni le rocher ſur lequel on doit les poſer, & d'abord l'on y met de la mouſſe. Suivant la hauteur de la couche, on place deux, trois, quatre pieces de bois les unes ſur les autres, avec la mouſſe entre deux ; on ferme la partie ſupérieure, en poſant des planches contre le toit, & en chaſſant de gros coins de bois entre elles & les pieces, juſqu'à ce que tout ſoit parfaitement ſerré & bouché.

Tout ce travail ſeroit épargné de même que celui des ſondes, ſi les Entrepreneurs s'entendoient entre eux, & vouloient contribuer proportionnellement à l'épuiſement des eaux.

Les veines à *pendage de roiſſe*, c'eſt-à-dire, qui ſont perpendiculaires, ou qui approchent plus de cette ligne que de l'horizontale, different dans leur exploitation, en ce que l'on approfondit les puits, depuis le jour, ſur la veine même, que les ouvrages dont nous avons rendu compte, s'y ſont dans une poſition renverſée, & que lorſqu'il ſe trouve des veines paralleles à peu de diſtance, on communique de l'une à l'autre par des galleries de traverſe. Si l'on connoît bien le travail des couches, on ſaura facilement diriger celui des veines perpendiculaires ; mais celui-ci eſt toujours moins profitable.

Indépendamment des Intéreſſés, ou *Maîtres de foſſes*, qui viſitent ſouvent leurs travaux à l'extérieur, ils ont un *Compteur*, dont l'emploi eſt de tenir une note exacte de toutes les marchandiſes, & celle des journées de tous les ouvriers employés au ſervice de leur ſociété ; ſon compte doit être apuré chaque quinzaine. Il a pour appointement un pour cent de toutes les

dépenſes

Conſtruction des digues intérieures.

Exploitation des veines à pendage de roiſſe.

Régie.

dépenfes qui fe font; il eft obligé tous les quinze jours de diftribuer à chaque affocié, un billet contenant ce qu'il doit payer pour fa part.

Le *Wardeur* ou Garde de la mine, veille à l'économie tant du jour que de la nuit; il achette toutes les marchandifes néceffaires, le fer, le bois, &c. Il en tient un regiftre particulier qui eft joint à celui du compteur, pour avoir la fomme de la dépenfe totale de la quinzaine.

Il y a auffi un *Receveur principal*, établi par la fociété, pour vendre les charbons provenant de la mine, & en retirer la valeur; il eft obligé de coucher journellement fur fon regiftre, à qui il a vendu, la quantité de charriots & charrettes, tant en gros qu'en menus charbons féparément. Ce compte de vente eft examiné, chaque jour, par l'un ou l'autre des affociés, & l'argent eft porté tous les jours chez celui des maîtres qui eft conftitué à cet effet, pour en faire la répartition, chaque quinzaine, à chacun des Intéreffés, fuivant fa part.

On a de plus un *Maître-ouvrier de jour*, qui entre dans la mine chaque matin à quatre heures, pour diriger les ouvrages fous les ordres de la fociété; il a communément quinze florins de Brabant par femaine.

Il y auffi un *Maître-ouvrier de nuit* pour diriger les forages qui fe font pendant ce temps.

MINE DE CHARBON DE TERRE,

D'AIX-LA-CHAPELLE.

IL y a à une lieue & demie à l'eſt d'Aix-la-Chapelle, plu-ſieurs couches & veines de charbons de terre exploitées an-ciennement par différents particuliers, ſeulement à une petite profondeur. Ils ont été obligés de les abandonner par l'abon-dance des eaux. Comme ces charbons ſont d'une grande reſſource pour la ville d'Aix, les Magiſtrats ſe ſont déterminés à reprendre de nouveau leur exploitation pour le compte de la ville ; ils ont d'abord ſongé aux moyens d'aſſainir la mine, & ont fait conſtruire à cet effet une machine hydraulique, à grands frais ; puiſqu'il a fallu faire un très-long canal qui amene les eaux pour la faire mouvoir. On a approfondi deux puits, l'un où l'on a placé la machine, & l'autre ſur la veine principale qui eſt preſque perpendiculaire, comme toutes celles qui lui ſont paralleles ; elle s'incline an nord, & ſe dirige de l'*eſt* à l'*oueſt*. On prétend que du côté du nord, il y a une quarantaine de veines, à douze & quinze toiſes de diſtance les unes des autres, mais dont le plus grand nombre n'eſt pas exploitable, n'ayant qu'un & deux pieds de largeur ou épaiſſeur. On eſtime dans le pays qu'il faut qu'elles en aient à-peu-près trois pour mériter d'être exploitées, à moins qu'elles ne ſoient bien près de la ſurface de la terre ; la principale que l'on travaille, qui a trente toiſes de profondeur, a quatre, cinq, ſix, juſqu'à ſept pieds d'épaiſſeur.

Au midi de cette veine, & à cinquante toiſes environ de ſon mur, on en exploite une autre qui eſt beaucoup plus inclinée ; elle a trois pieds de pente ſur ſix, ce qui eſt bien différent des autres couches qui ſont, comme nous l'avons dit, prefque perpendiculaires; celle-ci a entre cinq & cinq pieds & demi d'épaiffeur en charbon.

Pour parvenir au charbon, l'on traverfe une efpece de grès fort dur que l'on ne peut abattre qu'avec la poudre; ce grès eft par lits dans la même direction & inclinaifon que la couche, mais tout brifé, de façon qu'il fe détache de tous côtés, fur-tout dans le fens oppofé à celui de la veine.

Au-deffous du grès qui eft fort épais, l'on trouve une terre noire, très-dure, fous la forme d'un rocher, de plufieurs pieds d'épaiffeur; elle fert de toît au charbon; le mur eft un rocher ou autre terre durcie, de la même efpece, mais plus luifante & plus unie; l'une & l'autre paroiffent contenir des empreintes de plantes; expofées à l'air, elles s'y effleuriffent en s'attendriffant.

Le charbon contient très-peu ou point du tout de bitume, il eft très-fulphureux & par conféquent nullement propre aux forgerons; mais auffi il eft de la meilleure qualité pour les appartements & pour les cuifines, il ne donne pas de fumée, il a peu d'odeur; c'eft l'efpece que l'on nomme *Colm-coal* & *Craw-coal* dans le nord de l'Angleterre, & qui eft la même que celle que l'on exploite à Saint Simphorien de Lay dans le haut Beaujolois, du moins paroît-elle femblable par fes effets & à la vue; on nomme ce charbon à Aix *Clutin*; il brûle dans les grilles; on forme d'abord un rang de gros morceaux fur du menu bois; on met pardeffus des pelottes faites & pétries enfemble de cinq parties petits charbons, & deux parties d'argille pour leur donner de la confiftance.

MINES ET FORGES DE FER,

DU COMTÉ DE NAMUR.

LE Comté de Namur eſt une des Provinces des Pays-Bas la plus abondante en mines & forges de fer ; la produ&ion de ce métal eſt la branche la plus importante de ſon commerce. On y compte a&uellement treize hauts fourneaux en a&ivité, indépendamment de dix autres qui ſe trouvent au voiſinage dans le Pays de Liege, mais appartenants à des Maitres de forges du Comté de Namur, où ils font tranſporter la gueuſe pour y être affinée.

Quarante-huit affineries ſont occupées aux vingt-trois fourneaux, ou, pour mieux dire, vingt-deux ; car il en eſt un qui ne ſert qu'à produire différents ouvrages en fer coulé. On eſtime le produit annuel de ces forges à environ cent dix mille quintaux de fer battu, dont une partie eſt conſommée en cet état dans le Brabant & la Flandre ; l'autre convertie en cloux de toutes eſpeces qui s'exportent en France.

La ſituation des mines, les courants d'eau pour l'établiſſement des forges & uſines, l'abondance des bois & des forêts, dont la plus grande partie appartient à la Reine, enfin la proximité de la riviere de Meuſe pour les tranſports, rendent ces entrepriſes extrêmement avantageuſes.

Pour leur encouragement, les Souverains ont en différents temps accordé des Privileges & des *Chartes*, non-ſeulement aux Entrepreneurs, mais encore à toutes perſonnes qui y ſeroient employées, que l'on nomme le *Corps des Ferons ;* le dernier Reglement, qui ſert de loi, eſt de l'année 1635 ; nous nous en ſommes procuré une copie dont nous nous contenterons de donner ici un précis très-ſuccin&.

Comme les affaires, concernant les mines, ne sauroient être discutées pardevant la Jurisdiction qui n'a pas connoissance de ces matieres, il a plû aux Souverains d'en établir une particuliere & locale sous le nom de la *Cour des Ferons*, qui a le pouvoir de juger tous les cas, à l'exception de ceux où il y a effusion de sang, sauf pourtant l'appel au Conseil de Bruxelles. Les membres qui composent cette Cour, sont les Maîtres de forges qui choisissent un d'entre eux pour être, pendant trois ans seulement le Président; on le nomme *Mayeur des Ferons;* mais comme ils ne sont point Jurisconsultes, il arrive que, dans les difficultés qui regardent uniquement le droit, ils consultent des Avocats qui deviennent arbitres des Parties; dans tous les autres cas, ils suivent à la lettre l'esprit des Reglements.

Qui que ce soit ne peut être employé aux mines, forges, ou autres ouvrages en dépendant, qu'il n'ait prêté serment, entre les mains du *Mayeur des Ferons*, de se conformer en tout aux Reglements; tout mineur quelconque ayant fait le serment ci-dessus, & autorisé par écrit par un Maître de forges, peut faire des recherches, & ouvrir des mines de fer dans quelque terrein que ce soit, sans que le propriétaire du fond puisse l'en empêcher, mais sous les conditions qu'il payera à celui-ci le dixieme de la valeur du minerai qu'il en extraira; le Maître des forges ci-dessus demeure responsable du paiement; ce droit est le seul auquel soient assujettis les Entrepreneurs. Sa Majesté, loin d'en exiger aucun pour elle, & à l'effet d'encourager de plus en plus ces sortes d'établissements, leur fournit *gratis* tous les bois nécessaires à l'étançonnage des ouvrages souterreins, & pour chaque marteau, six arbres de bois de Hêtre annuellement, pour leur servir de manche de marteau & de ressort; tous les bois sont pris dans les forêts du Prince, & assignés par ses Officiers sur la demande qui leur en est faite; l'Impératrice Reine se contentant de procurer par là le bien de fes Etats & la confommation des bois qu'elle poffede dans le Comté de Namur ; ils font divifés en coupes de dix-huit années , & vendus par adjudication au plus offrant.

Mines de fer.   Les mines de fer actuellement en exploitation dans le Comté de Namur , font toutes en couches plus ou moins inclinées ; les minérais que l'on en extrait , varient beaucoup entre eux, quoiqu'on puiffe les confidérer pour la plupart comme des ocres jaunes & rouges , plus ou moins durcis ; les uns reffemblent à du gravier , & en ont la forme ; d'autres font en morceaux détachés de différentes groffeurs ; il en faut pourtant excepter une efpece qui eft totalement rouge , & compofée de petits globules réunis entre eux , d'une confiftance fort dure : ce minérai fe trouve dans les couches fous une forme platte de plufieurs épaiffeurs , mais brifé en morceaux , ce qui en rend l'extraction facile ; il en eft de même des autres minérais ci-deffus ; auffi l'on ne fait ufage que du pic.

Les mines s'exploitent par des compagnies de mineurs qui ne font d'autres ouvertures que des puits circulaires de trois à quatre pieds de diametre , dont ils foutiennent les terres avec des cerceaux de bois.

Les minérais qu'ils en extrayent , leur font payés par le Maître de forges qui les emploie à un prix convenu entre eux , pour une certaine mefure fixée & échantillée par le *Mayeur des Ferons ;* c'eft fur ce prix que le propriétaire du fond prend fon droit de dixieme.

La qualité des minérais du Comté de Namur produit en général un fer caffant à froid , ce qui lui a fait donner le nom de *fer tendre ;* on l'emploie avec avantage pour la fabrication des cloux , & il s'en exporte beaucoup dans le pays de Liege pour cet ufage ; car les minérais qui y font extraits , donnent un fer très-doux & liant , que l'on nomme *fer fort* dans ce

Comté où l'on en fabrique une grande quantité de même espece, avec les gueufes que nous avons dit qu'en tiroient plufieurs Maîtres de forges.

Les fourneaux dont ont fait ufage pour la fonte, font conftruits fur les mêmes principes que tous les autres de ce genre; ils ont environ vingt pieds de hauteur depuis la pierre de fol; mais leur forme intérieure eft un quarré long, qui fe réduit à une petite ouverture pour l'embouchure où on le charge; la forme circulaire nous paroît préférable; elle eft adoptée aujourd'hui avec raifon dans toute l'Allemagne & les pays du Nord; la partie inférieure du fourneau qui eft expofée à la plus grande chaleur, eft bâtie avec une pierre du pays, qui paroît n'être qu'un compofé de gros graviers réunis enfemble par une terre d'une confiftance auffi dure que le caillou même; on dit qu'elle éclate dans le commencement d'une fonte; mais elle réfifte enfuite au point que ces fourneaux font maintenus en feu, deux, trois, jufqu'à quatre années de fuite fans interruption, travaillant toujours pendant ce temps avec le même avantage pour les Entrepreneurs; ils produifent en général, toutes les treize à quatorze heures que l'on fait la percée, une gueufe pefant environ vingt à vingt-un quintaux.

Les minérais font fondus crus fans aucun rotiffage; ceux qui font en gros morceaux, font réduits en petits à coups de marteaux & à bras d'hommes, de même que la pierre à chaux nommée *Cafline*, que l'on ajoute dans le mêlange qui fe fait des différentes efpeces de minérais.

On a commencé à établir, depuis peu feulement dans quelques forges, des bocards pour piler le laitier, & en féparer par le lavage les grenailles de fer; les uns les jettent avec le minérai dans le fourneau; d'autres en tirent parti tout de fuite à l'affinerie.

Les gueufes font affinées fur un foyer à l'ordinaire par le procédé françois ou *valon*, que nous avons décrit en traitant des forges de Suede ; cependant nous avons remarqué qu'on y met moins d'exactitude & de précifion ; les craffes qui en proviennent, font fort pefantes, & nous paroiffent tenir beaucoup de fer. Un Maître de forges nous a dit qu'il fe propofoit de les traiter par le travail du bocard pour le féparer, à l'imitation d'un de fes confreres qui en ufe ainfi dans le Duché de Luxembourg.

Les foufflets dont on fe fert, foit aux fourneaux, foit aux forges & chaufferies, font de cuir & fimples, ou à une feule ame ; on ne connoît point du tout dans le pays ceux de bois ; les marteaux font montés à l'ordinaire ; mais ils ne pefent qu'environ cinq quintaux. Les martinets & fenderies n'ont rien de particulier qui les diftingue de ce qui fe pratique ailleurs.

MINES DE CHARBON

DE LA WESTPHALIE.

A Quatre lieues de la ville de *Rhene*, eft le village d'*Ypenbure* fur la route d'*Ofnabruck*.

On trouve à demi-lieue de ce village des mines de charbon qui alimentent des falines ; on ne travailloit pas à ces mines lors de notre paffage, mais à d'autres qui font à deux lieues plus loin fur la même route. Avant d'en donner un détail, il eft à propos de dire qu'en fortant du village d'Ypenbure, on paffe une montagne, à différentes hauteurs, de laquelle on voit des carrieres d'une pierre de grès qui fe délite, & dont on taille des grandes pierres à paver. Ce grès reffemble parfaitement à celui qui fe trouve par-deffus & aux environs des mines de charbon de Newcaftle en Angleterre. A côté de la montagne, c'eft-à-dire, au nord, il y a un vallon & enfuite une

une autre montagne où l'on exploite les mines de charbon qu'on vient d'annoncer.

Celles qui font deux lieues plus loin, font environnées des mêmes rochers ; on prétend que c'eft la même couche de charbon qui s'y prolonge. L'endroit où elles font fituées fe nomme Schaffenberg ; il appartient au Roi de Pruffe qui fait exploiter lui-même ces mines de même que les précédentes. Comme jufqu'à préfent on n'a rencontré qu'une couche de charbon dans chacune, on conjecture que c'eft la même qui regne dans tout le pays ; on l'exploite dans cette mine à deux cents pieds de profondeur perpendiculaire ; elle a une pente peu inclinée du couchant au levant, qui eft à-peu-près celle de la montagne ; on a pratiqué au bas une gallerie d'écoulement de quatre cents toifes de longueur, qui écoule toutes les eaux à cette profondeur, de même que toutes celles de la couche au-deffus de ce niveau.

La couche a communément deux pieds & demi d'épaiffeur en bon charbon, qui paroît être de très-bonne qualité, quoiqu'il y ait quelques morceaux dans lefquels on apperçoive des lames de pirite ; l'extraction de cette couche eft facilitée par une autre couche fupérieure, compofée d'une terre noire, entremêlée de quelques petits morceaux de charbon, mais dont on ne fait pas cas ; cette couche a un & demi, deux & quelquefois trois pieds d'épaiffeur ; on l'extrait la premiere pour avoir enfuite le charbon très-pur.

Le toit de rocher, qui recouvre la couche fupérieure, eft un lit de fix, huit, dix pouces d'épaiffeur de graviers réunis, & formant une pierre affez dure ; au-deffus eft le grès rangé par couches, & qui fe délite.

Trente mineurs font occupés à exploiter les mines des environs, fous un feul Maître mineur. Suivant la mefure & le prix du charbon fur les lieux, nous avons jugé qu'il pouvoit valoir huit à dix fols le quintal argent de France.

MINE DE CHARBON
DU DUCHÉ DE MAGDEBOURG.

VEtine eſt une petite ville dans les Etats du Roi de Pruſſe, éloignée de deux milles (quatre lieues) de la ville de Halle.

On trouve dans ſes environs, depuis un quart juſqu'à trois quarts de lieue de ſon enceinte, pluſieurs mines de charbon fort étendues ; les exploitations ſont aux fraix du Roi de Pruſſe & pour ſon compte ; perſonne n'en peut exploiter que lui dans toute ſa domination, du moins on ne permet à des particuliers d'en travailler que dans des endroits que l'on reconnoît être de peu de valeur. Il y en a près de Vetine ; mais les Entrepreneurs ſont obligés de payer au Roi le dixieme de leur charbon.

Le Roi exploite ſeul les mines de charbon.

Les mines de Vetine ſont anciennes ; elles étoient ci-devant exploitées en commun, c'eſt-à-dire, qu'il y avoit une ſociété compoſée de deux cents actions, dont le Roi en avoit quatre-vingt-huit, & une compagnie de particuliers en avoit cent douze ; mais ces derniers ont été obligés d'abandonner, le Roi les ayant contraint de vendre aux ſalines la meſure de charbon cinq écus, quoiqu'il vaille dans le pays vingt-un écus. Ils vouloient prendre le charbon en nature ; le Roi s'y eſt oppoſé ; & comme de cette façon les mines, au lieu de donner du bénéfice, exigeoient continuellement de nouveaux fonds qui tournoient tous au profit des ſalines & ſans aucune eſpérance de pouvoir jamais retirer leurs avances, les Entrepreneurs ont abandonné l'entrepriſe. Le Roi en eſt reſté ſeul poſſeſſeur. Ceux qui ont conſeillé le Roi en cette circonſtance, n'ont pas conſidéré combien il faiſoit tort à ſon propre pays,

Ces mines étoient ci-devant en ſociété.

puifqu'il ôtoit à chacun l'envie de faire des recherches, de découvrir & d'exploiter des mines.

Le Roi a des Officiers pour fes mines, qui forment un Confeil fiégeant à Vétine, d'où dépendent toutes celles du Duché; ce Confeil releve d'une Chambre des mines établie dans la ville de Halle.

Confeil des mines.

Les mines font fituées fur le replat d'un côteau fort étendu. Il y a fur ce terrein une quantité confidérable de puits, dont les uns font abandonnés, parce que l'on en a pris le charbon, & d'autres travaillés avec fuccès. On compte plus de vingt ouvertures ou mines actuellement en exploitation; les plus remarquables font à trois quarts de lieue de diftance de la ville: ce font celles où nous fommes defcendus.

Situation des mines.

La mine que nous avons vifitée, a environ trente-neuf toifes de pronfondeur perpendiculaire; favoir, vingt-fix toifes depuis la furface de la terre jufqu'à la premiere couche; onze toifes de cette premiere jufqu'à la feconde, & deux toifes de la feconde à la troifieme, qui varie néanmoins très-fouvent par les dérangements que les couches éprouvent dans leur inclinaifon, & qui les rapprochent plus ou moins, fur-tout les inférieures. Celles-ci font qeelquefois immédiatement l'une fur l'autre.

On exploite trois couches. Leur profondeur.

La premiere couche a jufqu'à huit pieds d'épaiffeur, la feconde depuis deux à deux pieds & demi, la troifieme un pied & demi ou deux pieds.

Epaiffeur des couches.

On traverfe plufieurs couches de rocher pour parvenir au charbon, fur-tout un rocher rouge qui paroît une terre fablonneufe, durcie, mêlée de mica blanc. Un rocher blanchâtre, femé auffi de mica blanc, fe trouve plus près des couches, & les fépare entre elles. C'eft ce rocher qui dérange les couches dans leur direction, & les coupe quelquefois prefque entiérement, ce que l'on nomme aux mines de Montrelay, *crains* & *relais*. Le rocher qui fert de toit au

Rochers dans lefquels fe trouve le charbon.

charbon, est bleuâtre ; c'est une espece d'argille durcie, qui contient des empreintes de plantes, fur-tout de fougeres. Celui du mur est d'un blanc noirâtre, fablonneux. Ces rochers s'attendriffent l'un & l'autre à l'air, & y effleuriffent.

Les couches ont leur direction de neuf à onze heures, fuivant la bouffole des mineurs; c'est-à-dire, *fud-est*, *nord-ouest*, & leur pente du côté du midi : cela varie enfuite fuivant les fauts que font les couches.

Le charbon est un peu piriteux, mais paroît être d'affez bonne qualité ; on s'en fert utilement dans le pays. Dans la premiere couche, on remarque un lit de quelques pouces d'é-paiffeur, qui fuit toujours le charbon, & qui divife la couche en deux parties; c'est un charbon très-pierreux ; on le nomme *Bergbanck*, & aux mines de Montrelay, *Caillettes*. C'est à cet endroit là que l'on abat du charbon à coups de pic pour dé-chauffer celui qui lui est fupérieur, & le détacher enfuite plus facilement en gros morceaux.

L'extraction du charbon, dans les couches inférieures, est fort difficile à raifon de leur peu d'épaiffeur ; les ouvriers font obligés de s'y tenir couchés entiérement fur le côté. Pour cet effet, ils s'attachent à la cuiffe droite ou à la gauche, une planche, fuivant le côté fur lequel ils doivent travailler ; ils en font autant le long du bras du même côté ; ces planches les empêchent de fentir les inégalités du rocher fur lequel ils repofent. C'est dans cette pofition gênante, qu'ayant un bras toujours gêné & contraint depuis le coude jufqu'à l'épaule, ils abattent de l'autre, à coups de pic, le charbon.

Pour l'aifance du travail, on fait par intervalle des galeries dans la couche même & dans fon toit, afin qu'elles aient cinq pieds & demi de hauteur. C'est par ces galeries que l'on con-duit dans des traîneaux le charbon. On met quelques petits morceaux de bois droits dans les endroits d'où l'on a extrait le charbon ; on y amoncele le rocher qui s'y trouve à portée ;

on n'en retire point au jour ; l'un & l'autre fervent d'étançonnage.

Tous les ouvriers font à prix-fait dans les mines, & fe relevent de huit en huit heures, ce qui fait trois poftes dans les
vingt-quatre. Ceux qui travaillent fur la couche, ont environ
dix livres argent de France par *wiffel* de charbon pur & extrait
au jour ; cette mefure contient vingt-quatre boiffeaux, qui
pefent environ quarante-huit à cinquante quintaux. On donne
jufqu'à douze livres pour la même mefure de l'extraction du
charbon des couches inférieures. Ces prix-faits font donnés
de façon qu'un mineur puiffe gagner quatre à cinq livres au
plus argent de France par femaine. Les maîtres mineurs ont
fept à huit livres par femaine, & les fous-maîtres mineurs
environ dix fols de moins.

Il y a dans ce diftrict une galerie d'écoulement, qui écoule   Galerie d'écou-
les eaux de cette mine à trente-deux toifes de profondeur. On lement.
compte qu'elle a, depuis fon embouchure jufqu'à ladite mine,
deux mille toifes de longueur en ligne droite ; & l'on dit qu'en
mefurant les branches qui communiquent aux différentes
mines, elle a en total dix à onze mille toifes.

Cette galerie eft maçonnée dans quelques endroits ; mais
comme les travaux font un peu plus profonds que la galerie
d'écoulement, on y a établi une machine à manege, dont
l'arbre auquel eft fixé le bras de lévier ; a deux manivelles
pour faire mouvoir des tirans, des varlets & des pompes qui
élevent les eaux à l'aide de quatre chevaux, jufqu'au niveau
de la galerie d'écoulement. Tout le charbon fe tire hors de la
mine par de petits treuils à bras d'hommes : on s'y fert de
très-petites cordes.

Ces mines occupent quatre cents ouvriers, fept Maîtres
mineurs & deux Jurés, fans compter les Officiers qui ont auffi
infpection fur les autres diftricts.

Prix du charbon. Le charbon se vend pour le pays, vingt-un écus ou quatre-vingt livres environ, argent de France, le *wispel*. Les mineurs le payent, pour leur usage seulement, dix écus; la brasserie de Vétine, sept écus; & le Roi, pour les salines de Halle, cinq écus. Les mines en produisent, année commune, deux mille quatre cents *wispel*, dont deux mille sont destinés pour les salines. Ce bas prix pour la plus grande quantité, fait que ces mines sont toujours en perte, & que le Roi est obligé d'avancer chaque année environ dix mille écus.

Par cet arrangement, les salines paroissent donner beaucoup plus de bénéfice : mais c'est au préjudice des mines, puisqu'il n'y a jamais d'argent dans la caisse de cette derniere entreprise, ce qui produit son dépérissement, parce qu'on n'y peut point faire de recherches, ce qui seroit de la plus grande utilité, la couche supérieure étant presque épuisée. Sans doute on ne fait pas entendre au Roi ses propres intérêts, puisque le charbon est le soutien des salines, & que le bois est très-rare & fort cher dans le pays.

Le charbon se voiture à très-peu de frais jusqu'à Halle. On l'embarque sur la riviere de *Saal* qui passe à Vétine. On compte six cents ouvriers dans tout le département des mines de charbon. Celles dont nous allons parler y sont comprises.

MINE DE CHARBON

DE DIELAU.

A Une lieue & demie de la ville de Halle, au lieu nommé Dielau, est une mine de charbon exploitée depuis environ trente ans.

Il y a cinq puits dans lesquels on travaille, soit pour retirer les eaux, soit pour extraire le charbon. La plus grande profondeur de cette mine est de quarante toises. Le charbon se trouve dans un filon tantôt incliné, tantôt presque perpendiculaire. Il est coupé & détourné quelquefois par des *crains* & des *relais*. Le rocher dans lequel il se trouve, est semblable à celui de Vétine.

Comme les eaux de cette mine sont abondantes, on a commencé une galerie d'écoulement qui aura neuf cents toises de longueur, & qui n'écoulera les eaux qu'à dix toises de profondeur. Une machine à feu auroit coûté beaucoup moins, & auroit été d'autant plus avantageuse, qu'il faudra toujours une machine pour élever les eaux jusqu'à la galerie d'écoulement. On en construit une actuellement qui agira par des chevaux, & qui sera semblable à celle de Vétine, dont nous avons parlé ci-dessus.

Cette mine est aussi exploitée aux frais du Roi de Prusse, On vend le charbon pour la consommation des salines qui appartiennent aux Bourgeois de la ville. Il est de moindre qualité que celui de Vétine.

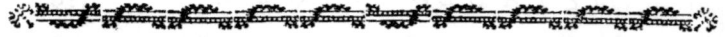

MINE DE CHARBON

DE GIBIENSTEIN.

A Demi-lieue de la ville de Halle, on a fait en 1766 une recherche de charbon de terre dans un endroit nommé *Gibienstein*, où l'on a trouvé une couche qui paroissoit au jour, & de plusieurs pieds d'épaisseur : elle n'a encore aucune inclinaison ni direction déterminée. On l'a suivie par une galerie : elle paroît se jeter dans la profondeur au bout d'une dixaine de toises. On fait un puits dans le toit pour tâcher de la rejoindre.

Ce charbon est d'une qualité semblable à celle du charbon de *Lay* en Beaujolois; il est sulphureux & non bitumineux, mêlé avec beaucoup de pirites. C'est l'espece de charbon que l'on nomme dans le Comté de Cumberland en Angleterre, *Crawcoal.* Voyez ci-devant, page 239.

TERRE BITUMINEUSE

ET BOIS FOSSILE.

DE BIECHLITZ PRÈS DE HALLE. Année 1766.

PRès du village nommé Beichlitz, à une lieue environ de la ville de Halle, on exploite deux couches composées d'une terre bitumineuse & de bois fossile (*), qui est semblable à celui que l'on trouve dans le village de Sainte Agnès en Franche-Comté, à deux lieues de Lons-le-Saulnier.

(*) Il y a plusieurs mines de cette espece dans le Pays de Hesse; il en sera question dans un autre volume, en traitant des mines d'Alun.

Cette

Cette mine eſt dans le terrein de Saxe. Elle eſt exploitée par le fermier des ſalines du Roi de Pruſſe, dans la terre duquel elle ſe trouve. Il a obtenu la permiſſion de l'Electeur de Saxe, à qui il paye un dixieme.

La premiere couche eſt à trois toiſes & demi de profondeur perpendiculaire, & de huit à neuf pieds d'épaiſſeur : pour y parvenir, on traverſe un ſable blanc, enſuite une argille blan-che & griſe, qui ſert de toit, & qui a trois pieds d'épaiſſeur. On rencontre encore au-deſſous environ trois toits d'épaiſſeur tant de ſable que d'argille, qui recouvre la ſeconde couche, épaiſſe ſeulement de trois & demi à quatre pieds. On a ſondé beaucoup plus bas ſans en trouver d'autres.

Ces couches ſont horizontales, cependant dérangées quel-quefois : elles plongent ou remontent à-peu-près comme les autres couches connues. Elles conſiſtent en une terre brune, bitumineuſe, qui eſt friable lorſqu'elle eſt ſeche, & reſſemble à du bois pourri. Il s'y trouve des pieces de bois de toute groſſeur, qu'il faut couper à coups de hâche lorſqu'on les retire de la mine où elles ſont encore mouillées. Ce bois étant ſec, ſe caſſe très-facilement. Il eſt luiſant dans ſa caſſure comme le bitume, mais on y reconnoît encore toute l'organi-ſation du bois. Il eſt moins abondant que la terre : les ouvriers le mettent à part, & le gardent pour leur uſage.

Un boiſſeau ou deux quintaux peſant de la terre bitumi-neuſe, ſe vend dix-huit à vingt ſols de France. Il y a des pirites dans ces couches : la matiere en eſt vitriolique. Elle effleurit & blanchit à l'air.

On a fait une galerie pour écouler les eaux de cette mine : elles les écoule à deux toiſes plus bas que les travaux actuels, ſans cela elle ne ſeroit pas exploitable à cauſe du ſable. On exploite en laiſſant des piliers, & en ſoutenant les terres avec des morceaux de bois droits : mais à meſure que l'on veut

S s

quitter un endroit, on abat les piliers en fe retirant. Ce travail eft très-dangereux ; quelques ouvriers y ont péri. Dans
les endroits abandonnés, il fe fait des éboulements continuels
qui vont jufqu'au jour : auffi toute la furface du terrein forme-
t-elle des efpeces d'entonnoirs qu'on remplit un peu pour
pouvoir labourer la furface.

La matiere bitumineufe n'eft pas d'un grand débit ; elle ne
donne qu'une chaleur foible : il ne s'en confomme gueres que
par le fermier des falines du Roi, à qui la mine appartient,
raifon pour laquelle on en ceffe le travail dès que les magafins
font pleins. Lorfque cette mine eft en valeur, on y emploie
au plus quinze ou feize ouvriers.

MINE DE CHARBON DE TERRE,

DE ZWICHAU. Année 1759.

LEs mines de charbon de *Zwichau* confiftent en deux couches de quatre, cinq, fix pieds d'épaiffeur, qui ne font féparées l'une de l'autre que par une couche mince d'argille. Leur
profondeur n'eft environ qu'à trois toifes du jour. La couche de
deffous eft meilleure que celle de deffus ; les maréchaux n'emploient que fon charbon. Elles font toutes les deux à-peu-près
horizontales, n'ayant pas plus de vingt-cinq à trente dégrés
d'inclinaifon

La maniere de travailler ces couches, eft de faire une
grande quantité de galeries paralleles, en laiffant du charbon
entre deux pour le foutien de la mine. Lorfqu'on a pris d'un
côté à-peu-près tout le charbon que l'on veut, on abat les
mêmes piliers qu'on a laiffés, en mettant à la place quelques
morceaux de bois droits pour foutien. Lorfqu'il n'y a plus de
charbon de ce côté, on l'abandonne totalement, & on laiffe
ébouler le tout, peu importe. Par ce moyen, il refte le moins
de charbon qu'il eft poffible, & même point du tout.

Les exploitations de charbon n'ont point encore été mifes en
Saxe fur le même pied des autres mines. Il n'y a point de
Bergmeifter ou maître des montagnes. Le propriétaire peut
exploiter le charbon qui eft fous fon terrein : cependant on
lui fixe la quantité de charbon qu'il peut vendre, & l'on fixe
un même prix à tous les Entrepreneurs, afin qu'ils ne fe
faffent pas tort les uns & les autres.

Il y a une galerie d'écoulement faite & entretenue par toutes les compagnies qui exploitent dans les environs, & qui
peuvent en retirer quelqu'avantage.

L'arrangement pour les mines de charbon en Saxe n'eſt point du tout approuvé ; les principaux Officiers des mines nous ont aſſuré que l'on ſonge à faire des Réglements particuliers ſur cet objet.

Le Roi a quelques petits droits ſur chaque meſure de charbon que l'on retire. Ces droits ſe nomment *Dixieme ;* mais il ne monte pas même au vingtieme.

QUINZIEME MEMOIRE.

MANIERE DE PRÉPARER LE CHARBON

Minéral, autrement appellé Houille, pour le
substituer au charbon de bois dans les travaux
métallurgiques; mise en usage dans les mines de
Sainbel; sur les documents de feu M. JARS,
de l'Académie Royale des Sciences. Pratiquée,
perfectionnée & décrite par GABRIEL JARS,
son frere, l'un des Intéressés auxdites mines.

Année 1769.

L'UTILITÉ des Houilles ou charbons de pierre est depuis
long-temps reconnue en France, & rend précieuses les
carrieres de ce minéral qu'elle possede. On l'imploie dans les
forges, & on le substitue avec avantage dans plusieurs cas,
au charbon fait avec le bois, dont il importe d'autant plus
de diminuer la consommation, que l'on se plaint avec raison
que la quantité en diminue sensiblement dans le Royaume, &
que les forêts se détruisent par les coupes, sans être remplacées
par des plantations équivalentes. Il seroit donc à desirer pour
l'Etat, que dans tous les lieux à portée de se pourvoir de
charbon de pierre ou de terre, on s'habituât à s'en servir, à

l'exemple de la ville de Lyon, dans laquelle, depuis un certain nombre d'années, le peuple l'employe, comme à Saint-Etienne & à Saint-Chamont, à tous les usages domestiques, ce qui produit une épargne pour le consommateur, & un bénéfice pour le Royaume.

A plus forte raison est-il d'une grande importance qu'on puisse le substituer au charbon de bois, dans le traitement des mines, qui en exige une si grande quantité ; mais il présente plusieurs inconvénients.

Le charbon fossile employé tel qu'on le tire de la carriere, nuit singuliérement aux opérations métallurgiques, & le plus grand de ses défauts est de détruire une grande quantité de métal dans les fontes.

Les Anglois qui ont des mines, beaucoup de charbon de pierre & peu de bois, paroissent avoir été les premiers à faire des tentatives pour obvier à ces inconvénients. J'ai vu dans un Manuscrit sur *l'Art d'exploiter les Mines de charbon*, que les premiers essais faits à ce sujet en Angleterre, remontent à des dates très-anciennes ; & Swedembourg, très-habile Minéralogiste en parle aussi, mais comme d'un art qui de son temps n'avoit pas été porté à sa perfection.

L'industrie des Anglois surmonta dans la suite les difficultés, & parvint par des opérations assez simples au but désiré, c'est-à-dire à ôter au charbon minéral ses qualités nuisibles à la fonte des métaux ; ils reconnurent bientôt tous les avantages qu'apportoit cette découverte, mais ils faisoient un mystere de leurs procédés, & la France, à peine instruite de leurs succès, n'en partageoit point le bénéfice, lorsque *M. Jars*, de l'Académie Royale des Sciences & Associé de celle de Lyon, fut envoyé par le Ministre en Angleterre, en 1765, pour y faire des observations sur divers objets relatifs à l'avancement du commerce & des arts.

Un des premiers sur lesquels cet Académicien crut devoir

jetter ſes yeux, comme l'un des plus importants, fut la maniere de préparer le charbon de pierre, pour l'employer utilement dans les opérations métallurgiques ; il fit à ce ſujet
toutes les recherches poſſibles, & me fit part de ſes conjec-
tures & des moyens qu'il imaginoit pour imiter le procédé
des Anglois. Un voyage que bientôt après nous fîmes enſemble dans le Nord, ſuſpendit les expériences que je me
propoſois de faire ſur cet objet dans les mines de Sainbel.
Au retour de mon voyage, je ne tardai pas à m'en occuper ;
la réuſſite de mes premiers eſſais m'encouragea, je continuai
les tentatives, j'eus bientôt la ſatisfaction de voir que mes
travaux n'étoient pas infructueux, & dans l'eſpérance de les
rendre plus utiles encore, je me fais un devoir de les ſou-
mettre au jugement de l'Académie, qui en aſſurera le
ſuccès.

Toute eſpece de charbon foſſile nuit aux fontes des métaux,
quoique dans différents dégrés, ſuivant ſes diverſes qualités.
Le but que l'on doit ſe propoſer, eſt de détruire les principes
nuiſibles qu'il renferme, & de conſerver ceux qui ſont utiles à
la fonte.

Sans vouloir entrer dans une analyſe profonde de ce minéral, on ſait en général qu'il eſt, comme tous les bitumes,
compoſé de parties huileuſes & acides. Dans ces acides, on
diſtingue un acide ſulphureux, à qui je crois que l'on peut
attribuer principalement les déchets que l'on éprouve lorſqu'on
l'emploie dans la fonte des métaux ; le ſouffre & les acides,
dégagés par l'action du feu dans la fuſion, attaquent, rongent
& détruiſent les parties métalliques qu'ils rencontrent ; voilà
les ennemis que l'on doit chercher à détruire. Mais la difficulté
de l'opération conſiſte à attaquer ce principe rongeur en con-
ſervant la plus grande quantité poſſible des parties huileuſes,
phlogiſtiques & inflammables, qui ſeules operent la fuſion,
& qui lui ſont unies.

C'eſt à quoi tend le procédé dont je vais donner la méthode : On peut le nommer *le déſouffrage*. Après l'opération, le charbon minéral n'eſt plus à l'œil qu'une matiere ſeche, ſpongieuſe, d'un gris noir, qui a perdu de ſon poids & acquis du volume ; deux obſervations qui paroiſſent intéreſſantes. Je remarquerai encore qu'elle s'allume plus difficilement que le charbon crud, mais que ſa chaleur eſt plus vive & plus durable.

Je joins à mon mémoire des échantillons de charbon minéral ainſi préparé, & auquel en cet état les Anglois donnent le le nom de *coaks*, ce qui ſe prononce *côks*. Ils s'en ſervent avec avantage pour fondre différents minérais ; les orfevres l'emploient pour fondre les métaux fins ; on en brûle auſſi dans les poëles & les grilles des appartements.

Le procédé, au moyen duquel le charbon de pierre devient *coaks*, eſt facile en apparence ; il ne s'agit que de faire brûler la houille, comme on brûle le bois pour faire du charbon ; mais il exige une pratique bien entendue & beaucoup de précautions ſoit dans la conſtruction des charbonnieres, ſoit dans la conduite du feu, ſans quoi l'on n'obtient que des *coaks* imparfaits & incapables d'être employés utilement, ce qu'il eſt aiſé de reconnoître à la ſeule inſpection & par le déchet que doit faire telle ou telle qualité de charbon, après des épreuves faites avec exactitude ; ainſi qu'on en peut juger par celles des houilles des mines de Rivedegier dont il eſt fait mention dans le procès-verbal ci-après.

Pour réuſſir à obtenir de bons *coaks*, il eſt de la plus grande importance, & même il eſt indiſpenſable d'avoir une bonne qualité de charbon qui ſoit exempt de pierre ou roche, c'eſt-à-dire, tel qu'eſt celui des carrieres de Rivedegier dénommé *charbon de maréchal* ; c'eſt le ſeul dans ces mines qui ſoit propre pour les forges & à l'uſage auquel nous le deſtinons ;

car

car l'autre efpece appellée *charbon perat*, qui ne fert ordinairement que pour la grille, comme tenant plus long-temps au feu, eft mêlé de beaucoup de pierres qui lui donnent de la pefanteur ; le premier, au contraire, eft très-léger & friable & tel qu'il doit être pour s'en fervir avec avantage.

La benne du charbon perat pefe brut . . . 290 à 300 liv.

La benne du charbon de forges, ... 270 à 275

La benne des *coaks*, ... 170 à 180

Lorfqu'on s'eft affuré de cette qualité de charbon, les ouvriers-charbonniers ne doivent point encore en négliger le choix ; ils doivent en féparer la roche que l'on rencontre quelquefois dans les gros morceaux. On fait ce choix en les caffant.

Pour défouffrer la houille avec profit, il eft reconnu que les morceaux doivent être réduits à la groffeur de trois à quatre pouces cubes, afin que le feu puiffe agir & pénétrer dans leur intérieur.

Après avoir formé un plan horizontal fur le terrein, on arrange ce charbon morceau par morceau ; on en compofe une charbonniere d'une forme à-peu-près femblable à celle que l'on donne pour faire du charbon de bois, & de la contenue d'environ cinquante à foixante quintaux, quantité fuffifante pour obtenir de bons *coaks* ; car j'ai obfervé, après diverfes épreuves, qu'en les faifant plus fortes, il en refte beaucoup après l'opération que le feu n'a pénétré qu'en partie, & d'autres où il n'a pas touché.

Il en arrive autant fi l'on donne aux charbonnieres trop d'élévation, quoique dans le même diametre ; l'inconvénient eft encore plus grand, fi, comme je l'ai éprouvé, on place le charbon indifféremment & de toutes groffeurs.

Une charbonniere, conftruite de la maniere que je viens de l'indiquer, peut & doit avoir dix, douze jufqu'à quinze pieds de diametre , & deux jufqu'à deux pieds & demi au plus de hauteur dans le centre.

Au fommet de la charbonniere , on laiffe une ouverture d'environ fix à huit pouces de profondeur , deftinée à recevoir le feu que l'on y introduit avec quelques charbons allumés ; lorfque la charbonniere eft achevée , alors on la recouvre , & l'on peut s'y prendre de diverfes manieres.

Une des meilleures & la plus prompte eft d'employer de la paille & de la terre franche qui ne foit pas trop feche ; on recouvre toute la furface de la charbonniere avec cette paille que l'on met affez ferrée pour qu'une épaiffeur d'un bon pouce de terre que l'on jette par-deffus , & pas d'avantage , ne tombe pas entre les charbons , ce qui nuiroit à l'action du feu.

A défaut de paille , on peut y fuppléer par des feuilles feches ; mais on n'eft pas toujours dans le cas de s'en procurer. J'ai fait effayer auffi de recouvrir avec des gazons ou mottes ; mais il n'en réfulta pas un bon effet.

Une autre méthode qui , attendu la rareté & cherté de la paille , eft mife en pratique aujourd'hui aux mines de Rive-degier par les ouvriers que les Intéreffés des mines de cuivre y emploient à cette opération avec un fuccès que j'ai éprouvé , eft celle de recouvrir les charbonnieres avec le menu charbon ; cela fe fait comme il fuit. L'arrangement de la charbonniere étant achevé , on en recouvre la partie inférieure depuis le fol du terrein jufqu'à la hauteur d'environ un pied avec du menu charbon crud , tel qu'il vient de la carriere & des déblais qui fe font dans le choix du gros charbon ; le reftant de la furface eft recouvert avec les déchets des *coaks* qui font en très-petits morceaux. Par cette méthode on n'a pas befoin comme par les autres de pratiquer des trous autour de la circonférence pour l'évaporation de la fumée ; les interftices qui fe trouvent entre ces menus coaks y fuppléent, & font le même effet; le feu agit également par-tout.

Lorfque la charbonniere eft recouverte jufqu'au fommet, alors l'ouvrier apporte, comme il a été dit, quelques charbons allumés qu'il jette dans l'ouverture, & acheve d'en remplir la capacité avec d'autres charbons. Quand il juge que le feu a pris, & que la charbonniere commence à fumer, il en recouvre le fommet, & conduit l'opération comme celle du charbon de bois, ayant foin de reboucher les endroits où le feu a paffé, afin d'empêcher que le charbon ne fe confume, & ainfi du refte jufqu'à ce qu'il ne fume plus, ou du moins que la fumée en forte très-claire, figne conftant de la fin du *défouffrage*; pour toute cette manœuvre, l'expérience des ouvriers eft très-nèceffaire.

Une telle charbonniere tient le feu quatre jours & plufieurs heures de moins, fi l'on a recouvert avec de la paille & de la terre; alors on recouvre le tout avec la pouffiere pour étouffer le feu, & on le laiffe ainfi pendant douze ou quinze heures; après ce temps on retire les *coaks*; cela fe fait partie par partie à l'aide de rateaux de fer, en en féparant le menu qui fert à recouvrir d'autres charbonnieres. Lorfque les *coaks* font refroidis, on les ferme dans un magafin, bien fecs; s'il s'y trouve quelques morceaux de charbons qui ne foient pas bien défouffrés, on les met à part pour les faire paffer dans une nouvelle charbonniere. On en a de cette façon plufieurs en feu dont la manœuvre fe fuccede.

Trois ouvriers, ayant un emplacement affez grand, peuvent préparer dans une femaine trois cents cinquante jufqu'à quatre cents quintaux de *coaks*.

Il eft effentiel de bien dépouiller le charbon minéral de la roche & des pierres qui peuvent y être mêlées; car il eft arrivé, foit par défaut d'expérience des ouvriers, foit par leur négligence, que plufieurs charbonnieres ne m'ont produit que des *coaks* imparfaits, qui, dans la fonte, ont occafionné beaucoup d'embarras ; d'où j'ai conclu que les acides deftruc- teurs n'avoient pas été fuffifamment détruits, & que l'on n'en avoit pas féparé les pierres qui ne fondoient point & s'accu- muloient dans l'intérieur du fourneau. J'en ai la preuve dans l'eſſai que j'ai fait de la houille de Sainte-Foi-l'Argentiere, à trois lieues de Sainbel, qui a préfenté les mêmes inconvé- nients au bout de quelques heures de fonte, puifqu'elle eſt unie à une grande quantité d'une efpece de fchifte très-réfrac- taire, & par conféquent peu propre à cette opération ; au lieu que les *coaks* produits de la houille choifie des mines de Rivedegier, ont procuré dans la fonte des minérais de cuivre tout le fuccès qu'on pouvoit en attendre, comme il eſt prouvé ci-après.

Par le décompte détaillé des charbons de terre des mines de Rivedegier, mis en défouffrage à Sainbel fous mes yeux, depuis le 20 Janvier 1769, jufqu'au 10 Mars fuivant, il eſt conftaté que ces charbons perdent ou déchêtent dans cette opération de trente-cinq pour cent, c'eſt-à-dire, que cent livres de charbon cruds font réduites à foixante-cinq livres *coaks*. Ce fait a été vérifié plufieurs fois aux mines de Rive- degier, où depuis le premier Avril les Intéreſſés des mines du Lyonnois occupent trois ouvriers à cette préparation. D'où il réfulte que le quintal de ces coaks, rendu à Sainbel, tous frais faits, achat du charbon, façon des ouvriers, emplace- ment pour la préparation, provifion & tranfport, revient à environ quarante-quatre fols poids de marc.

FONTE DE COMPARAISON.

Le 7 Mars 1769, à deux heures & demie après midi, on commença la fonte de comparaifon dans deux fourneaux courbes ou à manche, d'une grandeur femblable, & allant d'une égale vîteffe ; on garnit l'un en *coaks*, & l'autre en charbon de bois à l'ordinaire ; la fonte fut continuée jufqu'au 18 à la même heure ; elle avoit été interrompue pendant treize heures, le Dimanche 12, pour réparer & refaire les baffins d'avant-foyer & de réception. On employa donc, pour le total de la fonte, deux cents cinquante-une heures pour fondre en tout onze cents quatre-vingt deux quintaux de minérais mêlés de la mine de pilon & de celle de chevinay, rôtis à quatre feux fuivant l'ufage. .   .   .   .   .   1182 quintaux.

S A V O I R,

1182 quint.
{
672 quintaux dans le premier fourneau garni de *coaks* ; ils ont produit en matte, ci . . . . 114 quint.

& ont confommé 330 quint. coaks, poids de marc ; ce qui, à 44 fols, liv. f. fait monter la dépenfe à 726

510 quintaux dans le fecond fourneau, avec le charbon de bois, n'ont produit, dans la même proportion en matte, que . . . . 89 quint.

ils ont confommé 316 voies de charbon de bois ; qui, à 47 fols, prix commun, fait monter la dépenfe à . . . . 742. 12.
}

D'où il réfulte, fi cinq cents dix quintaux minérai fondu

avec le charbon de bois, coûtent 742 liv. 12 f. les fix 'cents
cents foixante-douze quintaux, fondus de même, auroient
coûté　.　.　.　.　.　.　. 978 l. 9 f. 8 d.

Mais les fix cents foixante-douze quintaux
minérais fondus avec les *coaks*, n'ont dépenfé que　.　.　.　.　.　. 726 l.

Donc il y a un bénéfice, dans une fonte de
douze jours, & à un feul fourneau, de　.　. 252 l. 9 f. 8 d.
ce qui fait environ le quart.

Le gain du temps eft encore un objet de conféquence,
puifque dans les temps de féchereffe, la riviere fournit fi peu
d'eau, qu'on eft obligé de fufpendre les fontes, l'on a donc
un avantage réel dans l'opération ; car, fi pour fondre cinq
cents dix quintaux minérais, on a employé avec le charbon de
bois, deux cents cinquante-une heures, il en auroit fallu pour
fondre les fix cents foixante-douze quintaux,　. 330 heures $\frac{1}{4}$
Mais avec les *coaks*, les fix cents foixante-douze
quintaux ont été fondus en　.　.　.　.　.　.　. 251 heures

Donc l'on gagne　.　.　.　.　.　.　.　.　. 79 heures $\frac{1}{4}$
ou trois jours fept heures, dans une feule fonte.

Pour parvenir à reconnoître plus particuliérement l'emploi
que l'on peut faire du charbon de terre au lieu de charbon de
bois dans différentes opérations de Métallurgie,

J'ai fait, après la fonte mentionnée ci-deffus, fondre dans
le même fourneau avec des coaks une partie d'un grillage de
matte de cuivre, de laquelle on a obtenu environ trois quintaux de cuivre noir pour le raffiner, le fondre enfuite & le
battre au martinet, à l'effet de reconnoître fi quelques portions acides fulphureufes, qui auroient pu refter dans les coaks,
n'altéreroient point le métal.

Les trois quintaux de cuivre ont été raffinés fur le petit foyer, fondus & étendus fous le marteau, autant qu'il a été poffible, fans qu'on y ait remarqué aucune fente ni gerfure.

Toujours dans la même vue, on a fait rôtir à part les cent quatorze quintaux de matte produits de la fonte du minérai avec les *coaks;* on a obtenu le cuivre noir qui a été raffiné, fondu & battu fous le marteau, comme le premier, avec tout le fuccès poffible : d'où il s'enfuit qu'il eft bien prouvé que les *coaks* ne nuifent point à la qualité du cuivre, & peuvent être employés utilement.

Cependant il fera plus prudent de n'employer les *coaks* que dans la fonte des minérais, & non dans celle des *mattes*, où le cuivre eft trop à nud, & conféquemment dans le cas d'être attaqué par l'acide fulphureux, fur-tout fi les *coaks* ne font pas bien préparés, comme cela arrive quelquefois par la négligence des ouvriers.

On évitera cet inconvénient en n'employant que du charbon de bois dans cette fonte, & l'on retirera toute l'utilité du charbon de terre en fe fervant des *coaks* pour fondre les minérais, dont le premier produit eft une maffe réguline, chargée encore d'une grande quantité de foufre qui enveloppe tellement le métal, que celui-ci ne court aucun danger d'être attaqué par les acides. C'eft ce que l'on éprouve depuis plufieurs années dans les fonderies de Sainbel, où cette méthode fe pratique avec fuccès.

OBSERVATIONS.

EN détaillant le mérite de l'opération, je ne dois pas en diffimuler les inconvéniens. J'ai fait ouvrir les fourneaux, & j'ai obfervé que celui où l'on a fondu avec les *coaks*, a été beaucoup plus endommagé que l'autre, c'eft-à-dire, *l'ouvrage*, & qu'il s'y eft formé dans l'intérieur des cavités plus grandes.

L'on ne s'étonnera point de cette différence, fi l'on remarque que la chaleur des coaks eft bien plus vive que celle du charbon de bois ; mais pour peu qu'on réfléchiffe fur cet inconvénient, il eft prouvé qu'il n'eft rien en comparaifon des avantages qui réfultent de l'emploi de cette matiere combuftible ; l'augmentation de dépenfe ne roulera que fur une réparation un peu plus confidérable à la fin de chaque fonte, & fur la durée de l'*ouvrage* des fourneaux, qui fera dans le cas d'être renouvellé chaque année, au lieu de ne l'être que tous les deux ans fuivant l'ufage.

Pour prévenir en partie cet inconvénient, & parce qu'il ne feroit pas poffible de fe procurer dans ce moment-ci la quantité de *coaks* dont on auroit befoin, à raifon du fervice public qui a lieu journellement au bord des carrieres de Rivedegier, j'ai trouvé qu'en le mêlant à moitié ou à tiers avec le charbon de bois, il en réfultoit un très-bon effet ; & cela fe pratique actuellement dans nos fonderies depuis le premier Avril dernier avec fuccès.

On comprend aifément que le mélange dans la fonte des deux matieres combuftibles, ne donne pas les mêmes avantages que l'emploi des *coaks* feuls ; mais ils feront toujours affez grands pour le faire préférer, à tous égards, au charbon de bois fans *coaks*. Les ouvriers fondeurs en ont remarqué, comme moi, la différence, & donnent la préférence au mélange pour avoir une fonte plus égale ; d'ailleurs il eft conftant que, de quelque maniere qu'on emploie les coaks, ils accélerent la fonte des matieres ; les fourneaux fupportent une charge plus forte de minérai fans augmenter la quantité de charbon, & la dépenfe eft moindre.

Une autre obfervation très-effentielle, c'eft celle du degré de chaleur qu'acquiert la matte ou maffe réguline dans l'intérieur du fourneau pendant le cours de la fonte, dont j'ai fait

plufieurs

plufieurs fois la comparaifon dans les percées de l'avant-foyer au baffin de réception; de cette augmentation de chaleur réfulte un très-grand avantage; on conçoit que la matte plus échauffée fe purifie & fe dégage d'autant plus des parties fulphureufes qu'elle renferme, on l'obtient, il eft vrái, en moindre quantité, mais elle eft plus riche en métal, d'où naît néceffairement l'économie du bois dans les rôtiffages qui fuivent l'opération, & du charbon dans les fontes.

Les Anglois fondent la plupart des minérais de fer avec les coaks, dont ils obtiennent un fer coulé excellent qui fe moule très-bien; mais jamais ils ne font parvenus à en faire un bon fer forgé.

Les coaks ont donc leur utilité pour tous les ouvrages qui fe jettent en moule. Feu M. Jars, dans la tournée qu'il fit l'année derniere en Alface, en fit faire un effai dans les forges d'Hombourg, qui réuffit très-bien.

Les Anglois ont encore une autre méthode de préparer le charbon de terre pour les fontes dont ils retirent non-feulement les *coaks* qu'ils nomment pour lors *cinders*, mais encore la partie graffe avec laquelle ils fabriquent du goudron; cette opération fe fait par la diftillation dans un fourneau fermé. Les Liégeois, à leur exemple, fuivent cette méthode depuis un an, & emploient avec fuccès les *coaks* dans la fonte des mines de fer.

De toutes ces obfervations il réfulte qu'indépendamment du bénéfice que la nouvelle méthode introduit dans le traitement des mines, elle affure une diminution de confommation en charbons de bois, ce qui doit, avec le temps, faire baiffer le prix de ces charbons; on peut objeêter qu'en même temps cela fera hauffer celui du charbon de terre; mais cet inconvénient n'eft que momentané; il eft naturel de penfer que, pour profiter de cette confommation, les Propriétaires des mines extrairont une plus grande quantité de charbon qui ramenera bientôt l'ancien prix.

Il n'en est pas de nos mines de charbon comme de nos forêts ; leur abondance est bien reconnue ; mais c'est un nouveau motif pour exciter à la recherche de nouvelles carrieres, pour faciliter l'exploitation, & pour encourager ceux qui, en secondant les vues du Gouvernement, travaillent à la perfection des Arts.

SEIZIEME MEMOIRE.

OBSERVATIONS SUR LA CIRCULATION
de l'air dans les Mines; MOYENS qu'il faut employer pour l'y maintenir. (a)

Année 1764.

L'EMBARRAS dans lequel j'ai vu plufieurs Entrepreneurs & Directeurs de mines, foit en France, foit en Allemagne, pour introduire de l'air dans les travaux qu'ils dirigoient, les ouvrages infructueux qu'ils entreprenoient pour y parvenir, m'ont donné envie de connoître comment fe faifoit la circulation de l'air dans les fouterreins, afin de parvenir à une méthode fûre pour l'y introduire, éviter par là les ouvrages inutiles, qui font toujours très-difpendieux dans les mines, & chaffer le mauvais air qui fatigue beaucoup les mineurs, & peut abréger leur vie. Rempli de mon objet, j'en ai parlé à toutes les perfonnes que je connoiffois pour être inftruites dans la Géométrie & Phyfique fouterreine; j'ai eu plufieurs entretiens à ce fujet, avec des favants de Freyberg en Saxe; quelqu'inftructives que fuffent ces converfations, elles me laiffoient toujours quelque chofe à defirer; c'eft

(a) Ce Mémoire a été lu à l'Académie des Sciences, en l'année 1768, & imprimé dans le volume de fes Mémoires pour la même année, pages 218 & 229.

pourquoi j'ai continué à obferver, & ai cherché en même temps la raifon pour laquelle l'air prenoit une route préférablement à une autre, je crois y être parvenu.

Ce Mémoire feroit fufceptible d'une très-grande étendue par l'application que l'on pourroit faire des conféquences que j'ai tiré de toutes mes remarques pour empêcher les appartements de fumer, & pour renouveller l'air dans les hôpitaux & autres lieux, &c.; mais mes occupations & le voyage que je fuis fur le point de faire, ne me permettant, d'ici à quelque temps, autre chofe que des obfervations, je crois devoir faire part à l'Académie des principales que j'ai faites jufqu'à ce jour, & de l'avantage que l'on en peut retirer. Il fuffira à tout Directeur & Infpecteur de mines intelligent de connoître les obfervations fuivantes & l'application que j'en fais, pour lui fervir de guide dans tous les cas.

J'ai obfervé pendant l'hiver, en vifitant des mines, qu'il y avoit des puits de dix, douze jufqu'à vingt toifes de profondeur perpendiculaire, dans lefquels toute l'eau qui filtroit à travers le rocher & la charpente, fe geloit & formoit de la glace dans toute leur hauteur.

J'ai obfervé également que le thermometre de M. de Réaumur, placé dans une mine à quarante-cinq pas de l'embouchure (1) d'une de fes galeries (2), fe tenoit à zero; dans l'intervalle de cette diftance, j'ai trouvé de la glace; mais en avançant dans la mine, la liqueur du thermometre eft montée peu à peu jufqu'à onze & douze degrés, c'eft-à-dire un & deux degrés au-deffus de la température des caves

---

(1) On nomme embouchure d'une galerie ou d'un puits, fon ouverture extérieure.

(2) On nomme galerie, les excavations fouterreines horizontales, qui aboutiffent à d'autres excavations que l'on fait pour extraire le minéral d'un filon, lefquelles, pour peu que la mine foit un peu confidérable, ont ordinairement plufieurs iffues extérieures qui font perpendiculaires, horizontales, ou obliques.

de l'Obfervatoire, qui eft la même dans les mines ; j'ai attribué les deux degrés au-deffus de la température, à l'air échauffé par les ouvriers, & à la flamme de leurs lampes. Il y a encore dans certaines mines des accidents qui occafionnent fouvent une chaleur affez forte, comme des ouvrages où l'on rencontre une efpece de pirite qui, s'effloriffant par le contact de l'air, s'échauffe au point que les ouvriers font obligés d'y travailler fans chemife, & n'y peuvent réfifter que très-peu de temps.

Les mêmes mines où j'ai obfervé des puits & des galeries dans lefquelles on rencontroit de la glace, avoient d'autres ouvertures où l'on fentoit un air chaud en y entrant. Je voyois fortir par ces mêmes ouvertures la fumée de la poudre lorfque l'on avoit tiré un ou plufieurs coups de mine ; d'où j'ai conclu que l'air entroit par les ouvrages où j'avois rencontré de la glace, & reffortoit par ceux où l'on refpiroit un air échauffé.

J'ai remarqué dans le même temps, que tous les ouvrages par où l'air entroit dans la mine, étoient inférieurs ou plus bas que ceux par où il fortoit, ce qui me perfuada que l'on auroit d'autant plus d'air dans une mine, que les ouvrages de communication fupérieurs feroient plus élevés au-deffus de l'horizontale, ou du niveau de ceux pratiqués au pied de la montagne.

Ces obfervations m'expliquerent pourquoi l'on conftruifoit des tuyaux de cheminée fur certains puits dans des mines de charbon qui étoient exploitées dans un pays plat. J'en avois demandé plufieurs fois la raifon ; on m'avoit toujours répondu que c'étoit pour introduire de l'air dans la mine ; mais j'ignorois pourquoi l'air entroit plutôt par les ouvrages inférieurs que par les fupérieurs.

Non content d'avoir fait pendant l'hiver les obfervations que je viens de rapporter, je voulus examiner fi la circulation de l'air étoit la même dans toutes les faisons ; je ne pus rien conftater pendant le printemps ; on en verra les raifons ci-après.

Comme mes premieres obfervations avoient été faites lorf-qu'il geloit, je choifis dans l'été des jours chauds pour par-courir les différentes ouvertures de la mine de Cheffy en Lyonnois. J'ai fait aufli les mêmes remarques dans d'autres mines. J'entrai d'abord dans la mine par la même galerie in-férieure dans laquelle le thermometre avoit été en hiver à zéro, jufqu'à quarante-cinq pas de l'embouchure ; je fentis de la fraîcheur en entrant ; je pofai mon thermometre dont la liqueur étoit à vingt degrés au-deffus de zero, à une toife intérieurement de l'embouchure de ladite galerie ; après l'y avoir laiffé une demi-heure, la liqueur defcendit à onze de-grés ; je fentis la même fraîcheur dans toute la mine ; je diri-geai ma marche du côté d'un ouvrage en montant (3), par lequel on fort de la mine ; c'étoit alors l'ouverture la plus élevée. Je remarquai avec furprife, qu'à mefure que j'appro-chai de l'embouchure, l'air s'échauffoit. Je plaçai mon ther-mometre à quatre toifes de ladite embouchure ; il monta à dix-huit degrés. Ces obfervations, répétées plufieurs fois & dans plufieurs mines, m'ont prouvé que l'air, qui, dans l'hi-ver, entroit dans la mine par les ouvrages inférieurs pour reffortir par les fupérieurs, prenoit une route contraire pen-dant l'été. Il ne me fuffifoit pas d'être parvenu à connoître parfaitement la façon dont l'air circuloit dans les mines, je voulois encore favoir quelle en étoit la raifon, & ce qui dé-terminoit l'air dans une faifon à prendre une route préférable-ment à l'autre. Voici le raifonnement que j'en ai tiré, & de quelle façon je le prouve.

PLANCHE X.

Je fuppofe AB, figure premiere, planche 10, une galerie,

(3) *Ouvrage en montant* ou échellon montant fe dit d'une excavation irréguliere, qui fe fait de bas en haut en fuivant le filon, pour en extraire le minéral.

à l'extrêmité de laquelle il y a un puits CB de dix toifes de profondeur; fon embouchure C eft donc dix toifes plus élevée que celle A de la galerie. ABC eft un ouvrage fouterrein, dont l'air doit être tempéré, c'eft-à-dire, à dix degrés; mais l'air de l'atmofphere pendant l'hiver eft à zero & même au-deffous, c'eft-à-dire, de dix degrés moins dilaté que celui renfermé dans le fouterrein; je dois donc confidérer au-deffus du puits CB, une colonne de toute la hauteur de l'atmof-phere, laquelle auroit pour bafe l'ouverture dudit puits, & dont le degré de chaleur eft égal à zero jufqu'à la ligne ho-rizontale CD, plus la colonne CB qui eft à dix degrés. Je confidere de plus, fur le point A, une colonne également de toute la hauteur de l'atmofphere, par conféquent égale à celle qui eft fur le puits CB, avec la différence que fon degré de chaleur eft égal à zero fur toute fa hauteur, tandis que la premiere a une partie de dix toifes CB qui eft à dix degrés, dont la colonne de l'atmofphere, qui fuit la ligne DA, eft plus pefante que celle qui fuit la ligne CB, puifqu'elle contient beaucoup plus d'air dans un même volume; comme elle preffe fur le point A, elle obligera l'air contenu dans le fouterrein ABC de fortir par le point C, ce qui établira le courant d'air dans la mine.

Si je confidere actuellement ce qui arrive pendant l'été, en fuppofant l'air de l'atmofphere à vingt degrés de chaleur jufqu'à CD qui eft la ligne horizontale; mais CB n'eft qu'à dix degrés, laquelle fait partie de toute la colonne de la hau-teur de l'atmofphere; donc cette colonne fur CB eft plus pe-fante que celle fur le point A, puifque cette derniere eft dans toute fa hauteur à vingt degrés de chaleur, tandis que la pre-miere a une partie de dix toifes d'air moins dilaté, & par conféquent plus pefant; d'où il réfulte que, pendant l'été, la colonne d'air fur le puits CB doit, par fon propre poids, obliger l'air intérieur à fortir par l'ouverture A, & en pro-curer ainfi la circulation.

J'ai remarqué depuis très-long-temps, & je l'ai ouï dire à tous les mineurs, que l'air circuloit difficilement dans les mines à la pouſſée & à la tombée des feuilles, c'eſt-à-dire, pendant le printemps & l'automne ; il eſt même des ouvrages que l'on ſuſpend alors faute d'air, les chandelles & les lampes ne pouvant brûler qu'avec peine. J'avois toujours cherché inutilement à en connoître la cauſe ; mais le problême eſt réſolu actuellement, puiſque l'on ſait que dans le printemps & l'automne, l'air extérieur approche le plus de la température, par conſéquent, il fait, pour ainſi dire, équilibre avec celui qui eſt renfermé dans les mines. On doit même ſentir toute la difficulté que l'air a à s'établir un courant dans ces ſaiſons, où il eſt tantôt au-deſſus & tantôt au-deſſous de dix degrés, ſurtout dans les ouvrages un peu conſidérables, où l'air a beaucoup d'étendue à parcourir. Comme le degré de chaleur varie pluſieurs fois dans la même journée, les colonnes d'air de l'atmoſphere preſſent alternativement ſur les différentes ouvertures des mines, ce qui en rend la circulation fort difficile.

On eſt en uſage dans pluſieurs mines, lorſque l'air y manque, d'y deſcendre des grilles avec du feu ; cette méthode eſt très-bonne, & doit réuſſir certainement dans le printemps & l'automne, dans les travaux qui ont été faits, ſuivant les principes que je viens d'établir ; car ſi toutes les ouvertures d'une mine étoient faites à une même hauteur horizontale, le feu que l'on deſcendroit dans le fond de la mine, s'y éteindroit, ainſi que le font les lampes & les chandelles, à moins que la grille de feu ne fût ſuſpendue au tiers ou au milieu d'un des puits ; elle feroit alors l'effet du fourneau décrit par le traducteur de Lehmann, de l'Art des Mines, page 50, planche 3e. J'ai vu ce fourneau exécuté avec ſuccès dans une mine de plomb, aux environs de la ville de Freyberg en Saxe. Ceci ſe rapporte toujours à ce qui a été dit plus haut, qui eſt d'avoir un air plus dilaté dans un endroit que dans l'autre.

Je

Je donnerai plus bas les moyens les moins difpendieux pour fe procurer de l'air dans les cas principaux qui fe rencontrent dans l'exploitation des mines.

Plufieurs perfonnes font perfuadées que ce n'eft qu'en multipliant beaucoup les ouvertures des mines, que l'on peut y introduire de l'air; c'eft une erreur dangereufe dans un Infpecteur qui eft à la tête d'une exploitation. L'on doit fentir que quand même on feroit dix puits fur un même ouvrage fouterrein, fi leur embouchure eft à la même hauteur horizontale, on n'aura pas beaucoup plus d'air que s'il n'y en avoit qu'un, parce qu'alors toutes les colonnes d'air de l'atmofphere étant d'un égal poids, elles font équilibre entr'elles; il eft impoffible qu'il puiffe s'établir un courant d'air. Cette multiplicité d'ouvertures eft très-difpendieufe, fur-tout fi les ouvrages font profonds; en outre, plus l'on fait d'ouvertures dans une montagne, plus on augmente les filtrations d'eau, & par conféquent les dépenfes de l'exploitation. Il en eft de même pour les ouvrages horizontaux. Voici un exemple dont j'ai été témoin.

Ayant fait une galerie qui avoit vingt toifes de longueur depuis fon embouchure, on creufa fur le filon un puits d'environ dix à douze toifes; l'air y manqua. On s'avifa de faire une feconde galerie au même niveau que la première, & qui vint aboutir au même puits, comptant par là établir un courant d'air; mais lorfqu'elle fut achevée, on n'eut pas plus d'air qu'auparavant. Il fallut fe déterminer à faire un puits extérieur qui vînt répondre au puits fouterrein : ce fut alors que l'on eut de l'air fuffifamment pour continuer les ouvrages projetés. Ce fait que je viens de citer eft arrivé en France.

En voici un autre d'une plus grande conféquence que j'ai vu dans les mines de Schemithz en Hongrie en l'année 1758. On continuoit les travaux d'une galerie d'écoulement, qui, étant achevée, aura deux mille trois cents cinquante-neuf toifes de longueur; on n'avoit plus alors que fept cents quatre-vingt-deux toifes à faire pour l'achever. Comme on y travailloit de deux côtés, on efpéroit que le percement fe feroit au bout de fept ans. Ainfi, fuivant toute apparence, cette galerie fera achevée l'année prochaine.

Comme la montagne eft d'une hauteur prodigieufe, il a été impoffible d'y pratiquer plufieurs puits de refpiration. On en à fait un feul dans un vallon. Lorfqu'il fut à la profondeur que devoit être la galerie, on mit des ouvriers à droite & à gauche pour accélerer l'ouvrage. Dès que l'on eut fait le percement avec la partie de la galerie qui venoit du côté de l'embouchure, & que celle qui étoit dirigée du côté de la montagne, fut un peu avancée, on y introduifit de l'air à l'aide d'une machine à-peu-près femblable à celle dont j'ai eu l'honneur de lire la defcription à l'Académie Royale des Sciences, & qui fert à élever les eaux dans les mêmes mines. On auroit pu lui fubftituer un foufflet à trompe qui auroit fait le même effet, & n'auroit pas coûté la vingtieme partie de la dépenfe de cette machine; mais on pouvoit fe paffer de l'un & de l'autre, comme on le verra ci-après.

Indépendamment de cette machine, on imagina de commencer, depuis le puits du vallon, une galerie parallele & au même niveau que la grande, avec l'intention de faire des percements de diftance en diftance avec la galerie principale pour lui communiquer de l'air; ce que l'on a exécuté & continué vraifemblablement de faire. C'eft cependant une dépenfe, tout calcul fait, de plus de deux cents mille livres, & qui eft fort inutile, comme je vais le prouver.

Si l'on fait attention que ces galeries font au même niveau, il eft aifé de conclure que les colonnes d'air font équilibre entr'elles, par conféquent l'air ne peut fe changer; mais afin qu'il puiffe le faire, on a fait une porte qui fépare la communication de l'embouchure de la feconde galerie avec le puits du vallon; de cette façon, l'air entre en hiver par la seconde galerie, passe dans la grande, & vient ressortir par le puits. Le contraire arrive pendant l'été. Cette seconde galerie ne représente qu'un tuyau ou conduit que l'on prolongeroit à mesure que la galerie seroit avancée, ce que l'on auroit pû faire dans la derniere galerie principale, en lui donnant une capacité suffisante pour le passage de l'air nécessaire. Cela étoit fort aisé, puisque cette galerie a neuf pieds de hauteur sur cinq pieds de largeur dans le bas.

Il y a des personnes aussi qui pensent que l'on ne peut avoir de l'air dans une galerie commencée au jour, à moins que l'on ne fasse un puits de respiration de cinquante en cinquante toises; la multiplicité de ces puits n'est utile qu'autant que l'on veut accélérer l'ouvrage de cette galerie, en travaillant dans plusieurs endroits à la fois, ce qui n'est encore praticable que lorsque la montagne n'est pas trop élevée, & que l'approfondissement n'est ni trop long, ni trop coûteux.

On m'a communiqué la traduction d'un Mémoire de M. Triewald, inféré dans ceux de l'Académie de Suede, année 1740, page 444, par lequel il dit:

» Qu'il a observé dans toutes les mines qu'il a vu, que l'air » descend par le puits le plus profond, & qu'il remonte par » celui qui l'est le moins; cette vérité, dit-il, est la même que » l'expérience de l'eau dans un siphon recourbé à deux pieds » inégaux ». Pour le démontrer, il donne pour exemple la figure 2ᵉ. » Supposons, dit-il, un puits A D de la profondeur » de trente-cinq brasses, & l'autre B C de la profondeur de » quarante-cinq. Il est incontestable, dit M. Triewald, que » la colonne d'air B C sera plus pesante que celle de A D: » or la plus légere ne pouvant contrebalancer la plus pesante, » il s'ensuit qu'en lui cédant, elle procure un changement d'air » continuel; de maniere que la communication C D une fois » établie, l'air circulera toujours de B en C, de C en D, & » de D en A».

X x 2

Je ne puis me perfuader que M. Triewald ait obfervé par lui-même l'exemple que je viens de citer ; car fi je confidere les embouchures A & B des puits A D , B C, que je fuppofe au même niveau, je dis que les colonnes d'air de l'atmofphere qui répondent au point A & au point B, font en équilibre, puifqu'elles font de la même hauteur, & qu'elles ont le même degré de chaleur ; ni l'une, ni l'autre ne peuvent donc déterminer l'air contenu dans le fouterrein BCDA, à en fortir, puifqu'il eft lui-même en équilibre ; mais il fe peut que M. Triewald ait fait fon obfervation dans une mine où il y avoit un bâtiment fur l'embouchure d'un des puits ; ce bâtiment change la denfité d'une des colonnes , & eft bien capable de faire rompre l'équilibre. Il étoit fans doute perfuadé que l'air prenoit la même route dans toutes les faifons. La circulation artificielle , dont il parle dans le même Mémoire , fe trouvera comprife dans les exemples que je vais donner fur l'application que l'on peut faire des principes que je viens d'établir.

On a commencé une galerie au point A , fig. 3e. dirigée fous une montagne. Je dis que cette galerie peut être continuée fans faire de puits de refpiration , jufqu'à ce que le montant FI de la galerie AB, qui eft au-deffus de la ligne horizontale AG foit égal à la hauteur KL de la galerie ; ou plutôt que le point F , formant le fol de la galerie, à fon extrêmité foit au même niveau que le point K qui en eft la partie fupérieure à fon embouchure. A cet effet, je divife la galerie en deux parties par un plancher EM, bouché exactement dans toute fa longueur, afin que l'air n'y ait aucun paffage ; ce plancher , que les Allemands nomment *treppenwerck*, eft néceffaire pour pouvoir rouler la brouette par deffus, & n'être pas incommodé par l'eau qui paffe par le canal fait fur le fol de la galerie ; il exige dans ce cas-ci d'être fait avec plus de foin que lorfqu'il ne fert qu'à cet ufage. On le fait à mefure que l'on avance la galerie.

A l'aide de cette féparation, on a deux colonnes d'air, dont le poids eft différent, puifqu'elles font inégales en hauteur & en denfité; par exemple, en hiver l'air entrera dans la galerie par le canal AE, & renouvellera l'air au point E pour venir reffortir par l'embouchure M de la galerie; le contraire arrivera pendant l'été.

Sur ce principe, on peut calculer de quelle longueur peut être faite une galerie fans puits de refpiration. Par exemple, fuppofons la galerie K L de fix pieds, & que l'on veuille donner dix-huit pouces de pente par cent toifes, il eft évident que ce ne feroit qu'à quatre cents toifes que le fol de la galerie à fon extrêmité feroit au même niveau que fa partie fupérieure à fon embouchure; qu'alors les colonnes d'air feroient en équilibre, & qu'il n'y auroit plus de circulation. Ceci eft bon pour la théorie; car je doute fort que cela eût lieu dans la pratique jufqu'à ce point là; on en fentira affez les raifons fans avoir befoin de les détailler. Mais il y a un remede qui n'eft pas coûteux, c'eft de faire le puits CD, & de mettre une porte à l'endroit N de la galerie; pour lors, à l'infpection feule de la figure, on verra que l'on met une différence dans la pefanteur de la colonne d'air de toute la hauteur du puits.

Si la montagne n'eft pas bien élevée, ce puits feroit au moins autant néceffaire pour faciliter l'extraction des matieres, que pour la circulation de l'air; mais fi au contraire la montagne eft fort élevée, & que, calcul fait, la dépenfe du puits ne fût point compenfée par l'avantage qui en réfulteroit pour extraire les matieres, il fuffira, pour établir le courant d'air, de faire le puits OQ & la porte P proche de l'embouchure de la galerie. Pour peu que ce puits ait de la profondeur, on voit qu'il fera aifé de pouffer la galerie fort avant dans la montagne. Mais au cas que l'air vînt encore à y manquer par une plus longue continuation de ladite galerie, on peut augmenter la hauteur du puits en conftruifant fur le point O une cheminée d'autant plus haute que la galerie fera prolongée plus avant.

Si dans la même galerie AB, on veut approfondir le puits RS, il fera facile d'y introduire de l'air, en mettant un tuyau ou conduit au canal inférieur de la galerie ; il faut qu'il foit fermé exactement pour empêcher la communication de l'air, lequel fera prolongé à mefure que l'on creufera le puits, comme je l'ai repréfenté par RT. A la vue feule de la figure, chacun pourra en faire la démonftration.

Je fuppofe le puits CD, fig. 4e. dans un pays plat ; du point D on poulle la galerie DF ; arrivé au point F, l'air manque de façon à ne pouvoir pas continuer cet ouvrage. Je dirai, dans l'exemple fuivant, ce que je penfe que l'on doit faire alors. Mais le parti que l'on prend ordinairement, eft d'approfondir un puits EF fur le point F ; il n'eft pas douteux qu'alors on a un peu d'air par la même raifon que l'on en a eu par le puits CD au point D, & dans la galerie DF (on fait que dans un puits perpendiculaire, on a de l'air jufqu'à une certaine profondeur qui ne peut être déterminée.) ; mais ce n'eft point un renouvellement d'air fuffifant que l'on fe procure par le puits EF, puifque les deux embouchures CE des deux puits font fur la même ligne horizontale AB ; par conféquent les colonnes d'air font équilibre entr'elles. On continue la galerie FH ; l'air manque de nouveau lorfque l'on eft au point H, dans ce cas-ci, il y a des endroits où l'on eft en ufage de faire une cheminée EG fur l'embouchure E du puits EF ; il n'eft pas douteux que par là on rend le poids des colonnes d'air inégal, & l'on établit la circulation. Ceux qui ne connoiffent pas les cheminées, font un nouveau puits fur le point H. A l'aide de la cheminée, on peut continuer la galerie FH pendant une certaine diftance ; mais que l'on peut rendre très-confidérable en s'y prenant comme il fuit. Je ferois un plancher KL fur la galerie FH, pareil à celui du premier exemple, je prolongerois ce plancher avec la galerie, & ferois une porte au point I ; pour lors j'oblige l'air qui entreroit par l'embouchure C, de paffer au point H, pour venir reffortir par G ; de même celui qui entreroit par G, feroit obligé toujours en paffant au point H, de reffortir par C. En fuivant la même méthode, je puis approfondir un puits au point H, ou ailleurs, & à telle profondeur qu'il fera néceffaire, fans autre fecours que celui d'un tuyau L M que je conduirai à mefure que j'approfondirai le puits, lequel tuyau ne doit avoir de communication qu'avec le canal qui occupe le fol de la galerie F H.

Je dois obferver qu'il eft inutile que la cheminée foit faite en cône tronqué ; ce feroit même un inconvénient, fi l'ouverture en étoit trop petite, ce dont on s'appercevroit aifément en été que l'air eft obligé d'entrer dans la mine par ladite ouverture.

Je fuppofe un puits A B, fig. 5e. au fond duquel je fuis obligé de faire la galerie B C pour fuivre le filon ; B eft l'endroit où l'air a commencé à manquer ; pour le renouveller, je fais conftruire le fourneau E décrit par le traducteur de Lehmann, à côté de l'embouchure du puits, avec une cheminée E F que l'on éleve d'autant plus que l'on veut fe procurer davantage d'air ; je place un tuyau ou canal bien fermé le long d'un des angles du puits, lequel, par une de fes extrêmités G, entre dans le fourneau ; l'autre extrêmité du tuyau s'allonge à mefure que les ouvrages avancent, comme de G en H & de H en I. On fe figurera aifément que dans l'hiver & l'été, il y aura une circulation d'air naturelle ; mais dans le printemps & l'automne, il fera néceffaire de faire du feu dans le fourneau E, à l'aide duquel on dilatera l'air depuis E jufqu'en F, ce qui rendra la colonne plus légere ; alors celle qui eft fur le point A preffera vivement de A en B pour entrer dans le canal IHG, & procurera ainſi un renouvellement d'air à l'extrêmité C de la galerie.

Si l'on veut ſuivre le filon de l'autre côté du puits, comme de B en D, il ſera facile de faire un autre tuyau de K en H, ce qui diviſera le courant d'air en deux branches ; il ſeroit néceſſaire alors que le tuyau GH fût un peu plus grand que ſi l'on avoit à faire circuler l'air dans une ſeule galerie.

Après tous les exemples que je viens de citer pour ſe procurer un bon & ſuffiſant changement d'air dans les mines, il me reſte à dire que, dans des ouvrages un peu étendus, il ſuffit ſouvent de ſavoir faire placer à propos des portes dans de certains endroits pour avoir une bonne circulation d'air ; quelquefois même elles ſont néceſſaires auſſi pour empêcher un trop grand courant d'air qui éteindroit les chandeles & les lampes.

Toute perſonne qui poſſédera bien tout ce qui a été dit ci-deſſus, trouvera aiſément des moyens dans tous les cas qui ſe préſenteront.

FIN DES MÉMOIRES.

EXPLICATION

EXPLICATION DES FIGURES.

PLANCHE PREMIERE.

LA premiere Figure repréfente le Fourneau dans lequel on rôtit les minérais de fer, en Styrie & en Carinthie; il eft coupé du côté de A, B, C, D, E, F, G, H, pour faire voir les couches de mines & de charbon.

A, C, E, G, couches de mines.

B, D, F, H, couches de charbon.

I, eft la porte par laquelle on entre les minérais dans le fourneau, avec des barres de fer qui la traverfent; elle fe ferme auffi avec des groffes pierres.

La deuxieme Figure eft le plan du Fourneau où l'on fond les minérais de fer à Eifenartz, pris à la hauteur des foufflets.

K, montre la forme de l'intérieur du Fourneau.

L, eft une couche de terre de fept à huit pouces d'épaiffeur, dont les parois du Fourneau font revêtus dans toute fa circonférence.

M, embrafure des foufflets.

N, la Tuyere; elle fe fait avec de l'argille; les bufes des foufflets en font éloignées de deux pouces.

O, les Soufflets.

La troifieme Figure eft la coupe de ce Fourneau, fur la ligne A A du plan.

La quatrieme Figure eft une autre coupe, fur la ligne B B.

C D, fig. 3 & 4, hauteur intérieure du Fourneau.

D, Ouverture fupérieure.

E, fig. 3, Gueulard ou efpece d'entonnoir par lequel on charge le Fourneau.

F G, fig. 3 & 4, hauteur de la cheminée.

H, fig. 4, Arcade ou efpece de porte par laquelle les ouvriers entrent deffus le fourneau, pour le charger.

I K, fig. 3 & 4, partie intérieure du Fourneau, la plus large.

Y y

L, fig. 3, ouverture dans laquelle tombe la cendre ou la pouffiere des étincelles rabattues par la cheminée.

La cinquieme Figure eft le plan du Fourneau de Vordernberg, pris à la hauteur des foufflets.

M, eft la forme du Fourneau, qui eft quarré en tous fens.

N, embrafure des foufflets.

O, Tuyere d'argille ; elle eft placée à dix-fept pouces au deffus du fond de l'ouvrage.

P, couche d'argille dont les parois du Fourneau font revêtus.

La fixieme Figure eft la coupe du même Fourneau, fur la ligne Q Q du Plan.

R, fond de l'ouvrage.

S, lieu jufqu'où monte le Fourneau en s'élargiffant, d'où il fe retrécit enfuite jufqu'en T.

On n'a point marqué la cheminée, étant la même que celle des Fourneaux d'Eifenartz, fig. 3 & 4.

PLANCHE II.

Cette Planche repréfente le Fourneau où l'on fond les minérais de fer à Treyback en Carinthie. Il a une cheminée de la même hauteur, comme ceux de Styrie.

La premiere Figure eft le Plan du Fourneau, pris à la hauteur des foufflets.

La deuxieme Figure eft la coupe de ce Fourneau, fur la ligne A A.

La troifieme Figure eft une autre coupe, fur la ligne B B.

C, fig. 1 & 2, embrafure des foufflets.

D, fig. 1 & 3, embrafure par où l'on donne l'écoulement à la fonte.

E F, hauteur intérieure du Fourneau.

G H, fa plus grande largeur intérieure.

Ce fourneau eft intérieurement rond, depuis I I jufqu'à K K ; le refte eft quarré ; la tuyere eft élevée de treize pouces du fond de l'ouvrage, dont la pierre L eft inclinée du côté par lequel on coule ; ce côté n'a qu'un fimple bouchage en terre, que l'on perce pour couler, de quatre en quatre heures, la fonte & le laitier ; l'un & l'autre s'enleve par feuillets ou gâteaux, en y jettant de l'eau, à l'exception de la fonte que l'on envoie dans d'autres forges éloignées ; on la coule en lingots de fix pieds.

Les Figures 1 & 2 repréfentent les coupes du Fourneau où l'on fond les minérais de fer à Joahn-Georgen-Stadt, en Saxe, frontieres de Bohéme.

A, fig. 1 & 2 Corps de maçonnerie.

B, ouverture par laquelle on arrive fur le Fourneau pour le charger par le Gueulard C.

D E, hauteur intérieure & totale du Fourneau.

F, pierre de grès qui forme le fol du Fourneau.

G, même pierre avec laquelle font conftruits les côtés du fond de l'in-térieur du Fourneau, fur fa longueur & largeur.

H, autre Pierre creufée pour la place de la tuyere.

I, fig. 1, embrafure des foufflets.

L, fig. 2, embrafure par où l'on donne écoulement à la fonte.

La troifieme Figure montre la coupe des Fourneaux où l'on fond les minérais de fer en Suéde.

A, corps de maçonnerie, pour la conftruction de laquelle on renvoie à celle des Fourneaux de Norwege, Planche IV, fig. 3 & 4.

B C, hauteur totale du Fourneau, depuis fon orifice jufqu'au fond de l'ouvrage.

D, place de la Tuyere.

E, embrafure des foufflets.

La quatrieme Figure de la même Planche repréfente la coupe d'un nouveau Fourneau à fondre les minérais de fer, dans le Comté de Laurwig en Norwege, dont la conftruction eft la même que celle du Fourneau ordinaire, mais dans de plus grandes proportions.

A, corps de maçonnerie.

B, épaiffeur d'un pied de fable.

C, maçonnerie de briques de deux pieds d'épaiffeur.

D, canal pour l'humidité au deffous de la pierre de fol.

E, petits canaux obliques qui traverfent la maçonnnerie, pour le paf-fage de l'humidité.

F, pierre de fol.

G, fond de l'ouvrage.

H, pierres de grès réfiftant au feu, qui forment la chemife ou l'ou-vrage du Fourneau.

I, lieu au deffus du Fourneau, où on le charge.

K, ouverture fupérieure.

L, embrafure pour les foufflets.

PLANCHE IV.

La premiere Figure eft le Plan inférieur des Fourneaux où l'on-fond les minérais de fer, aux Forges de Laurwig en Norwege.

A B, foupiraux en croix.

La deuxieme Figure eft le Plan pris à la hauteur des foufflets.

La troifieme Figure eft la coupe du Fourneau, fur la ligne A B du Plan, fig. 2.

La quatrieme Figure eft la coupe du même Fourneau, fur la ligne C D du Plan.

A, canal pour l'humidité.

B, autres petits canaux au même ufage, qui traverfent obliquement la maçonnerie jufqu'au fable.

C, épaiffeur d'un pied de fable.

D, maçonnerie de deux pieds d'épaiffeur, faite avec une pierre noire, micacée, qui réfifte au feu.

E, fig. 3, plate-forme au deffus du Fourneau, où on le charge.

F, ouverture au deffus du Fourneau, pour arriver fur la plate-forme.

G, embrafure des foufflets.

H, embrafure par où l'on donne écoulement à la fonte.

I, pierre de fol.

K, pierres de grès qui compofent l'ouvrage du Fourneau.

L, ouverture fupérieure.

M, fond de l'ouvrage.

N, liens de fer qui traverfent la maçonnerie, pour la folidité du Fourneau.

La cinquieme Figure repréfente le profil d'une machine dont on fe fert également en Suéde, pour donner la courbe aux Fourneaux en les conftruifant.

P LANCHE V.

La premiere Figure est le Plan des routes ou chemins construits en bois, pour guider les chariots qui transportent les charbons dans les magasins.

La deuxieme Figure est la coupe d'un de ces chariots, ou espece de tombereau chargé de charbons, vu par derriere.

La troisieme Figure est le profil d'un Plancher rond, placé à chaque angle ou détour des routes, qui a le diametre de la longueur du chariot, lequel est fixé à son centre par un pivot qui le fait tourner.

La quatrieme Figure est le dessein du chariot & des routes, vu en perspective, attelé d'un cheval.

La cinquieme Figure est une roue de fer coulé, ayant un rebord d'un pouce & demi d'épaisseur.

La sixieme Figure est le profil de cette même roue.

P LANCHE VI.

La premiere Figure est le plan des fondations du Fourneau dont on se sert en Angleterre, pour fondre la fonte de fer ou gueuse, & la jetter en moules pour former différents ouvrages.

A, voûte au dessous du bassin du Fourneau.

B, le cendrier.

C, communication du cendrier avec la voûte.

D, ouverture du cendrier du côté opposé à la porte par laquelle on met le feu ; elle regne depuis le bas jusqu'à la grille.

E, massif de maçonnerie.

F, maçonnerie pour la cheminée.

La deuxieme Figure est le plan au niveau de la grille où se fait la fusion des matieres.

A, bassin fait avec du sable battu, où l'on arrange la gueuse, & dans lequel on ménage une pente du côté de la percée.

B, porte au dessous de la cheminée, que l'on ferme avec une brique.

C, porte par laquelle on introduit les matieres dans le Fourneau.

D, passage de la flamme.

E, grille de la chauffe, sur laquelle on met des barres de fer, pour que le charbon ne passe pas au travers.

F , porte par où l'on introduit le charbon sur la grille, elle se forme avec le charbon même, de six pouces en quarré,

G , cheminée perpendiculaire.

H , ouverture au bas de la cheminée.

I , corps de maçonnerie, elle est construite avec des pierres qui résistent au feu, & faite avec un mortier d'argile.

K , liens de fer.

La troisieme Figure est la coupe du même Fourneau, sur la ligne A B du Plan.

A , intérieur du Fourneau.

B , sable qui forme le bassin.

C , voûte en briques, sur laquelle se forme le bassin.

D , voûte au dessous du Fourneau.

E , liens de fer.

F , la cheminée oblique.

G , entrée de la cheminée oblique dans la perpendiculaire.

H , cheminée perpendiculaire.

I , porte qui se bouche avec la brique, fig. 6.

K , les murs du Fourneau.

La quatrieme Figure est la coupe, sur la ligne C D du Plan.

A , la forme du grand bassin de sable, pour faire rassembler la matiere à l'endroit de la percée.

B , le canal pour conduire la matiere dans le bassin de réception.

C , voûte en briques, sur laquelle se met le sable pour former le bassin intérieur du Fourneau.

D , voûte dessous le bassin du Fourneau.

E , cendrier.

F , grille.

G , passage de la flamme.

H , coupe de la cheminée oblique.

I , la voûte du Fourneau & de la chauffe.

K , cheminée oblique.

L , la cheminée perpendiculaire.

M , liens de fer.

N, maçonnerie du Fourneau.

La cinquieme Figure eſt l'élévation en perſpective du même Fourneau.

A, face latérale.

B, la face du devant.

C, porte faite en briques, par laquelle on prépare le baſſin intérieur, & on y introduit la gueuſe.

D, la cheminée oblique.

E, la cheminée perpendiculaire.

F, chaînes de fer attachées à un bras de lévier, pour enlever la porte de briques.

. La ſixieme Figure donne la forme de la brique, qui ſert de porte pour fermer celle qui eſt au deſſous de la cheminée ; elle eſt percée dans le milieu, d'un trou d'un pouce & demi de diametre, qui ſe bouche avec un petit cylindre de terre.

PLANCHE VII.

Cette Planche repréſente le deſſein du grand Fourneau dont les Anglois ſe ſervent pour convertir le fer en acier, par la cémentation.

La premiere Figure eſt la coupe de ce Fourneau, ſur la ligne A C, du Plan, fig. 2.

C, vue de la caiſſe ou creuſet.

D, ſoupiraux ménagés ſous la caiſſe par où entre la flamme.

E, les cinq murs & arcs qui ſoutiennent les parois des caiſſes.

F H, la grille.

I K, le cendrier.

L, marche ou eſcalier pour deſcendre dans le cendrier.

M, deux cheminées des extrémités du Fourneau, dont les conduits ſont ponctués.

N, deux cheminés des angles, de même.

P, deux ouvertures qui ſervent à refroidir le Fourneau.

Q, la cheminée principale qui renferme les huit autres.

R, la porte pour entrer ſous la cheminée principale.

La deuxieme Figure A B C D eſt le plan ou coupe horizontale du Fourneau, au niveau du fond des caiſſes ou creuſets.

E F, la grille de fer, fur laquelle on met d'autres barres pour contenir le charbon, lorfqu'on veut mettre le feu au Fourneau.

H, les murs fur lefquels font bâties les deux caiffes ou creufets, féparés de façon qu'ils forment des foupiraux pour que la flamme puiffe circuler tout autour des parois extérieurs defdites caiffes.

La troifieme Figure eft la coupe du Fourneau, fur la ligne A B du Plan, fig. 4; on ne l'a pas prife exactement fur le milieu, afin de pouvoir exprimer les foupiraux.

C D, la coupe des deux caiffes ou creufets.

E, les foupiraux au deffous des caiffes.

F, les foupiraux à côté des caiffes, par où reffort la flamme.

H, un des arcs avec un petit mur, fait fur la grille, pour le foutien des parois des caiffes.

I, la grille.

K, le cendrier.

L, l'ouverture pour les deux cheminées du fond, dont on a ponctué les conduits.

M, les deux cheminées des angles du fond.

N, la grande cheminée principale qui renferme les huit autres.

La quatrieme Figure A B C D eft le plan ou coupe horizontale du Fourneau, au niveau de la partie fupérieure des caiffes.

E, les deux caiffes dans lefquelles on met le fer pour être cémenté.

F, les cinq arcs & murs qui traverfent la grille du Fourneau, & qui foutiennent les parois des caiffes.

H, les différentes ouvertures par où fort la flamme de deffous & des côtés des caiffes.

I, les quatre ouvertures pour les cheminées des angles par lefquelles entre la flamme, avant que d'enfiler lefdites cheminées.

K, quatre autres ouvertures par où la flamme fe rend dans les quatre autres cheminées; on bouche leurs ouvertures extérieures pendant l'opération, après laquelle on les débouche pour refroidir le Fourneau, pour y entrer le fer & en fortir l'acier.

L, quatre ouvertures que l'on ouvre après l'opération, qui fervent uniquement à refroidir le Fourneau.

La cinquieme Figure, A B, eft l'élévation en perfpective, du même Fourneau, faite fur la largeur.

C, la

C, la grille.

D, l'ouverture dans laquelle on bâtit une petite porte, lorfqu'on veut mettre le feu au Fourneau.

E, deux des ouvertures par lefquelles on entre les barres de fer, & l'on fort celles d'acier.

F, la porte pour entrer fous la cheminée principale.

PLANCHE VIII.

Cette Planche repréfente le deffein d'un Fourneau d'épreuve, pour convertir le fer en acier.

Ce Fourneau eft petit & d'une conftruction peu coûteufe, mais il doit être fait avec la plus grande précifion; on peut y cémenter à la fois, depuis trois jufqu'à quatre quintaux de fer, ce qui dépend de l'épaiffeur des barres. Cette quantité eft plus que fuffifante pour s'affurer de la qualité du fer que l'on doit employer pour monter un travail en grand. Ce même Fourneau peut fervir de modele pour conftruire celui qui n'a qu'une feule caiffe, & dont on fait ufage à Sheffield. Il eft décrit dans le procédé.

La premiere Figure eft le Plan du Fourneau au niveau du cendrier.

A, le cendrier.

B, corps de maçonnerie en briques, pour réfifter à la chaleur du Fourneau.

C, deux corps de maçonnerie ordinaire, qui renferment & foutiennent le Fourneau.

La deuxieme Figure eft la coupe, fur la ligne C D.

A, le cendrier.

B, un des arcs qui foutiennent la caiffe.

C, la caiffe ou l'on met cémenter le fer.

D, paffages de la flamme.

E, intérieur de la voûte du Fourneau.

F, paffage pour entrer dans la cheminée.

G, la cheminée.

H, les deux corps de maçonnerie qui renferment le Fourneau.

La troifieme Figure eft le Plan fupérieur.

A, les deux corps de maçonnerie qui renferment le Fourneau.

B , la chauffe où l'on met le charbon de terre pour chauffer le Fourneau.

C , la caiffe faite en briques, de huit pouces de longueur, fur quatre
de largeur ; dans laquelle l'on met le fer pour être converti en acier.

D , ce font autant de petits paffages de la flamme, lefquels enveloppent
la caiffe pour lui communiquer une chaleur égale dans toutes les parties.

La quatrieme Figure eft la coupe, fur la ligne A B du Plan.

A , la chauffe.

B , ouverture par où on retire les cendres.

C , eft un amas de fable recouvert d'argille, afin qu'il y aie moins de
chaleur perdue.

D , les cinq arcs qui fupportent la caiffe.

E , la caiffe où l'on met cémenter le fer.

F , les paffages pour la flamme.

G , ouverture que l'on ferme pendant l'opération, mais que l'on ouvre à
volonté pour retirer une barre de fer, & connoître fi elle eft affez cémentée.

H , embouchure de la voûte fupérieure du Fourneau, par où l'on entre
& retire le fer de la caiffe, lorfqu'il eft affez cémenté. On la bouche
pendant l'opération, avec des briques & de l'argille.

I , la cheminée principale.

K , deux tuyaux qui conduifent la flamme dans la cheminée, pour la
rendre plus égale.

La cinquieme figure eft l'élévation en perfpective du même fourneau.

A , face latérale.

B , face du devant.

C , regard ou ouverture pour entrer & fortir une barre de fer.

D , embouchure de la voûte fupérieure.

E , voûte.

F , les deux tuyaux qui conduifent la flamme dans la cheminée.

G , la cheminée.

Ainfi qu'on en peut juger par le deffein, ce Fourneau eft conftruit en
briques, entre deux murs de maçonnerie ordinaire, d'où l'on voit qu'on
peut le placer contre le mur d'un bâtiment quelconque, & économifer
par là un côté de maçonnerie.

Par la coupe fur la ligne A B, on verra qu'on a placé du côté oppofé à la chauffe, l'ouverture G pour retirer une barre de fer, & connoître ſi elle eſt aſſez *cémentée*; par ce moyen on n'eſt point incommodé par la chaleur, & l'on a plus d'aiſance pour la manœuvre; c'eſt par la même raiſon que l'on fait ouvrir & fermer l'embouchure de la voûte en H.

La manière dont eſt conſtruite la chauffe A mérite attention; la grille de fer qui eſt au bas, ſert à retenir le charbon de terre, & à laiſſer paſſer les cendres au travers. On la tient toujours pleine de charbon, & on a ſoin de boucher, avec les cendres même ou avec des briques, l'ouverture du cendrier B; alors les charbons étant allumés, l'air extérieur frappe ſur l'ouverture de la chauffe qui reſte toujours ouverte, & pouſſe ſans ceſſe la flamme dans l'intérieur du Fourneau, avec d'autant plus de force que la cheminée eſt plus élevée.

Si, au lieu de charbon de terre, on veut faire uſage du bois de corde, on conſtruit l'ouverture de la chauffe en quarré long. Voyez les figures 6 & 8 de la même Planche. On la fait de huit ou dix pouces plus baſſe, de façon que la partie ſupérieure des arcs ſoit de quatre pouces environ plus élevée qu'elle; on met le bois de corde en travers par deſſus & contre le premier arc, de la même manière que cela ſe pratique pour chauffer les fours de Fayanciers; dans ce cas là, il n'eſt beſoin d'aucune grille.

Par cette méthode on économiſera certainement de la matière combuſtible, puiſque toute la chaleur eſt intérieure; on la concentre auſſi bien davantage deſſous & tout autour de la caiſſe, par l'amas de ſable recouvert d'argille, qui eſt marqué par la lettre C, dans la coupe A B; car la flamme doit gagner promptement les conduits qui ſont autour de la caiſſe, ſe rendre dans la voûte & enfiler les trois tuyaux de la cheminée, dans leſquels on fera bien de mettre des regiſtres pour mieux la diriger.

On reconnoîtra aiſément, pendant l'opération, ſi l'on a beſoin de faire uſage de ces regiſtres au moyen d'un regard que l'on ménagera dans le petit mur conſtruit pour boucher l'ouverture H.

Quoiqu'il ſoit dit dans le procédé, que les Anglois conſtruiſent leurs caiſſes avec du grès, on peut les monter en briques, lorſque l'on en a de bonnes. La caiſſe du fourneau que l'on propoſe ici, peut être faite avec des briques de huit pouces de longueur, quatre de largeur, & deux d'épaiſſeur; on a marqué dans les deux coupes & dans le Plan ſupérieur, comment elles s'aſſemblent pour être ſoutenues par les arcs, & rendre la conſtruction ſolide.

Nous n'entrerons point ici dans le détail de la manutention, nous renvoyons à ce qui eſt rapporté dans le procédé, décrit dans le Mémoire; nous nous bornerons à dire qu'en opérant dans un ſemblable Fourneau, conſtruit dans un des fauxbourgs de Paris, on a obſervé qu'en chauffant avec du bois de corde, il falloir un feu continué pendant quarante-cinq à cinquante heures, pour convertir en acier trois cents cinquante à quatre cents livres de fer renfermé dans la caiſſe.

On peut avec ce Fourneau, dans une ſeule opération, eſſayer pluſieurs qualités différentes de fer, pour connoître celui qui produit le meilleur acier, en y mettant une barre ou deux de chaque eſpece.

On a placé la cheminée ſur la voûte du Fourneau; mais, ſi l'on trouvoit qu'elle fût trop peſante, on pourroit la placer à côté, & contre un des corps de maçonnerie. On y communiqueroit la flamme, à l'aide de trois tuyaux de terre ou faits en briques, dirigés obliquement. Voyez les fig. 6, 7, 8 & 9, la figure 7 donne la coupe de la cheminée placée à côté, & des tuyaux obliques.

Pour l'explication de ces Figures, on renvoie à celle qui a été donnée ci-devant, qui ne diffère des autres que par ce qui vient d'être rapporté.

Si l'on eſt à portée d'avoir des tuyaux de terre ou de fer, ils ſuffiront en les plaçant ſur la voûte d'un ſi petit fourneau, ſans être obligé de faire une conſtruction en briques.

OBSERVATIONS.

Il faut en premier lieu s'aſſurer qu'on a une qualité de fer propre à faire de bon acier, en le forgeant ſeul après la cémentation, pour faire de l'acier ordinaire, qu'on éprouvera de forger de nouveau, en trouſſes, pour le corroyer, le ſouder enſemble, & en fabriquer l'acier d'une qualité plus parfaite, que les Anglois nomment *Acier d'Allemagne*; on obſervera à ce ſujet, qu'après des épreuves faites, on a reconnu que l'acier bourſoufflé ne pouvoit ſe travailler en trouſſes, à moins qu'il n'eût été préalablement forgé.

Lorſqu'on ſera ſûr d'en avoir la conſommation, alors l'on pourra ſonger à faire conſtruire un Fourneau plus grand, c'eſt-à-dire où l'on puiſſe cémenter depuis ſix juſqu'à dix milliers de fer à la fois, & cela à une ſeule caiſſe, comme ceux dont on fait uſage à Sheffield en Angleterre; on n'aura à cet effet qu'à augmenter les proportions de celui d'épreuve, dont on aura déjà reconnu la bonne conſtruction par les expériences rapportées ci-deſſus, & qui doivent toujours précéder un pareil établiſſement.

Le deſſein du grand Fourneau, Planche VII, pourra ſervir auſſi à régler les paſſages & la diſtribution de la flamme, on conſeille de ne faire conſtruire ce grand Fourneau à deux caiſſes qu'autant que l'on ſera ſûr d'une très-grande conſommation, par la quantité de matieres que l'on peut y cémenter à la fois.

Celui que l'on propoſe ici aura un avantage ſur ceux de Sheffield, par la conſtruction de la chauffe, qui économiſera la matiere combuſtible.

Si on ne donne à la caiſſe que ſix ou ſept pieds de longueur intérieurement, une ſeule chauffe ſuffira ; mais, ſi elle a dix pieds à dix pieds & demi, c'eſt-à-dire la longueur des barres de fer, (ce qui eſt toujours plus avantageux) on pourra pratiquer une chauffe à chaque extrêmité, mais alors il faudra que l'amas de ſable recouvert d'argille, s'éleve dans le milieu ſous la caiſſe, & forme deux plans inclinés ; il ſera alors indifférent de quel côté ſera pratiquée l'ouverture, ménagée pour retirer un barreau pendant l'opération, & reconnoître lorſqu'il eſt aſſez cémenté. Il en ſera de même du mur qui ferme l'embouchure de la voûte, que l'on démolit pour retirer l'acier bourſouflé, & introduire dans la caiſſe de nouveau fer.

Il ne faut pas ſonger dans un pareil Fourneau, à conſtruire la cheminée ſur la voûte, mais bien à côté ; on croit qu'il ſeroit à propos de faire quatre ouvertures à la voûte, afin de faire circuler la flamme plus égalementment, leſquelles auroient chacune un tuyau dirigé obliquement, pour porter la flamme dans la cheminée.

On ſent de reſte, que plus la quantité de fer que l'on veut cémenter augmente, plus il faut de temps pour y parvenir ; par exemple en comparant ce qui ſe paſſe à Sheffield, il faudroit environ cinq fois vingt-quatre heures pour un fourneau dont la caiſſe auroit dix pieds de longueur intérieurement, enfin qui ſeroit égale à une de celles du grand Fourneau. On ne peut cependant rien preſcrire à cet égard, cela dépend principalement de la matiere combuſtible que l'on emploie, des proportions bien obſervées dans le Fourneau, de la grandeur de la caiſſe, & enfin de la qualité du fer.

PLANCHE IX.

Cette Planche repréſente le deſſein du Fourneau dont les Anglois ſe ſervent pour réduire le charbon de terre en une matiere combuſtible, nommée *Cinders*

C D E F, premiere figure, eſt le plan ou coupe horizontale du Fourneau, faite à la hauteur de la porte.

H, eſt la forme de l'intérieur du Fourneau dans lequel on met le charbon pour y être réduit en *cinders*.

I, porte qui ſert à entrer le charbon & à en ſortir les *cinders*.

A B C D, fig. 2, eſt la coupe verticale du Fourneau.

E, l'intérieur du Fourneau.

F H, hauteur à laquelle on met le charbon dans le Fourneau.

I, porte du Fourneau.

K L, cheminée en forme de cône, & dont l'embouchure K ſe ferme plus
ou moins, avec une brique que l'on met deſſus.

A B C D, fig. 3, repéſente la façade ou élévation du Fourneau en perſpective.

E, porte du Fourneau qui ſe ferme avec une porte de fer.

La quatrieme figure de la même planche repréſente le plan de la machine
à broſſe, dont on ſe ſert en Angleterre, pour donner le poli aux boucles,
aux chaînes d'acier & autres ouvrages.

A B C D, charpente qui ſoutient la roue.

E F, la roue.

G, cylindre auquel eſt adapté la roue.

H, tourillon de fer.

I, manivelle de fer.

K, courroie.

L, poulie de renvoi.

M, roues à broſſe, fixées à un axe de fer.

N, pieces de bois qui portent l'axe.

La cinquieme figure eſt le profil de cette même machine.

La ſixieme figure eſt la coupe horizontale d'une roue à broſſe.

La ſeptieme figure, eſt le profil d'une roue à broſſe.

O B S E R V A T I O N.

La ſupériorité que les Anglois ont ſur les autres nations, pour donner
le poli à leurs ouvrages de clincaillerie, eſt due en grande partie à la machine à broſſe ; on ne ſauroit l'employer trop généralement. M. Jars a
reconnu dans les voyages qu'il a fait en Alzace, Lorraine, le Pays Meſ-
ſin & autres, qu'elle pourroit être appliquée très-utilement dans les Manufactures d'Armes, & dans les Arſenaux ; ainſi qu'elle a été éprouvée avec
ſuccès dans celles des armes-blanches, à Clingenthal en Alzace.

Cette roue à broſſe peut être miſe en mouvement par tous les moyens
connus, pour faire tourner des meules à éguiſer ; à bras d'hommes,

avec des chevaux, ou à l'aide d'une roue à eau. On ajoute une ou plufieurs de ces broffes au même axe, fuivant la force motrice que l'on a ;
mais communément on en met trois, à fix pouces de diftance l'une de
l'autre, comme il a été dit dans le procédé. Lorfqu'il n'y en a qu'une,
on la rechange.

La machine la plus en ufage & qu'on voit chez prefque tous les ouvriers
en métaux, même chez les Orfevre, eft la roue des coutelliers, ainfi qu'on
l'a repréfentée dans le deffein, dont la circonférence eft enveloppée d'une
courroie qui eft prife autour d'un petit cylindre, dont l'axe eft commun
avec la broffe verticale ; on a foin de placer la broffe d'une hauteur convenable, comme celle d'un tour à tourner, pour que l'ouvrier puiffe
travailler de bout, fans être gêné dans fa pofition.

Ces broffes fervent à polir toutes les parties arrondies, moulures &
ornements faits avec un métal quelconque ; on approche les différentes
parties de l'ouvrage devant la broffe, qui en tournant polit très-promptement tout ce qu'on lui préfente.

Cette machine pourroit être établie encore dans les meulieres des
Manufactures d'armes à feu, pour polir les talons de fufils, les parties
arrondies des platines & les canons, après qu'ils ont reçu le premier poli
fur la meule. Plus le fer eft poli, moins il eft fufceptible des impreffions
de la rouille.

Il eft une autre application de cette machine qui feroit également utile
& fur-tout d'un ufage plus conftant, ce feroit de l'établir dans tous les
Arfenaux ; rien n'eft plus convenable & plus prompt pour nettoyer les
armes & leur enlever la rouille. Cette opération fe feroit à beaucoup moins
de fraix qu'on ne l'a fait aujourd'hui.

PLANCHE X.

Cette Planche repréfente les coupes de différents puits & galeries de
mines pour la continuation defquels on donne les moyens d'y introduire
de l'air. Voyez le Mémoire XVI, pour l'intelligence des figures.

A B, fig. 1. eft le profil d'une galerie, à l'extrêmité de laquelle on a
approfondi le puits C B, pour y avoir une circulation d'air.

D A, repréfente la colonne d'air égale à celle du puits C B.

A D C B, fig. 2, eft le profil de deux puits dont leur embouchure eft
au même niveau, & qui communiquent dans leur profondeur, par une
galerie.

La troifieme Figure repréfente le profil d'une galerie & de trois puits.

A B , longueur de la galerie.

C D , puits de communication avec la galerie, qui a son ouverture au jour.

O Q , autre puits de communication.

M , embouchure de la galerie.

A G , ligne horizontale.

F , extrêmité de la galerie.

F I , montant de la galerie.

E M , plancher qui recouvre un canal A E , dans toute la longueur de la galerie.

N P , portes qui servent à faciliter la circulation d'air.

R S , puits souterrein.

E T , tuyau ou conduit que l'on ajoute au canal de la galerie pour introduire de l'air à mesure que l'on approfondit le puits.

La quatrieme Figure est un autre exemple d'ouvrages souterreins, dont les ouvertures extérieures sont au même niveau.

A B , ligne horizontale du terrein.

C D , puits.

E F , autre puits.

E G , cheminée à l'embouchure du puits E F , que l'on peut pratiquer pour changer le poids de la colonne de l'air.

D H , galerie.

H , puits souterrein.

I , porte qui sert à faciliter la circulation de l'air.

K L , canal recouvert d'un plancher pour servir au passage de l'air.

L M , tuyau que l'on adopte à l'ouverture du canal, pour introduire de l'air dans le puits H.

La cinquieme Figure est le profil d'un puits & d'une galerie.

A B , puits.

B C D K , galerie.

E G , fourneau pratiqué à l'embouchure du puits, dans lequel on fait du feu, pour changer la colonne d'air, & établir par là la circulation.

G H I , tuyau ou canal pour introduire de l'air dans la partie B I de la galerie.

Fin de l'Explication des Figures.

JURISPRUDENCE

JURISPRUDENCE

ET

RÉGLEMENTS

POUR LES MINES DE CHARBON

du Pays de Liege, & de la Province de Limbourg.

RENOUVELLEMENT

DES CHARTES, FRANCHISES ET PRIVILEGES

Des Férons, concernant les Mines & Forges de fer du Comté de Namur; & deux Ordonnances fur la Police des Mines, qui ont été rendues en Suéde.

NOTICE

DE LA JURISPRUDENCE
DU PAYS DE LIEGE,

Concernant les Mines de Charbon de terre, ou Houille.

TOUTES les mines du pays de Liege appartiennent en général, ou font cenfées appartenir au Propriétaire du fond dans lequel elles fe trouvent. Quelques Propriétaires néanmoins, en vendant la fuperficie du terrein, fe font réfervés ce qui étoit renfermé dans fes entrailles ; cela n'eft pas rare, fûr-tout parmi les communautés religieufes qui ont anciennement fait des aliénations ; plufieurs poffedent encore aujourd'hui le droit de propriété des mines.

Les mines de charbon ou *houille*, qui fe trouvent fous des communes ou fous des chemins Royaux, appartiennent au Prince dans les lieux de fes Seigneuries & Bailliages, de même qu'aux autres Seigneurs, dans les diftricts de leur jurifdiction ; mais la qualité de Seigneur de village, ne donne aucun droit fur les mines de charbon.

Il en eft de même dans la province de Limbourg, qui appartient à la Reine d'Hongrie ; on le verra par le Réglement, placé à la fuite de celui-ci. Il eft très-fouvent cité dans le pays de Liege, comme y faifant, pour ainfi dire, loi. On trouvera que les ufages & les coutumes des uns & des autres font à peu près les mêmes.

Le Prince, Evêque de Liege, créa, 1487, une Commiffion pour voir & pour examiner les anciens privileges & coutumes des mines de charbon ou *houilleries*; il en réfulta une efpece de Réglement approuvé par le Prince, qui depuis a été la bafe de tous les ufages, lorfqu'ils n'ont été augmentés que de différentes interprétations & de quelques aditions. C'eft ce que l'on nomme la *Paix de Saint-Jacques, de l'année 1487.* Paix de St. Jacques, tom. 2, pag. 191, de *Louvrex*.

La jurifdiction établie depuis les temps les plus reculés, pour connoître tout ce qui concerne les mines de charbon, ou les affaires en fait de *houilleries*, fe nomme la Cour des *Voir Jurés du charbonnage*. Elle n'étoit anciennement, fuivant l'Article XV, compofée que de quatre perfonnes, elle a été augmentée jufqu'à fept *Voir Jurés*. Cette même Cour dans fon inftitution, a été établie pour connoître en premiere inftance toutes les caufes agitées en matieres des mines de *houille*, charbon & autres minérais, comme fer, plomb, &c. que chaque membre de cette Ce que c'eft que la Cour des Voir-Jurés du charbonnage.

Aaa 2

Jurifdiction doit être *Houilleur* de profeffion, & examiné avant d'être admis au ferment, par les Echevins de la Juftice Souveraine de la cité & pays de Liege, à l'effet de voir s'il a la capacité fuffifante pour en faire la fonction; l'une des principales eft de veiller aux eaux dépendantes des galeries d'écoulement qui fourniffent à la ville. Ce qui fera détaillé dans fon lieu.

La Cour des *Voir Jurés* a non-feulement l'autorité de décider les caufes en matieres de *houilleries*, mais auffi de donner des *Recors* pour tout cas dépendant de la même matiere, felon l'Art. XX, de *la Paix de Saint Jacques*, & lorfqu'il arrive des difficultés qui ne font pas foumifes à leur tribunal, ils font ordinairement choifis pour experts, de même que d'autres *Houilleurs* de profeffion, principalement les maîtres ouvriers des foffes ou mines du pays.

Cette Cour eft autorifé à donner des *Recors* fur les réquifitions qui lui font envoyées des pays étrangers, pour les confulter en matieres de *houilleries*, fur les ufages qui s'obfervent dans le pays de Liege. Il lui en vient communément du Duché de Limbourg, d'Aix-la-Chapelle, &c. On paie à chacun des *Voir Jurés*, deux écus par jour, lorfqu'on les emploie, & communément on les défraie.

Il eft peu d'Entreprifes qui foient fujettes à tant de procès, que celles des mines de charbon; il en nait chaque jour de nouveaux.

Toutes les caufes fe traitent aujourd'hui devant MM. les Echevins de la Juftice Souveraine de Liege, qui font au nombre de quatorze, tous docteurs en droit. Les caufes d'appel vont à MM. du confeil ordinaire, qui compofent un tribunal fupérieur; en troifieme inftance, le Prince autorife fept Avocats les plus expérimentés, qu'on nomme *Revifeurs*, pour faire la revifion des deux inftances précédentes; car il n'eft permis, dans aucune caufe agitée, en matiere de *houillerie*, d'en appeller aux Juges de l'Empire. Suivant le Privilege accordé par l'Empereur Charles V, l'an 1571, ces derniers Juges ne doivent, dans aucun cas, prendre connoiffance de ces matieres.

La Cour des *Voir Jurés du charbonnage* a pourtant toujours fon activité pour l'inftruction des procès, & pour porter des *Recors*, mais elle eft à préfent bien négligée, parce qu'elle n'eft pas fi favante que celle des anciens *Voir Jurés*, qui étoient de très-habiles Houilleurs, & grands praticiens, comme on peut le voir par les jugements très-judicieux qu'ils rendirent dans les derniers fiecles.

Les mines de charbon appartiennent aux Propriétaires des terreins.

Les mines appartenantes aux propriétaires des terreins, fous lefquels on les trouve, il eft des précautions à prendre avant de commencer une exploitation; cela eft d'autant plus raifonnable que les fraix en font fort coûteux, & qu'on doit éviter de faire profiter fon voifin des dépenfes que l'on a faites. Voici de quelle façon on s'y prend, conformément aux Loix & Coutumes.

Ce que l'on doit faire, quand on veut exploiter des mines.

Une compagnie ou fociété voulant entreprendre de travailler des mines de charbon, doit d'abord s'affurer par des conventions faites avec les propriétaires des mines des environs, d'une certaine étendue de terrein, le plus grand nombre d'arpens qu'il lui eft poffible d'acquérir à portée de fon exploitation future.

Comment on peut acquérir le droit d'exploiter des mines de charbon.

La forme d'acquifition réfulte de plufieurs chefs, ou plutôt il eft plufieurs moyens d'acquérir

Le premier par *convention*, *rendage* ou *permiffion* que l'on obtient du propriétaire du fond, que l'on nomme dans le pays de Liege, *Rendeur & Terrageur*; ces deux noms font fynonimes. On appelle *Hurtier*, le propriétaire de la furface, qui eft très-fouvent *Terrageur* en même temps.

Le fecond, par droit de conquête, & le troifieme par prefcription.

Le prix ordinaire d'un pareil contrat, dans le premier cas, est de payer au proprié-taire la quatre-vingt-unieme partie du charbon extrait dans son terrein ; on le paie en nature ou en argent. C'est ce que l'on nomme le quatre-vingt-unieme trait. (On appelle *trait* chaque tonne de charbon que l'on éleve au jour hors de la mine.) Ceci doit s'entendre pour les mines qui sont noyées ou submergées, c'est-à-dire qui sont au dessous du niveau de la galerie d'écoulement, appellée *Areine* ou *Xhorre*, à l'égard des veines ou couches de charbon qui sont *xhorrées*, c'est-à-dire au dessus du niveau de la derniere galerie. On paie régulierement le quarante-unieme *trait* ou denier, & quelquefois davantage, selon la loi que le propriétaire veut imposer, & à laquelle la nécessité ou le besoin fait souscrire.

Premier moyen, droit de Terrage.

Areine ou *Xhorre*, ce que c'est.

La différence qu'il y a entre un *rendage des prises* ou mines de charbon & une permission, résulte de ce que, au premier cas, le Repreneur ou acquéreur a obtenu le *domaine utile* des mines, & qu'il peut les travailler par autant des *bures* ou puits qu'il pourra ou voudra approfondir dans l'étendue des *prises* ou mines à lui cédées, & il ne peut pas être dépouillé de ce droit, sans être défaisi par l'autorité du Juge, selon la forme d'action, rapportée par M. *Louvrex*, Tom. 2, pag. 239. Mais cette espece de décret du Juge, que l'on nomme *semonce saisine*, ne peut avoir lieu que lorsque la société ou compagnie des *Maîtres des fosses* entrepreneurs, est en défaut de travailler, par exemple, lors d'une cession de travail pendant six semaines, à moins qu'il y ait des causes légitimes de suspension, comme le manque d'air, l'abondance d'eau, ou la guerre.

Ce que c'est qu'un *Rendage*.

Sur la permission, obtenue du propriétaire du fond, on peut généralement tra-vailler les mines de *houille* & de charbon, qui s'étendent sous les héritages en question, quand l'ouvrage n'a pas été borné à un seul *bure* ou puits locativement, comme il est très-souvent spécifié dans les conventions qui se font dans le pays de Liege. Lorsqu'il est borné & restraint, comme on l'a dit, que l'entrepreneur exploite les mines de *houille* & charbons, aussi bien qu'une seule ouverture a pu le lui permettre, & qu'il a rempli & bouché son puits ou *bure*, comme il est d'usage, en réparant les dommages occasionnés à la surface, il est pour lors exclus de tout droit, suivant cet axiome observé, *bure rempli, prise* ou *mine abandonnée*. Le propriétaire rentre alors *ipso facto* dans tous ses droits, & peut en disposer à son gré, sans l'autorité du Juge.

Ce que c'est que *Permission*

La deuxieme espece d'acquisition est, lorsqu'un propriétaire ne veut pas accorder à l'entrepreneur qui se présente, la faculté de travailler les mines de *houille* & charbons, par *rendage* ou *permission* ; celui-ci est fondé d'agir de l'autorité du Juge, par *action de conquête*, en vertu d'un Edit de l'an 1582, rapporté par M. *Louvrex*, page 204.

Les formalités qu'on doit observer, suivant l'esprit de cet Edit, consistent en deux points essentiels.

Second moyen d'ac-quérir le droit d'ex-ploitation.

Le premier est, que l'entrepreneur doit prouver par témoins ou par experts, qu'il est en état de bénéficier, ou d'extraire les eaux qui submergent les mines dont il s'agit, quand ce seroit même des veines ou couches de charbon qui n'au-roient jamais été exploitées, que ce soit par une galerie d'écoulement, faite ou à faire par enseignement du Juge par le bénéfice *delle tinne*, c'est-à-dire, par le moyen d'un tonneau avec lequel on épuise les eaux du puisard, du puits ou *bure*, pour les élever jusqu'à l'*areine* ou galerie d'écoulement, ou même jusqu'à la sur-face de la terre ; enfin par quelque machine ou autre industrie que ce soit.

Premiere formalité à observer pour le droit de conquête.

Quant au second point, la preuve du submergement des mines, & de l'impossibilité

Seconde formalité du droit de conquête.

de les travailler fans l'un ou l'autre des bénéfices ci-deffus mentionnés, étant bien conftatée, on doit demander au Juge les fins & effets de l'action de la *conquête.* qui eft un decret d'adjudication ; en ce cas, le Propriétaire du fonds ajourné doit déclarer s'il entend travailler par lui-même les mines dont il s'agit ; alors le Juge lui ordonne de mettre auffi-tôt la main à l'œuvre, c'eft-à-dire, d'approfondir *bure* ou puits dans fes héritages, & y faire tous les efforts poffibles par les moyens ou autres femblables que l'Entrepreneur offre de mettre en ufage pour les exploiter ; mais fi les Propriétaires ne s'oppofent pas à l'action de conquête, après la preuve achevée, le Juge accorde le decret d'adjudication ; s'il y a des oppofants, c'eft-à-dire, des Propriétaires qui aient commencé une exploitation dans leurs fonds fur l'Ordonnance du Juge, comme on l'a dit, & qu'ils ne continuent pas l'ouvrage de jour à jour, ce qu'on nomme *être en faute*, le Juge, après avoir rendu les Ordonnances ordinaires contre eux, doit accorder le decret d'adjudication à l'Entrepreneur par *droit de conquête.*

Cet Edit eft fondé fur le droit public, parce qu'il eft de l'intérêt d'un Etat ou d'une Province que les mines de charbon, dont la Providence a favorifé une partie de l'Europe, ne reftent pas enfevelies dans les entrailles de la terre, & que fans une entreptife difpendieufe, expofée à des rifques & au hazard, le Public feroit fruftré de ce grand avantage. C'eft par ces motifs que les Empereurs & les Princes de Liege ont confirmé la difpofition de l'Edit de l'an 1582, en *matieres de conquête*, qui s'obferve exactement.

L'entrepreneur qui a acquis les mines de *houille* & charbons, par *action de conquête*, doit payer encore au Propriétaire du fond, le droit que l'on nomme droit de *Terrage*, mais qui eft fixé ici au quatre-vingt-unieme *trait* de charbon franc & libre, bien entendu que c'eft pour les veines *conquêtées*, qui font *deffous eau, comme il a été recordé par la Cour des Voir Jurés du charbonnage*, le 15 Mars 1627.

Il faut faire attention qu'en matieres de *conquête*, on ne peut acquérir que le domaine des veines ou couches noyées & fubmergées, c'eft-à-dire qui font d'un niveau plus bas que la galerie d'écoulement, *areine* ou *xhorre*, & que toutes les autres veines ou parties des veines fupérieures a ce canal, appartiennent au propriétaire du fond.

Troifieme moyen d'acquérir le droit d'exploitation.

La troifieme maniere d'acquérir des mines de *houille* & charbons eft la prefcription de quarante jours.

Prefcription de 40 jours,

Pour l'explication de cet article, fuppofons qu'une fociété auroit enfoncé un puits ou *bure*, dans un héritage appartenant à *Pierre, à fon vu & fu*, & qu'étant parvenu à la veine, fans en avoir auparavant obtenu de lui une permiffion, elle travaille cette veine pendant le laps de quarante jours, *au vu & fu de Pierre*, & fans lui avoir fait aucune notification, fi celui-ci prend le parti du filence, & ne fait aucune défenfe avant l'expiration des quarante jours, la fociété a acquis pour lors le droit de continuer fes ouvrages fur la veine en queftion, en payant toutes fois le droit de *Terrage* accoutumé ; encore *felon le recors de la Cour des Voir Jurés du charbonnage, de l'an* 1593. il eft requis que cette fociété devroit avoir payé au propriétaire le droit de *Terrage* avant l'expiration du terme de quarante jours.

La prefcription n'a lieu que pour une feule veine.

Il faut obferver que la prefcription étant odieufe de fa nature, eft *ftricti juris*, & ne doit avoir lieu taxativement que pour la feule veine que la fociété auroit travaillée pendant le laps de quarante jours, *au vu & fu* du propriétaire, & qu'elle ne peut s'étendre à d'autres veines dépendantes du même puits, foit fupérieures ou inférieures, felon cette regle obfervée au barreau, *Tantum fcriptum quantum poffeffum nec aliter, nec alio modo*, jufqu'au point que, fi cette fociété vouloit travailler la veine preferite, comme il a été dit, par l'enfoncement d'un autre puits, le propriétaire feroit, dans ce cas fondé de lui faire une défenfe de l'exploiter; ce qui a été plufieurs fois jugé dans les différents tribunaux du pays de Liege, felon la regle ci-deffus rapportée.

Il eft encore à obferver, & la Loi le dit précifément, que cette prefcription de quarante jours ne doit avoir lieu, que lorfque le propriétaire du fond fait ferment qu'il n'a pas eu connoiffance que la fociété a travaillé à la veine fous fon fond, pendant le laps de quarante jours confécutifs; dans quel cas elle eft obligée de faire une preuve concluante, pour établir qu'il en a eu une parfaite connoiffance.

Trois affociés ayant exploités plufieurs des couches à eux cédées, par un puit enfoncé à frais communs, s'il arrive que deux des intéreffés aillent percer un autre puits dans l'étendue de la conceffion commune, fans même interpeller le troifieme affocié, ce dernier, voulant conferver fon droit, eft obligé de concourir avec les deux autres, & ne peut pas agir par action de défenfe, ne pouvant empêcher cet ouvrage qui tient au bien public, comme il a été jugé plufieurs fois, fuivant la Loi qui dit que *quod focius poteft uti, re communi ad ufum deftinatum in vito altero focio*; & fi cet affocié laiffe travailler les deux autres par l'enfoncement du nouveau puits, à la veine, pendant le laps de quarante jours, *à fon vu & fu*, & fans avoir réclamé fa part, il eft déchu de tous fes droits, à l'égard du puits & des veines en dépendantes, felon *M. de Méan, Obferv.* 219.

Autre cas de prefcription.

Avant d'aller plus avant fur les obligations que contractent les affociés entr'eux, & fur ce qu'il convient d'obferver vis à vis les propriétaires des mines, il eft à propos de dire quel eft le dédommagement dû au propriétaire de la furface.

Suivant l'Article V, des *Ufages du charbonnage de la Paix de Saint-Jacques*, de l'an 1487, tout Entrepreneur doit payer au Propriétaire de la furface, pour les dommages qu'il fait à fes fonds, foit pour enfoncer les *bures* ou puits, foit pour l'emplacement des machines, bâtiments, déblais, charbons, &c. la double valeur de la rente du fonds qui doit être mefuré & eftimé par des Experts, à raifon de ce qu'on peut l'occuper & s'en fervir malgré lui; le propriétaire peut exiger une caution réelle & fuffifante en hypotheque, tant pour affurance du paiement annuel de ces dommages que pour la *réparation d'iceux*, jufqu'à ce que le fond foit remis dans fon premier état, ce qui doit être reconnu pour tel par les Experts, comme il a été plufieurs fois ftipulé en pareil cas.

En quoi confifte le dédommagement dû aux Propriétaires terreins.

Il eft à obferver qu'avant qu'une fociété faffe approfondir un puits dans le fond d'un Propriétaire, elle eft obligée, fuivant les coutumes, de lui payer une pièce d'or pour *rupture de gazon*; c'eft ordinairement un ducat.

Obligation de l'Entrepreneur.

Il faut faire attention que, lorfqu'une fociété a commencé fon exploitation dans un fond ou terrein quelconque, elle n'eft pas obligée de travailler indiftinctement les mines de *houille* & charbons qu'elle a acquifes, foit par *rendage, permiffion, droit de conquête*, &c. dans tous les autres fonds d'une même conceffion, mais qu'il fuffit d'exploiter une partie des veines acquifes dans certains fonds, pour de fuite les travailler dans les fonds voifins; & dans ce cas, ni l'un ni l'autre des propriétaires qui ont fait la ceffion, ne peut *fémoncer ni défaifir la fociété* qui eft tenue de notifier à chaque fois qu'elle entre dans le fond d'un autre.

Ce que c'eft que Rupture de gazon.

Selon la regle & l'ufage de la *houillerie*, une fociété doit pouffer fes ouvrages le plus loin qu'il eft poffible, fur la veine qu'elle a commencé d'exploiter, parce qu'en travaillant ainfi, elle fait non-feulement fon profit, mais encore celui du

Conduite d'un Entrepreneur au commencement d'une exploitation.

public, des *Terrageurs*, &c. Par exemple, si elle a entrepris un ouvrage, en suivant l'inclinaison de la couche, que l'on nomme *vallée* ou *grale*, elle doit laisser près du puits un massif de charbon, nommé *serre de veine*, de la longueur de douze toises ou environ, puis dresser ou pousser deux *tailles* opposées l'une à l'autre, que l'on appelle *coisteresses* ; (ce sont des ouvrages pris dans le charbon même, & en l'extrayant, avancés de niveau & sur la direction de la couche.) Elle doit descendre toujours en suivant l'inclinaison de la veine & sa direction, sans s'occuper à travailler près du *bure*, sinon pour suppléer à ce qui peut manquer de la quantité de *traits* ou tonnes qu'on doit élever chaque jour à la surface de la terre ; c'est ordinairement cinquante *traits*, chacun desquels remplit un tombereau, autant qu'un cheval peut en mener dans un chemin uni, & sur un pavé.

Droit de *cent d'areine*.

L'Entrepreneur qui a acquis les mines de *houille* & charbons, *par rendage, permission* ou *droit de conquête*, &c. doit, outre le droit de *Terrage*, payer ce qu'on nomme le *cent d'areine* ; c'est le droit de la galerie d'écoulement, pour celui qui la fait pousser à ses frais ; on l'appelle l'*Arnier*. Ce droit est le quatre-vingt-unieme *trait*, franc & libre, à moins que l'Entrepreneur n'aie fait la dépense de la galerie, & qu'il soit lui-même l'*Arnier*.

Ce *cent d'areine* qui est un droit réel, se paie sur le pied ci-dessus mentionné, dans les districts de *Sainte-Marguerite*, *Hochepor*, *Ovenon*, *Sainte-Walburge*, *Ance*, *Saint-Laurent*, *Saint-Nicolas*, *Saint-Gilles*, *Montegné*, *Glain* & aux environs, suivant plusieurs *Recors* donnés par la Cour & Justice du *charbonnage* du Pays de Liege ; mais pour les districts du côté opposé de la Meuse, on paie ordinairement le *centieme trait* seulement.

Droit de Versage.

Il est à observer que, lorsqu'il n'y a pas de galerie d'écoulement poussée ou conduite vers une exploitation, & que les Entrepreneurs sont obligés de faire élever les eaux, par machines ou autrement, jusqu'à la surface de la terre, ils doivent pour lors un droit de *Versage* au Propriétaire du fond, qui est le même que le *cent d'areine* ; ce qui a été jugé plusieurs fois, mais ce droit paroît injuste, même aux gens de Loi, attendu que le Propriétaire de la surface n'a fait aucunes dépenses, au lieu que l'*Arnier* en fait une considérable par sa galerie d'écoulement ; il paroîtroit donc suffisant pour le Propriétaire de lui payer le double dommage occasioné par le cours des eaux sur la surface du terrein.

Le droit de *cent d'areine* est dû non-seulement pour les charbons qui sont au dessus du niveau de la galerie d'écoulement, mais encore pour ceux qui sont au dessous ; enfin, généralement pour tout ce qui est extrait dans une mine qui verse ses eaux dans l'*areine*.

Formalité que doit observer un Entrepreneur d'*areines*.

Par la succession des temps, il s'est fait & entrepris un grand nombre de galeries d'écoulement dans les différents districts ; il en est de deux especes, nous en ferons plus bas la distinction ; mais il n'est permis à personne d'en entreprendre que par formalité de justice, & après l'indication qui lui a été donnée, de l'endroit où doit être placée son embouchure, quand ce seroit même pour écouler les eaux de ses propres ouvrages ; tous ceux qui veulent s'en servir avec le consentement de l'Entrepreneur, sont obligés de lui payer le *cent d'areine*, sur le pied ci-dessus mentionné.

Lorsqu'un *Arnier* ou tout autre Entrepreneur veut pousser une galerie d'écoulement, il doit le faire au plus juste niveau qu'il est possible, & ne lui donner de pente qu'un pied sur cent toises de sept pieds chacune, afin de ne pas perdre de l'écoulement, cette pente étant suffisante pour faire décharger les eaux par l'em-

bouchure

bouchure de la galerie ; si en faisant cette galerie après la permission & l'indication du Juge, un Propriétaire de mine s'opposoit à lui donner le passage dans ses fonds, l'*Arnier* est autorisé par les Loix à y prendre un passage par *chambray*, c'est-à-dire de quatre pieds de large, mais il est obligé de payer au Propriétaire pour le charbon qu'il en extrait, le double droit de *Terrage*.

Double droit de Terrage.

Une *areine*, construite d'autorité du Juge, doit rester libre au profit de l'Entrepreneur, & personne ne peut y porter aucun empêchement ; elle est héréditaire dans une famille, & regardée comme immeuble, suivant l'Article XI *du Record du charbonnage*, de l'an 1607. Mais celui qui, à la faveur d'une telle galerie ou autrement, viendroit à travailler les mines de *houille* & charbons, sous des héritages dont il n'auroit pas acquis le droit par un des moyens d'acquisition mentionnés, seroit obligé de payer *la denrée sans coût* au Propriéraire, c'est-à-dire toute la valeur de la veine exploitée, ou plûtot celle de tout le charbon extrait, sans pouvoir exiger aucuns frais pour la dépense du travail fait pour l'extraction, il peut même être attaqué par plainte criminelle, comme il a été statué par les Echevins de Liege, en l'année 1567.

Denrée sans coût ; ce que c'est.

On distingue deux sortes d'areines, les *areines franches*, & les *areines batardes ;* les premieres, en écoulant les eaux des mines, en fournissent dans tous les différents quartiers de la ville de Liege, les places publiques, les maisons particulieres, à ceux qui veulent les payer, &c. Les *areines batardes* sont celles dont les eaux ne font d'aucun usage, & dont l'embouchure est en partie au bord de la Meuse. Comme elles font inférieures aux premieres, il est essentiel pour la ville d'en empêcher la communication ; aussi y a-t-il des ordres bien précis à cet égard, & la principale fonction de la Cour des *Voir Jurés du charbonnage*, est de veiller aux eaux dépendantes des *areines franches*, qui font au nombre de quatre, savoir, celle nommée *Richon-Fontaine*, la *Cité*, *Messire Louis Douffet*, & celle du *Val-Saint-Lambert*. Il est vrai que cette derniere n'est plus d'aucun usage, ayant fait passer ses eaux dans celle de la *Cité*, par décision du Juge, en 1729.

Il y a deux sortes d'areines. Leur distinction.

Les *Voir Jurés*, composant ladite Cour, doivent se rendre tous les quinze jours sur les mines dependantes des *areines franches* pour examiner les ouvrages, ils y font descendre en conséquence deux membres de leur corps, lesquels font ensuite leur rapport, qui est enregistré, afin que la postérité puisse voir à quelles couches ou veines les Maîtres des fosses ont travaillé, & quelle a été l'étendue de leurs ouvrages.

Obligation des Voir Jurés.

Lorsque les députés remarquent que les ouvrages peuvent porter préjudice à l'une ou l'autre des *areines franches*, qui font affranchies & mises en *garde-loi*, la Cour fait défense de travailler plus avant, sur-tout si les extrêmités des ouvrages font à portée de quelques *areines batardes*, poussées au voisinage, comme par exemple, celle de *Gerson-Fontaine* qui domine du côté de *Saint-Laurent*, *Saint-Gilles*, *Saint-Nicolas* ; & aux environs, à portée de l'areine franche de la *Cité*, de même que celle de *Brandsire* & celles appellées *Brodeux*, qui font également batardes & qui confinent avec celle *Richon-Fontaine*, qui est franche, & domine dans le quartier de *Sainte-Walburge*.

La Cour est aussi obligée de faire visiter, tous les quinze jours, les *bures* & ouvrages dépendants des *areines batardes*, qui font à portée des *areines franches*, à la conservation desquelles elle doit veiller. C'est relativement à toutes ces visites que chaque société, qui a des ouvrages, tant dans l'intérieur des *areines franches* qu'aux environs, paie toutes les quinzaines, quatorze florins & demi de Braband.

Ce que l'on paie aux Voir Jurés, pour leur visite.

Les *Voir Jurés* ne jouissent pas de cette rétribution dans les districts éloignés des *areines franches*, & ne sont pas obligés à faire des visites, si ce n'est sur l'invitation & en cas de difficulté.

Aucun Entrepreneur ne peut communiquer ses ouvrages d'une areine à une autre, supérieure ou inférieure.

Il fa t observer qu'il est défendu sous peine capitale, à tout Maître de fosses qui travaille par les bénéfices des *areines franches*, c'est-à-dire dont les galeries écoulent les eaux de ses mines, de communiquer ses ouvrages à une *areine bâtarde* plus basse ou inférieure, à cause du grand préjudice que cela feroit aux *areines* qui fourniffent à la ville.

Il est également défendu à ceux qui travaillent par les bénéfices d'une *areine bâtarde*, d'approcher les limites de l'*areine franche*, sous la même peine ; à cet effet, on fait laisser des massifs séparatoires qui sont en *garde-loi*, pour faire la distinction & la séparation de toutes ces areines.

Obligation des Arniers.

Selon l'Article VIII de la *Paix de Saint-Jacques*, l'*Arnier* ou Propriétaire d'une galerie d'écoulement est obligé à tenir son *areine* en bon état, jusqu'à l'endroit où elle a plusieurs branches ; & les maîtres des fosses qui se servent de ses branches, qu'ils ont fait à leurs frais pour communiquer leurs ouvrages, doivent les entretenir.

Areine de communication.

Les Entrepreneurs des mines ont deux moyens pour communiquer avec une *areine*, en pouffant une galerie à travers les veines & rochers, ou en forant des trous ; ce que l'on nomme *communiquer par des boteux*.

Cette dernière méthode n'est pas à conseiller, quoiqu'elle soit pratiquée ; les eaux venant à bouillonner en sortant des trous, charient avec elles des déblais, quelquefois des morceaux de bois les bouchent & les obligent de remonter dans le *bure*, dont il faut ensuite les élever au jour, jusqu'à ce que l'empêchement soit ôté.

Dans quel cas on paie un second & troisieme cent d'areine.

Si une société qui s'est servi d'une *areine* pour le commencement de ses ouvrages, venoit à les communiquer avec une autre inférieure, pour y décharger ses eaux sans le consentement du premier *Arnier* & sans l'autorisation de la Justice, elle seroit obligée de payer un second *cent d'areine*, & même un troisieme, dans le cas qu'elle viendroit à se servir d'une troisieme *areine* dans la continuation de ses ouvrages ; ce qui a été jugé par MM. les Echevins de Liege.

Exception à la regle ci-dess. , pour le paiement de plusieurs cent d'areine.

Il n'y a qu'une seule exception à cette regle ; ce seroit dans le cas où la société prouveroit que la première ou seconde areine, ou toutes les deux, ne lui sont d'aucune utilité, & qu'il seroit impossible de travailler les veines inférieures, noyées & submergées par l'écoulement dans les galeries ; alors la société seroit exempte de reconnoître leur *cent d'areine*, & ne seroit obligée que de payer le *cent* au troisieme *Arnier*, dont la galerie porteroit tout le volume des eaux provenant de ses ouvrages.

Celui qui assainit les ouvrages de son voisin, n'a aucun droit de prétendre à un dédommagement.

Lorsque les ouvrages reçoivent les eaux d'une exploitation voisine, dans laquelle les Entrepreneurs font des dépenses considérables, en machines pour les épuiser, ces mines n'ont pas le moindre droit d'exiger un dédommagement ; & il ne leur est dû autre chose qu'un remerciment. Cet usage est cause que l'on ne fait aucune entreprise considérable, que l'on ne soit assuré des fonds ; mais cela occasionne aussi un grand mal pour l'avenir, & l'on s'en apperçoit, par ce qui est arrivé par le passé ; car alors on fait des digues pour retenir les eaux & les faire rétrograder dans des ouvrages supérieurs, d'où il resulte que, si la digue vient à crever ou que l'on perce dans des vieux travaux, on est submergé, & les ouvriers y perdent très-souvent la vie, comme on en a beaucoup d'exemples. Il est vrai qu'on prend aujourd'hui les plus grandes précautions, pour éviter de pareils accidents.

Toute société ou tout Entrepreneur de mines doit, avant que de travailler les charbons, qu'il auroit acquis d'un Propriétaire ou *Terrageur*, lui notifier qu'il va entrer sous ses fonds, afin que celui-ci soit à même d'envoyer un Juré expert pour faire l'examen des ouvrages souterreins, aux frais de la société, & pour reconnoître s'ils se sont conduits & se conduisent suivant les regles établies dans les mines de charbon, pour la direction de ses ouvrages ; il peut aussi établir un ouvrier, aux frais des maîtres, pour être sûr que le droit de *Terrage* est payé fidellement. *Notification qui doit être faite au Propriétaire, & pour quelles raisons.*

La société est obligée de mettre le quatre-vingt-unieme *trait* pour l'*Arnier*, & celui qui est destiné au *Terrageur*, dans une place à portée du puits, à laquelle on donne le nom de *Paire*. L'*Arnier* & le *Terrageur* peuvent faire vendre à leur profit particulier tout ce charbon, mais ils s'accordent fort souvent avec la société qui perçoit elle-même les *traits*, en payant leur valeur; & en retenant, suivant les conventions, un ou deux *escalins* (à peu près vingt-cinq sols de France) par chaque *trait*, pour la peine & les soins de la vente. Chaque trait vaut environ quatorze à quinze livres. *Comment & à quelle façon se paie le quatre-vingt-unieme trait.*

Les *Arniers* & les *Terrageurs* peuvent faire visiter, plusieurs fois l'année, les ouvrages des mines dont ils retirent les droits, pour reconnoître si les Entrepreneurs travaillent en bons peres de famille, & suivant les regles ordinaires.

Les *Maître des fosses* ou entrepreneurs des mines, ne peuvent abandonner aucuns de leurs ouvrages souterreins, sans en avoir préalablement donné avis à l'*Arnier* & au *Terrageur*, ou sans l'autorisation du Juge. Sinon ceux-ci, ou l'un des deux seroient en droit de les obliger de revuider les eaux qui se seroient rassemblées dans les ouvrages, & de leur faire donner les accès libres & nécessaires jusqu'au *visiter*, c'est-à-dire jusqu'à la fin, ou au bout de ceux où ils ont laissé la veine, pour examiner en même temps la conduite des travaux; si l'on a payé les droits mentionnés, & s'il reste quelque chose à extraire avec profit. Dans ce cas, l'*Arnier* & le *Terrageur* sont en droit de continuer les travaux à l'exclusion de la société, qui pour lors est obligée de leur céder l'usage du puits, des machines, des outils & autres accessoires, à l'exception des chevaux, pour extraire tout ce qu'ils jugeront à propos & à leur profit, dans les ouvrages abandonnés, à la charge par eux de rendre le tout en bon état à la société, pour continuer le reste de son exploitation dans les travaux à faire, soit sur la même veine, soit sur d'autres veines inférieures ou supérieures. *On ne peut abandonner une mine sans y être autorisé.*

Les maîtres des fosses, dans la conduite de leurs ouvrages souterreins, doivent faire grande attention de ne pas travailler sous les Eglises, les châteaux, les maisons, ni sous les étangs; on ne peut les approcher que d'une certaine distance, ce qui doit être décidé & fixé par des Experts, choisis à cet effet. On donne ordinairement dix toises. *Il est défendu de travailler des veines sous des Eglises, châteaux & étangs.*

Tout Entrepreneur, qui a fait travailler sous des fonds de particulier, à lui cédés par *permission* ou autrement, est obligé sur la demande du Propriétaire & de l'*Arnier*, de déclarer par serment combien de *traits* sont sortis par les ouvrages faits sous chaque fond séparément, & si les Demandeurs ont quelque méfiance de la fidélité de cette déclaration, ils sont fondés d'exiger une visite des ouvrages, par des Experts, pour s'assurer précisément de la quantité de *traits*, & s'ils n'ont pas été trompés. Cet examen se fait en faisant abattre un certain nombre de pieds cubes de la veine, pour connoître par là combien il en entre dans chaque trait; de sorte qu'en mesurant ainsi tous les ouvrages excavés, on peut juger ce qui a été extrait, ou à peu près. *Obligation d'un Entrepreneur.*

Quand on travaille ſur les fonds poſſédés par un *Uſufruitier*, la moitié du droit de Terrage lui appartient ; l'autre moitié eſt due au Propriétaire, du fond, ſuivant l'Article X, du chapitre des Coutumes, *Tome II, pag. 220, de Louvrex.*

Selon l'Article IX *de la Paix de Saint-Jacques*, de l'an 1487, & comme il eſt établi par le Droit commun, ſi un Aſſocié venoit à acquérir des mines de charbon, ſous des fonds qui ſont au devant ou à portée de la galerie d'écoulement, & des ouvrages communs de la ſociété, & qu'il en ait fait l'acquiſition pour ſon propre compte, les autres Aſſociés ont droit de réclamer leur quote-part, & de faire déclarer l'acquiſition commune.

Si un Aſſocié vend ſa part de foſſe ou ſon intérêt à un étranger, l'un ou l'autre des Aſſociés a droit de retraire cette part. (Le droit de *retrait* eſt appellé en France *remere* ; il a lieu pour les biens immeubles) en lui rendant le prix que que l'acheteur auroit payé ; quoique cependant un intérêt de mines dans le Pays de Liege ſoit réputé bien meuble. Un Aſſocié a ſeulement la liberté de vendre ſon intérêt à un autre Aſſocié, & cela afin de n'être pas expoſé à avoir, dans une ſociété, des gens qui pourroient déplaire aux autres intéreſſés, les chicaner, & faire la perte de l'entrepriſe.

On doit auſſi obſerver que les parents d'un Aſſocié, qui auroit vendu ſon intérêt ou part de foſſe, n'ont aucun droit de *retrait*, il n'eſt compétent qu'à la ſociété, dont chaque membre eſt en droit d'y concourir *pro quota* ; on n'entend point par là ex-clure les héritiers d'un Aſſocié qui vient à mourir.

Lorſqu'un Propriétaire a des ſoupçons qu'une ſociété a travaillé ſous ſon fond, ſans permiſſion, il peut demander une viſite de ſes ouvrages, pour examiner leur étendue, aux frais du demandeur ; mais, au cas que la ſociété ſoit trouvée coupable d'y avoir travaillé, le propriétaire eſt en droit de lui intenter une action d'uſurpation, & de l'obliger à lui reſtituer toute la valeur de la matiere qu'elle a faite extraire frau-duleuſement, & cette action peut être intentée ſolidairement contre l'un ou l'autre des Aſſociés, au choix du Propriétaire.

Cette action ſolidaire a également lieu contre chaque Aſſocié, pour l'obliger au paiement du double dommage fait à la ſurface d'un terrein, pour une exploitation & pour fournir une caution réelle & ſuffiſante, pour la réparation des dommages juſ-qu'à ſon premier ou précédent état. Cet Aſſocié ſe trouvant ainſi attaqué ou ajourné, peut avoir recours à ſes Aſſociés, à l'effet d'obtenir une arriere-caution, que chacun doit fournir *pro quota.*

Il arrive très-ſouvent qu'une ſociété, étant en pleine exploitation des mines de charbons qu'elle a acquis du Propriétaire du fond, dans lequel ſont les mines, reçoit du Propriétaire des mines (le premier n'ayant dans ce cas que la ſurface) défenſe de continuer ſes ouvrages, en demandant, même en juſtice, que la *denrée lui ſoit payée ſans coût,* c'eſt-à-dire la valeur de tout le charbon extrait dans ſes fonds, ſans entrer dans aucuns frais.

On répond à cette queſtion, que la demande n'eſt pas fondée, attendu que la ſociété ayant travaillé de bonne foi, en vertu du contrat fait avec le Proprié-taire du fond, qui eſt cenſé maître de tous les minéraux, *uſque ad viſcera terræ,* comme les Auteurs du Pays de Liege le décident unanimement, la ſociété ne peut être obligée à reſtituer la valeur de la marchandiſe extraite ; mais dans ce cas, le Propriétaire des minéraux, qui s'eſt qualifié pour tel en Juſtice, a droit de recourir contre le poſſeſſeur du fond ou de la ſurface, pour le contraindre à la reſtitution du droit de Terrage qu'il a perçu de la ſociété.

Et fi cette fociété ne peut prouver formellement que cette mine eft dans le cas de la prefcription de quarante jours, dont on a parlé, le Propriétaire des mines ne peut impofer d'autres conditions que celles inférées dans la convention faite avec les Propriétaires de la furface, comme étant le maître des mines; & s'il veut les impofer trop dures, pour profiter des dépenfes faites par la fociété, il n'y a d'autres reffources pour elle que d'acquérir les mines par droit de conquête; ce qui eft ufité en pareil cas.

Comme le terrein qu'une fociété a acquis, pour exploiter des mines de charbon, eft ordinairement limité par celui d'une autre compagnie, il eft ordonné par les loix & il eft d'ufage, foit pour empêcher la communication des eaux, foit auffi pour éviter les difficultés d'un mefurage douteux, de laiffer trois toifes d'épaiffeur de chaque côté des limites, ce qui fait fix toifes, & ce charbon eft perdu pour toujours, en tout ou en partie.

Limites fixées à tout Entrepreneur.

On compte à Liege trente-deux corps de métiers, ou communautés, dans lefquels un étranger ne peut entrer fans payer certains droits; Celui des Houilleurs eft du nombre; fes reglements & fes privileges font de l'an 1593. *Page 208, de Louvrex.*

Corps de métier & Communautés de Liege.

Ces trente-deux métiers compofent feize chambres, dont deux pour chacune; chaque chambre eft compofée de trente-huit perfonnes, que l'on nomme *Gouverneurs*; elles font prifes dans la nobleffe, les gens aifés, les avocats, les procureurs, les marchands, enfin les artifans. Ces places font des charges qui s'achetent. Les *Gouverneurs* veillent aux droits compétents des deux métiers auxquels ils font attachés. Ce font les chambres qui ont le droit d'élire un Bourguemeftre & dix Confeillers; le Prince en nomme autant, ce qui fait vingt-deux perfonnes qui compofent entr'elles la régence du Pays de Liege.

REGLEMENT GENERAL,

En matiere de Houillerie pour la Province de Limbourg.

Du premier Mars 1694.

CHARLES, PAR LA GRACE DE DIEU, Roi de Castille, de Léon, d'Arragon, des deux Siciles, &c. Archi-Duc d'Autriche, Duc de Bourgogne & de Lothier, de Braband, de Limbourg, &c.

Le Réglement provisionnel que nous avons fait émaner, le 16 de Novembre 1688, pour bénéficier la Traite des Houilles, dans nos Pays de Limbourg, d'Aelhem & de Rolduc, n'ayant pu avoir l'effet que notre service & celui de nos fideles Sujets requiert, à cause que les points, qui donnent lieu à des disputes journalieres, n'ont pas été réglés, Nous avons trouvé convenir d'y pourvoir par un Réglement général, & vu de suite la besogne des Commissaires de notre Conseil ordinaire de Brabant, sur ce fait, à l'intervention de notre Conseiller & Avocat fiscal du même Conseil, après qu'ils eurent ouis les Etats de nosdits pays de Limbourg, d'Aelhem & Rolduc, Nous avons, à la délibération de notre très-cher & très-aimé bon frere, cousin & neveu, MAXIMILIEN-EMMANUEL, par la grace de Dieu, Duc de la haute & basse Baviere & haut Palatinat, Comte Palatin du Rhin, Grand'Echanson du Saint-Empire, & Electeur, Landgrave de Leuthenberg, Gouverneur de nos Pays-Bas, & déclare statue & ordonne; déclarons, statuons & ordonnons:

ARTICLE PREMIER,

Que les ouvrages privés que les particuliers entreprennent dans leurs fonds, les creusant & travaillant selon leur bon plaisir, sans formalité de Justice, & pour leur profit singulier, ne donnent aucun droit à leur Entrepreneur, sur le fond de leur prochain, mais se devront désormais contenir dans les limites de leur propriété, à peine d'être obligé à restitution de tout ce qui sera perçu au delà d'iceux, sans aucun défraiement, & même châtiés comme des larons, *si dolo malo factum sit.*

II.

Et si le Propriétaire, desséchant son fond, soit par canal, dit communément *xhorres*, soit par machines, vient à saigner & dessécher celui de son voisin, qui étoit auparavant submergé & inouvrable, icelui ne lui doit pour bénéfice autre chose que le remercîment, dit vulgairement *le coup de chapeau.*

III.

Bien entendu que tous canaux, *xhorres* ou acqueducs, ci-devant construits & non publiés, pourront acqérir le droit de conquête parmi les faisant publier, & qu'on y observe, ce qu'au regard de ladite conquête sera ci-après exprimé par le présent Réglement.

I V.

Quant aux ouvrages publics qui s'entreprennent pour le bien public & par autorité de justice, lorsque quelques Entrepreneurs risquent leur bien pour chercher à découvrir quelque veine inconnue, ou rendre ouvrables celles qui ne le sont pas.

V.

Qu'à ce, est nécessaire premiérement que la veine soit submergée, & tellement inouvrable, que le Propriétaire du fonds où elle a cours, ne la puisse, ou ne la veuille travailler & profiter, faute de quoi la conquête n'aura pas lieu.

V I.

Secondement, qu'il faut que l'ouvrage sur lequel on prétend d'établir une conquête, soit rendu public par proclamation & enseignement de Justice.

V I I.

Que celui qui voudra entreprendre de conquérir quelque veine de houille ou charbon, en déchargeant les eaux qui la couvrent & la rendent infructueuse, soit par acqueducs, souterreins, soit par machines hydrauliques, ou autres de quelle nature elles soient, sera, avant tout, obligé de proposer son dessein à la Chambre des Tonlieux, déclarant les endroits esquels il veut pousser sa conquête.

V I I I.

Et par enseignement d'icelle Chambre, il fera proclamer, nommément au lieu de la situation, son ouvrage par trois quinzaines, pour le rendre public & notoire à un chacun, pour que si quelqu'un a raison d'opposition, il puisse proposer & être ouï pardevant la même Chambre; & s'il n'en propose aucune, son silence soit réputé pour un aveu, la chose proclamée.

I X.

Et comme ci-devant ces sortes de formalités étoient peu en usage, ceux qui ont été érigés par enseignement de Justice, seront réputés pour publics, de même autorité & prérogatif qu'iceux.

X.

Que si toutefois l'Entrepreneur ne veut pas conquérir une étendue de veines, mais seulement quelques parties voisines à ses ouvrages, il suffira qu'il fasse dénoncer, d'autorité du Juge, aux Propriétaires, qu'ils aient à faire leurs efforts, & mettre la main à l'œuvre pendant le temps de six semaines, faute de quoi elles lui seront adjugées.

X I.

Et ceci aura lieu, tant pour les veines qui font connues & ont déjà été travaillées, & que celles qui font inconnues, lorfque quelqu'un voudra rifquer de les chercher, découvrir, & rendre ouvrables à fes fraix.

X I L

Que fi deux *Xhoreurs* viennent à concourir pour la conquête d'une même veine dans une ou plufieurs Jurifdictions, elle fera adjugée à celui qui aura le plus bas niveau, comme la pouvant travailler plus utilement, tant pour le Propriétaire que pour le Public.

X I I I.

Ne fut toutefois que l'autre eût découvert & trouvé la veine, en quel cas il ne peut être privé de ce qu'il pourra travailler au-deffus de fon niveau.

X I V.

Et arrivant que deux Xhoreurs viennent travailler actuellement une même veine, celui qui a le plus haut niveau, ne pourra profonder fous icelui, mais laiffera tout ce qui s'y rencontre au profit du niveau inférieur, lequel les travaillera en toute maniere, tant fous l'eau qu'autrement.

X V.

Ce qui s'entend fi le Xhoreur fupérieur ne travaille pas dans fon propre fonds, ou de fes Affociés, ou autre où il a droit acquis ; car en ce cas, il le peut évacuer en toutes telles manieres qui lui font poffibles.

X V L

Pourvu toutefois que par fon deffous l'eau, il ne détruife pas l'ouvrage du niveau inférieur, lui coupant le paffage, ce qui fe doit entendre fi les Xhores font bien voifins, & travaillent actuellement tous deux ; car fi le fupérieur a prévenu & dévancé l'autre de quelque diftance notable, cette confidération ne doit pas avoir lieu.

X V I I.

Et même il ne peut être contraint de faire fes derniers efforts, ou recueillir fous l'eau dans fes héritages fi long-temps qu'il y a de quoi s'occuper au-deffus de fon niveau.

X V I I I.

Le Xhoreur fupérieur ne pourra auffi percer à l'inférieur qui eft embouté deffous lui, ou fes ouvrages, & lui envoyer fes eaux ; mais fera obligé de laiffer des ferres fuffifantes à ne les pas incommoder.

X I X.

X I X.

Toutes allégations, oppofitions ou contradictions que l'on voudra avancer touchant une entreprife, fe devront propofer, pendant lefdites publications, ou du moins avant que l'ouvrage foit autorifé, à peine que celles qui feront par après, feront rejetées comme inutiles & hors de faifon.

X X.

Que fi les trois publications faites, & les fix femaines expirées, ladite Chambre connoît le deffein devoir être préjudiciable au Public, coupant & faignant les eaux de quelque bourg, village, hameau, moulin, preffoir, foulerie, fourneaux, batterie, ou autres ufines néceffaires aux ufages humains, ou bien defféchant les fources, fontaines, puits des Abayes, Châteaux ou Maifons fortes, où le peuple doit prendre fon afyle & refuge en temps de guerre, & en un mot, apportant quelque préjudice important ou irréparable au public, ou à plufieurs furféants, elle l'interdira.

X X I.

Que fi, au contraire, elle trouve l'entreprife devoir être utile au Public, elle l'autorifera, & l'Entrepreneur pourra mettre la main à l'œuvre.

X X I I.

Etant autorifé, il marque l'ouverture de fon canal, dit vulgairement l'œil d'areine, par avis des connoiffeurs & de ladite Chambre, ou de quelque membre d'icelle à ce député, au lieu où on le jugera le plus commode & utile à l'entreprife, & moins préjudiciable au prochain.

X X I I I.

L'ouvrage ainfi marqué, il pourra conduire par le fonds d'autrui, tout où il s'adonnera, fans que les Propriétaires l'en puiffent empêcher, ni faire chofe qui lui foit préjudiciable, directement, ou indirectement, parmi leur payant le double dommage externe à eftimer, conformément à ce que la partie du fonds intéreffée fe pourroit louer.

X X I V.

Lequel paiement fe devra faire d'an en an; & au défaut d'icelui, le Juge de ladite Chambre pourra accorder exécutoriales fans autre formalité de procès.

X X V.

Et étant arrivé à la veine, il pourra faire tout ce qu'il conviendra pour pouvoir la travailler & en profiter, rendant au Propriétaire fon tantieme, outre le double dommage fuperficiel, comme dit eft.

X X V I.

Que fi ledit ouvrage perd fon paffage à travers de quelques fonds nous appartenants, ou de quelques chemins , ou ruiffeaux publics , nous agréons d'être réglés fur le même pied que les particuliers , parmi obtenant octroi pour les ouvrages à commencer.

XXVII.

Lequel tantieme fe regle provifionnellement au quatre-vingt-unieme panier , au regard des petites veines ; au quarante-unieme panier pour ce qui eft des moyennes , & au vingt-unieme pour ce qui eft des grandes veines, au juge-ment des connoiffeurs , fans que pour ce, il pourra avoir procès, & cesse-ront même tous différends qu'il pourroit avoir fur ce fujet.

XXVIII.

Que pour éviter les difputes qui pourroient naître fur la diftenfion des veines , nous déclarons que feront tenues pour petites celles qui , en épaiffeur , feront d'un pied à deux ; les moyennes , celles qui feront de deux pieds à trois ; & les groffes , celles qui feront de trois à quatre pieds.

XXIX.

Et ce tantieme fe payera fur la foffe , en même matiere qu'il fe produira au jour.

XXX.

Et afin que le Propriétaire ne foit de fraude , les Ouvriers & Commis de l'En-trepreneur feront obligés de prêter ferment qu'ils évacueront fidélement & exacte-ment fon héritage, mettant *à parte* fon tantieme fait à fait qu'il fortira au jour, ou les délivrant à celui qui fera établi pour le recevoir.

XXXI.

Et afin qu'il en puiffe profiter , il aura fon tantieme pour les vendre.

XXXII.

Et lorfqu'il fera queftion de percer dans quelque héritage nouveau , pour y jeter houille ou charbon, le Maître de la houillerie fera obligé de le manifefter au Propriétaire, avant que d'y toucher, & de lui faire voir le mefurage, s'il le defire.

XXXIII

Que fi quelqu'un n'entend pas d'ouvrer par droit de conquête , mais prétend fimplement paffage par les biens d'autrui pour conduire un canal dans fes héri-tages , propre pour y deffécher les veines & les profiter, & que le Propriétaire y réfifte, il le fera citer pardevant ledit Juge, lequel, ayant oui les raifons des Parties, lui adjugera le double dommage du fonds.

XXXIV.

Et s'il vient à rencontrer des veines efdits héritages , icelui n'en pourra jouir ;

mais sera obligé de les laisser au Propriétaire dudit fonds, prenant simplement son passage par icelles, de la largeur nécessaire qui se dit vulgairement, voie d'airage & de panier.

XXXV.

De même est-il, si un Propriétaire vient alléguer sur les publications de pouvoir travailler les veines extantes en son fonds, sans bénéfice de xhorre ou canal, ladite Chambre lui ordonnera de vérifier son dire, & ce fait, le Xhoreur ne pourra toucher auxdites veines, mais prendre simplement son passage à travers d'icelles.

XXXVI.

Ou bien, si l'Adhérité prétend de profiter ses veines, en tirant les eaux à force d'hommes ou de chevaux, ce qui s'appelle jeter à la tinne; en ce cas, le Xhoreur sera obligé de lui faire suivre lesdites veines aussi bas qu'il fera paroître de les pouvoir jeter, & jouira du surplus, qui, sans ces ouvrages, auroit été infructueux audit Adhérité parmi lui rendant son tantieme comme ailleurs, outre le double dommage.

XXXVII.

Que si la chose est douteuse, & que l'on ne puisse connoître exactement jusqu'à quelle profondeur le Propriétaire peut arriver, & profiter son bien, ledit Juge lui ordonnera de faire ses efforts de travailler incessamment, jusqu'à ce qu'il ait évacué toute la denrée à laquelle il peut atteindre, & le résidu sera à l'Entrepreneur, en rendant au Propriétaire son tantieme.

XXXVIII.

Que si tel Propriétaire délaye six semaines sans commencer, ou poursuivre actuellement ses ouvrages, il en sera déchu, à moins qu'il n'avance, pendant ledit temps, quelque excuse bien légitime.

XXXIX.

Personne ne pourra profiter malicieusement du travail d'autrui; & si un Xhoreur, ouvrant à la bonne foi, vient à dessécher la veine d'un héritage voisin, le Propriétaire ne le pourra jetter, sinon en reconnoissant le bénéfice reçu sur le pied, proportion & taxe ci-dessus exprimée.

XL.

Mais si le Xhoreur perce effectivement, soit doleusement, ou inconsidérément dans l'héritage de son voisin, il perd son canal à son égard, & ledit voisin peut affoncer sur icelui, & s'en servir pour l'évacuation de ses héritages sans plus; & ce que le Xhoreur aura jetté de son bien, il doit le lui rendre sans fraix.

X L I.

Un Entrepreneur qui a commencé un ouvrage public ou de conquête, fera obligé de le pourfuivre ; & en cas de négligence, pourra y être contraint par toute perfonne qui fera paroître y avoir intérêt.

X L I I.

Il fera pourtant réputé négligent fi long-temps qu'il aura houille & charbon à débiter fur la foffe, pourvu qu'il les vende actuellement à prix raifonnable, comme les circonvoifins.

X L I I I.

Et fera obligé d'évacuer les veines les plus voifines de la voie du niveau ; fans laiffer les unes & prendre les autres pour favorifer & défroder les Adhérités, pourvu qu'elles foient d'un rapport fuffifant à payer les fraix de leur éjection.

X L I V.

Que fi l'Entrepreneur tombe court, & ne peut ou ne veut pourfuivre fon ouvrage, les Intéreffés lui feront dénoncer par enfeignement de Juftice, qu'il ait à travailler ; & fi, après telle dénonciation dans trois mois, il ne remet la main à l'œuvre, ou travaille férieufement, comme il appartient, n'ayant excufe légitime de fon délai, on procédera à la fubhaftation de fon ouvrage dans les formes ordinaires, & il fe vendra à l'enchere au profit dudit Entrepreneur, foit argent clair, foit fur rente au denier feize, pour laquelle ledit ouvrage fervira d'hypotheque, outre celle que l'obtenteur fera obligé de fournir.

X L V.

Le même s'obfervera en cas qu'il y eut plufieurs Compartionniers dans un ouvrage ; fi quelqu'un d'iceux demeure en défaut de fournir fa quote dans la dépenfe, dès qu'il fera redevable de deux quinzaines, les autres Compartionniers, ou chacun d'iceux pourront faire proclamer fa part, foit qu'il y ait orphelin ou point, & la faire vendre au plus offrant.

X L V I.

Qui comptera ès mains du Commis de la houillerie, ce que le défaillant devoit à l'ouvrage, & en un mois après le refte au dépoffédé, ou bien lui en créera une rente fur bon & affuré gage.

X L V I I.

Laquelle vente ne fera fujette à retrait linagere, mais bien pourra être purgée, foit par le dépoffédé, foit par fes proches en deans fix femaines après l'argent compté, ou la rente crée parmi indemnifant l'obtenteur.

XLVIII.

Si par avanture quelque Compartionnier vient à vendre la part qu'il a dans l'ouvrage, il fera libre à fes Affociés de la rapprocher auffi en deans fix femaines de la réalifation de telle vente, fans qu'en ce l'on doive avoir égard à aucune proximité du fang.

XLIX.

Et pour ce, un xhore, ou autre ouvrage à houille fera réputé pour bien immeuble, & n'en pourra un Ufufruĉtuaire difpofer, mais en percevoir quelque partie des fruits, le réfidu reftant au Propriétaire.

L.

Savoir, que ledit Ufufruĉtuaire ait fon ufage, & les déniers reftants foient mis en rente, dont il tirera l'intérêt, demeurant le capital au Propriétaire.

LI.

Quant aux héritages qui ont été vendus en plein fiege, & dans lefquels les Vendeurs fe font réfervé le droit d'y tirer, ou faire tirer les houilles, en cas qu'il s'y en découvre, pour lors lefdites houilles feront réputées meubles, & comme telles appartiennent aux héritiers mobiliaires, fi comme au furvivant de deux conjoints : mais ladite réferve ou retenue demeure immeuble, & n'en peut l'ufufruĉtuaire en difpofer.

LII.

Et ces préfentes régles auront lieu tant feulement ès ouvrages qui s'entreprendront après la publication du préfent réglement, laiffant au regard de ceux qui font déjà entrepris, foit par notre oĉtroi, foit par enfeignement de Juftice, foit par accord, ou convention entre particulier, un chacun dans le droit qui lui eft acquis.

LIII.

Efquels toutefois s'il fe trouve à préfent, ou furvient ci-après quelques difficultés, dont la décifion ne fe puiffe tirer defdits oĉtrois, enfeignements ou convention, elles termineront en conformité de ce qui eft ftatué au préfent Réglement.

LIV.

Que pour retrancher & même anéantir plus expreffément tous les différends & procès, Nous voulons que le préfent Règlement dans toute fon étendue & Généralité forte fon effet tant pour le paffé que futur, au regard de tous différends jà émus, & de ceux à émouvoir, pour être décidé fur le pied de ce qui eft difpofé, avec ordonnance à tous Juges fouverains, fubalternes, & autres Officiers qu'il appartiendra de felon ce régler.

LV.

Déclarons en outre que toutes Communes généralement audit pays nous appartiennent primativement dans le fonds, & qu'il n'y a que l'ufage de la fuperficie qui appartient aux Communautés, pourroient faire voir le contraire par un titre particulier fuffifant, on n'entend point de les préjudicier en aucune maniere.

L V I.

Si ordonnons à nos très-chers & féaux les Chanceliers & Gens de notre Con-feil, ordonné en Brabant, Gouverneur & Capitaine général Droffard de notre ville & Duché de Limbourg, d'Aelhem & Rolduc, & à tous autres nos Jufticiers & Sujets qui ce regardera, & à chacun d'eux en particulier, qu'incontinent ils faffent divulguer, proclamer & publier ce notre Réglement par tous les lieux où l'on eft accoutumé de faire cris & publications, de procéder & faire procéder à l'obfervance & entretenement d'icelui, fans port, faveur, ou diffimulation ; de ce faire & ce qui en dépend leur donnons plein pouvoir, autorité & mandement fpécial ; Mandons & commandons à tous & un chacun, qu'en ce faifant, ils entendent & obéiffent diligemment ; car ainfi nous plaît-il. Donné en notre ville de Bruxelles, le premier Mars, l'an de Grace mil fix cents quatre-vingt-quatorze, & de nos Regnes le vingt-huitieme. Etoit paraphé Hertz V.

Par le Roi, le Duc de la Haute & Baffe Baviere, Gouverneur, &c. le Comte de Bergeick, Tréforier général, le Comte de Saint-Pierre, Chevalier de l'Ordre Militaire de S. Jacques, & Meffire Urbain Vander Brocht, Commis des Finances, & autres préfents. *Signé*, C L A R I S.

RENOUVELLEMENT

*Des Chartes, Franchises & Privileges dès Férons du Pays &
Comté de Namur, Points & Statuts concernant la conduite
& réglement de leur Style, décrété par le Roi, le 24
Octobre 1635.*

PHILIPPE, PAR LA GRACE DE DIEU, Roi de Castille, &c. A tous ceux qui
ces présentes verront, Salut. Comme ainsi soit que pour le maintiennement
& bonne conduite du style des Férons de notre pays & Comté de Namur, iceux
Férons aient obtenu plusieurs droits, franchises & exemptions de feu Guillaume,
Comte de Namur, en l'an mil trois cent quarante-cinq, lesquels leur ont été
successivement confirmés & ampliés par nos Prédécesseurs de haute mémoire, &
les Mayeurs & Jurés, au nom de la Généralité des Férons, nous aient depuis
fait représenter combien la forgerie nous est profitable & au public, & que pour
la meilleure conduite & direction dudit style, il étoit besoin d'éclaircir & inter-
preter aucuns desdits droits, & que de plus ils avoient fait rédiger par écrit
plusieurs autres points entr'eux observés & à observer, comme Statuts particuliers, requerant qu'il Nous plût les éclaircir & décréter; pour ce est-il, que pour
ces choses considérées, après avoir fait examiner lesdits droits, points & Statuts,
premiérement par ceux de notre Conseil Provincial de Namur, lesquels ont oui
sur tous ceux de notre Bailliage des Bois, & nos Procureur & Receveur général
audit pays, & depuis ausi en sur-tout l'avis de nos Conseils privés & de Finances.

Nous avons déclaré, ordonné & statué les points & articles suivants par forme
de provision, & sans préjudice de nos droits & hauteurs de la Jurisdiction de
notredit Bailliage.

ARTICLE PREMIER.

Premiérement, qu'ensuite de la concession dudit Comte Guillaume, & des autres
graces & confirmations accordées auxdits Férons par nos Prédécesseurs, & dont
iceux Férons ont duement joui & usé jusques au présent, notre volonté & intention est que ne leur soit fait en ce aucun empêchement par qui que ce soit,
ni aussi à leurs veuves, pourvu qu'elles continuent le style de Féronnerie.

II.

Et combien que la connoissance des cas vilains commis par les Férons, leurs
ouvriers & mineurs, ait été réservé, & point attribué, à la Cour d'iceux Férons,
& qu'entre lesdits cas, le crime de larcin ait été particuliérement spécifié, par ou
a été révoqué en doute, si ladite Cour des Férons, ou bien les Justiciers ordinaires dudit pays devoient connoître des larcins, que lesdits ouvriers pourroient

faire des minéraux, charbons, fer, outils & chofes femblables fervantes & dépendantes du fufdit ftyle ; Nous, prenant égard à la qualité particuliere de tels larcins, & qu'iceux ne parviennent plus fouvent à la connoiffance des Officiers & Jufticiers ordinaires, & demeurent par ainfi impunis, déclarons que ladite Cour des Férons, en connoîtra & en fera le chatoy à l'avenir, bien entendu que les amendes qu'en procéderont, feront réparties comme du paffé.

I I I.

L'élection dudit Mayeur fe fera par la Généralité defdits Férons, de trois ans à autres, fans le pouvoir continuer outre le terme defdits trois ans, ne foit que notre Receveur général, oui ceux de la Cour des Férons, le trouve convenir autrement, pour caufe urgente & pregnante de notre fervice & du public.

I V.

Les ouvriers ne feront tenus & reputés du nombre des Férons, & ne jouiront de leurs immunités, finon, en fervant effectivement à quelque forge, après avoir prêté ferment ès mains dudit Mayeur, excepté ceux qui, après avoir longuement fervi & exercé leur art, en feront empêchés par caducité, vieilleffe ou maladie.

V.

Tous Maîtres de forges feront obligés, fous peine arbitraire, d'exhiber audit Mayeur, par chacun an, la veille de Saint Jean-Baptifte, une lifte générale des ouvriers qu'ils auront fait travailler l'année précédente & paffée, & payera audit Mayeur, pour chacun d'iceux, fix patards pour droits d'affiette, dont les deux tiers feront employés aux néceffités communes defdits Férons, & l'autre au profit du Mayeur, pour fes peines & devoirs à pourfuivre, & faire bons lefdits deux tiers.

V I.

Pour obvier aux débats de Jurifdictions entre les Cours de la réfidence defdits ouvriers & celle defdits Férons, & pourvoir à ce qu'aucuns abus ne fe commettent au fait de leurs franchifes ; chacun defdits ouvriers fera tenu faire infinuer au Greffe de fa demeure, fes lettres d'admiffions & ferment, à peine d'être privé defdites franchifes, ou d'autre arbitraire.

V I I.

Et afin de faire ceffer les inconvénients arrivés ci-devant, en tolérant qu'aucuns taverniers & foldats aient fervi de mineur, nous prohibons qu'à l'avenir, nuls taverniers, ni foldats puiffent être mineur, ni férons, ni jouir de leurs immunités, non pas même fous offre de faire, ou parfaire les ouvrages par leurs femmes, enfants, ou autre en leur nom.

V I I I.

VIII.

Pour tant mieux remédier aux défordres qui fe pourroient commettre au regard du nombre defdits ouvriers & de leurs ouvrages, & de ce qui en dépend, ledit Mayeur fera obligé, moyennant falaire raifonnable, de fe tranfporter, pour le moins deux fois par an, par toutes les huifines de ce pays & Comté, ès places où l'on tire mines de fer, afin de s'informer & prendre par note les noms defdits ouvriers & de leurs maîtres, avec la qualité de leurs ouvrages, enfemble les lieux de leurs réfidences, s'il y a excès au nombre d'iceux ouvriers, & s'ils ont prêté le ferment fufdit, tenant regiftre pertinent de tout.

IX.

Et d'autant qu'aucuns n'étant Férons, ains fe difant Facteurs & Commis des Maîtres de forges, s'avancent de faire tirer mines, & en font amas, foit en le recoupant, achetant ou acquérant par autres voies pour les revendre à qui plus, tant aux Maîtres des forges dudit pays & Comté de Namur, que de dehors; pour remédier à tels abus & pratiques ci-devant non ufitées ni oiues audit pays, defquels procede un notable rencheriffement des mines & diminution du train de la forgerie, déclarons qu'à l'avenir nul ne pourra chercher mines de fer, ni autrement en faire achat ou amas, directement, ni indirectement, fous prétexte de factorie, ni autre quelconque ne foit qu'il poffede quelque fourneau travaillant actuellement dedans notredit pays.

X.

Interdifant à tous Maîtres de forges, de mettre en œuvre à la fin fufdite, tels Facteurs ou Commis n'étant ferviteurs, domeftiques de leur famille, à peine de confifcation defdites mines, & de douze florins d'amende pour chacune contravention, tant à la charge du Maître de forge, que des prétendus Facteurs.

XI.

Interdifons auffi à tous mineurs de travailler ou tirer mines pour tels Commis n'étant Maîtres de forge, ors que fe difant Facteurs d'iceux, à peine de pareille amende & de fufpenfion de leur métier, permettant en ce cas à autres mineurs actuellement travaillant, d'occuper ledit ouvrage, bien entendu à l'intervention du Mayeur, ou de quelque juré defdits Férons, & que le mineur ayant dénoncé l'abus, fera préféré audit ouvrage.

XII.

Pour remédier aux grands abus qui fe commettent en préjudice de la forgerie & des Maîtres de forges, en ce que les mineurs & ouvriers ayant entrepris quelques ouvrages, s'avancent de vendre & diftraire partie de leurs mines aux taverniers, mariniers, ou autres tenant boutiques, lefquels leur avancent fur icelles argent & autres denrées; défendons à tous Maîtres de forges d'acheter, ni de faire acheter aucunes mines tirées en nofdits pays & Comté, des taverniers, mariniers, ni d'autres que des mineurs par eux employés, & à tous taverniers & autres, d'en acheter, à peine de payer par chacun des contrevenants & pour chacune contravention, fix florins d'amende, outre la reftitution defdites mines, ou de la valeur de celles qui ne feront plus en être, au profit du Maître de forge, par charge, & au nom duquel elles auront été tirées.

XIII.

Et comme depuis quelques années en çà, pour jouir du fruit & utilité des manufactures qu'a produit la forgerie en notredit pays & Comté, avec notable accroiffement de nos droits & domaines, ont été érigées des fenderies propres à fendre & réduire les fers à f ire cloux fervant à bendailles, ferrailles & plufieurs autres chofes appartenantes aux effets d'artillerie, comme auffi d'autres huifines appellées platineries, efquelles fe forment platines & matieres pour faire moufquets, carabines, hanrves, loncets, corfelets & autres armes & inftruments de guerre, Nous avons déclaré & déclarons, enfuite des anciennes Patentes accordées auxdits Férons, & conformément à l'intention de nos Prédéceffeurs de haute mémoire, que les Maîtres ouvriers travaillant efdites fenderies & platineries, doivent jouir des franchifes & immunités des autres forges & fourneaux en notredit pays.

XIV.

Et d'autant que, par fucceffion de temps, la recherche des mines eft devenue plus difficile, & frayeufe, étant à préfent befoin pour les rencontrer, de foffoyer beaucoup plus la terre, & bien fouvent à grands fraix, fans aucun profit, tellement qu'après due information, a été trouvé que nombre d'ouvriers anciennement ordonné, n'étoit, au regard de quelques huyfines, fuffifant pour y fournir les mines néceffaires, & qu'au regard d'autres, un Maître de forges pouvoit, enfuite des anciennes Chartres, prétendre franchifes pour plus de vingt perfonnes, qui n'en avoit befoin de dix, Nous, pour à ce pourvoir, avons réglé, éclairci & reftraint icelle franchife, comme s'enfuit.

XV.

Le Maître defdites forges, fourneaux & huyfines, avec fa femme, enfants & un ferviteur, feront exempts du droit de Mortemain, & jouiront des autres immunités à eux accordées par lefdites Chartres, comme ils ont fait jufqu'à préfent.

XVI.

Et au regard de fept couples de mineurs ci-devant en ufage pour un fourneau, y en pourra avoir dix, faifant vingt perfonnes, & un Maître fendeur, un chargeur, un fondeur, un blocqueur, trois chargeurs, un brifeur & un laveur des mines.

XVII.

A la forge, travaillant à fimple affinoire, fix perfonnes feulement, favoir, un fendeur, un charton, les Maîtres marteleur & affineur, avec chacun un valet.

XVIII.

Mais fi la forge eft travaillante continuellement jour & nuit, il y pourra avoir trois affineurs & trois marteleurs, faifant en tout huit perfonnes.

XIX.

Et pour le regard des forges travaillantes à deux affinoires, on aura neuf ouvriers francs & exempts, comme dit eft; favoir, un fendeur, un charton, deux Maîtres affineurs, avec chacun un valet, & trois marteleurs, fauf, au regard des fourneaux fitués fur les rivieres, efquels un marinier employé à la voiture & conduite des mines, fers & charbons, fera pareillement exempt.

XX.

Quant aux fenderies, n'y aura que quatre ouvriers exempts, trois pour les platineries.

XXI.

Lefdits Férons & leurs ouvriers pourront tirer fablon dedans nos bois & héritages, comme auffi les pierres y étant trouvées au jour pour réparer les fourneaux, pourvu qu'en les tirant & emportant, ne foit fait foule aux jeunes plantes, & que les vieux & anciens chemins foient fuivis tant que faire fe peut, & les placards & réglements des bois en notredit pays, obfervés, à peine d'encourir les amendes & chatois ordonnés par iceux placards.

XXII.

Pour faire ceffer les difficultés mues à caufe des bois, dont lefdits mineurs ont befoin pour lier & affurer leurs foffes, prétendant que, fans avoir égard aux faifons, & fans défignations de nos Officiers, font loifible aux Férons, & leurs mineurs, de couper bois flexibles indifféremment en nos forêts à l'avenant, & fait à fait que la néceffité le requiert, pour munir, ceindre & affurer lefdites foffes.

Nous ordonnons que toutes les fois que lefdits mineurs auront befoin de bois à l'effet fufdit, leurs Maîtres feront tenus de s'adreffer à l'un de nos Officiers defdits bois, & obtenir de lui ladite défignation, fauf que fi le cas requeroit fi notable preffe qu'il ne pourroit être différé fans grand inconvénient, les ouvriers pourront & feront tenus de prendre bois de rafpe à taille, & de donner avis fans remife aux Officiers de notredit Bailliage, dudit cas de néceffité furvenue extraordinairement; & s'ils font trouvés en ce d'avoir commis quelques abus, ils devront réparer le dommage, & payer en outre le quadruple d'icelui, dont les Maîtres feront, refponfables pour eux; & ce par-deffus leurs néceffités reftera defdits bois, demeurera fur le lieu à notre profit, le tout, outre les autres peines ftatuées par les fufdits placards, & en conformité de l'octroi du 26 de mars 1572, obtenu par lefdits Férons, & de la Sentence rendue par ceux de notredit Bailliage en l'an 1625.

XXIII.

Défendons auxdits mineurs de faire aucun amas de bois, ni d'appliquer à

Ddd 2

d'autre ufage ce que leur fera affigné, ou deftiné pour leurs ouvrages, à peine de vingt patarts pour chacune piece de bois qui fera trouvée non néceffaire ou divertie à d'autre ufage, & d'être privé du ftile de mineurs.

X X I V.

Que fi tels abus parviennent à la connoiffance d'autres mineurs, iceux feront obligés de le dénoncer incontinent aux Officiers de nos bois, & à faute de ce, encoureront la même amende que les principaux délinquants.

X X V.

Les Maîtres de forges feront refponfables defdites amendes pour leurs mineurs, & procureront que les points fufdits foient inférés aux ferments d'iceux ; favoir, qu'ils ne feront aucun amas de bois, & qu'ils n'appliqueront ni divertiront à autre ufage les bois défignés aux ouvrages de leurs foffes.

X X V I.

Comme auffi tous mineurs & autres ouvriers que forges, fourneaux, fenderies & platineries, ne pourront être reçus, ni employés, avant que les Maîtres de forges aient vu leurs lettres d'admiffion & ferment prêté ès mains du Mayeur, à peine que lefdits Maîtres fourferont pour chaque ouvrier non admis ni ferменté, fix florins d'amende, & feront par deffus ce, tenus de s'en défaire, ou bien les préfenter audit Mayeur, pour faire ledit ferment, & payer les droits ordinaires.

X X V I I.

Au fait du tirage des mines, le mineur n'entreprendra fur les ouvrages de fon voifin, & fe contentera chacun de la diftance de quatre toifes entour lui, & autre ouvrier ne pourra s'approcher, ni foffoyer dedans lefdites quatre toifes.

X X V I I I.

Le Maître de forge ne pourra avoir que dix couples de mineurs pour un fourneau, à peine de fix florins d'amende pour chaque contravention.

X X I X.

Le Maître ne pourra employer dix couples enfemble à foffoyer & tirer mines fur une même veine ou tranchant, mais bien la moitié fur un tranchant, & l'autre moitié ailleurs, où il le trouvera convenir.

X X X.

Défendons aux mineurs de foffoyer dans les chemins royaux ordinaires, ni herdavoies, ni d'approcher les édifices & bâtiments de plus près que de quarante pieds, en chargeant les Maîtres d'y avoir les égards qui convient, à peine d'être châtiés arbitrairement, & de répondre pour leurs ouvriers.

X X X I.

Comme l'expérience a fait connoître que les mineurs, s'étant faisis de plusieurs places à tirer mines, les ont réfervés pour en ufer après avoir vuidé les mines d'autres ouvrages qu'ils ont en mains, fans en vouloir rien céder à autres mineurs qui font fouvent fans emploi, fi ce n'eft à cher prix, dont font procédés monopoles & pratiques indues, grandement préjudiciables aux Maîtres & à leurs ouvriers.

Nous défendons à tous mineurs de tenir plus d'un feul ouvrage de la capacité & diftance ordonnée & limitée ci-deffus, fuivant lefdits anciens privileges, fans pouvoir prendre, ni tenir à foi quelques places ou aires pour y befoigner à l'avenir, ne foit que le premier ouvrage étant à-peu-près vuidé, le mineur auroit occupé autres places, l'enfoncé & avalé auparavant aucun autre y ait mis la main.

X X X I I.

Et le mineur n'ayant vuidé fon ouvrage, & s'étant par fraude faifi d'un autre, fourfera fix florins d'amende, & fera tenu de quitter l'un ou l'autre ouvrage, à l'ufage de celui que la Cour des Férons trouvera convenir.

X X X I I I.

Interdifant auxdits mineurs de s'employer & travailler pour deux Maîtres, & ayant occupé & accepté quelque ouvrage pour un, de la revendre, ni changer avec autre fans la permiffion du Maître pour lequel il travaille.

X X X I V.

Pareillement les mineurs ayant avalé quelque ouvrage pour leurs Maîtres, & contracté avec eux, devront parfaire la livraifon des mines, étant audit ouvrage, & ne pourront vendre à autres Maîtres, ou ouvriers, aucun ouvrage, ni mines, ni fe départir de leur fervice, ni befoigner pour autres, fans leur congé auparavant ladite livraifon, à peine de fix florins d'amende pour la premiere fois, & du double pour la feconde, tant à charge de l'acheteur que mineur contrevenant, outre que l'ouvrage & les mines feront adjugés au Maître, au nom duquel elles auront été tirées, en payant aux mineurs le prix convenu, n'étant raifonnable que par le fait d'iceux ouvriers, il foit privé du droit defdits ouvrages & contrats.

X X X V.

Et les mineurs qui abandonneront leurs ouvrages encommencé, fous prétexte & comme s'il étoit fini & vuidé, le fimulant ainfi, pour, par après y pouvoir retourner & le reprendre, afin de revendre les mines y reftantes à plus haut prix, ou pour quelques autres fraudes, pourront être contraints par leurs Maîtres, ou de parachever leurs ouvrages, ou en feront du tout exclus au choix d'iceux Maîtres; encoureront lefdits mineurs, pour chacune fois qu'ils auront ainfi quitté leur ouvrage, fix florins d'amende, & feront fufpendus du métier l'efpace d'un an, outre que l'ouvrage fera adjugé au Maître, comme deffus.

X X X V I.

Ceux qui fans caufe légitime, auront abandonné leurs foffes & ouvrages par l'efpace de fix femaines, hors temps & faifon d'Août, feront exclus defdits ouvrages, & privés des immunités des Férons, & les Maîtres qui les auront employés, pourront prendre lefdits ouvrages, & les laiffer à tels mineurs que bon leur femblera, en payant les mines étans à la, aux prix convenus, comme dit eft.

X X X V I I.

Et pour autant qu'aucuns Maîtres de forges ayant trouvé mines de fer fur leurs propres héritages, ou ayant acheté d'autres Propriétaires, leur fonds, avec le droit de terrage, en veuillent ufer feuls, à leur bon plaifir, & en exclurre les autres Maîtres de forges, faifant même difficulté de leur permettre d'y tirer mines, Nous, pour à ce pourvoir & faire ceffer le préjudice & intérêt procédant de telles pratiques, défendons à tous Maîtres de forges d'acheter dorénavant d'aucuns Propriétaires, le droit de terrage, ni empêcher d'autres Maîtres d'y foffoyer & auffi d'y tirer mines, a peine de cinquante florins d'or, de vingt-huit patars la piece; déclarant qu'efdits héritages, tant propres qu'achetés, il fera auffi loifible aux autres Maîtres de forges, d'y faire foffoyer & tirer mines, en obfervant les anciennes chartres & réglements que deffus, par lefquels eft permis aux Férons de pouvoir tirer mines fur quelques héritages que ce foit, de largeur de quatre toifes entour d'eux, en payant audit Propriétaire les droits anciens & accoutumés de terrage, lequel eft le dixieme de la valeur defdites mines.

X X X V I I I.

Afin de contenir les Férons qui fe préfument d'avaler des foffes & chercher mines, ou que bon leur femble, en préjudice defdits Propriétaires, défendons à tous mineurs, de miner, foffoyer, ni entreprendre aucun ouvrage, ni de mettre œuvre à un autre après le premier achevé, fans charge & congé exprès de leurs Maîtres.

X X X I X.

Et en cas qu'on ne trouve aucunes mines ès endroits ainfi avalés, le Maître fera tenu de fe régler, au regard des foffes, felon l'article fuivant; & lorfque les Férons cauferont quelque dommage avec leurs chariots & voitures allant à leur huifine, ils feront tenus de reftituer, au dire du Receveur général, ou de ceux de la Cour des Férons.

X L.

Pour remédier aux difficultés touchant le prétendu rempliffement defdites foffes, & obvier aux inconvénients qui en font procédés, défendons aux Maîtres des forges & à leurs mineurs & ouvriers, de faire, ni permettre d'être fait aucunes foffes proche des chemins royaux, & d'approcher iceux chemins a vingt-cinq pieds près d'un côté & d'autre.

X L I.

Enchargeons auffi lefdits Maîtres de faire rejetter en leurs foffes toutes les terres y reftantes à l'entour ; & pour le regard de celles qui ne pourront être auffi du tout remplies , à caufe du tirage des mines de fer , lefdits Maîtres devront faire munir leur embouchure de quelque clôture d'épines ou arbres , & faire mettre auxdites embouchures, deux ou trois pieces de bon bois au travers l'un de l'autre , le tout à peine de cinquante florins d'amende pour chacune contravention ; & moyennant ce , feront lefdits Férons excufés du plein & entier empliffement defdites foffes.

X L I I.

Interdifant férieufement à tous patureaux & autres , de quelle condition ils foient , de rompre lefdites clôtures, ni aucunement y toucher, à peine de chatoi arbitraire ; & ordonnant aux peres & meres, maîtres & maitreffes , d'admonéter diligemment leurs enfants , ferviteurs & fervantes, de ce qu'en gardant leur bétail, ou autrement paffant à côté de telles clôtures , ils n'y touchent , ni les arrachent en façon quelconque, à peine de répondre de leurs fautes.

X L I I I.

Les Maîtres de forges ne pourront louer aucuns ouvriers de forges & fourneaux , fendeurs , chartons, ni mariniers étant au fervice d'autre Maître, ne foit qu'ils aient achevé leur terme & louage, ou qu'il y ait caufe légitime pour laquelle lefdits Maîtres & ouvriers feroient refpectivement fondés de quitter leurs ouvrages , le tout à peine de fix florins d'amende, tant à la charge du Maître que de l'ouvrier.

X L I V.

Si quelque ouvrier, ou mineur, ayant parfait fon terme, & étant demeuré redevable à fon premier Maître, fe reloue à un autre, icelui ne pourra le mettre en œuvre, ne foit en payant au précédent ce qui lui eft dû par l'ouvrier, & l'ayant tel fecond accepté à fon fervice, il fera tenu payer la fufdite redevance , comme fa propre & particuliere dette.

X L V.

Comme les Maîtres des forges achetent rarement les mines par cenfes, à raifon des fraudes qu'on y a reconnu ci-devant, mais bien par charrées, lavées & mefurées, défendons à tous Maîtres de forges de faire faire autrement laver , ni mefurer leurs mines que par laveur & mefureur fermenté & admis par le Mayeur des Férons.

X L V I.

Et pour obvier aux fraudes, & pourvoir à ce que les Maîtres de forges , mineurs & chartons aient jufte mefure, ils fe ferviront de berrowettes ajuftées & marquées de la part dudit Mayeur feulement, & la berrowette devra contenir à l'eftriche deux tiers de Namur comblés, faifant les dix berrowettes une charretée.

X L V I I.

Pour droit d'ajuftage & marque de chacune berowette, ledit Mayeur aura fix patars, & le mefureur fermenté, un patar de chacune charrée qu'il mefurera ,

& fera le droit avancé par le Maître de forges, lequel en recouvrira la moitié du mineur, & l'autre du charton.

X L V I I I.

Défendons à tous Maîtres de forges, mariniers & autres, d'ufer d'autre berowette, à peine de trois florins d'amende, & de confifcation d'icelles, ni de faire charger leurs mines, foit au rivage, aux huyfines, ou ailleurs, par autre que par le mefureur fermenté, à peine de fix florins d'amende à encourir tant pour le Maître que par l'ouvrier pour chacune contravention.

X L I X.

Comme plufieurs débats & difficultés font furvenues à caufe de la diverfité des mefures des charbons, déclarons que lorfque les Férons ou autres marchanderont en fpécifiant la charrée de dix-huit vans de charbons, qu'il fera entendu van de Namur, lequel doit contenir fept ftiers de Namur à l'eftriche.

L.

Que s'ils contractent par charrées ou bennes de vingt-fept vans, fera entendu du van de Givet, qui doit contenir en foi quatre ftiers demi deux feiziemes, auffi mefure de Namur à l'eftriche, à raifon que les trois vans de Givet font deux vans de Namur.

L I.

Arrivant, comme il fe pratique en aucuns lieux, que les Parties aient contracté par cartaux qu'eft une mefure contenante deux ftiers de Namur à l'eftriche, lefdits cartaux devront être mefurés à comble, dont les quarante feront la charrée, qu'on dit de dix muids, & devra ledit cartau être auffi ajufté, marqué par le Mayeur des Férons.

L I I.

Et pour la meilleure obfervation de tout ce que deffus, perfonne ne pourra mefurer, ni faire mefurer charbons, ni pefer fer, ni gueufes, fans être admis par ledit Mayeur, & avoir prêté le ferment pertinent, & obtenu les lettres d'admiffion comme de coutume, à peine arbitraire.

L I I I.

Et comme il arrive bien fouvent qu'en faifant recherche des mines de fer, les mineurs rencontrent des mines de plomb, & qu'au contraire, en recherchant mines de plomb, l'on en trouve de fer, & que de crainte de perdre leurs mines, & pour autres refpects, lefdits mineurs recelent tels rencontres, & entremêlent ces minéraux au préjudice de nos droits & détriment du public, ou bien en donnant avis à autre Maître qu'à celui pour qui ils travaillent, & le fruftrent des fraix & de la dépenfe qu'il a faits par la recherche & avalement des foffes, Nous, pour à ce pourvoir, accordons auxdits Férons à l'avenir, la prééminence des mines de plomb que leurs ouvriers trouveront & découvriront, en faifant

recherche

recherche des mines de fer, à charge & condition d'incontinent le dénoncer à notre Receveur général, pour en tenir note, en lever acte, & payer le droit de prise, & à notre profit, la huitieme charrée d'icelles mines, au lieu de la dixieme ci-devant accoutumée, selon l'offre que nous en ont fait lesdits Férons, outre & par-dessus le droit ancien dû au Propriétaire, qui est le dixieme de la valeur desdites mines de plomb & de fer, trouvées en son héritage.

L I V.

Et pour la bonne conservation de nos droits & de ceux de nos bons vassaux & sujets, ordonnons à tous mineurs & ouvriers, découvrant quelque miniere de plomb, d'en faire incontinent & chaque fois rapport audit Mayeur des Férons, à peine de douze florins d'amende, & d'être privés des bénéfices à eux accordés, & audit Mayeur d'en avertir pareillement notredit Receveur général.

L V.

Parce que plusieurs s'avancent de mener & faire mener des mines hors de notredit pays & Comté, sans payer le droit de dixieme qui nous est dû, & en préjudice desdits Férons, Nous défendons à tous mariniers & autres, de mener, charier, ni transporter aucunes mines hors de notredit pays, sans, au préalable, avoir payé le susdit droit ès mains dudit Mayeur, de ce prins certification par écrit, à peine du quadruple & de confiscation desdites mines; bien entendu que si quelque Maître de forges de notredit pays se présente pour avoir & retenir telles mines, faire en pourra, en payant la valeur d'icelle au prix commun.

L V I.

Le même sera observé pour le futur quant aux mines de plomb.

L V I I.

Et seront les mesureurs fermentés, tenus de s'informer en quels lieux les mariniers, chartiers & autres, veuillent transporter les mines, & si hors de notredit pays & Comté, défendons en ce cas auxdits mesureurs, de les charger sur bateaux ou chariots, avant que d'en avoir averti ledit Mayeur; & arrivant qu'elles seroient jà chargées, leur ordonnons de les arrêter jusqu'à ce qu'ils aient fait paroître par écrit, comme dit est, d'avoir payé ledit droit de dixieme pour mines de fer, & huitieme pour mines de plomb, à peine, en cas de contravention ou connivance, de payer par lesdits mesureurs, douze florins d'amende, & de répondre de la confiscation desdites mines.

L V I I I.

Desquels droits appartiendra audit Mayeur, comme du passé, le dixieme du dixieme pour ses peines & devoirs.

L I X.

Et de toutes les amendes ordonnées par le présent Réglement, le tiers suivra à notre profit, un tiers auxdits Mayeurs & Jurés, & le troisieme au dénonciateur, sauf & excepté les amendes touchant les bois dont sera répondu, comme du passé, par le Receveur de notredit Bailliage.

Eee

L X.

Du tiers defdites amendes à notre profit, enfemble du dixieme du droit des mines de fer, fe transportant hors notredit pays, ledit Mayeur fera comptable vers notredit Receveur général, tous les ans environ la fête de Saint Jean-Baptifte.

L X I.

Et pour tant plus l'encourager & l'obliger à faire bon notre contingent & celui defdits Férons, ès amendes & autres émoluments ci-deffus, il aura & jouira à l'avenir de cent florins par an, à prendre fur le Corps de la Généralité defdits Férons.

L X I I.

Toutes les fois que, pour le bien de ladite Généralité, il conviendra les convoquer & affembler, foit pour l'élection d'un Mayeur & renouvellement des Jurés, ou autre caufe concernante leur utilité, tous & chacun d'eux devront comparoître au jour affigné & à la femonce qui leur en fera faite par notre Receveur général, à peine de payer, en cas de non comparition, à l'élection du Mayeur & Jurés, douze florins d'amende par exécution parate, & pour autres défauts, quatre florins.

L X I I I.

L'affiette touchant les néceffités & affaires de ladite Généralité, fe fera fur chacune huyfine à pluralité de voix defdits Férons affemblés, comme dit eft, & fera auffi promptement exécuté au regard des défaillants, nonobftant oppofition ou appellation quelconque, & fans préjudice d'icelle.

Si donnons en mandement auxdits de notre Confeil à Namur, & à tous autres nos Jufticiers, Officiers & Sujets qu'il appartiendra, que du préfent Réglement & de tout le contenu en icelui, ils faffent, fouffrent & laiffent lefdits Mayeurs, Jurés & Généralité des Férons, & de notredit pays & Comté de Namur, pleinement & paifiblement jouir & ufer, fans en ce leur faire, mettre, ou donner, ni fouffrir être fait, mis ou donné aucun trouble, detourbier, ou empêchement au contraire; car ainfi nous plaît-il; en témoin de ce, avons fait mettre notre fcel à cefdices préfentes. Donné en notre ville de Bruxelles, le vingt-quatrieme jour d'Octobre, an de Grace mil fix cent trente-cinq, & de nos regnes le quinzieme. Paraphé, Ro-yt.

ORDONNANCE

SUR LA POLICE DES MINES DE SUÉDE.

Du 20 Octobre 1741.

Adolphe-Fréderic, &c.

ARTICLE PREMIER.

On renvoie à l'Ordonnance de 1723, quant à ce qui concerne la découverte des veines métalliques & la déclaration qui doit en être faite pour obtenir le billet de permiffion dans lequel le *Bergmeifter*, ou Maître des mines doit inférer, non-feulement le temps de ladite déclaration & le nom de l'Entrepreneur, mais encore le lieu & la fituation de la veine ou du filon qu'il veut exploiter ; il doit défigner auffi fi l'on a produit des échantillons de minérais, & en mentionner l'efpece & la qualité.

S'il a vu par lui-même le local, il doit faire mention des apparences bonnes ou mauvaifes, d'en tirer parti, & fi la veine eft fituée dans un terrein réputé *Communes* ; ledit *Bergmeifter* doit donner au demandeur la permiffion de faire des recherches, & de commencer des travaux fans préjudice d'aucun autre, qui auroit un meilleur droit ; mais, dans le cas où l'endroit déclaré feroit enclos, ou que le Propriétaire dût fouffrir quelque préjudice ou dommage par rapport aux recherches, ouvrages & aux conftructions, le demandeur fera tenu de s'adreffer au Propriétaire pour avoir fon agrément ; dans le cas contraire, il eft obligé de fournir une caution pour tous les dommages qui pourroient réfulter de fon exploitation fur les fonds dudit Propriétaire ; mais, comme il arrive fouvent que celui qui a obtenu une permiffion, la vend ou cede à un autre, qui, dans l'intention d'empêcher ladite exploitation, & d'exclure d'autres perfonnes, ne travaille que fort légérement, & abandonne peu après, on a pourvu à cet inconvénient par ce qui fuit.

Le *Bergmeifter* doit mentionner dans le billet de permiffion, le terme, ou tems auquel on doit commencer les travaux, lequel fera fixé fuivant la fituation du filon, de façon qu'ils ne foient pas retardé au-delà de deux ou trois mois dans les cantons, où l'on exploite déjà des mines, au cas toutefois que la faifon le permette ; mais dans les cantons les plus éloignés, ce terme doit être bcrné à une année, c'eft-à-dire, depuis la déclaration jufqu'au commencement de l'entreprife.

L'Entrepreneur doit commencer les ouvrages dans le temps prefcrit, & les continuer de maniere à les approfondir de deux toifes chaque année, ou les avancer par le travail des galeries, nommé *feld-arbeit*.

Si l'Entrepreneur néglige de commencer les travaux, ou qu'après les avoir commencés, il les abandonne pendant une année fans excufe légitime, il fera déchu de fon droit, & libre à d'autres de prendre fon lieu & place, toutefois avec la permiffion du *Bergmeifter*.

Quant à ce qui regarde le Propriétaire, pour que celui qui aura découvert une mine, ne soit pas trop long-temps frustré de ses droits par les artifices dudit Propriétaire, le *Bergmeister* doit prescrire à ce dernier un certain jour au bout de trois mois au plus, si cela ne se peut auparavant, après lequel il doit déclarer ouvertement s'il veut prendre part à la découverte, à défaut de quoi il sera déchu de son droit ; ce que le *Bergmeister* inscrira sur le billet de permission.

I I.

Concession. Quand on aura commencé les travaux dans une mine, & que par l'enlévement des terres, on aura découvert la veine minérale, alors on doit assigner une mesure de terrein : comme les veines de métaux nobles sont de différentes especes, tels que l'or, l'argent, le cuivre, l'étain & le plomb, de même que celles des demi-métaux, le mercure, le bismuth, le cobolt, le zinc, la calamine, l'arsenic, l'antimoine & la mine de plomb à crayon ; que ce soit des filons réglés, des couches, des filons inclinés, des mines à roignons, ou masses minérales, & des *seiffen-werck* (*), on ne peut pas appliquer à toutes ces especes une même mesure de terrein ; il est utile & nécessaire qu'elles soient bornées à une mesure raisonnable, afin que, d'un côté, celui qui commence les travaux sur quelque indication, puisse jouir d'une pleine sureté contre l'invention des autres ; qu'il ait, à cet effet, un terrein suffisant, & que, d'un autre côté, il ne soit permis à personne de s'approprier plus de terrein que celui dont il peut avoir besoin pour suivre son exploitation selon l'art des mineurs ; il doit être réglé comme il suit.

Son étendue suivant le cas. Si ce sont des filons dont la direction est suivie, qu'ils soient perpendiculaires, ou plus ou moins inclinés, & qu'ils soient bien réglés, on donne un terrein de la longueur de cinquante toises, c'est-à-dire, vingt-cinq toises de chaque côté du centre de la mine, & d'une largeur de dix toises aussi de chaque côté, c'est-à-dire, dix toises en angle droit en partant du toit, & autant en partant du mur. Si ce sont des masses ou couches, on accorde cinquante toises en longueur, & autant en largeur du côté que l'Entrepreneur le demande pour les mines à roignons qui se trouvent mêlées avec le rocher, sans ordre, & sans une certaine direction ; on accorde un quarré de cent toises tant en longueur qu'en largeur, du côté où l'Entrepreneur le demande. Pour les *seiffen-werck*, cent cinquante toises en longueur, le long du courant de l'eau, & de chaque côté aussi loin que peuvent s'étendre les déblais, afin que l'on soit plus à portée de les laver.

I I I.

Concession pour les mines de fer. Quant aux mines de fer, on assigne un terrein d'un quarré parfait de deux cents toises de dimensions, du côté que le requiert le demandeur ; mais à l'égard des mines de fer, des lacs & des marais, on ne peut rien statuer de fixe ; on s'en tiendra à l'usage ordinaire ; & s'il survient des difficultés, elles seront réglées par le *Bergmeister* & par le *Bergamt* ou Conseil qu'il tient. Celui à qui appartient le lac & le rivage, a la propriété des mines qui s'y trouvent.

(*) *Seiffen-werck* est proprement l'endroit que l'on a choisi pour construire les machines nécessaires au lavage des minérais d'Etain, & dans lequel cette opération se fait.

I V.

Pour ce qui concerne toutes fortes de foffiles propres à être polis, comme le porphyre, le jafpe, l'agathe & d'autres de cette efpece, on accorde un terrein de cinquante toifes de long & autant de large. Pour l'exploitation des carrieres de pierres à chaux, qui fervent à la fonte des minérais de fer, vingt toifes en longueur & largeur, & pour celles de pierres à bâtir l'intérieur des fourneaux, comme pour celles des marbres, deux cents toifes tant en longueur qu'en largeur

V·

Celui qui entreprend une mine dans l'efpace ci-deffus défigné, pourra y tra-vailler & continuer fes trayaux fans être troublé par aucun autre, ni au jour, ni à la profondeur de la mine, dans toutes fortes de filons, comme il a été dit ci-devant. Mais dans le cas auquel un filon réglé ou incliné s'approche ou s'étend dans fa pente hors de la mefure, cette mefure doit être comptée fuivant l'incli-naifon de fon toit, ou de fon mur, en partant toujours de la ligne perpendicu-laire, de forte que l'Entrepreneur puiffe avoir dans le fond de la mine, du côté du toit & du mur du filon, un efpace auffi grand que le filon le donne au jour. Or, il peut arriver que celui qui exploite une mine, trouve un filon & le fuive par une gallerie jufques dans la conceffion d'une mine voifine, ou fous le fonds d'un autre Propriétaire qui n'a fait aucune dépenfe pour l'exploitation de ce filon; & comme il n'eft pas jufte que celui qui en a fait la découverte & les fraix relatifs, foit privé de fes droits, dans ce cas le *Bergmeifter* doit accorder les deux Parties fuivant les circonftances; & fi elles ne veulent pas fe foumettre à fa dé-cifion, l'affaire fera portée au college des mines.

V I.

Si celui qui exploite un filon, trouve, en faifant des tranchées, d'autres veines minérales, & qu'en conféquence, il ait befoin d'une plus grande étendue de terrein, il s'adreffera au *Bergmeifter* qui lui donnera une permiffion particuliere, fuivant l'efpéce de minérai, ainfi qu'il a été ftatué ci-deffus. Si quelqu'un fe préfénte pour exploiter des filons qui fe trouveroient entre des conceffions déjà faites, il s'adreffera au *Bergmeifter*, & fe contentera du terrein qui refte, quand même il n'auroit pas la mefure fixée.

V I I.

A l'égard de ce qui a été ftatué pour la mefure du terrein pour les mines, cela ne concerne que les découvertes & les recherches à venir; car pour celles qui font déjà en exploitation, elles jouiront du terrein dont elles font en poffeffion, & des privileges qui leur ont été accordés précédemment dans les anciennes Or-donnances.

Les découvertes que l'on pourroit faire dans le voifinage des anciennes mines, telles que, &c. ne font pas comprifes dans la nouvelle Ordonnance; mais fi un ou plufieurs veulent commencer quelques exploitations dans ces endroits, & que les déclarateurs foient du corps des mineurs du *Bergflag*, le Bergmeifter doit leur en accorder la conceffion; fi les déclarateurs ne font pas de ce corps, leur de-mande doit être portée à l'affemblée des mineurs; & s'il s'éleve quelques difficultés entr'eux & le corps des mineurs, le Bergmeifter les réglera fuivant les loix.

V I I I.

Galeries d'écou-lement.

Comme les galeries font néceffaires dans les mines où elles peuvent avoir lieu, par plufieurs avantages que l'on en retire, foit pour découvrir des filons, foit pour écouler les eaux, & procurer une circulation d'air, comme auffi de faciliter l'extraction des matieres, & que, dans les précédentes Ordonnances, il n'a rien été ftatué à cet égard : dans la vue d'encourager ceux qui voudront à l'avenir entreprendre de pareils ouvrages, Nous avons jugé à propos d'ordonner ce qui fuit.

1°. Si quelqu'un veut établir une galerie, dans l'efpérance de découvrir d'autres veines minérales, il doit en demander la permiffion, au moyen de laquelle il pourra pouffer ladite galerie du côté où il jugera néceffaire.

2°. Si l'Entrepreneur de la galerie découvre quelques filons, on doit lui ac-corder la permiffion de les pourfuivre jufqu'à l'étendue de terrein qui a été men-tionnée ci-deffus pour la direction de chaque filon.

3°. S'il découvre au jour une ou plufieurs indications de filons, qu'il pourroit reconnoître avec la galerie à une certaine profondeur, on doit lui accorder fur la furface, une, ou tout au plus, deux mefures de terrein, lefquelles feront à fa jouiffance jufqu'à ce qu'il ait atteint par fa galerie, l'étendue de fa conceffion, dans le cas qu'il continue fes travaux ; c'eft-à-dire, que pendant qu'il travaille à ladite galerie, il eft cenfé qu'il exploite le tout, & fa conceffion a toute fa vigueur.

4°. Si un Entrepreneur, en travaillant au fond de fa mine, pouffe la galerie jufques fous la profondeur d'une autre mine, qui s'exploite fuivant les mefures à elle accordées, alors la moitié du minérai qu'il gagne au-deffous du fol de ladite galerie, eft à lui ; mais fi l'approfondiffement de la mine eft parvenu juf-qu'à celui où fe trouve la galerie, avant que celle-ci foit arrivée au filon ou couche, dans ce cas-là le minérai qui fe trouvera dans l'étendue de fa galerie, c'eft-à-dire, dans les dimenfions d'icelles, lui appartiendra ; mais il n'aura aucun droit fur le reftant, foit en profondeur, foit en longueur, hors des dimenfions de fa galerie, tout le temps qu'il fera dans fa conceffion.

5°. Celui qui, par une galerie, procure quelques avantages à une mine qui eft en exploitation, foit en écoulant les eaux, foit en procurant la circulation de l'air, foit auffi pour l'extraction des matieres, foit enfin par la découverte de nouveaux filons, celui-là doit avoir quelques récompenfes, en recevant une partie du minérai ou d'une autre maniere, fuivant les circonftances & l'avantage qui peut réfulter de fon opération.

6°. S'il y a deux galeries pouffées dans la même direction & mine, mais dont l'une foit de dix à douze toifes plus profonde que l'autre, celle-ci a l'avantage, & c'eft aux Experts ou Officiers prépofés à arranger chaque chofe fuivant l'exi-geance du cas.

I X,

Permiffion de fuf-pendre les travaux d'une mine.

Si quelqu'un a commencé une tranchée fur des minérais nobles, & qu'il ne veuille pas la pourfuivre, il eft libre à cet égard ; mais il doit en avertir le *Bergmeifter*, en lui donnant fes raifons, & le tems qu'il l'a abandonnée, afin que celui-ci s'informe de la nature de ladite attaque, & puisse donner permission à un autre de continuer ces recherches. Mais fi l'Entrepreneur ne veut pas abandonner tout-à-fait, qu'il discontinue seulement pour un temps l'exploitation dans une mine qui est déjà en valeur, il doit pour cela s'adresser au *Bergmeister* qui en examinera les raisons pour les porter au college des mines, lequel fixera un certain terme pour la suspension des travaux, afin que fi le Propriétaire ne les reprenoit après l'expiration dudit terme, un autre qui aura envie d'exploiter, puisse lui succéder : quant aux mines de fer qui font d'une autre nature, lorsque les Propriétaires, sans la permission requise, abandonnent les travaux pendant deux ans, un autre pourra avoir la liberté de les entreprendre, mais sous les conditions qu'il payera au premier les constructions & les parties qu'il voudra garder, comprises dans l'inventaire. Mais fi un Propriétaire de fourneau avoit une mine, dont il put tirer, dans un certain temps, le minérai nécessaire pour l'entretenir, il peut lui être permis de suspendre ses ouvrages jusqu'à ce qu'il ait besoin de nouveaux minérais.

X.

Pour les mines & recherches abandonnées depuis plusieurs années, comme aussi les vieilles mines, c'est au *Bergmeister* à donner la permission de les exploiter de nouveau, de la même maniere qu'il a été statué pour les nouvelles découvertes ; mais dans les distriîts où plusieurs mines font près les unes des autres, on ne pourra pas accorder à l'Entrepreneur des mesures aussi grandes que ci-dessus, puisque nombre d'autres mines particulieres auroient besoin de terrein ; alors le *Bergmeister* doit fixer la mesure, & en donner avis à notre college. Si quelqu'un demande au *Bergmeister* la permission de trier le minérai des anciens déblais, & dans les scories, il la lui accordera, & le Propriétaire du terrein pourra, s'il le juge à propos, y participer pour un quart, & être dédommagé du terrein nécessaire pour les constructions ; mais en ce cas, on ne peut pas prescrire une mesure fixe.

Concession pour les mines abandonnées.

X I.

Quand une mine est exploitée par plusieurs associés ou un corps de mineurs, dont chacun a sa portion ou lot, ce corps pourra choisir une ou plusieurs personnes qui feront chargées du foin de l'exploitation, particuliérement pour annoncer le temps où chacun doit payer son contingent, & pour faire rentrer cet argent, comme aussi pour la tenue des assemblées, afin de délibérer sur les intérêts de la société ; l'Intéressé qui ne se trouve pas lui-même à l'assemblée, ou qui n'a pas un chargé de procuration, doit s'en tenir & se contenter de la décision des autres ; fi les membres font d'un avis différent, la généralité des voix l'emportera ; mais la valeur de la voix d'un chacun doit être réglée sur la portion qu'il a dans la mine. Ce qui y fera décidé, fera exécuté sans retardement & sans difficulté, & l'exploitation doit se faire à frais communs ; cependant le *Bergmeister* doit, en vertu de sa charge, y tenir la main, afin que les travaux se faffent conformément aux réglements des mines. Quand les contingents & les avances pour l'exploitation, qui auront été annoncés pour un terme raisonnable, n'auront pas été payés au tems fixé, celui qui fera dans ce cas, fera obligé de payer l'amende

Concernant les employés & intéreffés.

que la société aura établie, & en outre son contingent ; en cas de récidive, il perdra sa portion dans la mine, & tous les droits y appartenants, comme aussi les avances qu'il a déjà faites ; & pour les métaux nobles, il perdra encore sa portion dans les bocards, laveries, fonderies & autres bâtiments, & sa part sera dévolue à tout le corps, ou bien à quelques associés, ou à quelqu'un qui ne seroit pas de la société, qui voudra la prendre, & payer le restant du contingent. Mais si une société possédant des mines & autres établissements, a fait entr'elle certaines regles de convention, tous les Intéressés doivent s'y conformer en tout ce qui pourra servir au progrès de l'entreprise, conséquemment aux privileges & Justice.

Quant aux Intéressés dans les anciennes mines de cuivre & de fer, qui abandonneront leurs portions, soit par faute de moyens, soit qu'ils ne veuillent pas continuer, on se réglera sur ce qui est dit au quatorzieme article pour les mines de fahlun, le grand *Koppar-berg*, & sur le cinquieme & onzieme article de l'Ordonnance pour les mines de fer de l'an 1649.

X I I.

Concernant les prises d'eau.

Autant il est nécessaire & utile de découvrir & de mettre en valeur des filons nouveaux, autant il faut que les minérais qu'on a extraits, soient traités par la fonte, ce qui ne peut se faire qu'en y établissant les atteliers requis. C'est pourquoi, en cas que les Propriétaires des mines n'eussent pas à eux un courant d'eau, ni le terrein nécessaire, ils seront obligés d'en faire acquisition, soit en achetant, soit en louant ; les Propriétaires du terrein des eaux, &c. ne pourront le refuser ; mais nous avons la confiance en nos bons Sujets, qu'ils voudront contribuer au bien général, en recevant un dédommagement du terrein dont ils se priveront ; cependant il n'est pas permis de faire des constructions d'une digue, à moins que le terrein n'ait été examiné par le *Bergmeister* & par les personnes à qui il appartient, pour juger si elles pourront se faire sans porter préjudice à quelqu'un.

X I I I.

Comme il pourra se rencontrer plusieurs cas qui n'ont pas été compris dans cette Ordonnance générale, ce sera au College de prendre les mesures convenables pour les progrès des mines ; c'est ainsi notre gracieuse volonté & ordre, recommandant à nos Officiers de tenir la main à l'exécution de cette Ordonnance ; en foi de quoi, &c. & avons apposé notre sceau en notre Conseil, le 20 Octobre 1741.

ORDONNANCE

ORDONNANCE

Touchant la mesure du terrein pour les Mines & leur exploitation.

Du 6 Décembre 1757.

ADOLPHE-FRÉDERIC, &c. Savoir faifons, qu'en confidération de l'avantage ineftimable dont l'Etat jouit par la quantité des veines minérales, Nous avons jugé qu'il étoit néceffaire & avantageux à nos Sujets, que les Ordonnances émanées de temps à autre pour le progrès des mines, puffent être perfectionnées & rendues plus applicables au temps préfent, pour encourager la recherche des minérais utiles, & en partie pour parer aux abus, aux conteftations & procès qui ont fait naître des obftacles à cette induftrie ; à cet égard & en conféquence des remontrances de la derniere Diete, Nous avons jugé à propos de faire publier les Réglements fuivants.

ARTICLE PREMIER.

Quoique celui qui aura découvert des minérais & des foffiles (fuivant l'Ordonnance du 20 Octobre 1741, touchant la mefure du terrein) ait la liberté d'en donner avis au *Bergvolgt,* ou au Curé de la Paroiffe, ou bien aux *Lehuf-mann* ou *Vierding-mann* (efpece d'huiffier), dans le cas que le Maître des mines ait fa demeure très-éloignée de l'endroit de la découverte, Nous jugeons néceffaire que, dans les certificats donnés au déclarateur, il foit clairement fpécifié le lieu & le temps où il a fait la découverte, & qu'il en donne avis fans retardement au plus tard dans fix mois depuis la date du certificat, au *Bergmeifter* à qui il appartient feul de délivrer un billet de permiffion, fuivant qu'il a été ftatué ci-deffus.

Si l'Entrepreneur néglige de préfenter au *Bergmeifter,* dans le temps prefcrit, le certificat qu'il aura reçu, ce certificat fera de nulle valeur.

Dans tous les billets de permiffion qui feront donnés à l'avenir, foit pour une nouvelle découverte, foit pour l'entreprife d'une vieille mine, il doit être inféré qu'il fera, à un mois de fa date, publié dans la chaire de la Paroiffe où la mine eft fituée, & l'Entrepreneur doit fe munir d'un atteftat de la publication, s'il veut jouir de fes droits.

Il fera auffi du devoir du *Bergmeifter* d'en donner avis, dans le même terme, au Juré, s'il y en a un dans le diftrict, afin que celui-ci qui a l'infpection des travaux, puiffe, en conféquence de fon emploi, diriger les Entrepreneurs par fes bons confeils, tant par rapport aux effais, qu'aux conftructions qui feront néceffaires.

Et nous enjoignons à nos Officiers refpectifs, de tenir la main à ce que ceux qui fe font munis jufqu'ici d'un billet de permiffion, foit pour une ancienne mine,

F ff

ou une nouvelle, aient à commencer les travaux dans le temps prescrit par notre Ordonnance de 1741, sous peine d'exclusion de leurs droits.

Lorsque quelqu'un se déclare pour entreprendre des travaux dans une mine, à laquelle lui, ou plusieurs autres ont droit de participer avec le Propriétaire du terrein, ils doivent s'adresser audit Propriétaire, conformément au premier article de l'Ordonnance ci-dessus mentionnée, pour lui demander s'il veut s'y intéresser, à moins que le déclarateur ne puisse prouver qu'il a déjà fait cette démarche, & que ledit Propriétaire s'est expliqué à cet égard ; en ce cas, la déclaration préalable de ce dernier doit valoir devant le *Bergmeister*, pour éviter des longueurs ou retards.

I I.

Droit du Pro-
priétaire.

La portion de l'Entrepreneur dans une mine nouvelle ou abandonnée, a été ci-devant fixée par une Ordonnance de l'an 1723, à un quart, & celle du Propriétaire, à trois quarts (excepté pour les mines d'or & de sel, dans le cas que le Propriétaire ait voulu participer à l'entreprise), au moyen de quoi la prérogative de celui qui a découvert, a été la moindre, quoique ce soit à lui que l'on doive la découverte & les premiers arrangements de l'exploitation, & que, sans son industrie, ces trésors fussent demeurés long-temps cachés ; le bien public, aussi-bien que l'équité, demande que ledit Entrepreneur jouisse d'une plus forte portion joint aux autres prérogatives qui lui sont accordées par les Ordonnances, afin d'encourager plusieurs Citoyens à ces sortes de recherches ; conséquemment, nous jugeons équitable que l'Entrepreneur jouisse de la moitié, & le Propriétaire de l'autre moitié, soit dans les nouvelles, soit dans les anciennes mines, & on leur accordera des billets de permission conformément à cette Ordonnance, dans le cas que les mines soient de nature à donner au Propriétaire le droit d'y participer.

Si le Propriétaire a vendu ou cédé sans réserve ses droits dans une découverte, ou mine abandonnée sur son terrein, il ne peut pas équitablement, par raison de suspension des travaux, s'approprier le droit de vendre de nouveau un lot dont il est privé ; mais en ce cas toutes les mines ou tranchées, dont les travaux ont été suspendus, & qui, après la publication de cette Ordonnance, seroient entreprises, doivent appartenir à celui qui se déclare le premier, & qui s'engage à faire les dépenses nécessaires, lequel remplacera le Propriétaire du terrein, & jouira de tous ses droits, à condition cependant qu'il dédommagera ce dernier des emplacements utiles & convenables à l'exploitation & pour les constructions, suivant la précédente Ordonnance.

Si le Propriétaire a vendu ou cédé sa portion dans une mine, avec réserve de jouir de son droit de Propriétaire dans le cas que les travaux fussent abandonnés, & que ladite réserve se trouve, au premier Conseil des mines, insérée dans le registre, il doit jouir de son droit, autrement il en sera comme ci-dessus ordonné.

I I I.

Le cinquieme article de l'Ordonnance de 1741, porte que quand quelqu'un pousse des galeries si loin qu'il parvient jusqu'au terrein d'un autre Propriétaire, c'est au *Bergmeister* à accommoder les deux Parties ; & que si cet accommodement ne peut avoir lieu, il doit renvoyer l'affaire au College des mines,

Pour prévenir les contestations qui en pourroient résulter, nous avons jugé nécessaire de fixer la portion des deux Parties, de la maniere suivante.

1°. Quand dans une mine, à quelque profondeur que ce soit, on découvre un filon par des galeries poussées jusqu'aux limites d'un autre Propriétaire qui n'a fait aucuns frais pour la découverte de ce filon, celui-ci sera autorisé en suivant l'ancienne Ordonnance, d'y participer seulement pour un quart ; mais par la présente Ordonnance, la portion d'un Propriétaire quelconque, sera divisée par moitié entre lui & l'Entrepreneur, sous la condition cependant que ce dernier sera dédommagé par le Propriétaire, à proportion de la part que celui-ci prendra dans les travaux.

2°. Si une galerie est poussée jusqu'au terrein d'un troisieme Propriétaire, celui-ci doit avoir le tiers d'intérêt avec les deux Propriétaires précédents, en bonifiant un tiers des dépenses que les premiers auront faites ; mais le premier Entrepreneur conservera toujours sa portion sans partage, qu'il y ait un Propriétaire ou plusieurs.

3°. Dans le cas où ces derniers Propriétaires voudroient eux-mêmes commencer à travailler depuis le jour, cela ne leur doit pas être permis en dedans de la mine sans le consentement de l'Entrepreneur.

4°. Ce qui est ici ordonné par rapport au Propriétaire, doit aussi servir de regle dans les cas où les Intéressés des mines, travaillant dans les profondeurs, se rencontrent dans leurs concessions ou mesures, c'est-à-dire, leurs ouvrages ; de sorte que celui qui pousse sa galerie jusques dans la mine d'un autre, qui est en exploitation, doit jouir de la moitié du droit de Propriétaire, sous le sol de son ouvrage qu'il pourra continuer sans obstacle, jusqu'à ce que le Propriétaire de l'autre mine le rencontre par ses travaux ; mais si en poussant une galerie, on découvre un nouveau filon non exploité, l'Entrepreneur de ladite galerie, acquiert en outre le droit de découvreur dans les minérais que l'on extrait sous le sol de sa galerie, & on lui accordera une nouvelle mesure, dès qu'il arrivera dans un terrein pour lequel cette concession n'a pas été donnée.

5°. Si dans les profondeurs, un filon incliné tombe dans le terrein d'un autre Propriétaire, celui-ci n'y a aucun droit, tant qu'il est exploité dans sa concession, c'est-à-dire, que l'Entrepreneur doit jouir, dans la profondeur de la mine, de la même étendue de terrein de chaque côté du toit & du mur, qui lui a été accordée à la surface de la terre & du même nombre de toises.

I V.

Celui qui veut entreprendre une galerie pour communiquer à une mine, outre les avantages qui lui sont accordés par l'Ordonnance de 1741, sera autorisé 1°. de garder pour lui tout le droit du Découvreur & la moitié de celui du Propriétaire dans les minérais ou filons qui se découvriront par sa galerie, & qui n'ont point été exploités, comme aussi une mesure proportionnée, si le terrein n'a pas été ci-devant concédé ; mais l'autre moitié du droit du Propriétaire doit appartenir à celui du terrein.

Droit de l'entrepreneur d'une galerie.

2°. Si un Entrepreneur de galerie pousse ses ouvrages dans un terrein déjà concédé, & qu'il découvre quelques filons inconnus, il doit jouir de tout le droit de Découvreur & de la moitié de celui du Propriétaire du terrein, jusqu'à ce que le Concessionnaire de la mesure accordée le rencontre par sa galerie, alors l'autre moitié doit appartenir à ce Concessionnaire.

3°. Si un Entrepreneur de galerie trouve dans la conceſſion d'un autre, un filon déjà travaillé, & qu'il le pourſuive dans la direction de ſa galerie, il doit avoir la mitié du droit du Propriétaire du terrein, & en jouir auſſi long-temps qu'il pouſſe ſa galerie dans ledit filon, juſqu'à ce que le Propriétaire de la mine la rencontre avec ſes ouvrages ; mais le reſte de la portion du Propriétaire, comme auſſi tout le droit du Découvreur, doivent appartenir aux Intéreſſés de la mine, comme Conceſſionnaires.

4°. Dans le cas où l'Entrepreneur d'une galerie & le Propriétaire d'une mine ne pourroient s'accommoder ſur le dédommagement ou droit que doit avoir ce premier par les avantages qu'il procure par ſa galerie dans une mine exploitée, ſoit pour écoulement des eaux, circulation d'air, extraction des matieres, ſur quoi il a été ſtatué dans l'Ordonnance de 1741, pour lors ledit Entrepreneur jouira des trois quarts de la ſomme que les Propriétaires de la mine auroient pu économiſer démonſtrativement par là.

5°. Les Propriétaires, ou Intéreſſés de mines doivent à l'avenir, comme ci-devant, être les premiers autoriſés à établir des galeries dans les montagnes où leurs mines ſont ſituées ; mais s'ils ne vouloient pas le faire, ou qu'ils n'en euſſent pas les moyens, ce droit, aves ſes avantages, ſera accordé à quiconque le demandera.

V.

1°. Si l'on ſuſpend les travaux dans une tranchée ou recherche concédée ſur un ancien ou nouveau filon, où l'on n'a point employé des cordes pour l'extraction, c'eſt-à-dire, qui ne ſont qu'à une petite profondeur, il faudra en avertir de bonne heure le *Bergmeiſter* ou le Juré, & au plus tard avant les prochaines aſſiſes.

1°. Si le Propriétaire veut abandonner une mine ou tranchée, dans laquelle on s'eſt ſervi de cordes, il doit avertir le *Bergmeiſter* ou Juré, deux mois avant la ſuſpenſion des travaux, ſous peine de cent thaler d'argent (environ cent trente à cent cinquante livres argent de France) & de la perte des outils & inventaire de la mine, ou ſa valeur ; il doit auſſi, ſous la même peine, faire publier à la Paroiſſe où la mine eſt ſituée, qu'il veut abandonner, afin qu'au bout de deux mois, d'autres puiſſent reprendre l'exploitation.

3°. En conféquence de cette déclaration, il eſt du devoir du Juré, s'il y en a un, ou du *Bergmeiſter*, d'examiner la mine pendant qu'elle eſt nétoyée, & d'en dreſſer un procès verbal pour être couché ſur le regiſtre du Conſeil, pour les mines du canton, en alléguant les raiſons de la ſuſpenſion des travaux, afin qu'on puiſſe ſe régler là-deſſus à l'avenir, au cas que la mine ſoit tout-à-fait abandonnée. Le Propriétaire qui abandonne la mine, ne doit être chargé d'aucuns fraix de viſite, ni d'aucune comptabilité, s'il peut prouver qu'il a fait ſa déclaration aux Prépoſés reſpectifs, & qu'il a fait annoncer en chaire, qu'il veut abandonner les travaux.

4°. Celui qui, dans le terme fixé de deux mois, ſe préſente pour entreprendre la mine abandonnée, doit, s'il le demande, avoir la liberté d'acquerir, à un prix raiſonnable, les outils & les machines néceſſaires du Ceſſionnaire, comme auſſi de garder les ouvriers juſqu'au premier terme d'engagement.

5°. Si un Propriétaire veut ſuſpendre l'exploitation de ſa mine pour un certain tems, il doit en avertir le *Bergmeiſter* & le Juré un mois auparavant, ſous la peine ſuſmentionnée ; s'il demande ſuſpenſion pour une année, le *Bergmeiſter* peut la lui accorder, après avoir fait la visite ci-dessus ordonnée; nos Officiers respectifs pour les mines, doivent chaque année présenter au College un procès-verbal de l'état des mines de leur distrct, comme aussi indiquer celles pour lesquelles il a été accordé des billets de permission, avec une description de leur nature, de même que de marquer les mines, qui, après la suspension, ont été remises en exploitation. Si le Propriétaire de la mine sollicite, soit immédiatement, soit après la suspension d'une année, une prolongation, le *Bergmeister* doit, si ce font des mines de métaux nobles, en donner avis au College qui pourra accorder ladite prolongation, mais avec ménagement.

A l'égard des mines de fer qui s'exploitent pour fournir aux fourneaux, & dans lesquelles les Intéressés ont des lots, dont ils vendent le minérai aux Propriétaires des fontes de leur canton, il ne faut leur accorder que la suspension d'une année au plus, afin que les fontes ne soient pas dans le cas d'être arrêtées.

Quant aux mines qui ne fournissent point du minérai à divers Propriétaires des fontes, mais qui font attachées à un seul fourneau, lequel en a une quantité suffisante, soit de cette mine, soit de quelques autres des environs, la suspension peut être accordée suivant l'Ordonnance de 1741 : on ne pourra refuser aux Propriétaires des fontes, de faire extraire dans certains temps de l'année tout le minérai dont ils auront besoin.

6°. Celui à qui il a été accordé une suspension, doit reprendre les travaux dès que le terme sera échu, pour prévenir les abus qui, sous prétexte de suspension, empêchent d'autres d'y travailler, & avant que les eaux montent dans la mine, ce qui occasionne des grands fraix aux Successeurs; à cet effet, il ne doit pas être permis d'aliéner ou de distraire les divers articles portés sur l'inventaire d'une mine suspendue, le *Bergmeister* & le Juré doivent tenir la main à l'exécution de ce que dessus.

Si les travaux ne recommencent point à l'échéance de la suspension, ou bien, si l'on abandonne une mine sans en faire la déclaration, l'inventaire ou sa valeur, s'il est aliéné, doit être dévolu, sans payement, à celui qui, après deux ans d'abandon, s'annonce pour reprendre l'exploitation; & s'il ne se présente personne, la mine sera vendue à l'enchere, & l'argent qui en proviendra, entrera dans la caisse qui sera établie pour les pauvres mineurs.

7°. Si une mine voisine d'une autre, dont on demande la suspension, est incommodée par les eaux de cette derniere, & que l'on s'en apperçoive avant que d'accorder la suspension, ladite suspension ne pourra avoir lieu que toutefois le sollicitant ne se soit arrangé auparavant avec le Propriétaire de l'autre mine, pour un dédommagement, ou bien que le *Bergmeister* ou le Juré ne les ait accommodé, en faisant entrer l'un & l'autre dans la dépense pour l'écoulement des eaux, à moins qu'il ne veuille faire une cession entiere de sa mine; ce qui ne pourra lui être refusé, s'il le déclare dans le temps prescrit. Si une mine en exploitation occasionne à un autre cet inconvénient, on suivra la même regle.

V I.

Quoique nous ayions ordonné que, dans les exploitations qui se font au lot par plusieurs Associés, chacun d'eux fourniroit, suivant l'Ordonnance de 1741, son contingent; cependant l'expérience nous a appris que, particuliérement dans les recherches des métaux nobles, il est arrivé que quand les Intéressés n'ont pu se promettre un avantage prompt, on a été obligé d'abandonner les travaux déjà faits à grands fraix, par la faute de quelques affociés qui n'ont pas fourni leur contingent, & que les autres ont été fruftrés de leurs efpérances, & ont perdu leurs avances.

Nous avons donc jugé néceffaire, pour prévenir ces abus & les longueurs dans le payement des contingents, comme auffi pour donner quelques furetés au public & à ceux qui voudroient s'intéreffer dans les exploitations, de ftatuer.

1°. Que le terme des affemblées des Intéreffés, prefcrit dans l'Ordonnance de 1741, doit être annoncé deux mois d'avance par les gazettes, comme auffi dans la chaire de la Paroiffe où eft la mine; après quoi les intéreffés feront obligés de s'y préfenter, ou s'informer de ce qui aura été réglé, afin de s'y conformer & fe contenter de la décifion des autres.

2°. Si quelqu'un des Affociés ne fournit pas fon contingent au terme prefcrit, il pourra acheter fes lots, en payant, dans les trois mois après le terme, un pour cent par mois.

S'il laiffe écouler les trois mois fans rien payer, il fera déchu de tous fes droits, tant dans la mine que dans les conftructions, les outils, matériaux, &c. qui feront dévolus au corps des Intéreffés; cependant il fera dédommagé de fa part dans le terrein que l'on aura acheté pour la convenance de la mine, & cela au prix d'achat.

3°. Les Affociés fourniront leur contingent en monnoie courante, & non en dettes actives, ni en denrées, fur lefquelles ils voudroient prendre un trop gros bénéfice au détriment des autres.

4°. Si c'eft une nouvelle entreprife où il y ait peu d'établiffements & conftructions, par lefquels les Intéreffés puiffent fe dédommager, en cas qu'ils faffent des avances pour fuppléer à un contingent manqué, la Société fera autorifée, fi elle ne fe contente pas de la portion de celui qui ne l'aura pas payé, de le pourfuivre juridiquement pour la fomme qu'il devoit fournir fuivant la décifion de l'affemblée; s'il n'a pas renoncé auparavant à fon intérêt, il doit payer un pour cent par mois de l'argent qu'il auroit dû fournir depuis le terme fixé pour le paiement jufqu'à ce qu'il s'exécute.

S'il n'eft pas pourfuivi dans le Confeil ou affifes prochaines, que le terme du paiement foit expiré quatre mois auparavant, ou bien dans les affifes fuivantes immédiatement après; la Société n'a dans la fuite aucun droit de le pourfuivre, mais fe contentera de prendre fon lot.

5°. S'il y a quelque convention de faite, ou s'il s'en fait une à l'avenir entre les Affociés, fur la maniere de faire rentrer les avances, avec une amende pour ceux qui y manquent, elle fervira de regle, & aura fon exécution.

V I I.

Pour empêcher que l'exploitation des mines, qui fait une partie effentielle & profitable de l'induftrie de nos Sujets, ne tombe avec le temps en décadence, faute de précaution & de mefures prifes de bonne heure ou d'avance pour le maintien de cette induftrie.

Nous avons ordonné au College des mines, qu'il ait à faire les difpofitions néceffaires pour la recherche & découverte des minérais, pour l'écoulement des eaux, pour la communication des mines & pour l'extraction des matieres, &c. fervant au foutien d'une exploitation; nous ne doutons pas que l'on ne puiffe trouver dans la fuite quelque moyen de former un fonds ou caiſſe pour furvenir aux fraix qui feront néceſſaires pour ces fortes de travaux ; en attendant, nous avons jugé à propos d'ordonner que, dans les mines de fer que les Propriétaires des fontes exploitent par eux-mêmes, ou que d'autres exploitent pour en vendre les minérais auxdits Propriétaires, on doit donner quatre öre ou quatre liards pour ledit fonds, de chaque tonne de minérai du poids de deux *fchiffund* ; le même droit doit être payé par les Propriétaires des fontes, s'ils exploitent eux-mêmes.

Si le Propriétaire de la mine vend le minérai, il doit payer ce droit par moitié avec l'acheteur, & cela argent comptant lors du tranſport du minérai, de même le patron des forges, puiſqu'il eſt de ſon intérêt que les mines ne manquent point, doit y contribuer en payant trois *thaler* de cuivre pour chaque cent *fchipfund* fer coulé qu'il tire des Propriétaires des fontes ; c'eſt au *Bergvogt* à recevoir cet argent avec les droits pour la couronne, & le livrer à la caiſſe des mines ; ſi la forge eſt ſituée dans une autre canton, cet argent ſera reçu par le *Bergvogt* du lieu, pour être envoyé à celui qui réſide ſur les mines, & être dépoſé dans ladite caiſſe, cependant les patrons des forges, qui ont eux-mêmes leurs mines, & les font exploiter, ſont exempts de payer ledit droit ; mais ſi la forge eſt autoriſée de prendre une partie de ſon fer coulé, d'autres Propriétaires de fonte, elle eſt obligée de payer le droit pour cette partie. Cette caiſſe étant ainſi formée, ne doit être confiée qu'à la garde d'un Propriétaire de mines, un des fontes, un des forges & celle du *Bergmeiſter*, & ne doit ſervir à d'autres uſages qu'aux beſoins de la mine d'où le minérai qui a payé leſdits droits eſt tiré, de la maniere que nous avons indiqué au College des mines par une Ordonnance particuliere.

Les Adminiſtrateurs de ladite caiſſe en rendront un compte exact, & il ſera permis à tous les Officiers des mines, comme auſſi aux Propriétaires des forges des fontes & des mines, d'aſſiſter à cette reddition ; & ſi ceux qui l'adminiſtrent, ou qui ſont autoriſés de diſpoſer de ſon emploi, ſont convaincus d'avoir prévariqués dans leur adminiſtration, ou d'avoir conſtitué les deniers en rente ſans une pleine ſureté, ils ſeront obligés d'en répondre & de reſtituer ou remplacer la perte.

V I I I.

Si quelqu'un veut ſe procurer des Aſſociés pour l'entrepriſe d'une nouvelle indication de mine d'un métal quelconque, il eſt du devoir du Juré du canton, s'il y en a un, ou autrement du *Bergmeiſter*, de donner à l'Entrepreneur un détail précis de la nature de cette mine, & ſon avis ſur l'avantage qu'on peut s'en promettre, & d'autres inſtructions néceſſaires, comme auſſi un devis des avances à faire au commencement, & la quantité de minérai qu'on pourroit en tirer, de même qu'indiquer la maniere de diſpoſer les ouvrages, détail par lequel ceux qui ſeront dans l'intention de participer à l'entrepriſe, pourront être plus ſurement informés de la valeur de la mine & des fraix à faire pour les ouvrages.

Les *Bergmeiſter* & le Juré doivent non-ſeulement tenir la main à ce que les ouvrages ſe faſſent réguliérement & ſuivant la méthode des mineurs, & qu'on évite de faire au jour des tranchées inutiles qui rendent les travaux dangereux & plus diſpendieux dans les profondeurs, mais encore aider les Aſſociés de leurs conſeil, & inſtructions dans les aſſemblées, auſſi-bien que celui à qui l'adminiſtration de la mine eſt confiée.

I X.

Il arrive souvent que dans une mine où tout le minérai paroît épuisé, l'on découvre un nouveau filon qui eſt coupé ou dérangé, qui mériteroit l'exploitation, ce qu'on a plus lieu d'eſpérer pour l'avenir lorſque l'étendue du minérai ſera mieux connue ; ainſi, pour ne point priver la poſtérité de l'occaſion de faire des recherches dans des mines abandonnées, nous avons jugé néceſſaire d'ordonner que les piliers ou rochers qui ſoutiennent la mine, ne doivent pas être entamés dans les mines de fer, ſous quelque prétexte que ce ſoit, quand même on voudroit abandonner la mine.

Si quelqu'un hazarde de travailler dans ces endroits prohibés, il doit être puni ſuivant nos Ordonnances précédentes, & le minérai ou ſa valeur ſeront dévolus à la caiſſe qui ſera établie pour les ouvriers invalides ; cependant on ne comprend pas ſous cette défenſe le minérai qui pourroit être en réſerve pour être extrait par la ſuite, ſi cela ſe peut ſans affoiblir la mine.

Ce qui doit ſervir de regle à tous ceux à qui il appartient, Nous l'avons ſigné de notre propre main, & y avons fait appoſer notre ſceau royal. A Stockholm, dans notre Conſeil, le 6 Décembre 1757.

F I N.

E R R A T A.

Page 8, *ligne* 21, à ce, *liſez* à ces.
Page 22, *ligne* 22 & 23, balilure, *liſez* battiture.
Pag. 26, *lig.* 24 & 25, réſoudre, *liſ.* refondre.
Pag. 30, *lig.* 18, fein-phlintz, *liſ.* fein-phlintz.
Ibid. lig. 24, fein-ertz, *liſ.* fein-ertz.
Pag. 39, *lig.* 8, on attace, *liſ.* on attache.
Pag. 56, *lig.* 22, ballilure, *liſ.* battiture.
Ibid. lig. 29, en fondant, *liſ.* en foudant.
Pag. 69, *lig.* premiere, la foudre, *liſ.* le foudre.
Pag. 71, *lig.* hémalite, *liſ.* hématite.
Pag. 72, *lig.* 8, *à la marge*, curelage des puits, *liſ.* cuvelage des puits,
Pag. 73, *lig.* 6, hémalite, *liſ.* hématite.
Pag. 83, *lig.* 23, qu'il les tempe, *liſ.* qu'il les trempe.
Pag. 85, *lig.* 27, fines, *liſ.* finies.
Pag. 91, *à la marge*, *lig.* 2, affienr, la gueuſe ; *liſ.* affiner la gueue.

Ibid. lig. 12, loupins, *liſ.* lopins.
Pag. 91, *lig.* 24, tire-filiere, *liſ.* tréfilerie.
Pag. 143, *lig.* 24, pour ceux ce, *liſez* pour ceux de.
Pag. 152, *lig.* 14, grande uilité, *liſ.* grande utilité.
Pag. 188, *lig.* 16, grain, *liſ.* grès.
Ibid. lig. 17, grès, *liſ.* grain.
Pag. 248, *lig.* 19, quinzieme, *liſ.* ſeizieme.
Pag. 280, *lig.* 19, de ceux de la mer, *liſ.* des eaux de la mer.
Pag. 317, *lig.* 23, machine à manege, *liſ.* machine à moulette.
Pag. 319, *lig.* 4, retirer, *liſ.* tirer.
Pag. 341, *lig.* 6, s'effloriſſent, *liſez* s'effleuriſſent.

Echelle de 3o. Pieds.

Fig. 1.

Fig. 2.

Fig. 4.

Fig. 3.

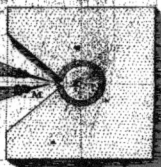

Fig. 5.

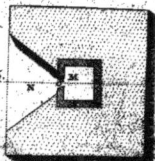

Fig. 6.

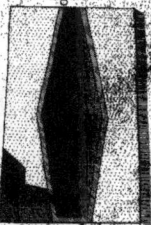

Fig. 2

Fig. 3

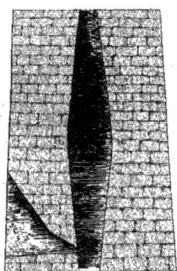

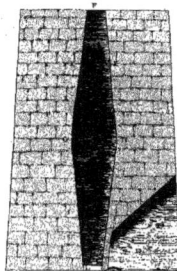

Fig. 1.

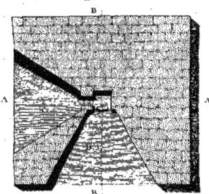

Fig. 4.

Louis le Grand Sculp.

Echelle

Fig. 1.ʳ

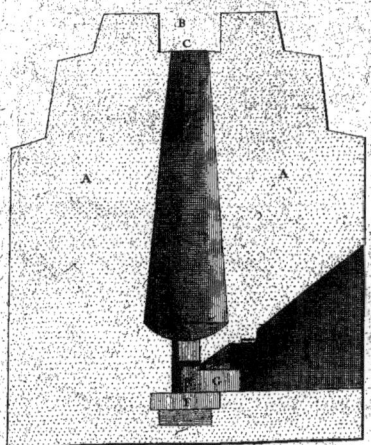

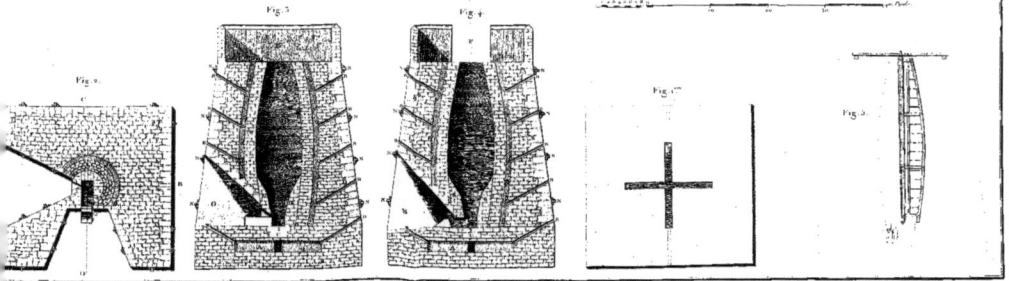

Fig. 2.

Fig. 3.

Fig. 4.

Fig. 1.

Fig. 5.

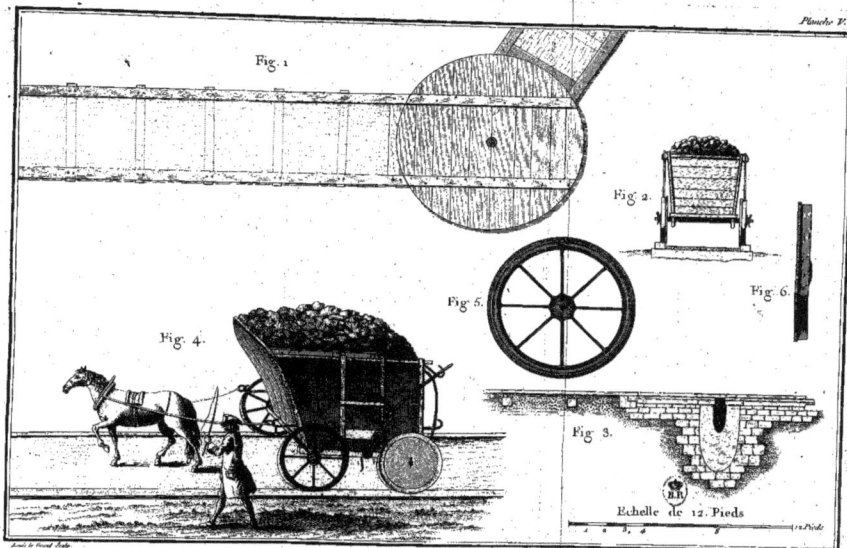

Fig. 1.

Fig. 2.

Fig. 5.

Fig. 6.

Fig. 4.

Fig. 3.

Echelle de 12. Pieds

12 Pieds

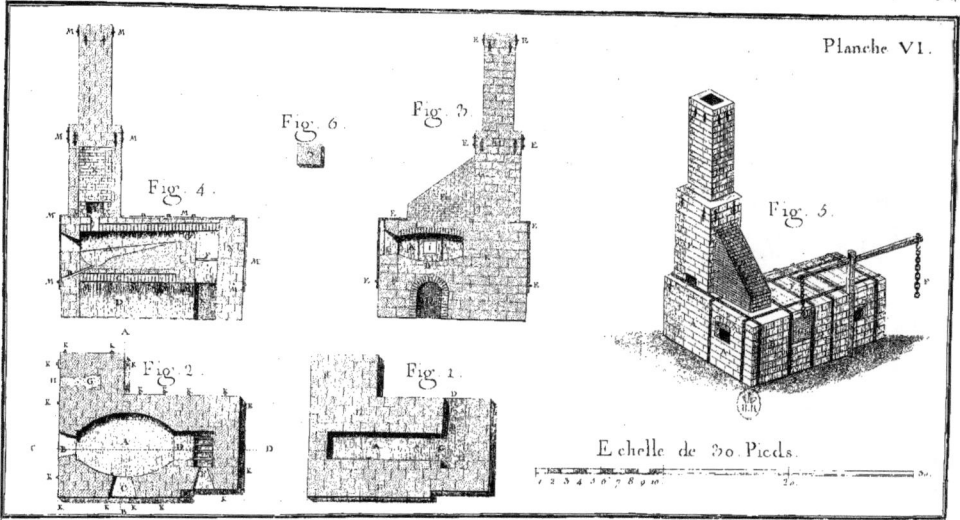

Planche VI.

Fig. 4.

Fig. 6.

Fig. 3.

Fig. 5.

Fig. 2.

Fig. 1.

Echelle de 30 Pieds.

1 2 3 4 5 6 7 8 9 10   20   30

Figure Premiere.

Fig. 3.

Echelle de 16 Pieds.

Fig. 5.

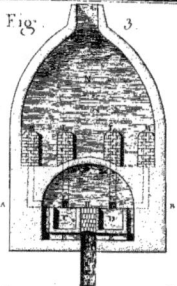

Fig. 2.

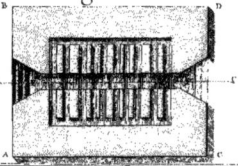

Fig. 4.

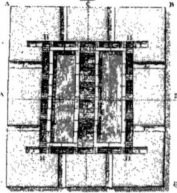

Fig. 2. Fig. 4. Fig. 5. Fig. 7. Fig. 9.

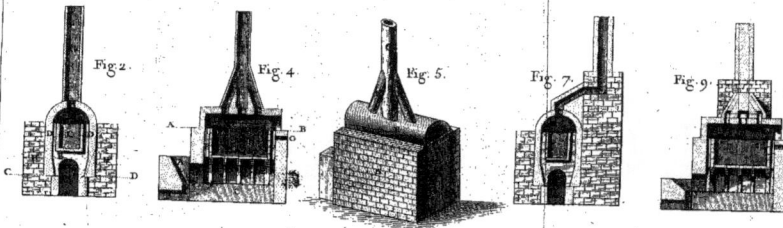

Echelle de 10 Pieds.

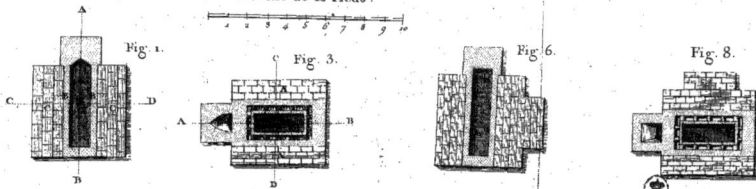

Fig. 1. Fig. 3. Fig. 6. Fig. 8.

Fig. 2.

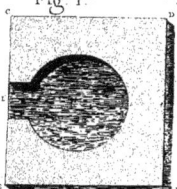

Fig. 5.

Fig. 1.ᵉʳ

Fig. 3.

Fig. 7.

Fig. 6.

Fig. 4.

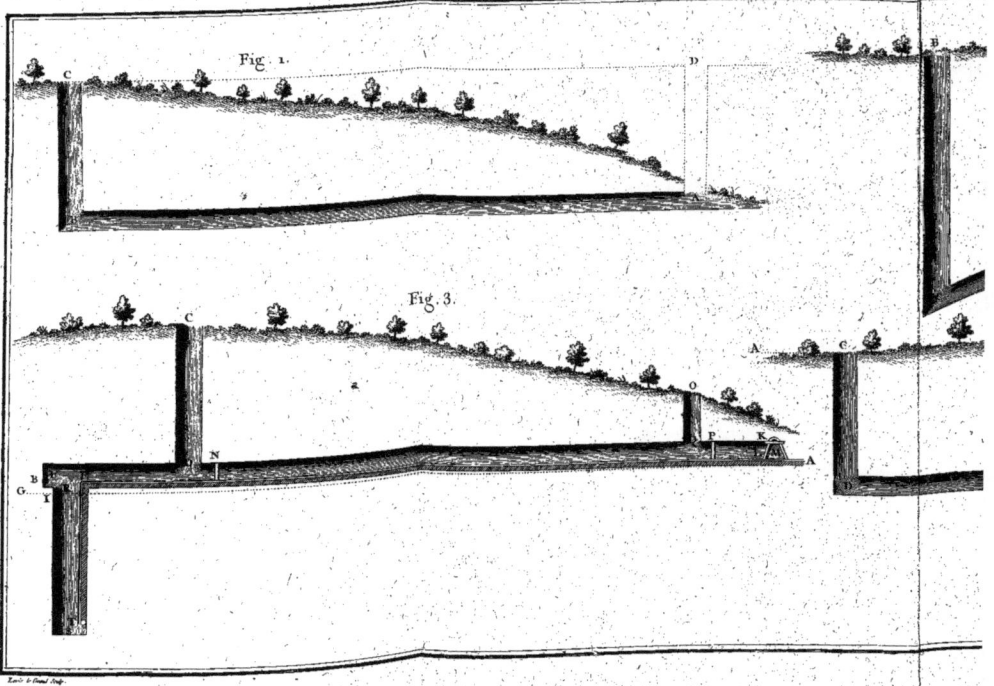

Fig. 1.

Fig. 3.

www.ingramcontent.com/pod-product-compliance
Lightning Source LLC
Chambersburg PA
CBHW031620210326
41599CB00021B/3240